Glasbau 2023 Seminare
20.04.2023
09.11.2023

Glasbau 2023 Symposium
28.09.2023

Glasbau 2024 Tagung
04. und 05.04.2024

www.glasbau-dresden.de

Günther Valtinat

Aluminium im Konstruktiven Ingenieurbau

- enthält detaillierte Angaben für Entwurf, Planung und Ausführung von Bauteilen und Tragwerken aus Aluminium
- einziges umfassendes Werk über Aluminium im Konstruktiven Ingenieurbau
- unveränderter Nachdruck der 1. Auflage von 2003

Für die Planung und Ausführung von Bauteilen und Tragwerken aus Aluminium enthält das vorliegende Buch Berechnungs- und Bemessungsverfahren unter Berücksichtigung des Teilsicherheitskonzepts der Eurocodes sowie Verbindungs- und Konstruktionshinweise.

2021 · 172 Seiten · 38 Tabellen

Softcover
ISBN 978-3-433-03365-4 € 59*

BESTELLEN
+49 (0)30 470 31-236
marketing@ernst-und-sohn.de
www.ernst-und-sohn.de/3365

* Der €-Preis gilt ausschließlich für Deutschland. Inkl. MwSt.

Glasbau 2023

Glasbau 2023

Bernhard Weller, Silke Tasche (Hrsg.)

Herausgeber:
Bernhard Weller, Silke Tasche

Wissenschaftliche Redaktion:
Alina Joachim, Katharina Lohr

Technische Universität Dresden
Institut für Baukonstruktion
August-Bebel-Straße 30
D-01219 Dresden

Titelbild:
Fassade: Josef Gartner GmbH (Foto: JASON O'REAR PHOTOGRAPHY)

Bibliografische Information der Deutschen Nationalbibliothek
Die Deutsche Nationalbibliothek verzeichnet diese Publikation in der Deutschen Nationalbibliografie; detaillierte bibliografische Daten sind im Internet über http://dnb.d-nb.de abrufbar.

© 2023 Ernst & Sohn GmbH, Rotherstraße 21, 10245 Berlin, Germany

Alle Rechte, insbesondere die der Übersetzung in andere Sprachen, vorbehalten. Kein Teil dieses Buches darf ohne schriftliche Genehmigung des Verlages in irgendeiner Form – durch Fotokopie, Mikrofilm oder irgendein anderes Verfahren – reproduziert oder in eine von Maschinen, insbesondere von Datenverarbeitungsmaschinen, verwendbare Sprache übertragen oder übersetzt werden.

All rights reserved (including those of translation into other languages). No part of this book may be reproduced in any form – by photoprinting, microfilm, or any other means – nor transmitted or translated into a machine language without written permission from the publisher.

Die Wiedergabe von Warenbezeichnungen, Handelsnamen oder sonstigen Kennzeichen in diesem Buch berechtigt nicht zu der Annahme, dass diese von jedermann frei benutzt werden dürfen. Vielmehr kann es sich auch dann um eingetragene Warenzeichen oder sonstige gesetzlich geschützte Kennzeichen handeln, wenn sie als solche nicht eigens markiert sind.

Umschlaggestaltung Petra Franke, Ernst & Sohn GmbH, Berlin
Satz Olaf Mangold Text & Typo, Stuttgart
Herstellung pp030 – Produktionsbüro Heike Praetor, Berlin
Druck und Bindung CPI books GmbH, Leck, Deutschland

Printed in the Federal Republic of Germany.
Gedruckt auf säurefreiem Papier.

Print ISBN: 978-3-433-03390-6
o-Book ISBN: 978-3-433-61173-9
e-Book ISBN: 978-3-433-61176-0

Glasbau Jahrbuch | 20 Jahre

Bernhard Weller¹, Silke Tasche¹

¹ Institut für Baukonstruktion, Technische Universität Dresden; bernhard.weller@tu-dresden.de; silke.tasche@tu-dresden.de

Jahrtausendwende. Die Entwicklung der Glashäuser, der Glaspassagen im 19. Jahrhundert, der Glasfabriken und der Glashochhäuser im 20. Jahrhundert liegt hinter uns. Glas ist ein faszinierender Werkstoff, zeigt für die Entwicklung der lastabtragenden Transparenz im 21. Jahrhundert aber auch Schwächen. Glas ist bis zu einem gewissen Grad ideal elastisch, dann aber spontan brechend. Ein Versagen mit ausgeprägter Resttragfähigkeit – die Grundlage für jede Bemessung im Konstruktiven Glasbau – ist ein großes Thema. Auch der energetische Paradigmenwechsel zu Beginn des 21. Jahrhunderts verlangt nach neuen Entwicklungen. Ausreichend Grund, die Forschungs- und Entwicklungsarbeit des neu besetzten Dresdner Instituts für Baukonstruktion fortan auf die Fragen des Glasbaus und der Fassadentechnik zu richten.

Mit dem Titel glasbau2004 erscheint ein erstes Buch, das dieser Ausrichtung Rechnung trägt. Es wird auf der Dresdner Glasbau Tagung vorgestellt. Baurecht und Stand der Normung im Glasbau werden beleuchtet, Entwicklung und Forschung in Dresden vorgestellt. Schwerpunktthema ist das lastabtragende Kleben im Konstruktiven Glasbau. Gunter Henn eröffnet die Veranstaltung mit einem Vortrag zur Gläsernen Manufaktur der Volkswagen AG in Dresden, die auf einem Grundstück am Rande des Großen Gartens errichtet wurde. Zuvor stand dort das 1928 erbaute, 1933 abgerissene Kugelhaus des Architekten Heinz Birkenholz, eine experimentierfreudige Konstruktion aus Stahl und Glas. Technik im Park hat Tradition: 1851 der Kristallpalast in London, 1889 die Galeries des Machines in Paris. Das Thema ist Transparenz [1].

Drei prüffähige Glasbauberechnungen beschließen das Buch glasbau2004: Ein Vordach mit linienförmig gelagerter Überkopfverglasung aus VSG, eine FE-Modellierung für eine punktförmig gelagerte Verglasung aus VSG und eine Fassade

mit linienförmig gelagerter Vertikalverglasung aus MIG. Diese Beispiele zu Bemessung und Konstruktion im Konstruktiven Glasbau werden in den kommenden Jahren zu einer umfangreichen Beispielsammlung ausgebaut, die bis heute Grundlage für zahlreiche Weiterbildungsveranstaltungen im In- und Ausland ist [2], [3].

Das dritte Buch dieser Reihe mit dem Titel glasbau2006 ist der energieeffizienten Fassadengestaltung gewidmet: Pushing the Boundaries of Architecture, Enviromental Design and Technology. Im einführenden Aufsatz entwickelt Stefan Behling Visionen für die Stadt der Zukunft anhand von Projekten, die Foster and Partners in London über die letzten Jahre entwickelt haben. Als wesentliche Beispiele werden der Reichstag in Berlin, die Commerzbank Hauptverwaltung in Frankfurt und die Swiss Re Headquarters in London vorgestellt. Die weiteren Beiträge des Buches gelten überwiegend dem Klima Engineering und der gebäudeintegrierten Photovoltaik. 2006 wird das Buch erstmals ergänzt durch eine Sonderausgabe der Zeitschrift Stahlbau aus dem Verlag Ernst & Sohn. Zehn Jahre Fachverband Konstruktiver Glasbau (FKG) sind der Anlass. Die weitreichenden Impulse des Fachverbandes für Wissenschaft und Praxis werden im Rahmen von fünfzehn Fachaufsätzen gewürdigt. Über dreißig renommierte Ingenieurinnen und Ingenieure vermitteln einen umfassenden Einblick in den aktuellen Stand des Konstruktiven Glasbaus.

Mit dem Titel glasbau2007 erscheint die vierte Ausgabe der Dresdner Glasbau Bücher. In einem einführenden Aufsatz von Hadi Teherani wird der Impuls zu einer kommenden Transparenz gesetzt. Mit zahlreichen ausgeführten Projekten wird die aktuelle Glasarchitektur vorgestellt, im Detail beschrieben und erläutert. So gelten auch die weiteren Beiträge des Buches der Detailausbildung für lastabtragende Glaskonstruktionen. Themen des Fügens und Verbindens in Forschung und Entwicklung, in Planung und Ausführung bilden den Schwerpunkt.

Das Buch glasbau2007 wird wieder ergänzt durch eine Sonderausgabe der Zeitschrift Stahlbau. „Es bleibt noch das Glas zu besprechen ...". Mit diesen Worten beginnt ein einführender Hinweis auf das zwölfte Buch „De Re Metallica". Georgius Agricola verfasst die zwölf Bücher vom Berg- und Hüttenwesen mit pädagogischem Geschick und didaktischer Absicht. Mit zahlreichen Holzschnitten wird die handwerkliche Glasherstellung der frühen Neuzeit anschaulich, aber wissenschaftlich genau vermittelt. Der historische Abriss endet mit

Friedrich Siemens, dessen Entwicklung einer kontinuierlich arbeitenden Schmelzwanne mit regenerativer Feuerung den Übergang zur industriellen Glasfertigung in der zweiten Hälfte des 19. Jahrhunderts ermöglicht.

Kleines Jubiläum: glasbau2008 ist die fünfte Ausgabe des Buches, das wie in den Vorjahren auf der Dresdner Glasbau Tagung vorgestellt wird. Schwerpunktthemen sind Transparenz und Ökologie. Impulsgeber ist Werner Sobek. Glasbau Buch und korrespondierende Sonderausgabe der Zeitschrift Stahlbau haben ihren festen Platz in der Welt des Konstruktiven Glasbaus gefunden. Beide Medien berichten aufeinander abgestimmt jedes Frühjahr über den aktuellen Stand der Normung, über jüngste Ergebnisse aus Forschung und Entwicklung, über neue Wege in der Planung, der Bemessung, der Konstruktion. Die Vorstellung wegweisender Bauten und Projekte ist häufig der Einstieg in eine vertiefte Diskussion der anstehenden Themen.

Dem Verlag Ernst & Sohn, allen voran Herrn Dr. Karl-Eugen Kurrer, ist für die fortwährende Motivation zu danken, die Fragestellungen des Glasbaus weiter und differenzierter zu untersuchen. Die Zahl der eingereichten Beiträge nimmt zu. 2010 sind es bereits über dreißig Fachaufsätze, deren Qualität zu bewerten, deren Inhalt zu lektorieren, deren Satz zu korrigieren ist. Eine Diskussion im Hause Ernst & Sohn, zu der Autoren und die Herausgeber eingeladen sind, führt zu dem Ergebnis, dass die bisherige Herausgabe von Glasbau Buch im Verlag der Technischen Universität Dresden und dem ergänzenden Sonderheft der Zeitschrift Stahlbau nicht mehr sinnvoll ist.

Das Konzept für ein Glasbau 2012 Jahrbuch soll entwickelt werden, das alle im Vorjahr eingereichten Beiträge enthalten und im Verlag Ernst & Sohn erscheinen soll. Manuskripteinreichung und Beitragsverwaltung erfolgen fortan über das System ScholarOne Manuscripts. Für einen zweifachen Review der Aufsätze wird ein Wissenschaftlicher Beirat berufen. Diese Aufgabe übernehmen sechs Hochschullehrer, die einen Schwerpunkt Glasbau in Forschung und Lehre, zum Teil auch in Gutachten und Bauartprüfungen vertreten. Die Kommunikation mit den Autoren und das Lektorat übernehmen die Herausgeber, Herstellung und Vertrieb der Verlag. Nach einem Jahr Vorbereitung erscheint das Jahrbuch Glasbau 2012 mit 32 sorgfältig editierten Beiträgen in den vier Abteilungen: Bauten und Projekte, Bemessung und Konstruktion, Forschung und Entwicklung, Energieeffizienz und Nachhaltigkeit. Herausragende Beiträge werden ausgewählt zum Vortrag auf der Glasbau 2012 Tagung. Vier Keynotes: Jan Knippers zeigt die Lincoln Centers Canopies, New York. Geralt Siebert bespricht die Neuerungen der DIN 18008 gegenüber den eingeführten Regelungen. Jens Schneider erklärt ein Modell zur Bestimmung der Versagenswahrscheinlichkeit von heißgelagertem ESG. Winfried Heusler spricht zur Optimierung zukunftsfähiger Gebäudehüllen. Das neue Jahrbuch wird gut angenommen.

2017 sind es mehr als vierzig Beiträge, die zum Review eingereicht werden. In den Wissenschaftlichen Beirat sind inzwischen zwölf Mitglieder berufen, renommierte Experten im Konstruktiven Glasbau und in der Fassadentechnik. Fünf Jahre später werden über fünfzig Fachbeiträge vorgelegt. Der Wissenschaftliche Beirat wird erweitert auf fünfzehn Mitglieder. Jeder Fachaufsatz wird weiterhin im Rahmen von zwei getrennten Reviews bewertet. Die Einarbeitung der Empfehlungen aus den Reviews wird in einer dritten Durchsicht überprüft, bevor der Beitrag in den Satz geht.

In den Jahren 2021 und 2022 erscheint neben den Glasbau Jahrbüchern jeweils ein Sonderband zur Klebtechnik im Glasbau. Das Kleben als Verbindungstechnologie, insbesondere das qualitätssichere und schadensfreie Kleben von Glas im Bauwesen, ist seit mehreren Jahren das Thema des Netzwerks KLEBTECH, einer Kooperation zwischen fünfzehn mittelständischen Unternehmen und zwei Universitäten. Im Rahmen dieser Zusammenarbeit wird das strukturelle Kleben von Glas im Bauwesen durch anwendungsorientierte Forschung vorangetrieben. Die Netzwerkarbeit, geprägt durch den intensiven Austausch der Kooperationspartner, findet ihren Niederschlag in diesen Sonderbänden zur Klebtechnik mit zahlreichen Beiträgen, die Grundlagen erläutern, von der Qualitätssicherung und der Prozessentwicklung berichten, vor allem die Umsetzung innovativer Klebtechnik im Rahmen von Neubau- und Sanierungsvorhaben veranschaulichen. Die Forschungsergebnisse werden mit diesen Büchern über das Netzwerk hinaus einem großen Fachpublikum zugänglich gemacht. Hier wird Kleben in die Zukunft gedacht.

Das vorliegende Glasbau 2023 Jahrbuch ist die zwanzigste Ausgabe dieser Reihe. Es berichtet – wie in den neunzehn Jahren zuvor – zuverlässig über wegweisende Bauprojekte, über die aktuelle Normung, über besondere Bemessungsaufgaben, über resiliente Konstruktionen, über Ergebnisse der Forschung, über neue Bauarten. Das Jahrbuch wird auf der Glasbau 2023 Tagung in Dresden vorgestellt. Den Impuls zur Eröffnung setzt – wie vor zwanzig Jahren – Gunter Henn. Er spricht über ein elementares Gestaltungselement der Architektur: Transparenz.

Den Autoren sei für die sorgfältige Erstellung der anspruchsvollen Beiträge herzlich gedankt. Großer Dank gebührt auch den Mitgliedern des Wissenschaftlichen Beirats für die kritische Sichtung der Beiträge. Ein besonderer Dank gilt Frau Stürmer und Frau Rechlin im Verlag Ernst & Sohn für die immer wieder gute Zusammenarbeit. Wesentlicher Dank gebührt schließlich den Mitgliedern des Bundesverbandes Flachglas e. V., die Forschung und Entwicklung im Glasbau nachhaltig fördern und zuverlässig vorantreiben. Der Bundesverband Flachglas e. V. hat die Herstellung des vorliegenden Glasbau 2023 Jahrbuches in entscheidendem Umfang unterstützt.

„Nach dem Gesagten können wir wohl von einer ‚Glaskultur' sprechen … *Schluß!*" [4]

Literatur

[1] Stahl-Informations-Zentrum [Hrsg.] (2003) *Gläserne Manufaktur Dresden. Henn Architekten München, Berlin.* Düsseldorf: Stahl-Informations-Zentrum. S. 12.
[2] Hess, R; Weller, B.; Schadow, T. (2005) *Glasbau-Praxis in Beispielen.* Berlin: Bauwerk Verlag. Mehrere Ausgaben. Zuletzt: Weller, B.; Engelmann, M.; Nicklisch, F.; Weimar, T. (2013) *Glasbau-Praxis. Konstruktion und Bemessung. Band 2: Beispiele nach DIN 18008.* 3., überarbeitete und erweiterte Auflage. Berlin: Beuth Verlag.
[3] Weller, B.; Reich, S.; Wünsch, J. (2022) *Glasbau.* In: Vismann, U. [Hrsg.] *Wendehorst Beispiele aus der Baupraxis.* 7., aktualisierte Auflage. Wiesbaden: Springer Vieweg. S. 545–591.
[4] Scheerbart, P. (1914) *Glasarchitektur.* Berlin: Verlag Der Sturm. Neuausgabe mit einem Nachwort von Rausch, M. (2000) Berlin: Gebr. Mann Verlag. S. 127.

Herausgeber
Prof. Dr.-Ing. Bernhard Weller, Technische Universität Dresden
Dr.-Ing. Silke Tasche, Technische Universität Dresden

Wissenschaftliche Redaktion
Dipl.-Ing. Alina Joachim, Technische Universität Dresden
Dr.-Ing. Katharina Lohr, Technische Universität Dresden

Wissenschaftlicher Beirat
Prof. Dipl.-Ing. Thomas Auer, Technische Universität München
Prof. Dr.-Ing. Lucio Blandini, Universität Stuttgart
Prof. Dr.-Ing. Prof. h.c. Stefan Böhm, Universität Kassel
Prof. Dr.-Ing. Steffen Feirabend, Hochschule für Technik Stuttgart
Prof. Dr.-Ing. Markus Feldmann, RWTH Aachen University
Prof. Dipl.-Ing. Manfred Grohmann, Universität Kassel
Prof. Dr.-Ing. Harald Kloft, Technische Universität Braunschweig
Prof. Dr.-Ing. Christoph Odenbreit, Universität Luxemburg
Prof. Dr.-Ing. Stefan Reich, Hochschule Anhalt
Prof. Dr.-Ing. Uwe Reisgen, RWTH Aachen University
Prof. Dr.-Ing. Jens Schneider, Technische Universität Darmstadt
Prof. Dr.-Ing. Christian Schuler, Hochschule München
Prof. Dr.-Ing. Geralt Siebert, Universität der Bundeswehr München
Prof. Dr.-Ing. Dr.-Ing. E.h. Werner Sobek, Universität Stuttgart
Prof. Dr.-Ing. Frank Wellershoff, HafenCity Universität Hamburg

Bundesingenieurkammer (ed.)
Ingenieurbaukunst
Engineering Made in Germany

- civil engineers from Germany are in demand worldwide
- the Federal Chamber of Engineers (Bundesingenieurkammer) presents the best buildings

The book presents recent outstanding buildings and structures in Europe and worldwide made by engineers from Germany. Edited by the Federal Chamber of Engineers, the compendium celebrates Ingenieurbaukunst – Engineering made in Germany.

BESTELLEN
+49 (0)30 470 31-236
marketing@ernst-und-sohn.de
www.ernst-und-sohn.de/en/3326

* All book prices inclusive VAT.

Ernst & Sohn
A Wiley Brand

2020 · 180 pages · 260 figures
Softcover
ISBN 978-3-433-03326-5
€ 45.90*

Bilingual special edition (English/German)

ROOF

Die moderne Art zu bauen.
Maßgeschneidert. Individualisiert. Parametrisiert.

Mehr Informationen:

Gemeinsam. Lichtdächer. Gestalte

Inhaltsverzeichnis

Glasbau Jahrbuch | 20 Jahre *V*
Bernhard Weller, Silke Tasche

Formen der Transparenz *1*
Gunter Henn

Bauten und Projekte

Strukturell verklebte, wellenförmige Glasfassade mit Blick auf den Central Park *7*
Klaus Kräch, Özhan Topcu, Benjamin Peter

Additive Fertigung von freigeformten Stahl-Glas-Konstruktionen *21*
Matthias Oppe, Lia Tramontini, Sebastian Thieme

The Well – Neue Lebenskonzepte in Toronto *33*
Felix Schmitt, Jonas Hilcken, Stefan Zimmermann

Common Sky – ein Dach als Kunstwerk *47*
Tobias Herrmann

Ganzglaskonstruktion für das Dach des historischen Pützerturms der TU Darmstadt *59*
Frank Tarazi, Sebastian Schula, Jens Schneider, Daniel Pfanner, Christoph Duppel

Neuer Kanzlerplatz Bonn – Glasfassade in der Schnittstelle zur Gridstruktur *83*
Jürgen Einck

Bemessung und Konstruktion

Nachhaltige Fassaden – Zirkularität als Innovationstreiber *95*
Winfried Heusler, Ksenija Kadija

Verglasungen im Zeichen des Klimawandels | mit Glas klimatauglich planen 107
Alireza Fadai, Daniel Stephan

Entwicklung von beschusshemmendem Glas ohne Einsatz von Polycarbonat 119
Fritz Schlögl

Aktueller Stand der nationalen Glasbaunormung 135
Geralt Siebert

Explosionsschutz von Fenstern und Fassaden: Angewandte Grundlagen und Methoden 141
Jan Dirk van der Woerd, Matthias Wagner, Achim Pietzsch, Matthias Andrae, Norbert Gebbeken

Forschung und Entwicklung

Irreversible Oberflächenverwitterung von modernem Floatglas und präventive Reinigungsstrategien 155
Gentiana Strugaj, Elena Mendoza, Andreas Herrmann, Edda Rädlein

Überlagerung fertigungsbedingter Inhomogenitäten und beschleunigter Alterung bei Silikonklebstoffen 165
Benjamin Schaaf, Markus Feldmann, Elisabeth Stammen, Klaus Dilger

Hybrides Vakuumisolierglas – Thermische und thermomechanische Charakterisierung 179
Bastian Büttner, Franz Paschke, Matthias Seel, Cornelia Stark, Elias Wolfrath, Helmut Weinläder

Photochromes Verbundglas – Haftverhalten von EVA mit integrierter Funktionsfolie 193
Elena Fleckenstein, Christiane Kothe, Felix Nicklisch, Bernhard Weller

Untersuchungen der Zugluft bei gekippten Fenstern in Hamburger Schulräumen 209
Barbara Weese, Christian Grote, Frank Wellershoff

Geklebte Glasscheiben als Aussteifungselement und Absturzsicherung 223
Johannes Giese-Hinz, Felix Nicklisch, Bernhard Weller, Mascha Baitinger, Jasmin Reichert, Henriette Hoffmann

Numerische Studien zur Glaskantentemperatur im verschatteten Bereich von Isoliergläsern 239
Gregor Schwind, Franz Paschke, Jens Schneider, Matthias Seel

Versuchsprogramm zur Klebstoffuntersuchung fluidgefüllter Isolierverglasungen 261
Alina Joachim, Felix Nicklisch, Bernhard Weller

Ein Verfahren zum Nachweis von thermisch vorgespannten Vakuumisolierglas-Hybriden 277
Isabell Schulz, Mascha Baitinger, Tommaso Baudone, Franz Paschke, Miriam Schuster, Matthias Seel

Bauprodukte und Bauarten

Effekte der Zusatzstoffe auf die Trübung und Alterung von Verbundsicherheitsgläsern 293
Anton Mordvinkin, Sven Henning, Michael Wendt, Robert Heidrich, Nishanth Thavayogarajah, Jasmin Weiß, Kristin Riedel, Steffen Bornemann

Oberflächendefekte bei Dünnglas unter zyklischer Beanspruchung 307
Jürgen Neugebauer, Katharina Schachner

Vogelschutz und funktionale Glasbeschichtungen im Verbundsicherheitsglas 319
Wim Stevels, Alex Caestecker, Matthias Haller

Fortgeschrittene Methoden für die Schädigungsanalyse von Glaslaminaten bei dynamischen Beanspruchungen 335
Steffen Bornemann, Sven Henning, Konstantin Naumenko, Matthias Pander, Kristin Riedel, Mathias Würkner

Autorinnen und Autoren 349

Schlagwörter 351

Keywords 353

Glas Trösch GmbH
Konstruktiver Glasbau, Reuthebogen 7-9, DE-86720 Nördlingen
Tel. +49 (0)90 81/216-423, noerdlingen@glastroesch.de
www.glastroesch.de

Nabil A. Fouad (Hrsg.)

Bauphysik-Kalender 2023

Schwerpunkt: Nachhaltigkeit

- Dämmstoffe aus nachwachsenden Rohstoffen (nawaRo)
- Grundsätze des klimagerechten Bauens
- Nachhaltigkeit von Wohngebäuden und Wohnquartieren

Dieser Bauphysik-Kalender behandelt das Themenspektrum rund um Nachhaltigkeit bei der Errichtung von Gebäuden. Lebenszyklusanalyse, Nachhaltigkeitszertifizierung und kreislaufgerechte Verwendung von Bauelementen und Baustoffen werden umfassend und mit Praxisbeispielen erläutert.

4/2023 · ca. 700 Seiten ·
ca. 540 Abbildungen · ca. 200 Tabellen

Hardcover
ISBN 978-3-433-03368-5 ca. € 159*
Fortsetzungspreis ca. € 139*

eBundle (Print + ePDF)
ISBN 978-3-433-03389-0 ca. € 194*
Fortsetzungspreis eBundle ca. € 169*

Bereits vorbestellbar.

BESTELLEN
+49 (0)30 470 31-236
marketing@ernst-und-sohn.de
www.ernst-und-sohn.de/3368

* Der €-Preis gilt ausschließlich für Deutschland, inkl. MwSt.

Formen der Transparenz

Gunter Henn[1]

[1] *Henn GmbH, Augustenstraße 54, 80333 München, Deutschland; gunter.henn@henn.com*

Abstract

Transparenz ist ein elementares Gestaltungselement der Architektur. Öffnungen, Durchbrüche, Einblicke, Achsen, Zwischenräume ermöglichen die an sich festen Raumgliederungen unterschiedlich zu lesen und zu nutzen. Transparenz verleiht der Architektur die notwendige Plastizität, die heute immer wichtiger wird. Nicht Hierarchien, die sich dauerhaft in imperialen Architekturen manifestieren, sondern veränderbare Netzwerkorganisationen bestimmen heute mehr und mehr die Arbeits- und Lebenswelten. „Transparenz enthält mehr als ein optisches Charakteristikum, sie impliziert eine umfassendere räumliche Ordnung. Transparenz bedeutet eine gleichzeitige Wahrnehmung von verschiedenen räumlichen Lagen. Der Raum dehnt sich nicht nur aus, sondern fluktuiert in kontinuierlicher Aktivität" [1]. In diesem Zusammenhang können grundsätzlich drei Formen der Transparenz unterschieden werden.

Forms of transparency. Transparency is an elementary design element of architecture. Openings, breakthroughs, insights, axes and spaces make it possible to read and make use of the inherently fixed spatial structures in different ways. Transparency provides architecture with the necessary plasticity that is constantly gaining importance today. Today, it is not hierarchies, permanently manifesting in imperial architectures, but changeable network organizations that increasingly shape working and living environments. "Transparency comprises more than one optical characteristic; it implies a more comprehensive spatial layout. Transparency means the simultaneous perception of different spatial situations. Space not only expands, but fluctuates in continuous activity" [1]. In this context, a differentiation can be generally made between three forms of transparency.

Schlagwörter: *Architektur, Transparenz, Raumorganisation, Raumskulptur*

Keywords: *architecture, transparency, spatial organization, spatial sculpture*

1 Transparenz durch Raumorganisation

Wände unterteilen Räume und schirmen diese ab, gleichzeitig werden die Räume durch Öffnungen zugänglich und verbunden. Wände können dabei so weit reduziert und so zueinander positioniert werden, dass durch die Raumorganisation ein Höchstmaß an Transparenz entsteht, ohne dass die einzelne Raumwahrnehmung verloren geht. Es ergeben sich vielmehr Stellen im Raum, die zwei oder mehreren Räumen zugeordnet werden können. Die Räume können so unterschiedlich gelesen und genutzt werden. Die Wände schirmen ab **und** öffnen die Räume gleichzeitig.

Freigestellte, genau platzierte Wände ergeben eine klare Raumorganisation, die ein Höchstmaß an Transparenz erzeugt. Die Räume können unterschiedlich gelesen werden und sind ohne zwingende Nutzungsvorgabe.

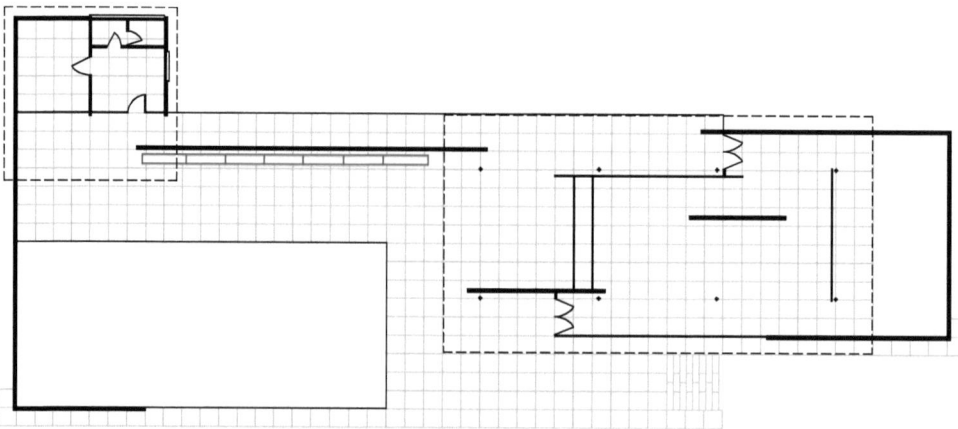

Bild 1 Barcelona Pavillon, Mies van der Rohe 1929, Rekonstruktion 1985
(© VG Bild-Kunst, Bonn 2023. Foto: Archiv Klaus Kinold, München)

2 Transparenz durch Raumskulptur

Der Raum des Gebäudes ist eine begehbare Skulptur. Räume öffnen und schließen sich in horizontaler und vertikaler Richtung über Durchblicke und ständigen Perspektivenwechsel. Ein Einraumhaus ohne Türen, aber mit vielen abgeschirmten Räumen. Öffnen und Schließen sind performative Vorgänge und nicht vorgegeben.

Der ordernde Grundriss wird in die dritte Dimension entfaltet und erzeugt so eine begehbare Raumskulptur. Offenheit und Geborgenheit auf acht Ebenen ermöglichen Konzentration und Kommunikation gleichzeitig, ohne gegenseitige Störungen.

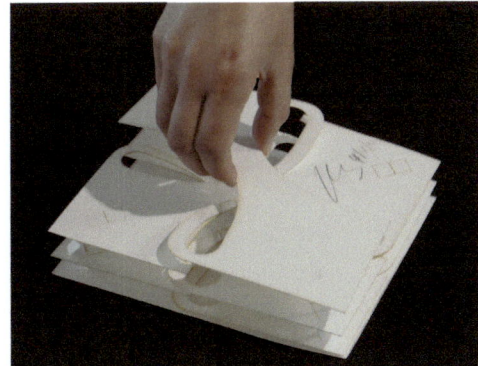

Bild 2 Merk Innovationszentrum, HENN, 2015 (© Henn)

Bild 3 Merk Innovationszentrum, HENN, 2015 (© HG Esch)

3 Transparenz durch Material

Transparenz wird meistens mit Materialeigenschaften verbunden. Durchblicke und Abschirmungen sind durch vorwiegend Gläser in vielen Abstufungen skalierbar. Aber auch hybride Anordnungen von z. B. transparentem Glas und Vorhängen können die Transparenzeigenschaften einfach verändern. Die transparente Hülle aus Glas ist ein begehbarer Zwischenraum. Er trennt und verbindet das Außen der Umgebung mit dem geheimnisvollen Inneren. Nach außen kommuniziert das Forum „Sprich mit mir" und schafft damit einen Übergangsraum und schützt gleichzeitig die Ausstellung, die Forschung und das eigentliche Forum im Inneren. Offene Räume fordern zum Austausch auf, Vorhänge schirmen ab und schaffen weitere Räume. Auch nach außen wird diese dynamische Transparenz sichtbar und als Zeichen eingesetzt. Eine Doppelfassade aus Glas mit individuell steuerbaren Vorhängen zeigt das Innere auch außen.

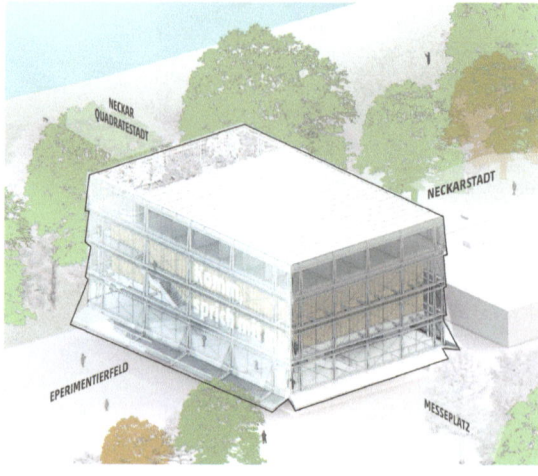

Bild 4 Forum Deutsche Sprache Mannheim, HENN, 2021 (© Henn)

Bild 5 Baramundi SoftwareFactory Augsburg, HENN, 2022 (© Laurian Ghinitoiu)

Transparenz ist ein elementares Gestaltungselement der Architektur unabhängig von ihren jeweiligen funktionalen, gesellschaftlichen oder historischen Kontexten. Transparenz ist eine gemeinsame Eigenschaft jeder Architektur. Mit dem Beobachtungsblick auf Transparenz können Gebäude und urbane Strukturen vergleichend gegenübergestellt werden. „Der Begriff der Transparenz macht es möglich, Unterschiede zu erkennen, die vielleicht einen Schlüssel für das Verständnis von der Einzigartigkeit eines Gebäudes oder seiner Ähnlichkeit mit anderen liefern können." [2]

4 Literatur

[1] Rowe, C.; Slutzky, R. (1986) *Transparency* in: *Transparency*. Basel: Birkhäuser, S. 22–23.
[2] Hoesli, B. (1986) *Addendum: Transparent Form-organization as an Instrument of Design* in: *Transparency*. Basel: Birkhäuser, S. 86.

Ihr persönlicher E-Book Code

ISBN 9783433034217 – Glasbau 2023
(inkl. E-Book als PDF)

Das von Ihnen erworbene E-Book ist im
ePDF-Format. Das Format ist nicht mit Amazon
Endgeräten oder Apps kompatibel.

Beachten Sie: Sobald der Code verwendet wurde,
sind eine Rückgabe oder der Weiterverkauf
ausgeschlossen.

Das E-Book können Sie unter
www.wiley-vch.de/ebooks/einlösen.
Eine ausführliche Anleitung zum Herunterladen des
E-Books finden Sie unter
http://www.wiley-vch.de/publish/dt/ebooks

Newsletter

Der kostenlose, monatliche Ernst & Sohn Newsletter informiert Sie über neue Bücher, interessante Zeitschriften-Artikel und aktuelle Branchennews.

JETZT ANMELDEN
www.ernst-und-sohn.de/nl

Ernst & Sohn
A Wiley Brand

glasstec

INTERNATIONAL TRADE FAIR FOR GLASS
PRODUCTION · PROCESSING · PRODUCTS

DISCOVER THE WORLD OF GLASS

22 – 25 OCT 2024
DÜSSELDORF | GERMANY

www.glasstec.de

Messe Düsseldorf

Hans-Wolf Reinhardt

Ingenieurbaustoffe

- **Grundlagen des Werkstoffverhaltens für die richtige, optimale Baustoffwahl**

Das Buch ist keine Enzyklopädie der Baustoffe, es ist vielmehr eine systematische Abhandlung mit Betonung auf den Grundlagen des Stoffverhaltens, um somit das Verständnis für die Abhängigkeiten der Werkstoffkonstanten, die eigentlich keine Konstanten sind, zu fördern.

2. aktualis. u. erw. Auflage · 2010 · 382 Seiten · 313 Abbildungen · 69 Tabellen

Hardcover
ISBN 978-3-433-02920-6   € 29,90*

BESTELLEN
+49 (0)30 470 31-236
marketing@ernst-und-sohn.de
www.ernst-und-sohn.de/2920

* Der €-Preis gilt ausschließlich für Deutschland. Inkl. MwSt.

Strukturell verklebte, wellenförmige Glasfassade mit Blick auf den Central Park

Klaus Kräch[1], Özhan Topcu[1], Benjamin Peter[1]

[1] seele GmbH, Gutenbergstraße 19, 86368 Gersthofen, Deutschland; klaus.kraech@seele.com; oezhan.topcu@seele.com; benjamin.peter@seele.com

Abstract

Im Zuge einer Neugestaltung des Tiffany & Co. Flagship Stores in New York City wurde seele mit der Fassadenkonstruktion des neuen VIP-Showrooms im 8.–11. Stock beauftragt. Das Design des Architekturbüros OMA und CallisonRTKL sah für die 343 m² große Fassade im 8.–9. Stockwerk eine Pfosten-Riegel-Fassade aus Aluminiumprofilen mit bis zu 3,5 × 2,13 m großen Scheiben vor. Für die 491 m² große Fassade im 10.–11. Stockwerk wurde eine Elementfassade konzipiert. Diese besteht aus 8,8 × 2,45 m großen Elementen, die sich aus mit Stahl verstärkten Aluminiumprofilen und statisch tragend verklebten Isolierverglasungen mit gewellten, warm gebogenen Glasscheiben zusammensetzen. Neben den zentralen Themen wie Design, Statik und Bauphysik stellte auch die Montage, gerade mit Blick auf die Elementfassade und die Anforderung eines reibungslosen Einbaus im Zentrum Manhattans, eine Herausforderung in der Planung dar.

Structurally bonded, wavy glass facade with a view over central park. As part of a redesign of the Tiffany & Co. flagship store in New York City, seele was commissioned with the facade construction of the new VIP showroom on the 8th–11th floors. The design by the architects OMA and CallisonRTKL envisaged a mullion and transom facade made of aluminium profiles with panes measuring up to 3,5 × 2,13 m for the 343 sqm facade on the 8th–9th floors. A unitized facade was designed for the 491 sqm facade on the 10th–11th floor. It consists of elements measuring 8,8 × 2,45 m, made of steel-reinforced aluminium profiles and structurally load-bearing bonded insulating glass units with corrugated, hot-bent glass panes. In addition to the central issues such as design, structural engineering and building physics, the assembly also posed a challenge in the planning, especially regarding the unitized facade and the requirement for a smooth installation in the centre of Manhattan.

Schlagwörter: *Kleben, Elementfassade, gebogenes Glas*

Keywords: *structural glazing, unitized facade, curved glass*

Glasbau 2023. Herausgegeben von Bernhard Weller, Silke Tasche. https://doi.org/10.1002/9783433611739.ch2
© 2023 Ernst & Sohn GmbH. Published 2023 by Ernst & Sohn GmbH.

1 Wahl eines passenden Fassadensystems

Die Elementfassade ist neben der Pfosten-Riegel-Fassade der wohl am häufigsten verwendete Fassadentyp in der Baubranche. Zu den Vorteilen dieses Systems zählen vor allem ein hoher Grad an Vorfertigung im Werk und damit ein verringerter Aufwand bei der Montage. Die Baustelleneinrichtung profitiert von geringeren Lagerflächen, da die Elemente direkt zum Einbau auf die Baustelle geliefert werden. Vor allem bei einheitlichen Fassadenflächen können auf der Baustelle durch eine vereinfachte Montage Kosten und Zeit gespart werden.

Zusätzlich zu den genannten kostenrelevanten Vorteilen bietet diese Bauweise auch eine Vielfalt an Möglichkeiten, mit denen Architekten ihre Ideen verwirklichen können. Hierzu gehört neben der möglichen Integration unterschiedlichster Materialien und Oberflächen in ein einziges Element auch die Umsetzbarkeit ungewöhnlicher Geometrien, welche erweiterte Möglichkeiten der optischen Gestaltung für Architekten bieten. Eine damit verbundene verbesserte Qualitätssicherung kann durch den Zusammenbau der Elemente im Werk sichergestellt werden. Zudem können Bauteile, die unter anderem aufgrund ihrer Geometrie auf der Baustelle schwer zu handhaben sind, im Werk präzise vorgefertigt und vormontiert werden, sodass sie vor Ort schnell und einfach installiert werden können.

Für den Erweiterungsbau des Tiffany & Co. Flagship Stores in New York wurden unterschiedliche Fassadensysteme gewählt. Während für die Fassade im 8. Stock das System der Pfosten-Riegel-Fassade aufgrund der guten Zugänglichkeit auf der Dachterrasse gewählt wurde, kam bei dem gewellten Fassadenabschnitt darüber die Elementfassade zum Einsatz. Aufgrund der ungewöhnlichen Glasgeometrie und der engen Platzverhältnisse inmitten von New York City haben die oben genannten Vorteile bei der Auswahl des Elementfassadensystems eine entscheidende Rolle gespielt.

2 Ein Schmuckkästchen für Manhattan

Das von den Architekten Cross & Cross entworfene Gebäude Nummer 757 an der Ecke 5th Avenue zu 57th Street wurde 1940 erbaut und dient seitdem Tiffany & Co. als Verkaufs- und Bürofläche für den weltweit sechsten Flagship Store. Im Jahre 1980 wurde das Gebäude durch weitere drei Stockwerke auf dem Dach und damit um zusätzliche 1250 m² Büro- und Lagerfläche erweitert.

Vierzig Jahre später begann 2020 eine zweijährige Renovierungsphase, die eine Neugestaltung der inneren Verkaufsräume, als auch den Abriss des Erweiterungsbaus vorsah, welcher durch eine vom Architekturbüro OMA designte, ähnlich große Aufstockung ersetzt werden sollte. Der Fassadenspezialist seele wurde mit Konstruktion, Fertigung und Montage der Gebäudehülle des Erweiterungsbaus beauftragt. Bild 1 zeigt das Gebäude und die Erweiterung, sowie ein Rendering der in der Renovierungsphase geplanten neuen Erweiterung auf Ebene acht bis elf.

Bild 1 a) Foto des 1940 erbauten Gebäudes (© Tiffany & Co.); b) Foto des Erweiterungsbaus aus 1980 (© The New York Times); c) Rendering der von OMA designten Erweiterung (© OMA)

2.1 Pfosten-Riegel-Fassade

Der neue Erweiterungsbau setzt sich aus zwei Ebenen zusammen. Die untere Ebene im 8. und 9. Stockwerk, ist nach innen versetzt und bietet Platz für eine Dachterrasse mit Blick auf die 5th Avenue und den Central Park (siehe Bild 2).

Die Fassade besteht aus einem Pfosten-Riegel-System aus Aluminiumprofilen. Die Pfosten spannen über eine Höhe von knapp 7,2 m über zwei Stockwerke, wovon einige aus brandschutztechnischen Gründen auch mittig an die dahinterliegende Decke angeschlossen sind. Der Abstand zwischen den Pfosten beträgt ca. 2 bis 2,2 m, welcher auch die Riegellänge definiert. Der Riegel ist darauf ausgelegt, neben den Windlasten auch gleichzeitig das Eigengewicht von ca. 500 kg der darüberstehenden Isolierglasscheibe abzutragen. Die Scheiben, welche eine Breite von ca. 2,1 m und eine Höhe von bis zu ca. 3,5 m aufweisen, wurden mit folgendem Scheibenaufbau realisiert:

GL01 – Pfosten-Riegel-Fassade:
- 12 mm Einscheibensicherheitsglas (ESG)
- Scheibenzwischenraum (SZR) 16 mm/90 % Argon
- Verbundsicherheitsglas (VSG) aus 2 × 6 mm Teilvorgespanntes Glas (TVG)/ 1,52 mm Polyvinylbutyral (PVB)

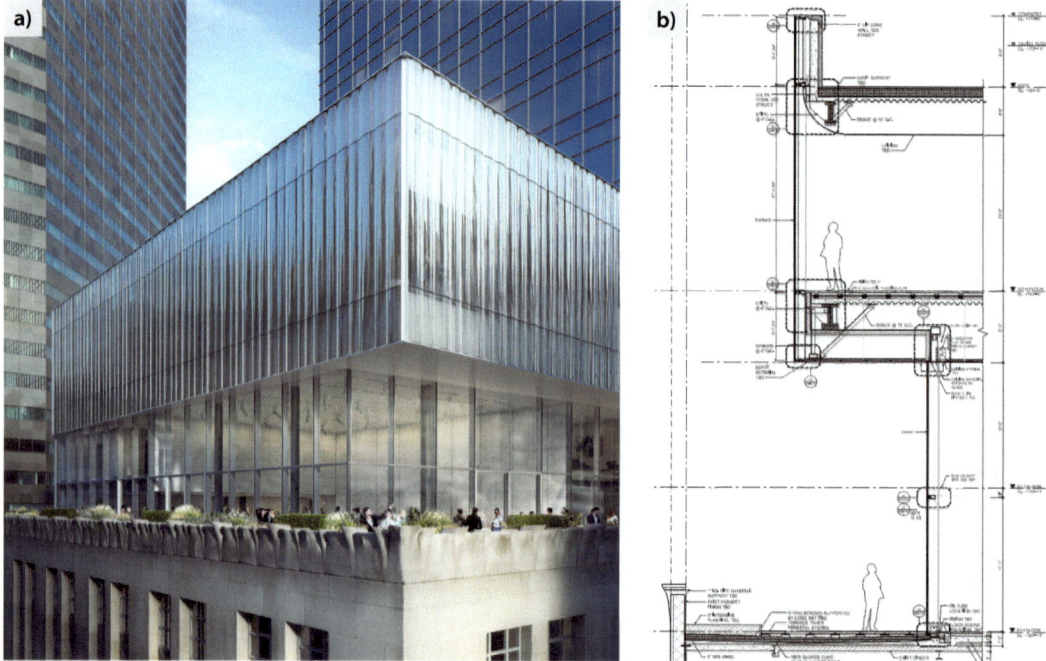

Bild 2 a) Rendering des Erweiterungsbaus von OMA (© OMA); b) Auszug aus Architektenzeichnung (© OMA)

Besondere Aufmerksamkeit war für die fünf Türöffnungen erforderlich, die sich teilweise über zwei Felder erstrecken, wodurch die Pfosten an den entsprechenden Stellen verjüngt werden mussten. Auch für den Eckpfosten war eine Sonderlösung notwendig, um die Verformungen unter erhöhten Eckwindlasten zu reduzieren. Dies wurde durch den Einsatz eines massiven Stahl-Vollquerschnitts gelöst.

2.2 Elementfassade in Übergröße

Bei der Fassade der zweiten Ebene im 10. und 11. Stock ließen sich die Architekten von der gewellten Brüstung inspirieren und entwarfen eine Glasbox mit der Optik eines gläsernen Vorhangs. Die dabei vorgesehenen gewellten Glasscheiben erzeugen von außen einen Spiegeleffekt, der Privatsphäre für die inneren Räume schafft. Das Rendering in Bild 2 zeigt beide Fassadenebenen in der Ansicht und im Systemschnitt.

Die Fassade mit einer Höhe von ca. 8,8 m erstreckt sich entlang der Nord- und Westseite über insgesamt ca. 491 m². Bereits in einer frühen Phase der Planung wurde die Fassade nicht zuletzt durch die Anforderung einer einfachen und reibungslosen Montage von seele als Elementfassade konzipiert. Die dabei realisierten Elemente weisen eine Breite von ca. 2,45 m auf und wiegen pro Element ca. 2,7 t.

Jedes Element besteht aus einem Tragrahmen. Dieser setzt sich wie folgt zusammen: Die Pfostenprofile bestehen aus eloxierten Aluminium-Strangpressprofilen, verstärkt durch einen Stahleinschub. Beide Pfostenprofile sind durch Querriegel aus Stahl-Rechteckrohren mit Aluminiumverkleidung gekoppelt und mit diesen biegesteif verschraubt.

In den Ecken des Elements befinden sich Eckverbinder aus Stahl-Flachprofilen. Der obere sowie auch der untere Querriegel besteht aus dem gleichen Aluminium-Strangpressprofil, welches bereits bei den Pfosten verwendet wurde. Diese sind jeweils gelenkig zu den Eckverbindern verschraubt und dienen den Glasscheiben als Lagerung aus der Ebene.

Jedes Element beinhaltet drei Isolierglasscheiben. Diese sind für Dauerlasten an der Unterkante doppelt mechanisch zum Rahmen geklotzt. Für Lasten aus der Ebene sind die Scheiben umlaufend statisch tragend zum Rahmen verklebt.

Die bis zu 5,2 m hohen und 2,45 m breiten Zweifach-Isolierverglasungen bestehen aus flachen Scheiben auf der Innenseite und gewellten Scheiben auf der Außenseite. Die gewellten Außenscheiben aus warm gebogenem Floatglas (FG) bestehen aus vier wellenförmigen Bögen unterschiedlicher Länge und Radien (siehe Bild 3). Bei den Glasaufbauten der Scheiben wurde zwischen den folgenden zwei Aufbauten unterschieden:

GL02 – Elementfassade (Sichtverglasung):
- VSG aus 2 × 6 mm FG (warm gebogen) mit polierter Kante/1,52 mm PVB
- SZR variable Tiefe mit min. 18 mm/90 % Argon
- VSG aus 2 × 8 mm TVG/1,52 mm PVB

GL02A – Elementfassade (Randverglasung mit „Shadowbox"):
- VSG aus 2 × 6 mm FG (warm gebogen) mit polierter Kante/1,52 mm PVB
- SZR variable Tiefe mit min. 18 mm/90 % Argon
- 8 mm ESG

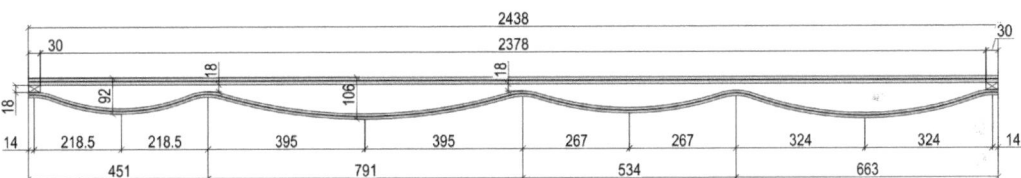

Bild 3 Horizontalschnitt durch GL02 (© seele)

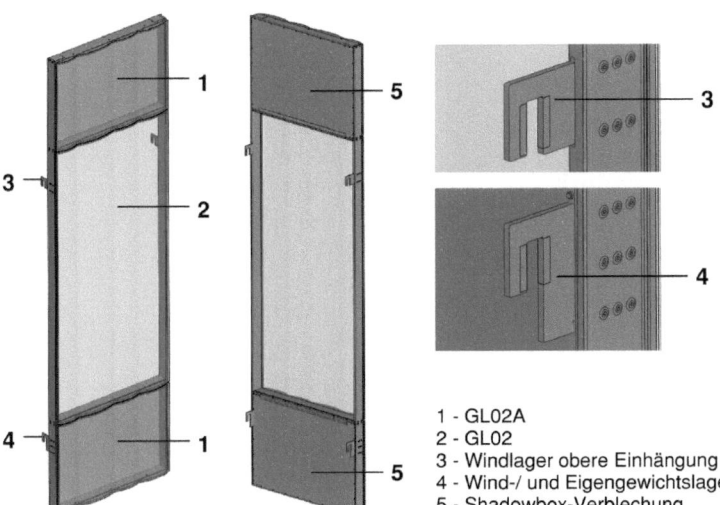

1 - GL02A
2 - GL02
3 - Windlager obere Einhängung
4 - Wind-/ und Eigengewichtslager
5 - Shadowbox-Verblechung

Bild 4 Aufbau eines Fassadenelements (© seele)

Die Elemente werden jeweils an vier Punkten durch ein Hakensystem an Konsolen befestigt, die vorab an die Primärstruktur montiert wurden. Während alle vier Lager als Windlager fungieren, sitzt das Element auf den unteren zwei Konsolen auf, welche somit zusätzlich als Eigengewichtslager dienen (siehe Bild 4). Grund für die Wahl eines stehenden Systems im Vergleich zu einem hängenden waren die bauseits aufzunehmenden Gebäudebewegungen vor allem in den Fassadeneckbereichen.

Die Bereiche hinter den kleinen Isolierverglasungen (GL02A) im unteren und oberen Abschnitt eines Elements sind mit einer Shadowbox verschlossen. Diese beinhalten ein Entlüftungssystem, um ganzjährig Kondensationsbildung zu verhindern.

3 Bemessung der Elementfassade

3.1 Stahl-/Aluminiumrahmen

Um der vom Architekten gewünschten Optik zu entsprechen, wurden für die Tragrahmen der Elemente Aluminium-Strangpressprofile verwendet. Damit der Tragrahmen eine ausreichende Steifigkeit zur Lagerung der darauf verklebten Isoliergläser aufweist, wurden die Aluminiumprofile, wie in Bild 5 dargestellt, durch eingeschobene Stahlverstärkungen ausgesteift.

Die Profile des Tragrahmens wurden im ersten Schritt in einem Stabwerksmodell ohne Berücksichtigung aller aussteifenden Effekte durch Glas, Silikonverklebungen und Shadowbox-Verblechung nachgewiesen. Basierend auf der Steifigkeit der Einzelquerschnitte ergab sich eine Lastaufteilung zwischen Aluminium- und Stahlquerschnitten wie in Gl. (1) und Gl. (2) dargestellt.

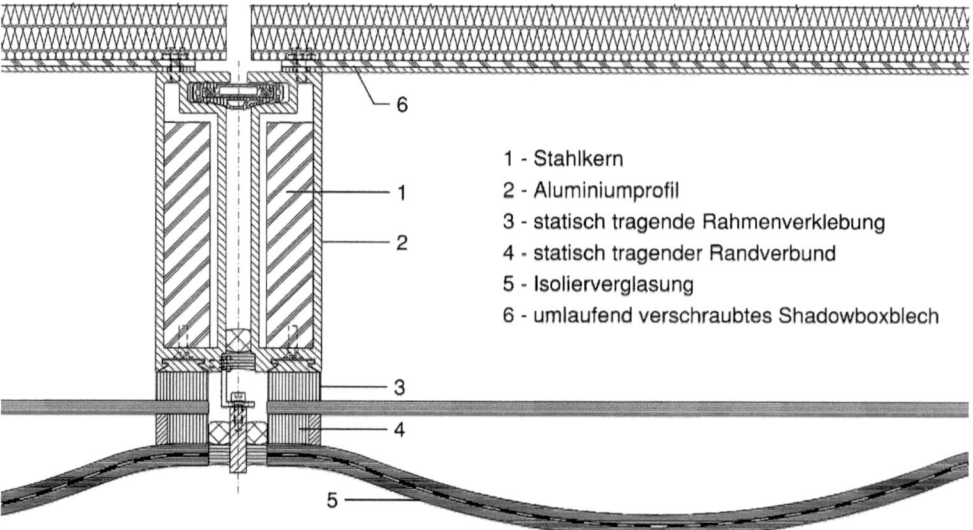

1 - Stahlkern
2 - Aluminiumprofil
3 - statisch tragende Rahmenverklebung
4 - statisch tragender Randverbund
5 - Isolierverglasung
6 - umlaufend verschraubtes Shadowboxblech

Bild 5 Horizontaler Detailschnitt – Pfosten zweier benachbarter Fassadenelemente (© seele)

$$\mu_s = \frac{\eta \cdot I_{y.s}}{I_{tot}} = 0.67 \tag{1}$$

$$\mu_a = \frac{I_{y.a}}{I_{tot}} = 0.33 \tag{2}$$

mit:
η Verhältnis der Elastizitätsmodule von Stahl zu Aluminium
$I_{y.s}$ Flächenträgheitsmoment Stahlteilquerschnitt
$I_{y.a}$ Flächenträgheitsmoment Aluminiumteilquerschnitt
I_{tot} $= I_{y.a} + \eta \cdot I_{y.s}$, Flächenträgheitsmoment Gesamtquerschnitt

Auf der sicheren Seite liegend wurde für den Spannungsnachweis als auch bei der Stabilitätsanalyse nur der Stahleinschub rechnerisch berücksichtigt und entsprechend nachgewiesen. Aufgrund des gewählten Lagerungssystems eines ‚stehenden' Elements war für den Nachweis der Stabilität das Pfostenprofil maßgebend.

3.2 Glasbemessung

Zusätzlich zu den gängigen Herausforderungen bei der Bemessung einer flachen Isolierglasscheibe, stellten die vom Architekten gewünschten gewellten Außenscheiben das Team vor zusätzliche Herausforderungen.

3.2.1 Biegezugfestigkeit und thermische Spannungsanalyse

Die gewellten Einzelscheiben der äußeren VSG der Isolierverglasungen bestehen aus warm gebogenen Float-Glasscheiben. Aufgrund des Herstellungsverfahrens und der resultierenden unterschiedlichen Materialeigenschaften von kleinformatigen Prüfkörpern konnte die Biegezugfestigkeit der gebogenen Scheiben nicht wie üblich über einen 4-Punkt-Biegeversuch erfolgen. Aus diesem Grund wurde eine Versuchsreihe durchgeführt. Die inhomogene Geometrie der Scheibe machte eine gleichförmige Lastaufbringung notwendig. Um dies zu realisieren, wurde eine gewellte Einzelscheibe horizontal auf einen Prüfstand gelegt und umlaufend verklebt. Dabei entstand unter der Scheibe ein abgeschlossener Luftraum, in dem ein Unterdruck zur Lastaufbringung erzeugt wurde. Im Vorfeld wurde zur statischen Auswertung die Biegezugfestigkeit von Floatglas mit 45 N/mm² vorausgesetzt und die dafür benötigte Flächenlast auf die Scheibe ermittelt. Diese Last wurde als Kriterium in der Versuchsdurchführung überschritten. Aus diesem Grund konnte im statischen Nachweis der Glasscheibe die charakteristische Biegezugfestigkeit von Floatglas ohne Abminderung durch den Herstellprozess herangezogen werden. Zusätzlich zur Biegezugfestigkeit wurden thermische Belastungstests durchgeführt, um die Widerstandsfähigkeit gegen Temperaturunterschiede in den Scheiben nachzuweisen.

3.2.2 Ermittlung der Klimalasten in den Isolierverglasungen

Das Luftvolumen in den Isolierglasscheiben ist aufgrund der gewellten Geometrie viel größer als bei einem herkömmlichen Aufbau mit flachen Scheiben. Dies führt zu einer erhöhten Beanspruchung durch Klimalasten aus Temperatur- und Luftdruckänderungen. Bei der Ermittlung dieser Lasten auf die Scheiben wurde auf die Gasgleichung für ideale Gase zurückgegriffen, wobei das im Scheibenzwischenraum eingeschlossene Gas zwischen Produktionszeitpunkt (*pr*) und Einbauzustand (*e*) über die Beziehung in Gl. (3) im Gleichgewicht steht.

$$\frac{P_{\text{pr}} \cdot V_{\text{pr}}}{T_{\text{pr}}} = \frac{(P_{\text{e}} + \Delta P) \cdot (V_{\text{pr}} + \Delta V)}{T_{\text{e}}} \quad (3)$$

mit:
P_{pr} Druck im SZR bei Produktion (entspricht Druck der Umgebungsluft)
V_{pr} Gasvolumen im SZR bei Produktion
T_{pr} Temperatur des Gases bei Produktion
P_{e} Gasdruck im SZR im Einbauzustand (infolge Wetter, Höhe ü.NN)
ΔP Druckdifferenz im SZR gegenüber Umgebung
ΔV Volumenänderung des SZR in Abhängigkeit der Systemsteifigkeit
T_{e} Gastemperatur im SZR im Einbauzustand

Berücksichtigt man in der Berechnung die Steifigkeit des Systems, so führt diese zu einer Veränderung des Volumens und des Drucks im Scheibenzwischenraum. Im Allgemeinen setzt sich die relative Volumenänderung im SZR wie in Gl. (4) dargestellt aus den Anteilen des Innendrucks im SZR und den äußeren Lasten auf die innere und äußere Scheibe zusammen.

Durch Einsetzen von Gl. (4) in Gl. (3) erhält man eine quadratische Gleichung bei deren Lösung man die zu berechnende Größe der resultierenden Druckdifferenz ΔP erhält.

$$\frac{\Delta V}{V_{\text{pr}}} = \delta p \cdot \Delta P + \delta a \cdot P_{\text{a}} + \delta i \cdot P_{\text{i}} \quad (4)$$

mit:
δp relative Volumenänderung unter Einheitslast Innendruck im SZR
δa relative Volumenänderung unter Einheitslast auf die Außenscheibe
δi relative Volumenänderung unter Einheitslast auf die Innenscheibe

Zur Ermittlung der relativen Volumenänderung wurden die flache Innenscheibe und die gewellte Außenscheibe der Isolierverglasung in einem Flächenmodell mit Einheitslasten für jeden Lastanteil berechnet.

Über die Auswertung der Volumenänderung unter Zuhilfenahme der Differenzverformung der einzelnen Scheiben zueinander und einer linearen Faktorisierung mit den einwirkenden Kräften konnten die Klimalasten und die Kopplung der Scheiben ermittelt werden.

Dieses Vorgehen wurde bei den großen Scheiben der Elemente (GL02) verwendet, da hier nichtlineare Effekte vernachlässigbar waren. Bei den kleinen Isoliergläsern im oberen und unteren Bereich der Elemente (GL02A), wo im Vergleich zu der großen Scheibe auf der Innenseite statt einer VSG nur eine monolithische Scheibe eingebaut wurde, war das nichtlineare Tragverhalten deutlicher. Bei diesen Scheiben wurde die Druckdifferenz ΔP iterativ bestimmt bis die Gleichgewichtsbedingung gelöst werden konnte.

3.2.3 Nachweis der Glasscheiben

Im Nachweis der Isoliergläser wurde aus diversen Gründen zwischen zwei unterschiedlichen Aufbauten unterschieden. Die Glasposition GL02 der geschosshohen Sichtverglasung hat neben der Funktion des Raumabschlusses auch die Anforderung der Absturzsicherung. Aus diesem Grund wurde auf der Innenseite ein VSG aus zwei TVG-Scheiben gewählt. Aufgrund der Scheibengeometrie und ihrem Verhältnis von Breite zu Höhe hatte die Wellenform keinen wesentlichen Einfluss auf das Tragverhalten der äußeren Scheibe. Diese spannt horizontal senkrecht zum Wellenverlauf.

Die Glasposition GL02A der Randverglasung weist aufgrund ihrer Abmessungen ein anderes Tragverhalten auf. Diese spannt vertikal parallel zum Wellenverlauf, welcher aus diesem Grund einen aussteifenden Effekt auf die äußere VSG bewirkt. Basierend auf den Ergebnissen der thermischen Spannungsanalyse und der hohen Temperaturen aufgrund der Shadowbox hinter diesen Scheiben, kam im Inneren eine monolithische ESG-Scheibe zum Einsatz.

Der in den USA zu verwendenden Norm ASTM 1300 [1] für Glas im Hochbau folgend, wurden die Scheiben nach dem Konzept der zulässigen Spannungen („allowable stress design – ASD") nachgewiesen. Dabei wurde im Nachweis der VSG-Scheiben eine Grenzwertbetrachtung durchgeführt, bei der sowohl kein Schubverbund, als auch ein voller Schubverbund über die Folie untersucht und nachgewiesen wurde. Im nachfolgenden Bild 6 sind auszugsweise die resultierenden Spannungen beider Glasaufbauten unter kurzzeitiger Beanspruchung dargestellt. Zur besseren Darstellung wurden die hohen gewellten Scheiben auf der rechten Seite in der Ansicht gedreht.

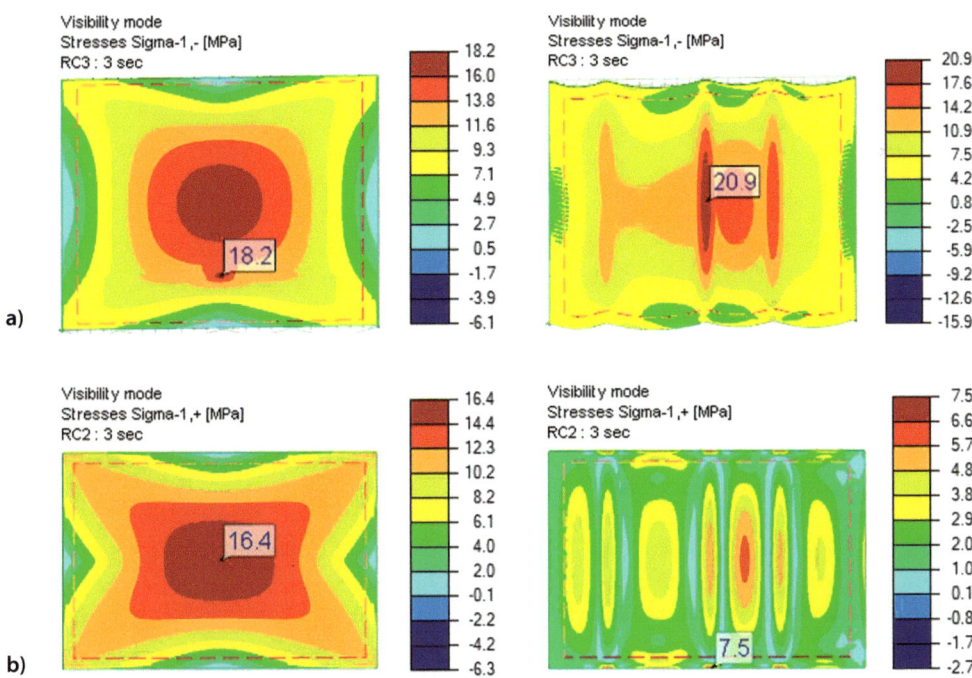

Bild 6 Spannungsauswertung a) unter Kurzzeitbeanspruchung der GL02 und b) GL02A Scheiben (© seele)

3.3 Statisch tragende Verklebungen

Die statisch tragenden Verklebungen zum Rahmen als auch der statisch tragende Randverbund der Elemente wurden auf zwei Arten nachgewiesen. Im ersten Schritt wurden die Verklebungen vereinfacht nach ETAG 002 [2] berechnet. Dabei werden die Scheiben gedanklich aus dem System getrennt und die erforderliche Verklebebreite h_c, wie in Gl. (5) gezeigt, über die Lasteinzugsflächen ermittelt. Dies geschieht unter der Annahme, dass die resultierenden Spannungen in der Verklebung eine gleichförmige Verteilung aufweisen.

$$h_c \geq \frac{a \cdot W}{2 \cdot \sigma_{des}} \tag{5}$$

mit:
a Abmessung der kurzen Seite der Glasscheibe
W kombinierte Einwirkung aus Wind und Klimalasten
σ_{des} Bemessungswert der Zugspannung

Sobald man die Steifigkeit der tragenden Rahmenkonstruktion berücksichtigt, kann man nicht mehr von einer gleichförmigen Verteilung der Silikonspannungen ausgehen. In diesem Fall ist eine genauere Berechnung erforderlich. Um eine mögliche Zusatzbeanspruchung auf die Verklebungen zu berücksichtigen, wurde im zweiten Schritt das ursprünglich verwendete Stabwerksmodell zum Nachweis des Tragrahmens um die Glasscheiben und die Verklebungen erweitert. Dabei wurden sowohl die flachen als auch die gewellten Scheiben als Flächen im Modell aufgenommen. Der statisch tragende Randverbund, als auch die Verklebung der Scheiben zum Rahmen wurden im Modell als Federelemente diskretisiert. Den Federn wurde in Abhängigkeit der Fugengeometrie eine Steifigkeit in Längsrichtung (siehe Gl. (6)) und in Querrichtung zugewiesen (siehe Gl. (7)).

$$C_N = E \cdot A_F / e \tag{6}$$
$$C_V = G \cdot A_F / e \tag{7}$$

mit:
E effektiver E-Modul unter Berücksichtigung der Fugengeometrie
G effektiver Schubmodul
A_F effektive Fugenabmessung (Fugenbreite × Abstand der Federelemente)
e Fugendicke

Im detaillierten Berechnungsmodell zeigten sich vor allem die folgenden zwei Effekte, die in der vereinfachten Berechnung nach ETAG nicht berücksichtigt werden konnten. Aufgrund der gewellten Form der Außenscheibe variiert der horizontale Randverbund in der Dicke e zwischen 18 mm und 75 mm. Dies wurde im Modell berücksichtigt, indem die Fuge in Abschnitte annähernd gleicher Dicke unterteilt und entsprechend entlang der Fuge unterschiedliche Steifigkeiten berücksichtigt wurden. Auf diese Weise konnten Spannungskonzentrationen in Bereichen kleiner Fugendicken rechnerisch abgebildet und berücksichtigt werden. Des Weiteren wurde, da sich die großen Scheiben teils über den Grenzwert nach ETAG von $L/100$ verformten, eine Rotation der Fuge berücksichtigt. Dies wurde im Modell durch eine Teilung der Fuge über die Breite verwirklicht.

Bei der Auswertung der genauen Berechnung ergaben sich Silikonspannungen, die teilweise um den Faktor 1,5 über denen lagen, die vereinfacht nach ETAG ermittelt wurden. Mit dem oben beschriebenen Vorgehen und unter Ansatz der genauen Steifigkeiten der Silikonfugen konnte so der Spannungsnachweis im Berechnungsmodell durchgeführt und erbracht werden.

4 Fertigung, Transport und Montage

4.1 Fertigung

Die Notwendigkeit, die architektonisch gewünschte Optik mit den statischen Anforderungen in Einklang zu bekommen, stellte die Fertigung bereits zu Beginn vor die ersten Herausforderungen. Um die 43 mm schlanken und 8,8 m hohen Aluminiumprofile auszusteifen, wurde ein 28 mm dicker und 7 m langer Flachstahlquerschnitt in die 32 mm breite Profilkammer eingeschoben. Aufgrund der Abmessungen musste der Einschub exakt passen und wurde aus diesem Grund, wie in Bild 7 gezeigt, in der Arbeitsvorbereitung ausgerichtet.

Die Fertigung der gewellten Isoliergläser stellte eine weitere Herausforderung dar. Damit die Passgenauigkeit zwischen den Scheiben mit den Tragrahmen sichergestellt werden konnte, wurde, wie in Bild 7 gezeigt, die Geometrie der gefertigten Gläser mittels einer Schablone gegengeprüft. Speziell angefertigte, hydraulisch in Höhe verstellbare Arbeitstische erleichterten den Zusammenbau der Elemente und ermöglichten es, dass die Structural Glazing (SG)-Versiegelungen immer auf Arbeitshöhe stattfinden konnten.

Die Elemente wurden nach dem Zusammenbau in der Fertigungsstraße zwischengelagert und anschließend in eigens dafür angefertigten Holzkisten für den Versand nach Amerika verpackt. Aufgrund der Elementgrößen war die Anzahl auf vier Stück pro Versandbox beschränkt.

Bild 7 a) Ausrichtung der Stahleinschubprofile; b) Prüfung der Scheiben (© seele)

Bild 8 Impressionen vom Probeaufbau in Gersthofen (© seele)

4.2 Probeaufbau in Gersthofen

New York ist eine der teuersten Städte der Welt. So ist es nicht verwunderlich, dass Straßensperrungen in Manhattan mit besonderen Genehmigungen und Kosten verbunden sind. Aus diesem Grund, und um einen reibungslosen Ablauf zu gewährleisten, wurde der Montagevorgang eines Elements mit der speziell für die Montage angefertigten, übergroßen und an die gewellte Scheibengeometrie angepassten Sauganlage in Gersthofen vorab getestet. Dabei wurde das Element aus der Transportkiste gehoben, um 90° in Einbaulage gedreht und an Originalkonsolen montiert (siehe Bild 8).

Somit war der Montageablauf klar und konnte dann auch auf der Baustelle erfolgreich durchgeführt werden.

4.3 Montage in Manhattan

Die Montage in Manhattan war stark wetterabhängig, denn bei starkem Regen oder Wind konnte diese nicht durchgeführt werden. Die Bauleiter hatten daher beim Einheben und auch schon Tage zuvor das Wetterradar immer genau im Blick. Wenn die Rahmenbedingungen gepasst haben, wurden die horizontal orientierten Elemente in den Transportkisten mit der Sauganlage angesaugt, aus der Kiste gehoben und um 90° in die Vertikale gedreht. Mit einem speziellen Kran wurden die Elemente dann auf eine Höhe von ca. 40 m gebracht. Die Monteure standen auf dem Gebäude mittels Hebebühnen schon bereit und navigierten den Kran (siehe Bild 9).

4 *Fertigung, Transport und Montage* | 19

Bild 9 Impressionen von der Montage in New York (© seele)

Bild 10 Ansicht der montierten Elementfassade (© seele)

Ab diesem Zeitpunkt war eine sehr präzise Abstimmung der Monteure gefragt, um das Element ohne Beschädigungen in den Konsolen einzuhängen.

Nachdem das erste Element an Ort und Stelle eingehoben, ausgerichtet und befestigt wurde, folgten nach und nach alle anderen Elemente. Dem erfolgreichen Abschluss stand somit nichts im Weg und die Kundenzufriedenheit bei der Abnahme der Fassade war groß.

5 Literatur

[1] ASTM E1300-16 (2016) *Standard Practice for Determining Load Resistance of Glass in Buildings*.

[2] Deutsches Institut für Bautechnik (DIBt) *ETAG 002: Leitlinie für die Europäische Technische Zulassung für Geklebte Glaskonstruktionen, Teile 1 bis 3*.

Bernhard Weller/ Jens Schneider/ Christian Louter/ Silke Tasche (eds.)

Engineered Transparency 2021

Glass in Architecture and Structural Engineering

- structural glazing is one of the most dynamically
- renowned international authors give a deep insight into the current research work
- with currently completed buildings worldwide

Glass architecture is more ubiquitous today than ever. This book represents the latest developments in the field of glass structures, façade engineering and solar technologies. Renowned international authors give a deep insight into research work and outstanding projects.

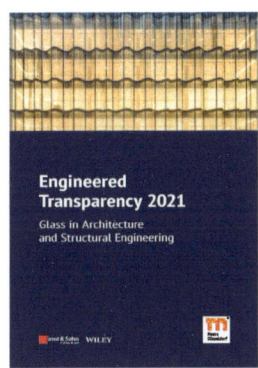

2021 · 604 pages · 335 figures · 64 tables

Softcover
ISBN 978-3-433-03320-3   € 49.90*

ORDER
+49 (0)30 470 31-236
marketing@ernst-und-sohn.de
www.ernst-und-sohn.de/en/3320

* All book prices inclusive VAT.

THIELEGLAS
TRANSPARENTE INNOVATION.

www.thiele-glas.de | info@thiele-glas.de

GLASDESIGN
konzipiert
in neuen Sphären

Individuelle Glasfertigung für Ihr nächstes Projekt

Stefan Polónyi, Wolfgang Walochnik

Architektur und Tragwerk

Klassiker des Bauingenieurwesens

- ein Buch, das die Erfahrungen einer erfolgreichen Zusammenarbeit zwischen Architekt:innen und Bauingenieur:innen widerspiegelt
- ergänzter Nachdruck der 1. Auflage aus 2003

Das Buch behandelt den Entwurfs- und Planungsprozess von ausgeführten Hochbauten in der Praxis. Es ist ein Arbeitsbuch für Architekt:innen und Ingenieur:innen und Studierende beider Fachrichtungen.

BESTELLEN
+49 (0)30 470 31-236
marketing@ernst-und-sohn.de
www.ernst-und-sohn.de/3369

Ernst & Sohn
A Wiley Brand

2022 · 354 Seiten · 300 Abbildungen
Softcover
ISBN 978-3-433-03369-2   € 29.90*

* Der €-Preis gilt ausschließlich für Deutschland. Inkl. MwSt.

Additive Fertigung von freigeformten Stahl-Glas-Konstruktionen

Matthias Oppe[1], Lia Tramontini[2], Sebastian Thieme[3]

[1] knippershelbig GmbH, Tübinger Straße 12–16, 70178 Stuttgart, Deutschland; m.oppe@knippershelbig.com
[2] Architectural Facades and Products Research Group, TU Delft, Niederlande; l.m.tramontini@tudelft.nl
[3] Jansen AG, Oberriet, Schweiz; sebastian.thieme@jansen.com

Abstract

Die additive Fertigung (engl.: additive manufacturing, AM) – weitgehend auch als 3D-Druck bezeichnet – eröffnet als zukunftsweisende Technologie eine bisher unvorstellbare Gestaltungsfreiheit für Stahlsystemfassaden. Das aufstrebende und innovative Fertigungsverfahren schreitet in Bezug auf Qualität sowie auf die digitale Prozesskette mit variablen Anwendungsmöglichkeiten und einer breiten Materialpalette schnell voran. Im Rahmen einer Forschungskooperation zwischen der Jansen AG, Oberriet/CH, der TU Delft/NL und dem Ingenieurbüro knippershelbig GmbH, Stuttgart/D wird die Anwendung von 3D-Druck-Technologien zur Herstellung von Komponenten für freigeformte Stahl-Glas-Konstruktionen untersucht.

Towards AM Free-form steel and glass structures. AM is explored as a means of producing structural nodes for freeform steel and glass facade construction. AM has the potential to substantially change the way that architectural products are made. The technology is rapidly advancing both in terms of quality and in terms of industrialization for a wide range of materials. Different AM methods are explored, an overview of the respective fabricated node designs is provided. The novel AM methods are demonstrated in a large feature freeform facade being designed and constructed using a parametric digital workflow. The work presented in this paper is part of the exploratory phase of an on-going product development – a collaboration between Jansen AG, TU Delft, and knippershelbig.

Schlagwörter: *additive Fertigung, AM, 3D-Druck, Stahl-Glas-Konstruktion, Freiform*

Keywords: *additive manufacturing, AM, 3D printing, steel and glass construction, free-form*

1 Einführung

Freigeformte Konstruktionen aus Stahl und Glas erfreuen sich immer größerer Beliebtheit im modernen Bauen. Die Fähigkeit, Freiform-Gebäudehüllen zu konstruieren, kann von Architekten genutzt werden, um Gebäude mit einer starken Identität zu schaffen. Ingenieuren ergeben sich Möglichkeiten, hocheffiziente Strukturen mit großen Spannweiten zu entwerfen. Die Verwendung von Glas ist für Architekten unablässig, um Räume mit natürlichem Tageslicht zu versorgen. In Kombination mit Unterkonstruktionen aus Stahl, entstehen schlanke Konstruktionen mit maximaler Transparenz (Bild 1).

In Freiformstrukturen ist die Verwendung von geraden Profilen bzw. Stäben in Kombination mit ebenen Glasscheiben gängige Praxis, um eine Kosten- und Fertigungseffizienz zu erreichen. Die Komplexität des Systems konzentriert sich daher in den Verbindungselementen (Knoten). Die geometrischen Randbedingungen für die Knoten sind besonders herausfordernd, da jeder Knoten in der Regel einzigartig ist.

Die derzeitige Praxis zur Herstellung von Knoten für derartige Anwendungen stützt sich stark auf Computer-Aided Manufacturing (CAM). Bei freigeformten Stahl-Glas-Konstruktionen werden üblicherweise CAM-Technologien wie Laserschneiden, Laserschweißen und CNC-Fräsen (Computer Numerical Control) verwendet, um die Knoten herzustellen. Diese Knoten bestehen entweder aus komplexen Unterkomponentenbaugruppen, die verschiedene unterschiedliche Herstellungsvorgänge erfordern und bei der Fertigung auf erhebliche manuelle oder komplexe digitale Eingriffe angewiesen sind (Bild 2a – Schweißknoten mit geschraubten Anschlüssen).

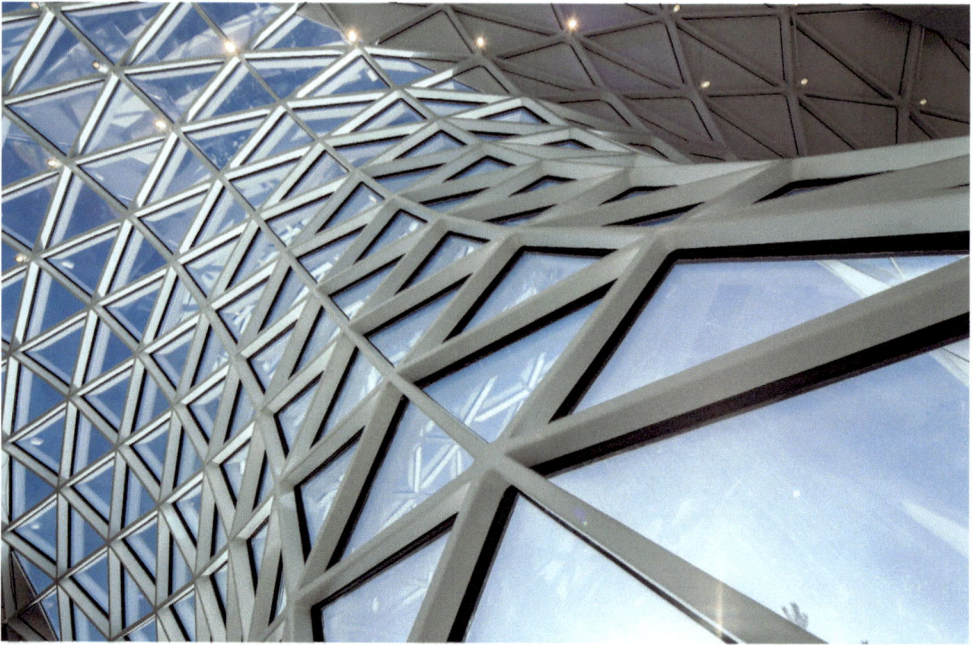

Bild 1 Bory Mall Bratislava, Slovakei (© Metal Yapi)

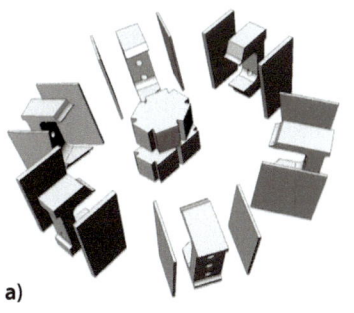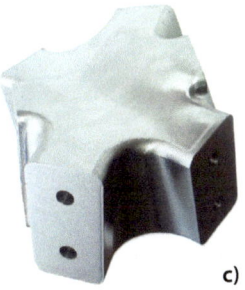

Bild 2 a) geschweißter Knoten (© seele), b) gebrannter Knoten (© Wagner Biro) und c) Vollknoten (© Metal Yapi)

Alternativ ist ihre Geometrie zur Erleichterung der Herstellung (hier Laserschneiden) vereinfacht, was jedoch die Herstellung und/oder den Anschluss der Profile (Bild 2b – geschweißte Verbindungen) erschwert und/oder möglicherweise die Integration der inneren Dichtungsebene beeinträchtigen kann. Die CNC-gefräste Variante (Bild 2c) ist derzeit die gängigste Typologie für die Herstellung solcher Knoten, welche durch die Freiheiten von mehrachsigen CNC-Fräsen die Umsetzung sehr eleganter, scheinbar kontinuierlicher Gitterschalen ermöglichen (Bild 1). Da das subtraktive CNC-Verfahren Abfallmaterial erzeugt und die massiven Vollknoten oft gering ausgelastet und somit viel schwerer als strukturell notwendig sind, ist die Materialeffizienz gering. Es kommt hinzu, dass bei Konstruktionen aus großen Stahlprofilen erhebliche Lasten infolge Eigengewichts der Knoten zu berücksichtigen sind.

AM ist eine neue und sich schnell entwickelnde Technologie, die ein beispielloses Maß an geometrischer Freiheit erlaubt, welche weitere Möglichkeiten in der Entwurfsphase bietet. Am Markt sind derzeit zahlreiche AM-Methoden, die jeweils ihre eigenen charakteristischen Vor- und Nachteile haben, für eine Vielzahl von Materialien verfügbar. Das Ziel der Forschungskooperation ist es, das Potenzial von AM beim Einsatz zur Herstellung von Freiform-Stahl-Glas-Konstruktionen zu untersuchen und das bestehende kommerzielle Fassadensystem VISS der Jansen AG für Freiform-Anwendungen mit AM-Knotenkomponenten auf VISS[3] zu erweitern.

2 Systemlösungen für Stahl-Glas-Konstruktionen

2.1 Allgemeines

Eine „Systemlösung" in Bezug auf den Fassadenbau bezeichnet die Entwicklung von Teileserien innerhalb eines Fassadensystems, die je nach den spezifischen Anforderungen eines bestimmten Projekts ausgetauscht und/oder angepasst werden können, ohne den technischen Kern des Systems zu verändern. Ein solcher Ansatz ermöglicht es den Anbietern von Fassadensystemen, Architekten und Ingenieuren ein breites Spektrum an Gestaltungsmöglichkeiten für ihre Gebäude mit einem hohen Maß an Engineering- und Fertigungseffizienz anzubieten. Im Fassadenbau bedeutet dies, unterschiedliche Profilformen und -abmessungen, Paneeltypen und -abmessungen sowie Dichtungsprofilgeometrien zu berücksichtigen und gleichzeitig einheitliche Schnittstellen zwischen den verschiedenen Elementen derselben Schicht innerhalb der Fassade sowie zwischen den verschiedenen Elementen beizubehalten. Einer der Hauptvorteile dieser Strategie besteht darin, dass Systemkapazitäten vorkonstruiert und die geeigneten Elemente aus dem Teilesatz einfach ausgewählt werden können, sobald die Projektanforderungen festgelegt sind.

2.2 Pfosten-Riegel-Fassaden

Pfosten-Riegel-Fassaden wie z. B. das VISS-Fassadensystem werden typischerweise als mehrschichtige Systeme aufgebaut (Bild 3), wobei jede Schicht eine Reihe spezifischer Funktionen hat.

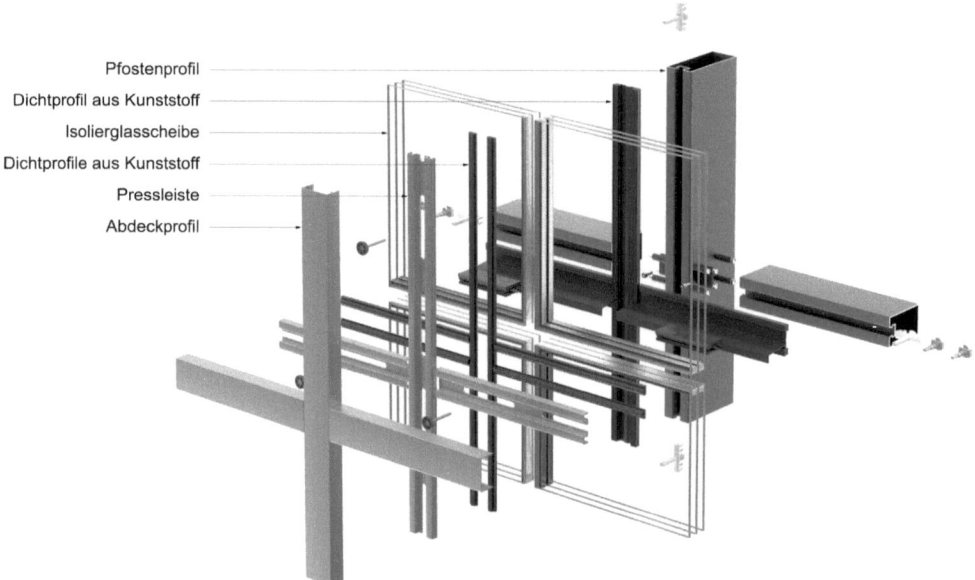

Bild 3 Explosionszeichnung | Knoten einer Pfosten-Riegel-Fassade (© Jansen AG)

2.3 Freigeformte Stahl-Glas-Konstruktionen

Freiformknoten aus Stahl oder Edelstahl sollen für VISS[3] objektspezifisch hergestellt werden; die Grundkonstruktion basiert auf Standardkomponenten der VISS-Systemfassade. Die Idee einer „Systemlösung" ist eine zentrale Voraussetzung für die Entwicklung der AM-Teile. Zunächst werden Standardschnittstellen für die Knoten zur Anbindung an das bestehende VISS-Fassadensystem der Jansen AG entwickelt.

Die Knoten sollen eine parametrisch gesteuerte Geometrie mit festgelegten Dimensionsvariablen haben, die basierend auf den spezifischen Kräften im Projekt und an einem bestimmten Knoten angepasst werden können. Für jedes AM-Fertigungsverfahren ist ein anderes Knotendesign und andere Variablen basierend auf den Vor- und Nachteilen der Technologie zu definieren.

Eine Systemlösung bringt eine Reihe entscheidender Vorteile mit sich: Die Fertigungsabläufe und die Vorgehensweise können konsistent bleiben; Druckparameter, deren Feinabstimmung für qualitativ hochwertige und weniger fehlerhafte Drucke erheblichen Aufwand erfordern kann, können standardisiert werden; und der Planungsprozess kann effizienter gestaltet werden.

3 AM-Fertigungsverfahren

3.1 Allgemeines

AM ist ein Begriff, der eine Vielzahl von Technologien umfasst. Auch im Stahldruck stehen verschiedene Verfahren zur Verfügung. Bild 4 zeigt mehrere Metall-AM-Fertigungsverfahren, die grob nach Druckmaßstab, Auflösung/ Teilekomplexität und Kosten organisiert sind. Die erforderliche Größe der Knoten für Freiform-Konstruktionen variiert in Abhängigkeit von den Abmessungen der angeschlossenen Profile sowie der Geometrie der Eindeckung. Für die sich ergebende Bandbreite stehen eine Reihe unterschiedlicher Druckverfahren zur Verfügung.

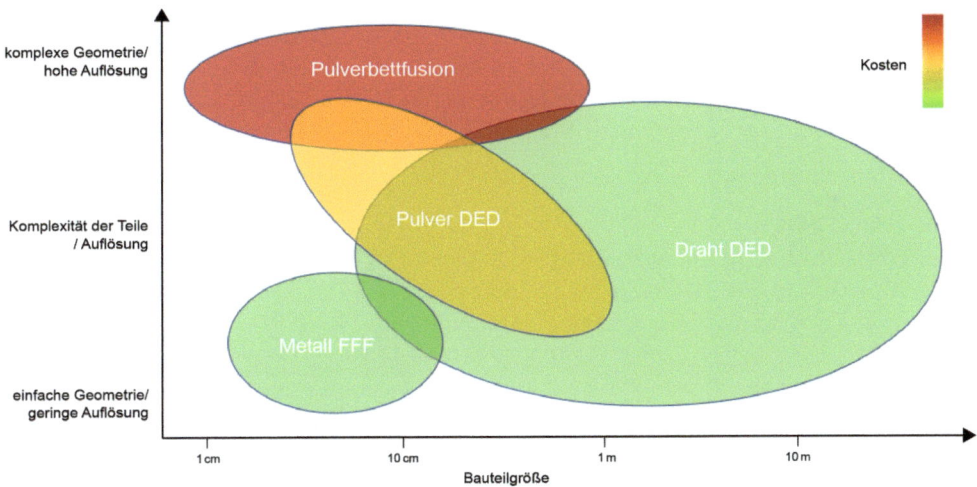

Bild 4 Vergleich verschiedener AM-Verfahren (© Robert Bowerman)

3.2 Laser-basierte Pulverbettfusion

Pulverbettfusion (EN: Powder Bed Fusion oder kurz PBF) ist eine Kategorie von AM-Prozessen, bei denen thermische Energie selektiv Bereiche eines Pulverbetts verschmilzt [3] (Bild 6a). PBF-Druckverfahren werden weiter nach der Art der Quelle kategorisiert, die zum Schmelzen des Metallpulvers verwendet wird, meistens ein Laser- oder Elektronenstrahl. Hier wurde laserbasiertes PBF (d. h. PBF-L), auch bekannt als selektives Laserschmelzen (SLM) oder direktes Metall-Lasersintern (DMLS), verwendet. Die Schichten werden inkrementell aufgebaut, um dreidimensionale Objekte zu bilden.

Der PBF-Druck zeichnet sich durch seine Fähigkeit aus, Teile mit komplexer Geometrie und hoher Detailtreue herzustellen [4]. Die diesem Druckverfahren innewohnende schnelle Abkühlung ergibt auch Teile mit höherer Festigkeit und Steifigkeit im Vergleich zu herkömmlichen Stahlherstellungsverfahren [5] und auch im Allgemeinen im Vergleich zu DED-Druckverfahren. PBF-L ist ein Druckverfahren, das maßgeblich darauf angewiesen ist, die Menge des bedruckten Materials und die Nachbearbeitung im Hinblick auf die Kosteneffizienz zu minimieren [6]. Es hat einen typischen maximalen Überhang von etwa 40–45 Grad [7], wobei größere Überhänge durch die Verwendung von Stützstrukturen ermöglicht werden. Bei entsprechenden Parametern können runde Löcher auch ohne Stützstrukturen hergestellt werden [7].

3.3 Directed Energy Deposition

3.3.1 Allgemeines

Directed Energy Deposition (DED) bezeichnet Metall-3D-Drucktechnologien, bei denen Bauteile durch Schmelzen des Ausgangsmaterials hergestellt werden. Dieses Ausgangsmaterial ist in der Regel ein Metallpulver oder -draht. Das Metallpulver bzw. der Metalldraht wird durch eine Düse zugeführt und mittels fokussierter Wärmequelle (meistens durch einen Laser oder einen Elektronenstrahl) geschmolzen [3]. Beim DED-Drucken ist es möglich, aus unterschiedlichen Ausrichtungen zu drucken, da typischerweise entweder eines oder beide, das Substrat und der Schweißmechanismus, Mehrachsenfreiheit haben. Die DED-Technologie zeichnet sich durch ihre hohe Druckgeschwindigkeit im Vergleich zu PBF-Druckverfahren aus. DED-Druckverfahren werden nach der Art der verwendeten Wärmequelle und des verwendeten Basismaterials unterteilt.

3.3.1 DED-GMA

Beim DED-GMA wird ein Schweißdraht Schicht für Schicht durch einen Lichtbogen verschmolzen, um das Teil aufzubauen (Bild 6b). Diese Art von Technologie ist allgemein auch als Wire and Arc Additive Manufacturing (WAAM) bekannt. DED-GMA

Bild 5 Mittels 3D-Druck hergestellte Brücke | Amsterdam, NL (© keystone)

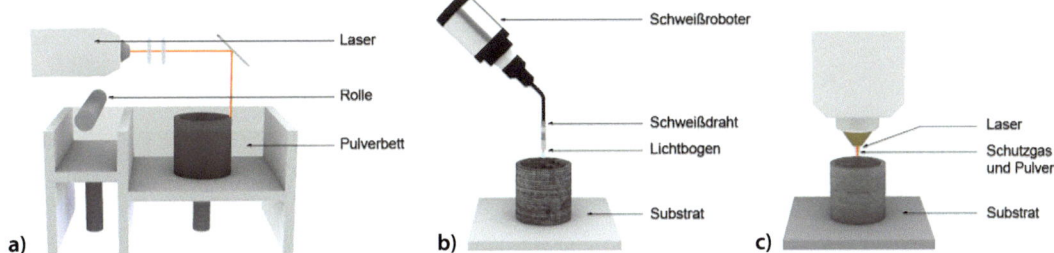

Bild 6 Schematische Darstellung a) PBF-L, b) DED-GMA und c) DED-L (© TU Delft)

zeichnet sich besonders durch seine Fähigkeit aus, sehr großflächige Objekte zu drucken, da es nicht in einer geschlossenen Umgebung erfolgen muss, sowie durch seine hohe Materialabscheidungsgeschwindigkeit [4].

Es verwendet auch Drahtvormaterial, das im Vergleich zu Metallpulver ein zugängliches und kostengünstiges Basismaterial ist. Die 3D-gedruckte Brücke in Amsterdam (Bild 5, [8]) beispielsweise wird mit dieser Technologie hergestellt worden.

3.4 DED-L

DED-L ist eine weitere Unterkategorie der DED-Technologie, bei der Metallpulver auf das Teil geblasen und mit einem Laser verschmolzen wird (Bild 6c). Diese Technologie hat eine höhere Materialabscheidungsgeschwindigkeit als PBF-L [4], obwohl langsamer als WAAM, aber mit einer potenziell glatteren Oberflächenbeschaffenheit. In dieser Studie wurde eine hybride DED-L/CNC-Maschine verwendet. Die mit der DED-L-Technologie aufgebauten Teile können anschließend nach Bedarf CNC-gefräst werden, um die gewünschten Details und Toleranzen mit derselben Maschine und einem einzigen CAM-Programm zu erreichen.

4 Komponenten für eine Systemlösung

4.1 Entwicklung des Knotens

4.1.1 Allgemeines

Es wurden verschiedene Druckverfahren verwendet, um spezifische Vor- und Nachteile zu untersuchen und das optimale Herstellungsverfahren auszusuchen. Im Folgenden sind Details zu Knoten, die im PBF-L- bzw. DED-L- Verfahren aus Edelstahl 316L gedruckt wurden, vergleichend gegenübergestellt.

4.1.2 PBF-L-Knoten

Die Hauptgeometrie des PBF-L-Knotens (Bild 7) besteht aus einem Netz von Stegen, die grob an den Achsen des Knotens und der z-Achse des Druckers ausgerichtet sind. Daher sind die meisten Stege so ausgerichtet, dass ihre Überhänge gut innerhalb der Druckbeschränkungen liegen. Endflächen und Seitenwände bilden das Hauptvolumen des Knotens, in der Mitte befindet sich eine innere Struktur aus konzentrischen zylin-

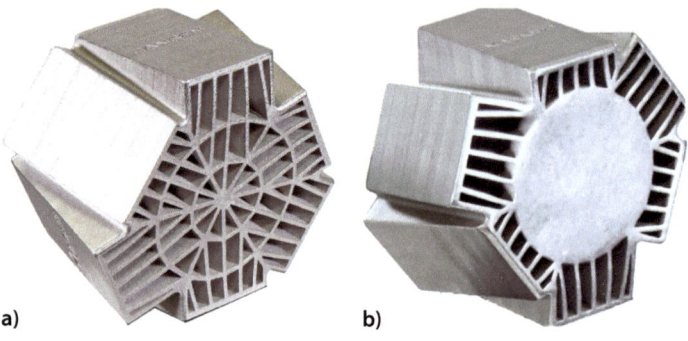

Bild 7 PBF-L-Knoten
a) Innenansicht b) Außenansicht (© Jansen AG)

drischen Stegen mit unterschiedlichen Radien. Platten, die von jeder Endfläche entlang der Normalkraftrichtung jedes Arms verlaufen, verbinden das Netz der Stege, so dass ein strukturelles Gitter entsteht.

Zusätzlich wird am Ende jeden Arms eine Art Kopfplatte, deren Dicke sich aus den statischen Anforderungen ergibt, gedruckt. An der äußeren Oberfläche des Knotens befindet sich eine dünne Platte, die senkrecht zum Druckbett ausgerichtet ist. Die Platte soll die Dichtungsebene stützen. Die so entstehenden radial ausgerichteten Stege der Knotenarme garantieren einen direkten Lastpfad für Normal- und Querkräfte sowie Biegemomente auf den Zylinder in der Mitte des Knotens. Druckkräfte werden durch Kontakt, Zugkräfte über Schrauben eingeleitet. Der zentrale Zylinder verteilt die Lasten überwiegend über Membranwirkung durch die gekrümmten Wände zu den benachbarten Armen sowie in die angeschlossenen Profile.

4.1.3 DED-L-Knoten

Die Hybridmaschine kombiniert einen 5-Achs-DED-L und eine CNC-Fräse. Bei diesem Design wird der Knoten radial in einem festen Volumen gedruckt, sodass es wenig bis gar keine Überhangbedingungen gibt. Anschließend werden die Stirnflächen und spezifischen Endzustände gefräst, um die hohen erforderlichen Toleranzen zu erreichen (Bild 8).

Die Strukturprinzipien für den Knotenaufbau und die Lastabtragung folgen den oben für den PBF-L-Knoten beschriebenen. Durch den gerichteten Druck zeigt das gedruckte Material ein orthotropes Verhalten. Letzteres wurde durch experimentelle Untersuchungen in Form von Zugversuchen beurteilt: Die Zugfestigkeit des Materials

Bild 8 DED-L-Knoten (© Jansen AG)

quer zur Druckrichtung ist geringer als in Längsrichtung, weist aber dennoch eine ausreichende Festigkeit gegenüber dem Grundmaterial auf, so dass sich in Kombination mit der kraftoptimierten Knotengeometrie eine robuste und effiziente Lösung bietet.

4.2 Dichtungsebene

Besonderes Augenmerk galt der Dichtungsebene: Die aufliegenden Dichtungsknoten werden passend zum Verbindungsknoten gedruckt, sodass die Entwässerung über nur eine Dichtungsebene erfolgt. Gleichzeitig gewährleistet die verdeckte Verbindung eine homogene Ansicht.

5 Vom Rendering zur Musterfassade

5.1 Digitale Prozesskette

Die Realisierung der AM-Musterfassade basiert von der Geometrieentwicklung bis zur Generierung der CAM-Modelle auf einer digitalen parametrischen Prozesskette. Dabei findet der parametrische Arbeitsablauf in fünf Phasen statt (Bild 9). Der Zweck der Unterteilung des parametrischen Arbeitsablaufs in dieser Anordnung besteht darin, den Systemansatz für das Knotendesign zu ergänzen. Dieser Arbeitsablauf ermöglicht eine erhebliche Flexibilität im Verlauf der Designuntersuchung und auch beim Voranschreiten in andere Anwendungen.

Bild 9 Digitale Prozesskette für die Planung der Musterfassade (© TU Delft)

5.2 Entwurfsprozess

Im Entwurfsprozess wird zunächst die Freiformfläche durch ein Polygonnetz interpretiert, welches die Referenzgeometrie für die ebenen Verglasungselemente und lineare Stahlprofile darstellt. Es dient als Grundlage für die globale Strukturanalyse im Programmsystem SOFISTIK (Bild 10). Des Weiteren werden Submodelle einzelner Knoten erstellt, um die Tragfähigkeit sowie das Lastverformungsverhalten zu untersuchen.

Im Rahmen der lokalen Parameterintegration wird die Knotengeometrie grob herausgearbeitet, indem mehrere Setzvariablen definiert werden, darunter die Gesamtabmessungen der Profile, Dichtungen und Verglasungen sowie das Vorgeben der Be-

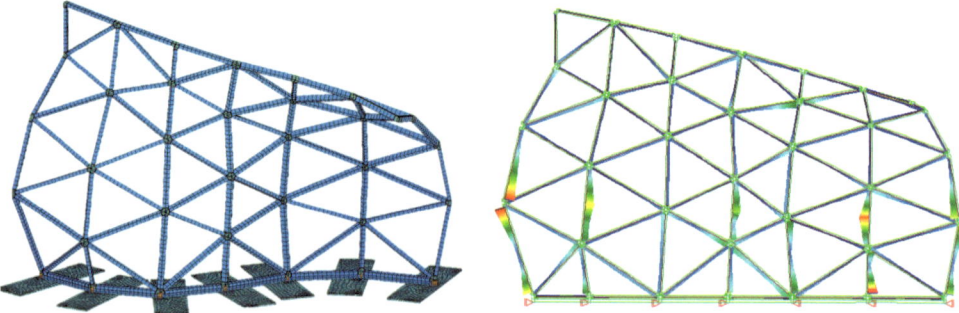

Bild 10 Finite-Elemente-Modell der Musterfassade (© knippershelbig GmbH)

ziehung zur Referenzgeometrie – in diesem Fall wird das Referenznetz an der inneren Verglasungsfuge ausgerichtet.

Eine wesentliche Priorität beim Entwerfen von AM-Strukturknoten hat die Minimierung der möglichen Armlänge, um die Größe der gedruckten Teile zu verringern. Somit wird die minimale Länge jedes strukturellen Knotenarms, die erforderlich ist, um eine 90-Grad-Verbindung herzustellen, in der Grasshopper-Umgebung identifiziert. Dieser Parameter hängt von einer Reihe von Systemvariablen – einschließlich der Form und Abmessungen der angeschlossenen Profile; der Beziehung zur Referenzgeometrie sowie dem erforderlichen Mindestradius zwischen den Armen – ab.

In der letzten Phase des parametrischen Designs wird das konkrete Knotendesign definiert (Bild 11). Die Teile der Knotengeometrie werden basierend auf dem Ergebnis der statischen Berechnung dimensioniert und als Randbedingungen in die Stirnfläche integriert.

Die parametrische Natur des Prozesses ist derart, dass es Gestaltungsfreiheit für die Weiterentwicklung dieses Systems gibt. Die verschiedenen Phasen sind in der Definition unterteilt, damit sie lokal verwaltet werden können, wenn sich das Knotendesign in zukünftigen Projekten ändert. Die Phase der Herstellung komplexer Teile ist nach

Bild 11 3D-gedruckter Knoten in Musterfassade (© Jansen AG)

Merkmalen unterteilt, um hohe Rechenzeiten bei der Modellierung hochpräziser Merkmale zu vermeiden. Diese Workflow-Strategie lässt viel Freiheit, um diese Definition später auf einen anderen architektonischen Entwurf, Profilgeometrien usw. anzuwenden.

6 Fazit und Ausblick

Es wurden verschiedene additive Fertigungsverfahren zur Herstellung von Strukturknoten für Freiform-Stahl-Glas-Konstruktionen gegenübergestellt. Für jede der ausgewählten AM-Methoden wurde ein anderes Knotendesign entwickelt. Der für die endgültige Konstruktion ausgewählte Knoten lässt allerdings keine abschließende Einschätzung darüber zu, welches Druckverfahren für diese Art der Anwendung besser geeignet ist, da das am besten geeignete Druckverfahren für ein spezifisches Bauvorhaben von einer ganzen Reihe von Designvariablen wie Größe, strukturelle Anforderungen, gewünschte Form und Oberflächenqualität abhängig ist. Diese Studie versucht, einen ersten Schritt in Richtung AM von freigeformten Stahl-Glas-Konstruktionen zu gehen und ein Beispiel dafür zu geben, was es bedeuten kann, mit verschiedenen AM-Technologien zu arbeiten.

Die Entwicklung der Musterfassade (Bild 12) hat viele der Stärken, aber auch die Herausforderungen der Anwendung von AM aufgezeigt. Die Entwürfe der Knoten wurden für diese Studie konservativ konstruiert und es gibt viel Raum für weitere Materialoptimierungen in der zukünftigen Entwicklung. Darüber hinaus entsteht bei AM-Knoten im Vergleich zu massiven CNC-gefrästen Knoten, die erhebliche Buy-to-Fly-Verhältnisse aufweisen können, eine sehr geringe Menge an Abfallmaterial. Der systemische Entwurfsansatz bietet auch die Grundlage für standardisierte Engineering-Prozesse für Freiform-Strukturen, die es ermöglichen, Planungsrisiken und Kosten zu minimieren. Andererseits war die Integration von CNC-Fräsen für jede der Knoteniterationen in unterschiedlichem Maße erforderlich. Dies wird sich wahrscheinlich nicht ändern, wenn verdeckte mechanische Verbindungen mit geringen Toleranzen

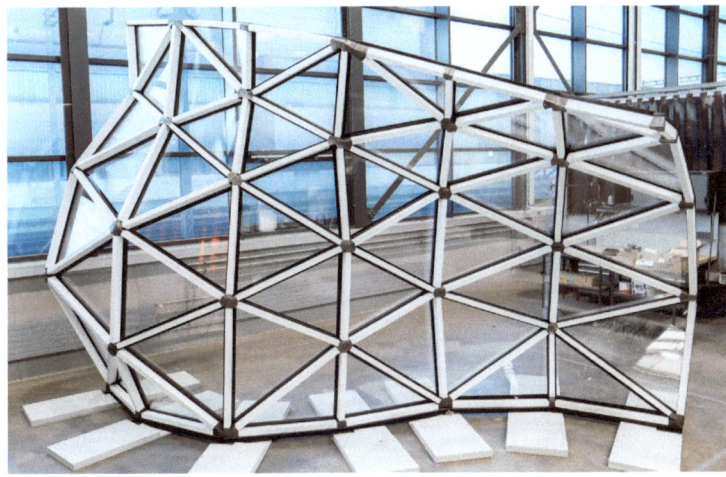

Bild 12 Innenansicht der Musterfassade (© Jansen AG)

und hoher Maßgenauigkeit gewünscht werden. Insbesondere bei der DED-Technologie ist die richtige Pfadplanung ein integraler Bestandteil des Prozesses und ein großer Faktor für die Effizienz des Druckprozesses.

Unabhängig von der jeweilgen AM-Methode profitiert die Entwicklung von AM-Strukturknoten von der multidisziplinären Zusammenarbeit. Die Gesamtgeometrie der Freiformfassade und deren Diskretisierung diktiert die statischen Anforderungen an die Montage und die Mindestgröße des AM-Eingriffs. Ferner sind die Geometrie der Knoten und das zu ihrer Fertigung ausgewählte Herstellungsverfahren untrennbar mit dem Aussehen, der strukturellen Leistung und ihrer Herstellbarkeit verbunden. Jede AM-Methode hat auch ihre eigenen Stärken und Einschränkungen, die berücksichtigt werden müssen, um zeit- und kosteneffiziente AM-Produkte zu erzielen. Der effektive Einsatz von AM erfordert somit eine interdisziplinäre Zusammenarbeit von Architekten, Fassadenberatern, Tragwerksplanern und Experten auf dem Gebiet der AM.

7 Danksagung

Das laufende Projekt wird von einem multidisziplinären Team, bestehend aus der Jansen AG, der TU Delft und der knippershelbig GmbH, bearbeitet. Federführend sind Sebastian Thieme, Manuel Mueller und Radenko Zoric von der Jansen AG; Lia Tramontini und Ulrich Knaack von der TU Delft sowie Laurent Giampellegrini und Matthias Oppe von der knippershelbig GmbH verantwortlich.

8 Literatur

[1] Knippers, J.; Helbig, T. (2009) *Digital Process Chain from Design to Execution* in: *Innovative Design*, pp. 30–39.
[2] Crone, J. (2010) *Een constructieve zeepbel* in: *Bouwwereld*, Doetinchem, pp. 40–47.
[3] ASTM International (2013) *Standard Terminology for Additive Manufacturing Technologies*.
[4] Milewski, J. O. (2017) *Additive Manufacturing of Metals*.
[5] Liu, L. et al. (2018) *Dislocation network in additive manufactured steel breaks strength–ductility trade-off*. Mater, Today, vol. 21, no. 4, pp. 354–361.
[6] Thomas, D. S.; Gilbert, S. W. (2015) *Costs and cost effectiveness of additive manufacturing*, Gaithersburg, MD.
[7] Kokkonen, P.; Salonen, L.; Virta, J.; Hemming, B.; Laukkanen, P.; Savolainen, M. (2016) *Design guide for additive manufacturing of metal components by SLM process* in: *Digit. Open Access Repos. VTT*, p. 131.
[8] Parkes, J. (2021) *Long-awaited 3D-printed stainless steel bridge opens in Amsterdam, dezeen*. [Online]. https://www.dezeen.com/2021/07/19/mx3d-3d-printed-bridge-stainless-steel-amsterdam/ [Zugriff: 31. Juli 2022]
[9] Tramontini, L.; Thieme, S.; Giampellegrini, L. (2022) *Towards the additive manufacturing of freeform steel and glass facades*, Advanced Building Skin Conference, Bern.
[10] Tramontini, L.; Thieme, S.; Mueller, M.; Zoric, R.; Giampellegrini, L.; Oppe, M. (2022) *Towards AM Freeform Steel and Glass Facades*, BE-AM 2022 – Symposium for Additive Manufacturing in the Built Environment, Frankfurt.

Bundesingenieurkammer (Hrsg.)

Ingenieurbaukunst 2023

Made in Germany

- die besten aktuellen Projekte von Bauingenieur:innen aus Deutschland
- neue Entwicklungen beim Bauen mit und im Bestand auf Bauwerks-, Bauteil- und Baustoffebene
- inspiriert vom Symposium Ingenieurbaukunst – Design for Construction #IngD4C

Das Buch diskutiert das Planen und Bauen mit und im Bestand und zeigt wichtige aktuelle Bauwerke von Ingenieur:innen aus Deutschland. Herausgegeben von der Bundesingenieurkammer werden hier die Leistungen des deutschen Bauingenieurwesens dokumentiert.

2022 · 224 Seiten · 130 Abbildungen

Softcover
ISBN 978-3-433-03385-2   € 39.90*

eBundle (Print + ePDF)
ISBN 978-3-433-03386-9   € 52.90*

BESTELLEN
+49 (0)30 470 31-236
marketing@ernst-und-sohn.de
www.ernst-und-sohn.de/3385

* Der €-Preis gilt ausschließlich für Deutschland. Inkl. MwSt.

Einfach gutes Glas.

IsolierGlas ▪ FassadenGlas ▪ RaumGlas ▪ GlasService

 Flachglas Sachsen GmbH
Einfach gutes Glas.

Wurzener Straße 93
04668 Grimma
Telefon 03437 9869-0
Telefax 03437 9869-99
post@flachglas-sachsen.de

 Flachglas Sülzfeld GmbH
Einfach gutes Glas.

Am Still 7
98617 Sülzfeld
Telefon: 036945 585-0
Telefax: 036945 585-40
info@flachglas-suelzfeld.de

www.flachglas-partner.de

Suad Semic

Die Brandschutzdokumentation

Unterlagen für Planung, Errichtung und Betrieb von Gebäuden zum Nachweis eines ausreichenden Brandschutzes

- für erfahrene Praktiker und für Quereinsteiger bzw. Berufseinsteiger gleichermaßen
- die baurechtlichen und sonstigen Vorschriften sind aufgeführt und erläutert
- das Buch hilft, Probleme mit dem Brandschutz im Vorfeld von Baumaßnahmen zu erkennen und zu klären

BESTELLEN
+49 (0)30 470 31-236
marketing@ernst-und-sohn.de
www.ernst-und-sohn.de/3311

2022 · 388 Seiten · 70 Abbildungen · 100 Tabellen
Softcover
ISBN 978-3-433-03311-1   € 59*
eBundle (Softcover + ePDF)
ISBN 978-3-433-03312-8   € 85*

* Der €-Preis gilt ausschließlich für Deutschland. Inkl. MwSt.

The Well – Neue Lebenskonzepte in Toronto

Felix Schmitt[1], Jonas Hilcken[1], Stefan Zimmermann[1]

[1] Josef Gartner GmbH, Beethovenstrasse 5c, 97080 Würzburg, Deutschland; f.schmitt@permasteelisagroup.com; j.hilcken@permasteelisagroup.com; s.zimmermann@permasteelisagroup.com

Abstract

Im Zentrum von Torontos West End wird derzeit mit „The Well" ein kompletter Block mit neuer Infrastruktur und Hochhäusern bebaut. Das ehrgeizige Projekt soll das Areal durch eine gemischte Nutzung unter dem Motto „Eat, Shop, Work, Live, Play" für die Menschen neu erlebbar gestalten. Die Wege zwischen den Hochhäusern werden durch ein verglastes Freiformdach für eine fußgängerfreundliche, witterungsunabhängige Nutzung überdacht. Ziegelverkleidungen gehen hier nahtlos in Konstruktionen aus Terrakotta, Stahl und Glas über. In diesem Artikel werden die anspruchsvollen Herausforderungen im Stahl-Glasbau beschrieben, welche die Konstruktion des geschwungenen Freiformdaches sowie verschiedene Podiumfassaden mit sich bringen.

The Well – New concepts of living in Toronto.   In the center of Toronto's West End, "The Well" is an entire block of new infrastructure and high-rise buildings under construction. The ambitious project aims to make the area a new experience for people through mixed use by the motto "eat, shop, work, live, play". The paths between the high-rise buildings are covered by a glazed free-form skylight for pedestrian-friendly use regardless of the weather. Here, brick cladding merges seamlessly with constructions made of terracotta, steel and glass. This article describes the advanced challenges of the construction of the free-form grid-shell roof and various podium facades as well.

Schlagwörter: *Freiformdach, konstruktiver Glasbau, Glasschwert*

Keywords: *freeform skylight, structural glass construction, glass fin*

1 The Well – Name soll das Motto sein

Nur 700 m Fußweg entfernt vom CN Tower in Toronto entsteht derzeit mit der Neubebauung des Areals zwischen der Wellington Street West, Front Street West, der Spadina Avenue und der Draper Street ein ehrgeiziges Projekt. Lediglich ein Gebäude des Bestands an der Nord-Ost-Ecke bleibt bestehen. Es wird hier ein neuer Ort geschaffen, der aus einer einzigartigen Mischung aus Arbeitsplätzen, Wohnungen sowie Geschäften und Restaurants einen kreativen Platz für kulturelles Zusammenleben und Arbeiten unter dem Motto „Eat, shop, work, live, play" ermöglichen soll. Auf 300 000 m^2 Grundfläche entstehen ca. 1,1 Mio. m^2 Büro-, Wohn-, Einzelhandels- und Freizeitflächen mit ca. 1700 Wohnungen. Sieben Hochhäuser in Höhen von 56 m bis 174 m gruppieren sich auf der Fläche um eine T-förmig überdachte Passage (Bild 1). Für das Projekt sind namhafte Architekten wie Hariri Pontarini Achitects (Design), Adamson Associates Architects (Executive Architect), BDP (Retail Architect) und Claude Cormier + Associés (Landscape Design) für die Investoren RioCan und Allied tätig. Als Projektsteuerer sind Knightsbridge Development Corporation sowie mit EllisDon und Deltera zwei Generalunternehmer tätig. Für die gesamte Tragstruktur ist RJC Engineers verantwortlich.

Mitte 2018 erhielt Permasteelisa North America mit Josef Gartner GmbH den Auftrag von Deltera über die Leistungen von Design-Assist, Planung, Statik, Fertigung,

Bild 1 Gesamtansicht The Well (© Knightsbridge Development Corporation)

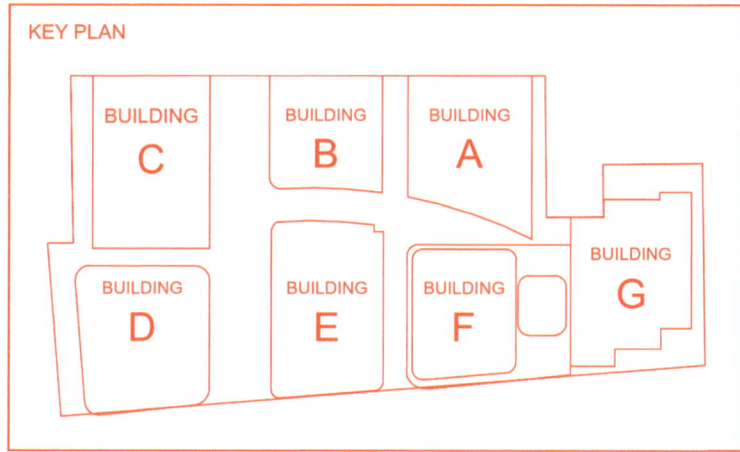

Bild 2 Lageplan der Gebäude (© Josef Gartner GmbH)

Lieferung und Montage des Daches und der s. g. Vortex, einer räumlichen Stahlrohrstruktur unterhalb des Vordachs (Canopy), mit dazwischen durchlaufender Fußgängerbrücke. Im Jahr 2019 erfolgte noch die Beauftragung durch EllisDon für die Podiumfassaden der Gebäude F und G (Bild 2).

2 Canopy

Mit dem Canopy (verglastes Vordach zum Schutz vor Wettereinflüssen) wird das gesamte Gebäude-Ensemble erst zu „The Well". Neben seiner schützenden Funktion vor Witterungseinflüssen verbindet das Freiformdach geschickt die Fläche zwischen den sieben Gebäuden in zwei Achsen und wird durch seine Stahlstruktur selbst zum Kunstobjekt. Beeindruckend überschattet die interessante, greifbare Struktur die lebhafte Freifläche mit Fußgängerbrücken, die auf verschiedenen Ebenen und Richtungen die Gebäude und Geschäfte miteinander verbinden. Mit dem so genannten „Vortex", ein reines Gestaltungsobjekt, endet das Dach in nördlicher Richtung. In der gegenüberliegenden Richtung lädt die freie Öffnung zur Frontstreet hin Passanten zum gemütlichen Bummeln ein. Aus der Draufsicht betrachtet sieht das Ganze wie ein Hammer mit einem geschwungenen Stiel aus, was zu einigen angelehnten Bezeichnungen im Projekt führte.

2.1 Struktur

Das Dach erstreckt sich über eine Gesamtlänge von 147 m und Gesamtbreite von 80 m. Im so genannten Hammerkopf ist das Dach 25 m breit. Das Schalennetz ist aus der globalen Draufsicht heraus um 45° zu den Hauptachsen verdreht über die Freiformfläche gestülpt. Die globale Grundstruktur ist ein quadratisches Raster mit einer Seitenlänge von 1600 mm. Über die vom Architekten vorgegebene, eindeckende Hüllkurve ergibt sich daraus die verbindende Stahlgeometrie.

Für die Ausführung dieser Struktur wurde das bewährte Stab-Knotensystem mit verschraubten Verbindungen gewählt [1], bei dem die exakte Geometrie durch eine com-

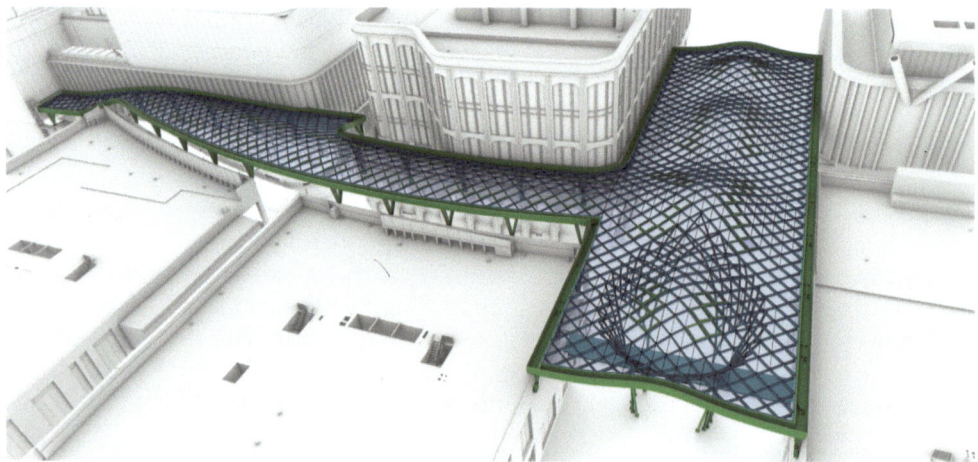

Bild 3 3D-Geometrie (die Gebäude A, B und C sind teilweise ausgeblendet) (© Josef Gartner GmbH)

putergesteuerte, mechanische Bearbeitung der Knoten erreicht wird. Die Stäbe aus Stahl-Rechteckrohren haben bei einer gleichbleibenden Breite von 100 mm unterschiedliche Höhen zwischen 250 mm und 400 mm. Direkt auf die Stäbe wird das Glasauflagerband der Firma Gartner zur Lagerung der Glasscheiben und Belüftung der Glasfugen montiert. Insgesamt besteht das Dach aus 97 vormontieren Elementen aus Stäben und Knoten in Form von Leitern, 1075 Stahlknoten, 1963 Einzelstäben sowie 1869 Glaseinheiten (Bild 3).

Wie bei einem Tennisschläger benötigt dieses Netz noch einen Ringträger, der das „weiche" Netz in seiner Struktur zusammenhält. Bei „The Well" ist dieser Ringträger als überdimensionierte Rinne ausgebildet, welche ein wichtiger Baustein im Konzept zur Vermeidung von dauerhaften Schneeanhäufungen ist. Die Form und Funktion der Rinne stand im Projekt im Mittelpunkt schneetechnischer Untersuchungen, die später beschrieben werden. In der ausgeführten Variante hat der Ringträger eine Systemhöhe von etwa 1100 mm und eine Systembreite von etwa 1200 mm. Die lokalen Abmessungen variieren, da die Lage der Rinne sich ständig durch Kurven und Neigungen ändert.

Getragen wird das gesamte Dach auf einer Pendelstütze und 42 V-Stützen. Diese haben am Kopfpunkt eine Breite von 1750 mm. Die Höhen dieser V-Stützen sind zwischen 2 m und 6 m. Sie haben am Fußpunkt eine Aufnahme für eine Bolzenverbindung. Mit diesen Bolzenverbindungen findet der Übergang zu den Auflagerungen an den sieben Gebäuden statt. Die 43 Verankerungen wurden von Deltera, mit den Informationen der Lagekoordinaten, während unterschiedlichen Rohbauphasen der Gebäude in einer Genauigkeit von ±25 mm exakt positioniert und vergossen. Daran wurden später L-förmige Stahlkonsolen befestigt, die an der Oberseite die Gegenverbindung der Bolzenverbindung zu den Stützen haben. Diese Verbindungen sind mit einer max. zulässigen Toleranz von 0 mm in Querrichtung und ±15 mm in Längsrichtung eingestellt. Die fertiggestellten Lagerungen erlauben danach noch Verdrehungen von ±5° und Verschiebungen von ±20 mm für die unterschiedlichen Temperatur- und Lastzustände. Lediglich drei V-Stützen erlauben als Festpunkte keine

Verschiebungen mehr. Durch diese statische Struktur können am Rand der Rinnen noch bis zu max. 60 mm Bewegungen zu den Gebäuden hin entstehen.

2.2 Geometriefindung, Vortex, Nebendach

Der Weg bis zur endgültigen Festlegung der Dachgeometrie stellte sich im Nachhinein schwieriger dar, als es bei Projektstart vermutet wurde. Viele unterschiedliche Komponenten, die sich gegenseitig beeinflussten mussten beachtet und in einer Design-Assist Phase untersucht werden. Die Außenmaße der sieben Gebäude standen zwar von Beginn an fest, aber die Grenzlinien mussten durch die unterschiedlichen Fassadenaufbauten und unterschiedlichen Relativbewegungen zwischen den Gebäuden und der Rinne angepasst werden. Von Anfang an sollte dieser flexible Spalt gegen Regen und Schnee abgedeckt werden. Ein weiteres Problem entstand durch die unterschiedlichen Fassaden- und Fensterdesigns der sieben Gebäuden. Die Aussicht aus den Fenstern soll nicht durch die 1 m hohe Rinne verbaut werden, aber der Verlauf der Rinne eine fließende Bewegung mit Neigungen ergeben. Die Positionen der V-Stützen sind für jedes Gebäude individuell angepasst und ergeben in seinem finalen Design ein harmonisches Bild im Gesamtkontext. Aufwendig erwiesen sich auch die Untersuchungen zur optimalen Lösung für das Abschmelzen von Schnee. Sie führten zu unterschiedlichen Rinnengrößen. Mehrere Varianten der Rinnenabmessungen bedeuteten stets, dass die gesamte Dachgeometrie neugestaltet und mit einer geänderten Steifigkeit des „Ringträgers" die gesamte Globalstatik überarbeitet werden musste.

Am Eingang zur Wellington Street hin ist unter dem Dach ein räumliches Stabgebilde aus Rundrohren in der Form eines überdimensionalen Wasserstrudels angeordnet, das s. g. Vortex (Bild 4). Auf den ersten Blick erscheint es, als ob das Dach auf die Vortex-

Bild 4 „Vortex" mit Fußgängerbrücke und Blick aufs Dach (© Annett Summers Deltera, Josef Gartner GmbH)

Struktur abgestützt ist, in Wirklichkeit stabilisiert aber das Dach die Lage dieses Gestaltungsobjekts aus Stahl. Eine dazwischen verlaufende Stahlfußgängerbrücke wird geschickt durch zusätzliche Rundstützen gelagert. Mit den Untersuchungen von verschiedensten Dachgeometrien musste im Planungsprozess stets auch die Vortex-Struktur mit angepasst werden, um ein harmonisches Gesamtbild zu erreichen. Die Vortex mit Brücke sowie ein kleines zusätzliches Dach, das die Passanten auf einer weiteren Fußgängerbrücke zwischen den Gebäuden A und B schützt, wurden auch von Gartner mitgeplant, gefertigt und montiert.

2.3 Schnee

In Windkanalversuchen von RWDI [2] wurden sowohl die Windlasten auf die Struktur definiert als auch Schneeanhäufungen auf dem Dach simuliert. Die resultierende Windlast beträgt zwischen 1,5 kPa und −1,0 kPa. Bei der Simulation der Schneeverteilung wurde ersichtlich, dass sich durch Schneeverwehungen an den Gebäuden D, E, F und G größere Schneeanhäufungen bilden (Bild 5).

Um eine Schneeanhäufung an den Gebäuden bzw. deren Fenster zu verhindern wurden verschiedene Maßnahmen durch den Gutachter „Microclimate ICE & SNOW" vorgesehen. Prinzipiell soll der Schnee in diesen Bereichen geschmolzen werden. Wie bereits oben beschrieben stellte die Rinne einen wichtigen Bestandteil des Konzepts zur Vermeidung von Schneeanhäufungen dar. Im Projekt wurden verschiedene Varianten untersucht.

Die Größe der Rinne, welche auch an die Schmelzleistung der eingesetzten Rinnenheizung gekoppelt ist, wurde anhand von Versuchen an einem 1:1-Mock-Up, welches gleichzeitig als Visual Mock-Up genutzt wurde, getestet. Für die Tests, welche am „Ontario Institute of Technology ACE" in Oshawa durchgeführt wurden, wurde das Mock-Up in einer Klimakammer mit einer Schneefallrate von 150 mm/h beschneit (Bild 6). Nach dem Erreichen einer definierten Schneehöhe wurden dann die Heizsysteme unter gleichzeitiger Beschneiung eingeschaltet und die Schmelzrate gemessen. Diese Prozedur wurde mehrfach durchgeführt, um die Einflüsse von verschiedenen

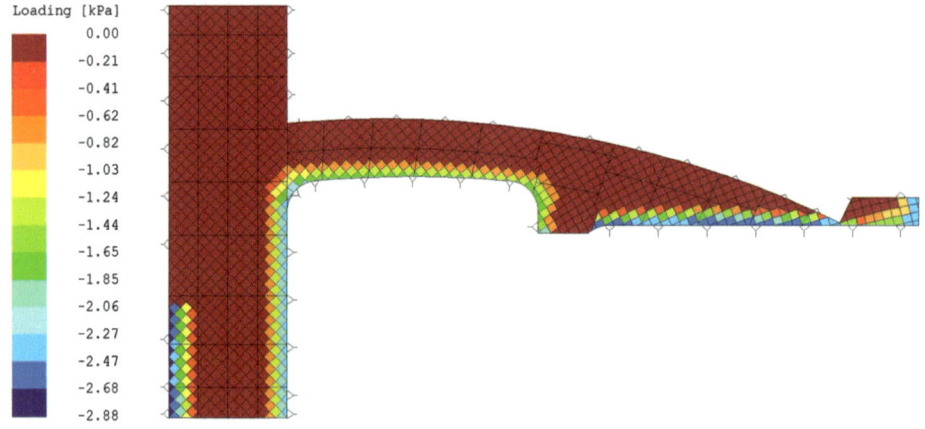

Bild 5 Auszug aus Lastfall Schneeanhäufung (© Josef Gartner GmbH)

Bild 6 Versuchsdurchführung in Klimakammer (© Josef Gartner GmbH)

Heizsystemen und Komponenten zu testen. Unter anderem wurden folgende Systeme einzeln mit unterschiedlicher Leistung oder in Kombination getestet:

a) ECHS – Electric Cable Heating System (Heizkabel, die unter einem Abdeckblech liegen)
b) SGS – Smart Gutter System (Smart gesteuerte Heizpaneele)
c) Schneefanggitter entlang der Rinnenkante
d) punktförmige Schneestopper verteilt auf dem Dach
e) beheizte Fugen im Randbereich des Daches

Bei den Versuchen hat sich gezeigt, dass das SGS gegenüber dem EHCS effektiver ist, das EHCS aber ausreicht um die erforderliche Schmelzleistung zu erreichen. Ein weiteres Ergebnis war, dass die Größe der Rinne um ca. 25 % verkleinert werden konnte (Bild 7). Auch der Einsatz der Schneefanggitter, der punktförmigen Schneefänger und der Beheizung der Glasfugen am Rand hat sich als effektiv erwiesen, weswegen diese im Projekt eingesetzt werden.

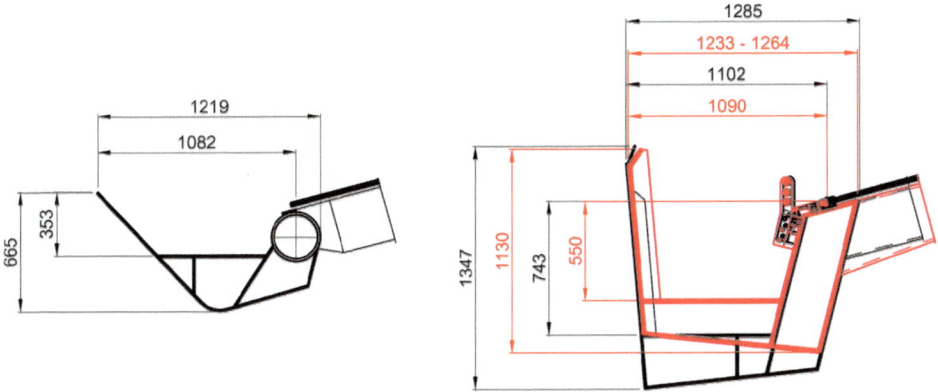

Bild 7 Änderungen der Rinne während der Entwurfsphase (© Josef Gartner GmbH)

2.4 Glas

Für die Eindeckung des Dachs kommt nachfolgender Glasaufbau zum Einsatz:

- 10 mm ESG-H aus Weißglas
- 1,52 mm PVB
- 10 mm ESG-H aus Weißglas (keramische Bedruckung mit 30% weißen Punkten auf Pos. 3)

Bei diesem Dach ist das globale Raster quadratisch mit einer Seitenlänge von 1,6 m. Die Gläser liegen auf allen vier Seiten durchgehend auf dem Gartner-Dichtungssystem auf und werden in den Glasfugen an jeder Seite mit jeweils zwei Glaspunkthalter gehalten. Die Wetterversiegelung der Fugen erfolgt mit Silikon. Da es sich aber um eine Freiformfläche handelt, liegen die Ecken nicht in einer Ebene und die Gläser haben eine vom Quadrat abweichende Geometrie. Gläser, bei denen eine Ecke weniger als 50 mm aus der Ebene liegen werden auf der Baustelle kaltgebogen montiert. Andere Gläser werden als zwei ebene Dreieckgläser montiert und die freie Diagonalkante auf der Baustelle nur mit Silikon versiegelt.

Die reduzierte Festigkeit durch die keramische Bedruckung und die Kaltverformung machen den Einsatz von Verbundsicherheitsglas (VSG) aus Einscheibensicherheitsglas (ESG) erforderlich. VSG aus ESG weist bekanntlich nur eine geringe Resttragfähigkeit bei einem vollständigen Bruch auf. Zur Untersuchung und dem Nachweis einer ausreichenden Stoß- und Resttragfähigkeit wurden Versuche nach CWCT [6, 7] im Prüflabor der HafenCity Universität Hamburg vorgenommen.

2.5 Fertigung und Montage

Mit der Freigabe der Geometrie und Detailpunkte konnte die Fertigung der verschiedenen Bauteile begonnen werden. Während das Stabknotensystem routinemäßig läuft, ist die Stahlfertigung der umlaufenden Rinne nur mit erhöhtem Aufwand möglich. Hier

Bild 8 Blick auf das Dach (© Josef Gartner GmbH)

wurden sukzessiv alle Rinnenelemente vormontiert und vermessen, um sofort Lageabweichungen korrigieren zu können.

Auf der Baustelle gab es eine weitere Schwierigkeit mit einzuplanen. Wegen der Baustellenplanung der einzelnen Gebäude war es nicht möglich vom Schnittpunkt des Dachs aus in die drei Richtungen zu montieren. Die Montage startete an der schmalsten und weitest entfernten Stelle zwischen den Gebäude A und F. Der Anschluss in Richtung Gebäude G war wegen der Hochhausmontage auch nicht möglich, d.h. bei einer kleinsten Richtungsabweichung würde das Dach am anderen Ende schräg zwischen den Gebäuden landen und nicht mehr weiter montierbar sein. Es ist hier die fertigungs-, vermessungs- und montagetechnische Meisterleistung gelungen, dass das finale Rinnenelement in die letzte Lücke mit einer Genauigkeit von 2 mm montiert werden konnte (Bild 8).

3 Podium

Eine Annäherung an das neue Gebäude-Ensemble erfolgt am besten von der Stadtmitte her über die Süd-/Ost Ecke Front St – Spadina Ave. (Bild 9). Hier lädt die moderne Fassade des höchsten Gebäudes G mit LED-Bildschirm auf einen Shopping-Bummel in die dahinterliegende Passage ein. Permasteelisa/Gartner erhielten den Auftrag für diese unterschiedlichen Podiumsfassaden mit den dazugehörenden Türen Mitte 2019. Die restlichen unterschiedlichen Fassaden (Elementfassaden, verkleidete Fassaden mit Steinen bzw. Terrakotta) der Gebäude wurden an lokale Unternehmen vergeben.

3.1 Fassadentyp CW-03

Entlang des Straßenniveaus des gemeinsamen Gebäudesockels der Gebäude F und G befinden sich die Pfosten-/Riegel Fassaden aus Stahl über zwei Stockwerke in einer Höhe von 7,1 m. Die Deckschalen sind im unteren Bereich flach und im oberen Ab-

Bild 9 Ansicht auf Ecke Front Street/ Spadina Ave (© Knightsbridge Development Corporation)

schlussstreifen von 1,1 m herausstehend mit Profilen von 20 mm × 100 mm. Die Isoliergläser haben folgenden Aufbau:

- VSG aus 2 × 5 mm Teilvorgespanntes Glas (TVG) mit 1,52 mm Polyvinylbutyral (PVB) (low-*e* auf Pos. 4)
- 12 mm Scheibenzwischenraum (SZR) mit Argon
- 10 mm ESG-H

Bereichsweise finden wir eine keramische Bedruckung auf #2. Im Bereich der Gebäudeecke sind die Gläser aus 2 × 6 mm TVG gebogen.

3.2 Fassadentyp CW-10

An der Spadina Ave. befindet sich die Glasschwert-Fassade CW-10, die in einem runden Bogen ins Gebäudeinnere weiterläuft und mit ihrer transparenten Durchsicht das Interesse weckt. Im geraden Bereich sind Glasschwerter in einem Abstand von 3 m und im gebogenen Bereich von 2 m angeordnet. Bei einer lichten Rohbauöffnungsgröße von 13,6 m war es klar, dass grundsätzliche Überlegungen für das Design notwendig waren. Insgesamt wurden sieben verschiedene Systeme mit folgenden Randbedingungen gegenübergestellt und bewertet:

- Glasschwerter hängend oder aufgestellt
- Eigenwicht der Fassadengläser am Glasschwert befestigt oder aufeinandergestapelt
- Glasschwerter einteilig oder zweiteilig mit Stoß

Zur Ausführung kam letztendlich die Variante, bei der alle Glasschwerter und Fassadengläser ihr Eigengewicht unten ins Gebäude einleiten. Die Glasschwerter erhalten einen Stoß in Höhe der oberen Fuge der Fassadenverglasung. Dabei wird auf Verbindungsbleche aus Edelstahl aus Transparenzgründen verzichtet. Die beiden Glasenden werden mittels Zapfenverbindung ineinandergesteckt und mit sechs Bolzen zusammengehalten. Am Kopf- und Fußpunkt kommen klassische Doppel-Laschenverbindungen aus Edelstahl zum Einsatz, um die Lasten aus den Glasschwerter ins Gebäude abzuleiten.

Die Fassadenverglasung hat zwei horizontale Fugen in einer Höhe von 3 m und 7,4 m. Zur möglichst transparenten Befestigung wurden die Gläser aufeinandergestapelt. Hierdurch werden keine Eigengewichtslasten in die Glasschwerter eingeleitet. Auch für den gebogenen Fassadenbereich wurde dieses Prinzip angewendet, was eine hohe Anforderung und Kontrolle der Toleranzen der gebogenen Verglasungen erforderlich machte (Bild 10).

Aufbau der Glasschwerter:
- 4 × 12 mm ESG-H mit jeweils 1,52 mm SentryGlas

Aufbau der Fassadengläser:
- 12 mm ESG-H (low-*e* auf Pos. 2)
- 16 mm SZR mit Argon
- 2 × 10 mm TVG mit 1,52 mm PVB (keramische Bedruckung auf Pos. 3)

Bild 10 Fassade CW10 mit Glasschwerterverbindung (© Josef Gartner GmbH)

3.3 Fassadentyp CW-12

Einen weiteren Eye-Catcher bildet die Fassade CW-12, die direkt an die CW-10 anschließt. 600 mm tiefe und 90 mm breite, in vertikaler Richtung angeordnete Aluminium-Rippen im leuchtenden Orangebraunton ziehen die Blicke auf einen ca. 4,3 m hohen und fast 14 m breiten LED-Bildschirm. Die undurchsichtige Wand ist zwischen den vertikalen Aluminium-Rippen im unteren Bereich mit Isolierglasscheiben und dahinter montierten Isolierelementen und im oberen Bereich mit Lamellenelementen ausgeführt.

3.4 Fassadentyp CW-24

Auf Ebene vier liegt im Gebäude G eine Terrasse als Abstufung zu den einzelnen zurückgesetzten Hochhaustürmen. Hier bildet eine 2,4 m hohe Wand den Abschluss zum Gebäude. Diese Wand ist als Pfosten-/Riegelkonstruktion mit einem Pfostenabstand von 1,5 m und einem Riegelabstand von 1,8 m aus geschweißten Rechteckrohren ausgebildet. Mit Toggles (in den Glasfugen drehbare Glasniederhalter) sind daran die Isoliergläser befestigt.

Aufbau der Fassadengläser:

- VSG aus 2 × 5 mm TVG mit 1,52 mm PVB (low-*e* auf Pos. 4)
- 12 mm SZR
- VSG aus 2 × 5 mm TVG mit 1,52 mm PVB (keramische Bedruckung auf Pos. 5)

4 Fazit

Mit „The Well" hatte Kanada eine der größten Baustellen der letzten Jahre. Zur Verbesserung der Energiebilanz der Gebäudeklimatisierung wurde mit dem s. g. „Enwave" ein riesiger Wassertank ins Erdreich gegraben und mit 7,6 Millionen Liter Wasser ge-

Bild 11 Blick in die Passage (© Josef Gartner GmbH)

füllt. Bei neun Kränen waren zeitweise 900 Arbeiter täglich vor Ort und 70 000 Lastwagen wurden zum Abtransport des Baugrubenaushubs benötigt. Jetzt sind die Büros bereits vermietet und auch das Geschäftsleben kommt in die Gänge (Bild 11). Der Weg bis zu diesem Ziel war auch bedingt durch die Corona-Zeit ein schwieriger, aber das Endergebnis ist überzeugend. Ein Erfolg zum Motto „Eat, Shop, Work, Live, Play" sollte sich von allein einstellen.

5 Literatur

[1] Zimmermann, S.; Schmitt, F. (2019) *Zwei Stahl-/Glasdächer in geometrischer Freiform – zwei unterschiedliche Herangehensweisen* in: Weller, B; Tasche, S. [Hrsg.] *Glasbau 2019*, Berlin: Ernst & Sohn. S. 23–31.
[2] RWDI (2019) *The Well – Canopy, Wind-Induced Structural Responses* #1601160.
[3] *National Building Code of Canada* 2015 (NBC).
[4] RWDI (2019) *The Well – Structural Snow Loading Final Report* #1601160.
[5] microclimate ICE & SNOW (2019) *Ice & Snow PMU Testing for the Canopy and gutter, Final report for The Well Project*, # M18-33.
[6] CWCT TN 66: *Safety and Fragility of Overhead Glazing*: Guidance on Specification.
[7] CWCT TN 67: *Safety and Fragility of Overhead Glazing*: Testing and Assessment.

Ruth Kasper, Kirsten Pieplow, Markus Feldmann

Beispiele zur Bemessung von Glasbauteilen nach DIN 18008

- unentbehrlich für die Berechnung und Bemessung von tragenden Glasbauteilen
- mit einführenden Erläuterungen zur Spannungsermittlung im Konstruktiven Glasbau und zu den werkstoffbezogenen Fachbegriffen
- enthält komplett durchgerechnete Beispiele für typische Glasbauteile mit ihren Einwirkungen und Einwirkungskombinationen

Ernst & Sohn
A Wiley Brand

2016 · 214 Seiten · 113 Tabellen
Hardcover
ISBN 978-3-433-03090-5   € 69*

BESTELLEN
+49 (0)30 470 31-236
marketing@ernst-und-sohn.de
www.ernst-und-sohn.de/3090

---

trosifol@kuraray.com · www.trosifol.com

Dekorative Verglasung

Black & White

Erweitert kreative Horizonte

Trosifol® Diamond White, PVB Zwischenlage, jetzt mit noch brillanterer Optik

Verfügbar in neuen Breiten

kuraray   **Trosifol®**   **SentryGlas**

Common Sky – ein Dach als Kunstwerk

Tobias Herrmann[1]

[1] *Dr. Siebert und Partner Beratende Ingenieure PartGmbB, Niederlassung Rosenheim, Herzog-Otto-Straße 6, 83022 Rosenheim, Deutschland; the@ing-siebert.de*

Abstract

Für die Gestaltung einer nachträglichen Überdachung eines Innenhofes des Albright-Knox Art Museums in Buffalo, NY wurde das Berliner Büro „Studio Other Spaces" des Künstlers Olafur Eliasson und des Architekten Sebastian Behmann gewonnen. Sie entwarfen eine spektakuläre Stahl-Glas-Konstruktion, die sich über den quadratischen Grundriss wölbt und trichterförmig auf den Boden des Hofes gezogen wird. Die dreieckigen Verglasungen sind teilweise von innen verspiegelt und erzeugen mit versetzt abgehängten Spiegelpaneelen kaleidoskopartige Reflektionen der umgebenden Parklandschaft und Gebäude. Der Beitrag befasst sich im Schwerpunkt mit den verschiedenen Herausforderungen im Laufe der Planung der Verglasung.

Common Sky – a canopy as an artwork. The Berlin office "Studio Other Spaces" of artist Olafur Eliasson and architect Sebastian Behmann was commissioned to design a retrofitted roof for a courtyard at the Albright-Knox Art Museum in Buffalo, NY. They designed a spectacular steel-and-glass structure that curves over the square floor plan and funnels down to the courtyard floor. Offset suspended mirror panels and the triangular glazing which is partially mirrored from the inside create kaleidoscopic reflections of the surrounding park landscape and buildings. The article focuses on the various challenges in the course of planning the glazing.

Schlagwörter: *Structural Sealant Glazing, Horizontalverglasung, parametrische Bemessung*

Keywords: *structural sealant glazing, overhead glazing, parametric design*

Glasbau 2023. Herausgegeben von Bernhard Weller, Silke Tasche. https://doi.org/10.1002/9783433611739.ch5
© 2023 Ernst & Sohn GmbH. Published 2023 by Ernst & Sohn GmbH.

1 Zum Projekt

Das erste Gebäude des heutigen Albright-Knox Art Museums wurde im Stile des Neoklassizismus im Jahre 1905 fertiggestellt. Es steht in Buffalo, der zweitgrößten Stadt im US-Bundesstaat New York an der Nordostspitze des Eriesees. Nach kleineren Erweiterungen wurde im Jahr 1962 der Anbau nach einem Entwurf von Gordon Bunshaft (Skidmore Owens and Merrill) eingeweiht. Den Prinzipien der Moderne folgend besteht er aus einem im Grundriss rechteckigen Sockelgebäude mit quadratischem Innenhof (Kantenlänge ca. 26 m) in der einen und einem aufgesetzten, verglasten Audi-

Bild 1 Innenansicht, Rendering (© Studio Other Spaces)

Bild 2 Common Sky überspannt den Innenhof der Erweiterung von 1962, Rendering (© Studio Other Spaces)

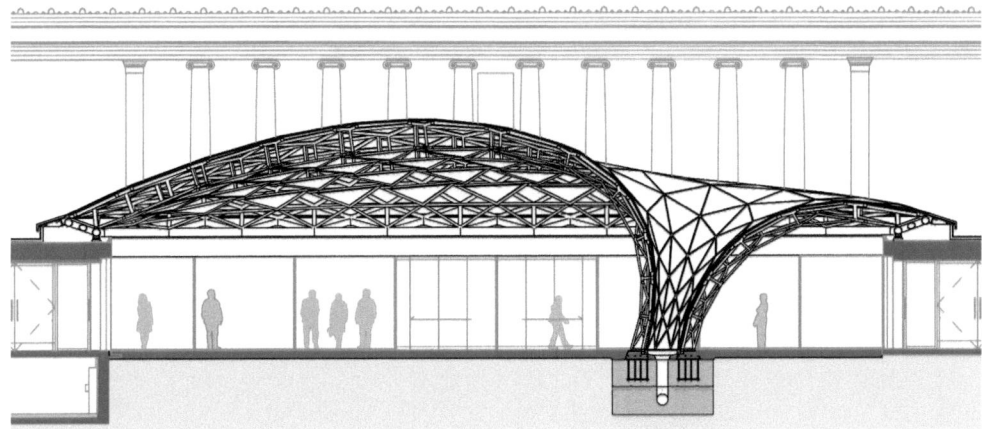

Bild 3 Vertikalschnitt durch den Trichter (© Hahner Technik GmbH & Co. KG)

torium in der anderen Hälfte. Der spektakuläre Entwurf „Common Sky" des Berliner Design- und Architekturbüros Studio Other Spaces (SOS) für die Überdachung des bestehenden Innenhofs entsprach dem Wunsch des Museums, nach einer für alle Menschen offenen und modernen Kunstinstitution.

Eliasson und Behmann bedienen sich einer natürlichen Formensprache und markieren mit der trichterförmigen Stütze jenen Platz im Innenhof, an dem einst ein Baum gepflanzt wurde. Durch diesen hohlen Stamm besteht eine zusätzliche optische Verbindung nach draußen, indem Niederschläge – ob als Regen oder Schnee – am Betrachter vorbei nach unten geleitet werden. Das filigrane, räumliche Stahlfachwerk trägt teilweise verspiegelte Glasscheiben und Paneele, wodurch ungewöhnliche Blicke auf die anderen Besucher und die Umgebung ermöglicht werden. Mit dem Lauf der Sonne und dem sich ändernden Wetter wird der Schattenwurf des Daches im Innenhof zu einem sich stets wandelnden eigenen Kunstwerk.

SOS nutzte für das Design die Möglichkeiten des parametrischen Entwerfens. Den Auftrag für die Ausführung erhielt die Firma Hahner Technik GmbH & Co. KG aus der Nähe von Fulda, die sich für die weitere Planung und Bemessung die Unterstützung von ArtEngineering aus Schorndorf sicherten. Diese entwickelten das Modell weiter, um letztlich auch Werkstatt-, Transport- und Montagezeichnungen zu generieren. Als Berater und Tragwerksplaner war das Ingenieurbüro Dr. Siebert und Partner für die Bemessung und Detaillierung der gläsernen Hülle des Daches verantwortlich.

2 Die gläserne Hülle

2.1 Formfindung

Freiformflächen werden nicht zuletzt aufgrund der stets zunehmenden Rechenleistung und der mächtigen Planungstools in der Architektur immer häufiger eingesetzt. Auch das hier behandelte Projekt wurde nach allen Regeln der Kunst und bis zur letzten Schraube räumlich konstruiert. Die aufwendige Parametrisierung des Modells bietet

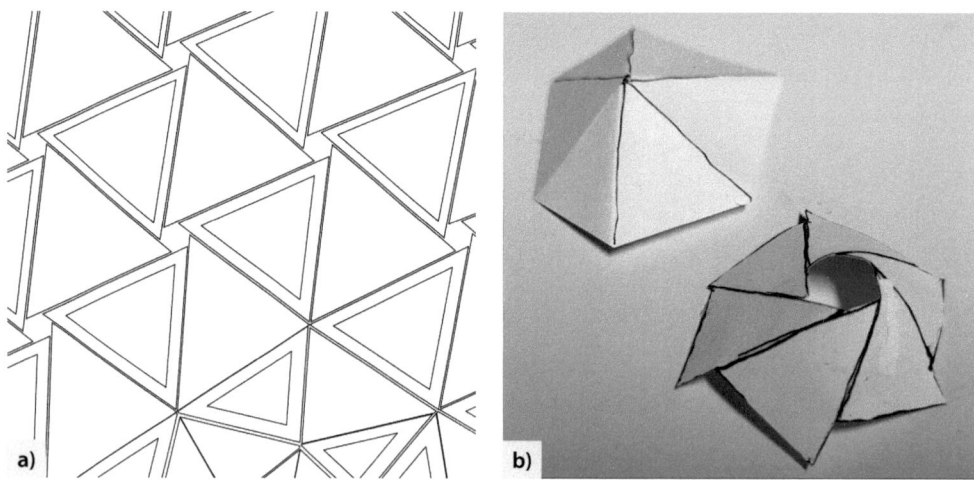

Bild 4 a) Dachaufsicht im Übergangsbereich zum Trichter (© Hahner Technik GmbH & Co. KG); b) Faltversuche des Autors (© T. Herrmann)

u. a. die Möglichkeit, die Auswirkung einzelner geometrischer Änderungen auf das Gesamtmodell berechnen und darstellen zu lassen.

Eine große Besonderheit des Common Sky ist die Einteilung der Außenhülle in Dreiecke und gleichseitige Hexagone. Während sich Freiformflächen relativ einfach durch Dreiecksflächen vernetzen bzw. annähern lassen, führt die gestalterisch begründete Wahl zu einem Konflikt: Je sechs Dreiecke bilden in der Ebene in ihrer Mitte ein Hexagon (siehe Bild 4a). Wird letzteres aus der Ebene herausgehoben, führt dies dazu, dass die Kanten benachbarter Dreiecke nicht mehr gerade oder nicht mehr parallel zueinander sind. In Bild 4b wird dies anhand bescheidener Papiermodelle des Autors demonstriert. Während sich die Dreiecksflächen mit gemeinsamem Knotenpunkt in der Mitte leicht zu einer Pyramide falten lassen, kann das Gebilde mit dem Hexagon in der Mitte nur mit Zwang erzeugt werden, erkennbar an den gekrümmten Kanten der Dreiecke.

Die Idee mehrachsig gebogener Isolierglasscheiben wurde zum einen aus Kostengründen und zum anderen wegen des gestalterischen Ziels, möglichst unverzerrte Spiegelungen zu ermöglichen, relativ schnell verworfen. Mithilfe des parametrisierten Modells wurde die Dachflächenform dahingehend optimiert, dass der Grad der Verschränkung benachbarter Scheiben möglichst gering gehalten wird.

2.2 Linienlager

Bei regulären Glasdächern oder Pfosten-Riegel-Fassaden mit einem Aufsatzsystem sind die Kanten benachbarter Scheiben parallel und in der gleichen Ebene. Handelt es ich um gekrümmte Dachformen wie Tonnendächer oder Kuppeln, stehen benachbarte Scheiben in einem stumpfen Winkel zueinander. Solange der Winkel nicht zu spitz ist, können die nebeneinander liegenden Scheibenkanten auf einem gemeinsamen Profil (Rechteckrohr oder Systemprofil aus Aluminium) gelagert werden, weil die elastische Innendichtung zwischen Profil und Glas den Winkel ausgleichen kann. Aufgrund der verschränkt liegenden Scheibenkanten wurde bei Common Sky für jede Kante ein ei-

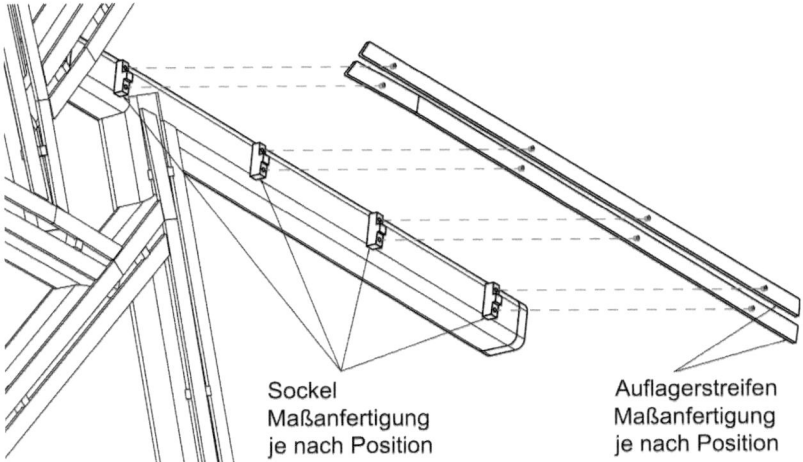

Bild 5 Isometrie Hexagon-Knoten mit Sockel und Auflagerstreifen
(© Hahner Technik GmbH & Co. KG)

genes Auflager über dem Tragprofil konstruiert. Bild 5 zeigt die Sockel und Auflagerstreifen an einem Hexagon-Knoten in der Isometrie.

Auf das Quadratrohr werden in Höhe und Neigung variierende Sockel geschweißt, auf die wiederum nebeneinander, aber in unterschiedlicher Höhe und Neigung, zwei für die jeweilige Position eigens vorgefertigte Flachstahl-Streifen geschraubt werden. Bereits hier erkennt man, dass es für die Fertigung und Montage von enormer Bedeutung ist, ein klares System zur Kennzeichnung der Bauteile zu verwenden. Die Sockel dienen gleichzeitig auch als Befestigungspunkte für den Schraubkanal.

2.3 Innendichtung

Passend zu den möglichen Grenzfällen aus Verschränkung und Winkel zwischen den Scheiben wurde ein Dichtungsprofil entwickelt, welches über den Schraubkanal gesteckt wird und eine ausreichende Auflagertiefe für die Isolierglasscheiben ermöglicht. Drei Entwässerungsebenen wurden genutzt, um an den sternförmigen Knoten die Falzräume dem Gefälle folgend kaskadenförmig anzulegen. Eine planerische und technische Herausforderung bildeten dabei die zahlreichen, schiefwinkligen Dichtungsstöße. Um Fehler und Ungenauigkeiten auf der Baustelle zu reduzieren, wurden alle Dichtungen bereits im Werk mit einem eigens entwickelten Gerät zugeschnitten und verklebt, so dass vor Ort lediglich gerade Stöße auf Höhe der Schraubstöße im Tragwerk geschlossen werden mussten.

2.4 SSG

Aus gestalterischen Bestrebungen heraus sollten weder Pressleisten noch Klemmteller verbaut werden, weshalb die Verglasung als Structural Sealant Glazing (SSG) geplant und ausgeführt wurde. Die Arme der eigens entwickelten Drehverschlüsse (Toggle) in den Glasfugen greifen in die im Randverbund der Isolierglasscheiben integrierten

U-Profile und bewirken ein Anpressen auf das innere Dichtungsprofil. Durch die geschwungene Form und die gelenkige Verbindung zum Schraubenkopf können auch kleine Stufen zwischen den Scheiben überwunden werden, ohne ein unerwünschtes Biegemoment in der Schraube oder einen ungleichmäßigen Anpressdruck an der Scheibenkante zu erzeugen. Da die Abstände der Toggle vom Schraubkanal variieren, aber Anpressdruck und Einschraubtiefe möglichst konstant sein müssen, wurde die jeweilige Schraubenlänge mittels einer eigens entwickelten Lehre bestimmt.

Die äußere der beiden Verbundsicherheitsglas-Scheiben (VSG) wird ausschließlich über die entsprechend ausgelegte Verklebung im Randverbund gehalten. Eine hochelastische Silikonfuge bildet schließlich die äußere Abdichtungsebene, siehe Bild 6.

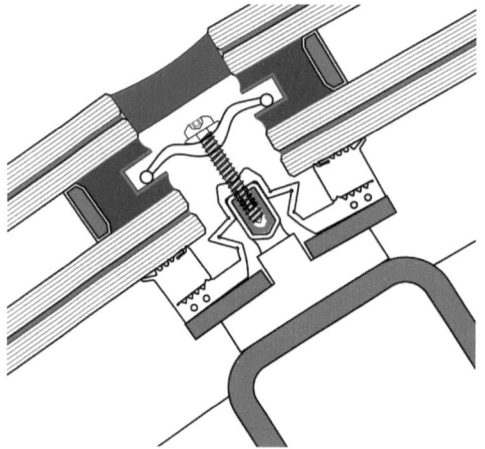

Bild 6 Vertikalschnitt durch Scheibenstoß mit Innen- und Außendichtung, Schraubkanal und Toggle (© Hahner Technik GmbH & Co. KG)

2.5 Lasten

Buffalo, NY ist bekannt für lange und vor allem schneereiche Winter, begünstigt durch die direkte Lage am riesigen Eriesee. Für die Bemessung des Daches wurden Wind- und Schneegutachten zur Verfügung gestellt. Die maximale charakteristische Schneelast beträgt demnach fast 5 kN/m². Die nach ASCE 7 [1] für derartige Dächer anzusetzende Betretungslast in Höhe von 0,96 kN/m² oder 1,33 kN auf einer Quadratfläche der Kantenlänge 762 mm fällt dagegen kaum ins Gewicht. Mangels normativer US-Vorgaben wurde in Rücksprache mit dem örtlichen Ingenieurbüro der Ansatz der Klimalasten nach DIN 18008-1 [2] akzeptiert.

2.6 Isolierglasscheiben

Die größte Scheibe ist 2,23 m breit und 1,96 m hoch und liegt im regulären Dachbereich mit näherungsweise gleichseitigen Dreiecken, die um kleine Hexagone angeordnet sind. Zu den Dachrändern hin und im Trichter werden geometriebedingt ausschließlich dreieckige Scheiben verwendet. Dort liegt auch die kleinste Scheibe, deren Fläche nicht viel größer als die eines DIN-A4-Blattes ist. Bei den insgesamt 490 Scheiben mit Neigungswinkeln zwischen 1,4° und 101° (leichter Überhang im Trichter) finden sich nicht zwei mit gleichen Abmessungen.

Die Bemessung der Glasscheiben erfolgte nach der Methode der zulässigen Spannungen auf Basis der US-amerikanischen Normen ASCE 7 und ASTM E1300 [3]. Letztere berücksichtigt im Gegensatz zur DIN 18008-1 auch für die Festigkeit von thermisch vorgespanntem Glas die jeweilige Lasteinwirkungsdauer. Für die maßgebende Lastfallkombination (Eigengewicht + Winterklima + Schnee) ergab sich somit für eine angenommene Lasteinwirkungsdauer von 30 Tagen und reduzierter Ausfallwahrscheinlichkeit eine zulässige Spannung von lediglich 22,6 MPa für teilvorgespanntes Glas (TVG). Zudem ist die Spannung mit den nach Herstellerangabe bzw. Produktnorm zulässigen minimalen Scheibendicken und nicht – wie hierzulande üblich – mit den Nenndicken zu berechnen. Die Möglichkeit des zeit- und temperaturabhängigen Ansatzes eines Schubverbundes der Polyvinylbutyral-Folie (PVB-Folie) wirkte sich dafür begünstigend aus, so dass auch das mit $L/240$ deutlich strengere Verformungskriterium eingehalten werden konnte. Auch wurde die Resttragfähigkeit für den Fall des Bruchs einer der beiden VSG-Scheiben nachgewiesen und unter Verweis auf die DIN 18008-6 [4] die Stoßsicherheit durch numerische Simulation bewertet.

Da die Neigung einzelner Scheiben der Dachform geschuldet sehr gering ausfällt, musste die Gefahr einer Pfützenbildung überprüft werden. Die Verformungsfigur der am wenigsten geneigten Scheibe wurde dazu mit einem Kreisbogen durch deren höchsten und niedrigsten Punkt angenähert. Als Bogenstich wurde die gemäß FEM-Analyse maximale Verformung angesetzt. Eine Pfützenbildung konnte ausgeschlossen werden, da die angenäherte Verformungsfigur an keiner Stelle eine horizontale Tangente aufweist.

Die Untersuchungen ergaben schließlich einen symmetrischen Glasaufbau aus zwei VSG-Scheiben aus jeweils 2 × 8 mm TVG und 1,52 mm PVB getrennt durch einen 20 mm breiten Scheibenzwischenraum. Letzterer musste konstruktionsbedingt so groß gewählt werden, um die für die Befestigung notwendigen U-Profile im Randverbund integrieren zu können. Die partielle, hochreflektierende Chrombeschichtung wurde auf Wunsch des Künstlers auf die raumzugewandte Seite gelegt, um Mehrfachreflektionen im Glasaufbau auszuschließen.

2.7 Randverbund

Der Randverbund der Isolierglasscheiben übernimmt eine tragende Funktion. Sommerliche Klimalasten im Scheibenzwischenraum und abhebende Windlasten führen zu Zugbeanspruchungen. Die parallel zur Scheibe gerichteten Komponenten des Eigengewichts der äußeren VSG-Scheibe und der Schneelast führen zu Schubspannungen im Randverbund. Deshalb wird ein struktureller Silikon-Dichtstoff (Dowsil™ 3363) verwendet. Als Grundlagen für die statische Bemessung des Randverbundes dienten die ETAG 002 [5] und die ETA des Dichtstoffs [6].

Die Abmessungen der einzelnen Glasscheiben sind wie oben erläutert unterschiedlich. Um dennoch alle Positionen im Nachweis berücksichtigen zu können, wurden zwei Vereinfachungen genutzt, um den Berechnungsaufwand zu reduzieren: Der Überdruck im Scheibenzwischenraum wurde durch eine quadratische Funktion in Abhängigkeit von der Scheibenfläche angenähert. Ein Formfaktor ebenfalls in Abhängigkeit von der Glasscheibenfläche diente außerdem der Berechnung der effektiven Dichtungsfläche. Grundlage waren jeweils FE-Berechnungen an einer repräsentativen Auswahl von Scheibenformen und -größen. Als maßgebend erwies sich die Lastfallkombination aus Eigengewicht, Sommer und Windsog, die bei geneigten Scheiben sowohl zu Zug- als auch Schubspannungen führt. Auf der sicheren Seite liegend und in Abstimmung mit dem Silikonhersteller wurde in den Nachweisen als Klebefugenbreite nur der Bereich zwischen U-Profil und Abstandhalter angesetzt. Die Berechnungen ergaben eine notwendige Fugenbreite von 12 mm.

2.8 Glasauflager

Die extremen Schneelasten führen zu entsprechend hohen Kräften in Scheibenebene. Wenn eine Scheibe mit der Spitze nach unten orientiert ist, wirkt diese wie ein Keil, der die seitlichen Auflager auseinander drückt. Die einzelnen Auflagerkräfte können dadurch deutlich höher als die Lastkomponente in Scheibenebene werden.

Mit den räumlichen Eckkoordinaten der Scheiben wurden mit den Mitteln der Vektoralgebra

- deren Fläche,
- deren Normalenvektor,
- deren Neigung,
- deren Eigengewicht und Schneelast
- und deren Komponente in Richtung der jeweiligen Falllinie

berechnet. Letztere kann wiederum in zwei Komponenten zerlegt werden, die jeweils senkrecht auf die beiden tiefer liegenden Kanten der Scheibe wirken. An diesen Kanten werden insgesamt drei oder vier Glasauflager angeordnet, auf welche die obigen Komponenten in Abhängigkeit ihrer relativen Lage verteilt werden. Die maximale Auflagerkraft aller Scheibenpositionen beträgt demnach 5,8 kN. Um nicht alle Auflager für diesen Extremwert auslegen zu müssen, wurden mehrere Typen unterschiedlicher Tragfähigkeit entwickelt:

- Frästeil auf Schraubkanal, der auf zusätzliche Sockel geschweißt wird,
- Frästeil auf Schraubkanal, der auf einen Flachstahl in Auflagerbreite geschweißt wird,
- Frästeil, das direkt auf einen Flachstahl in Auflagerbreite geschraubt wird
  (siehe Bild 7).

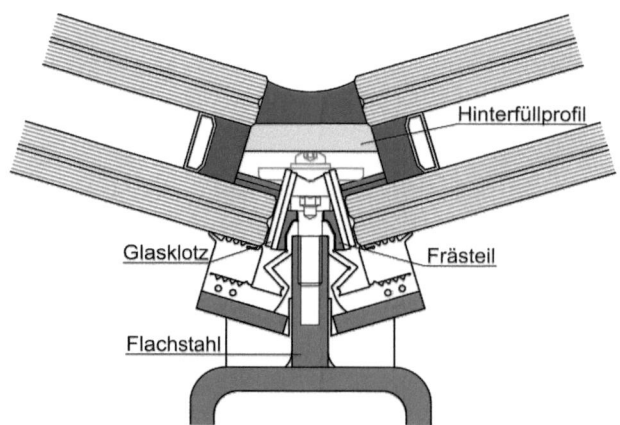

Bild 7 Vertikalschnitt durch Glasauflager im Bereich des Trichters (© Hahner Technik GmbH & Co. KG)

Die Frästeile wurden aus Aluminium gefertigt und haben, an die jeweilige Position angepasste, geneigte Wangen, auf die die Scheiben durch Verglasungsklötze getrennt gestellt werden.

3 Ausführung

3.1 Isolierglasscheiben

Für jede der 490 Glasscheiben wurde eine Werkstattzeichnung erstellt, auf der u. a. die Standkante, die ggf. unterschiedlichen Geometrien der inneren und äußeren VSG-Scheibe, die Position der U-Profile im Randverbund und die Abmessungen der hochspiegelnden Beschichtung definiert wurde. Durch Aufkleber wurde die Orientierung einer jeden Position eindeutig gekennzeichnet. Die Reihenfolge der Verpackung auf Gestellen und in Containern wurde durch den Auftraggeber vorgegeben, um später auf der Baustelle eine reibungslose Montage gewährleisten zu können. Die Produktion der Isolierglasscheiben erfolgte bei AGC Interpane in Deutschland. Auf ein Aufmaß oder eine testweise Vormontage der Scheiben im Werk der Hahner Technik GmbH wurde verzichtet und der Transport nach Buffalo durch den Hersteller unabhängig vom restlichen Dachtragwerk organisiert.

3.2 Tragwerk, Unterkonstruktion, Montage

Das gesamte Dachtragwerk bis hin zur Innendichtung wurde in einer Werkshalle der Fa. Hahner Technik aufgebaut (Bild 8) und anschließend wieder in Abschnitte zerlegt, beschichtet und nach entsprechenden Plänen in Übersee-Container verpackt. Um den Zusammenbau vor Ort möglichst schnell durchführen zu können, wurde auf Baustellenschweißungen weitestgehend verzichtet und es wurden versteckt angeordnete Schraubstöße genutzt.

Common Sky wurde von Anfang an als Kunstwerk beauftragt. Daher war der Aufbau in den USA durch ein deutsches Unternehmen ohne Einflussnahme der mächtigen

Bild 8 Fertigung der Stahlkonstruktion bei Hahner Technik GmbH & Co. KG (© T. Herrmann)

Bild 9 a) Hexagon mit Außendichtung (© R. Kühne, Hahner Technik GmbH & Co. KG);
b) Innenansicht Trichter, noch ohne Paneele (© M. Röhrig, Hahner Technik GmbH & Co. KG)

US-amerikanischen Baugewerkschaft möglich. Die fertigungstechnischen und logistischen Herausforderungen waren dennoch enorm, sind aber nicht der Schwerpunkt dieses Beitrags. Als Beispiele seien an dieser Stelle nur der extrem engmaschige Trichterfuß oder die Koordination der einzelnen Bauteile im Werk und auf der Baustelle genannt. Unter anderem wurden hierfür Augmented Reality Brillen eingesetzt, welche dem Träger z. B. die Zielposition einer Komponente ins Sichtfeld einblenden kann.

Die Montage am Albright Knox Art Museum begann im Mai 2022 mit rund vier Wochen Verspätung, da die Container mit der Stahlkonstruktion aufgrund eines mehrwöchigen Streiks bei der kanadischen Bahn den Hafen in Montreal nicht verlassen konnten. Im Oktober 2022 wurden schließlich die letzten der insgesamt gut 1300 m Außendichtung aufgebracht, siehe Bilder 9a und 9b.

4 Fazit und Danksagung

Common Sky ist ein Beispiel hervorragender Zusammenarbeit zwischen Bauherrn, Künstlern, Planern und ausführender Firma über Kontinente hinweg. Mit Hilfe der Möglichkeiten aktueller Simulations-, Berechnungs- und Kommunikationssoftware konnten nahezu alle Planungsabstimmungen zwischen den beteiligten Unternehmen online stattfinden und kostspielige Reisen auf ein Minimum reduziert werden. Den anspruchsvollen Aufgabenstellungen der Künstler und des Bauherrn wurden von der Fa. Hahner Technik und ihrem Team mit Mut, Innovation und Können begegnet, so dass das Ergebnis nicht nur gestalterisch, sondern auch technisch als Kunstwerk bezeichnet werden darf.

Ich möchte mich bei allen Beteiligten insbesondere bei Herrn Bernhard Hahner, seinen Mitarbeitern Mario Röhrig und René Kühne, bei Herwig Bretis und Alexander Spänig von Art Engineering und Niël Meyer von SOS für die reibungslose und angenehme Zusammenarbeit bei diesem spannenden Projekt bedanken.

5 Literatur

[1] ASCE Standard ASCE/SEI 7-10 *Minimum design loads for buildings and other structures.* American Society of Civil Engineers, Reston, Virginia, USA.

[2] DIN 18008-1: 2020-05 (2020) *Glas im Bauwesen – Bemessungs- und Konstruktionsregeln – Teil 1: Begriffe und allgemeine Grundlagen.* Berlin: Beuth Verlag.

[3] ASTM E1300 – 16 *Standard Practice for Determining Load Resistance of Glass in Buildings.* ASTM International, West Conshohocken, PA, USA.

[4] DIN 18008-6: 2018-02 (2018) *Glas im Bauwesen – Bemessungs- und Konstruktionsregeln – Teil 6: Zusatzanforderungen an zu Instandhaltungsmaßnahmen betretbare Verglasungen und an durchsturzsichere Verglasungen.* Berlin: Beuth Verlag.

[5] ETAG 002 Part 1 (2012) *Guideline for European Technical Approval for Structural Sealant Glazing Kits (SSGK) – Part 1: Supported and Unsupported Systems.* EOTA, Brüssel, Belgien.

[6] ETA 13/0359 Version 2 (2017) *Dowsil™ 3363, Structural sealant for use in structural and non-structural edge seal of insulated glass unit for use in structural sealant glazing systems.* UBAtc, Brüssel, Belgien.

Ganzglaskonstruktion für das Dach des historischen Pützerturms der TU Darmstadt

Frank Tarazi[1], Sebastian Schula[2], Jens Schneider[2,3], Daniel Pfanner[1,4], Christoph Duppel[5]

[1] Bollinger + Grohmann Consulting GmbH, Westhafenplatz 1, 60327 Frankfurt, Deutschland; ftarazi@bollinger-grohmann.de
[2] SGS Schütz Goldschmidt Schneider GmbH, Kolpingstraße 20, 63150 Heusenstamm, Deutschland; schula@sgs-ing.de
[3] Technische Universität Darmstadt, Institut für Statik und Konstruktion, Franziska-Braun-Straße 3, 64287 Darmstadt, Deutschland; schneider@ismd.tu-darmstadt.de
[4] Frankfurt University of Applied Science, Nibelungenplatz 1, 60318 Frankfurt am Main, Deutschland; daniel.pfanner@fb1.fra-uas.de
[5] Hochschule RheinMain, Kurt-Schumacher-Ring 18, 65197 Wiesbaden, Deutschland; christoph.duppel@hs-rm.de

Abstract

Vor über 75 Jahren wurde die Pützerturmhaube des Uhrturms der Technischen Universität Darmstadt in der Brandnacht vom 11. September 1944 zerstört. Seitdem präsentierte sich der ehemalige Uhrturm als Stumpf am zentralen Standort der Universität. Dem Entwurf von Sichau & Walter Architekten folgend erhielt der Turm nun einen neuen Turmabschluss in moderner Formensprache. Der vorliegende Beitrag beschreibt die Entwicklung der neuen Ganzglaskonstruktion von den ersten Ideen bis zur schließlich gebauten Struktur, welche aus nur vier großformatigen Verbundsicherheitsglasscheiben (VSG) besteht, die sich gegenseitig entlang der Stoßkanten über SG-Verklebungen stabilisieren. Die Konstruktion dient sowohl als Kunstwerk als auch als Absturzsicherung und beherbergt ein Teleskop auf der Turmspitze. Die mehrschichtigen Glaslaminate bestehen aus einem Kunstglas auf der Außenseite, welches über eine EVA-Zwischenschicht mit dem VSG mit SGP-Zwischenschichten auf der Innenseite verbunden ist. Es werden die Konstruktionseigenschaften beschrieben und an diesem Beispiel die objektspezifischen Abweichungen zu den Technischen Baubestimmungen und die hiermit wesentlich verbundenen erforderlichen Nachweise aufgezeigt, welche schlussendlich eine vorhabenbezogene Bauartgenehmigung (vBG) ermöglichten.

A new all-glass closure for the historic Pützerturm at TU Darmstadt. More than 75 years ago, the Pützerturm closure of the clock tower of the Technische Universität Darmstadt was destroyed in the night of fire on September 11th, 1944. Since then, the former clock tower presented itself as a stump at the central location of the university. Following the architectural design by Sichau & Walter Architects, the tower now has a new closure in a modern design language. The present paper describes the development of the new all glass structure from first ideas to the finally built structure, consisting of just four large scaled laminated safety glass panes, which stabilize one another through structural sealant joints. The structure serves as a piece of art as well as a glass barrier and houses a telescope placed on the tower top. The multilayer glass panes consist of one layer of artistic glass on the outside laminated by EVA-interlayers to laminated tempered glass panes with SGP interlayers on the inside. Emphasis is put on the technical aspects, the scientific background and the required testing methods to achieve a project related construction technique permit (vBG) for the object-specific deviations from the current building regulations.

Schlagwörter: *SG-Verklebung, EVA und SGP, vorhabenbezogene Bauartgenehmigung*

Keywords: *structural glazing, EVA and SGP, project-related construction technique permit*

1 Der Turm

1.1 Historischer Hintergrund des Uhrturms

Der sogenannte *Pützerturm* bzw. das *Uhrturmgebäude* der Technischen Universität Darmstadt wurde in den Jahren 1901–1904 durch den Architekten *Friedrich Pützer* (1871–1922) geplant und realisiert (Bild 1). Das Bauwerk schaffte eine Verbindung zwischen den Gebäudeflügeln der Institute für Chemie und Physik, die fast zehn Jahre zuvor errichtet worden waren. Pützer verband mit seiner Erbauung nicht nur die be-

Bild 1 Ursprüngliche Konstruktion des Uhrturmgebäudes nach dem Entwurf von Friedrich Pützer (© Universitätsarchiv Darmstadt)

Bild 2 Uhrturmgebäude mit zerstörtem Turmabschluss um 1952 (© Universitätsarchiv Darmstadt)

Bild 3 Uhrturmgebäude ohne Turmabschluss um 1964 (© Universitätsarchiv Darmstadt)

stehenden Gebäude mit ihren unterschiedlichen Höhen und Fassaden sondern erschuf zugleich mit dem 33 m hoch aufragenden Uhrturm ein städtebauliches Symbol und einen Gegenpol zum großen Eingangsportal des gegenüberliegenden Hauptgebäudes der Universität. Das Gebäude diente als Sitz des weltweit ersten Instituts für Elektrotechnik, dessen Leitung *Erasmus Kittler* (1852–1929) innehatte. Der Turm selbst war für physikalische Experimente mit einer hochmodernen Sendestation ausgestattet.

Im September 1944 wurde der Turm und große Teile der angrenzenden Gebäude stark beschädigt. Nur die innere Metallstruktur der Turmspitze war noch vorhanden. (Bild 2). Durch den Wiederaufbau der obersten Geschosse als einfache Mezzaningeschosse wurden die Proportionen stark verändert. In den 1950er Jahren wurde die beschädigte Turmspitze schließlich komplett entfernt (Bild 3). Dieses schlichte Erscheinungsbild bestand auch 2015, als erste Schritte zur Renovierung des Gebäudes eingeleitet wurden.

1.2 Architektonischer Ansatz und neue Funktion

Die neue Einhausung an der Turmspitze wurde durch die Architekten *Sichau & Walter*, Fulda geplant. Sie fügt sich harmonisch in die angrenzenden Gebäude ein. Die Proportionen fanden auch die Zustimmung der zuständigen Denkmalschutzbehörden (Bild 4). Die Architekten zeichneten auch verantwortlich für die zuvor erfolgte Renovierung des Uhrturmgebäudes und dessen Haupthörsaals. Ergänzend zu dieser Maßnahme wurde die neue Turmspitze konzipiert.

Zunächst sollte die oberste Turmebene den Studenten als Beobachtungsdeck dienen. Aufgrund von Brandschutzauflagen und örtlich vorhandenen Einschränkungen der Rettungswege musste dieser Plan jedoch verworfen werden. Nun dient die Turmspitze als Einhausung für ein elektronisches Teleskop, das mittig auf der Plattform steht und dessen Bilder in den Hörsaal im gleichen Gebäude übertragen werden können. Zugang zur Plattform besteht nur für das Wartungspersonal.

Die Intention der Architekten war, der neuen Turmspitze eine zeitlose Erscheinung unter Verwendung des Werkstoffes Glas zu verleihen, welches mit dem natürlichen Licht, Reflexionen und Texturen spielt. Statisch erforderliche Elemente und Verbindungen sollten so minimal wie irgend möglich ausgeführt werden, um nicht zu dominant zu werden und das Gesamterscheinungsbild des Glaskubus nicht zu stören (Bild 5 und Bild 6).

Ein erstes Muster mit Gläsern verringerter Abmessungen wurde im Februar 2018 errichtet. Die weitere Planung, die Spendenkampagne zur Finanzierung, die ingenieurtechnische Ausarbeitung, die erforderlichen experimentellen Untersuchungen und die Herstellung waren ein längerer Prozess mit Unterbrechungen, der schließlich zu einer Realisierung im Dezember 2019 führte, bei der vier Verglasungseinheiten, jeweils

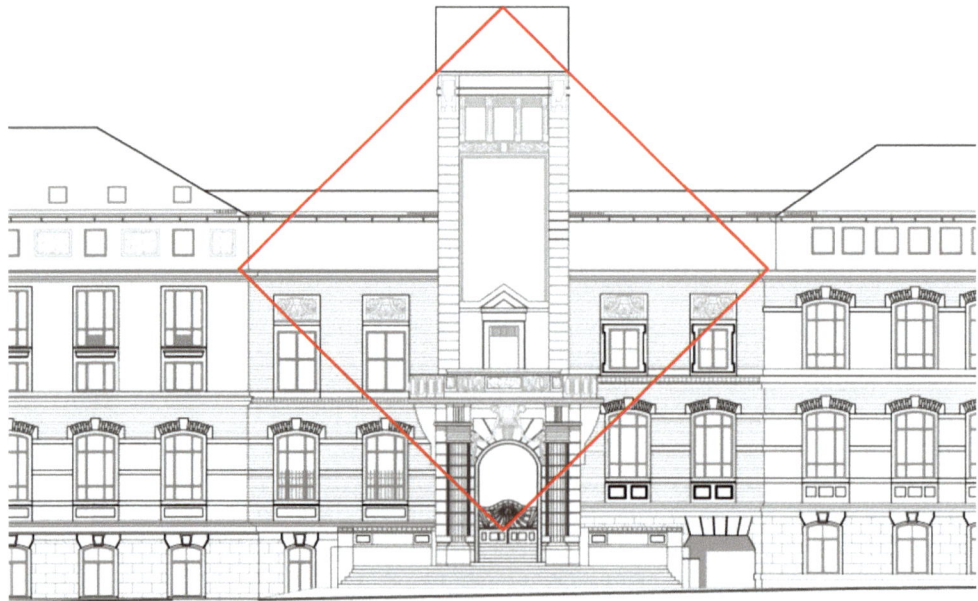

Bild 4 Proportionen des Gebäudes mit neuem Turmabschluss (© Sichau & Walter)

Bild 5 Neuer Turmabschluss als kubische Ganzglaskonstruktion (© Dr.-Ing. Sebastian Schula, SGS GmbH)

Bild 6 Fertiggestellter Turmabschluss, realisiert als Ganzglaskonstruktion (© Dr.-Ing. Sebastian Schula, SGS GmbH)

ca. 5,40 m breit und 3,00 m hoch zugleich die Einhausung formen und als Haupttragelemente der Struktur fungieren. Die offizielle Einweihung der Turmspitze konnte aufgrund der Covid-19 Pandemie erst im März 2022 vorgenommen werden. Einer Veröffentlichung des Projekts stand danach nichts mehr im Wege.

2 Ingenieurtechnische Herangehensweise

2.1 Statisches System

Glasbrüstungen sind in DIN 18008-4 [1] als entweder linien- oder punktförmig gelagerte Scheiben geregelt. Alternativ sind auch auskragende, am unteren Rand eingespannte Glasscheiben möglich. Diese sind jedoch gemäß der Norm auf eine maximale Breite von 2,0 m und eine Auskragung von 1,10 m beschränkt. Es war also offensichtlich, dass die Vorstellung einer schlichten Glasbox nur mit einem anderen Ansatz realisiert werden konnte und nicht durch die Norm abgedeckt sein würde.

In einem ersten Ansatz wurde die auskragende Struktur betrachtet (Bild 7). Die erforderliche beträchtliche Stahlstruktur am Fußpunkt für die Einspannung wurde aus architektonischen Gründen verworfen. Die großen Verformungen der auskragenden Glasscheiben, die auch von der Rotationssteifigkeit der Einspannung abhängen, und die aus den Verformungen resultierenden Komplikationen im Eckbereich führten ebenso wie die äußerst problematische Einspannung der Kunstverglasung auch aus tragwerksplanerischer Sicht zu einem Ausschluss dieses Ansatzes.

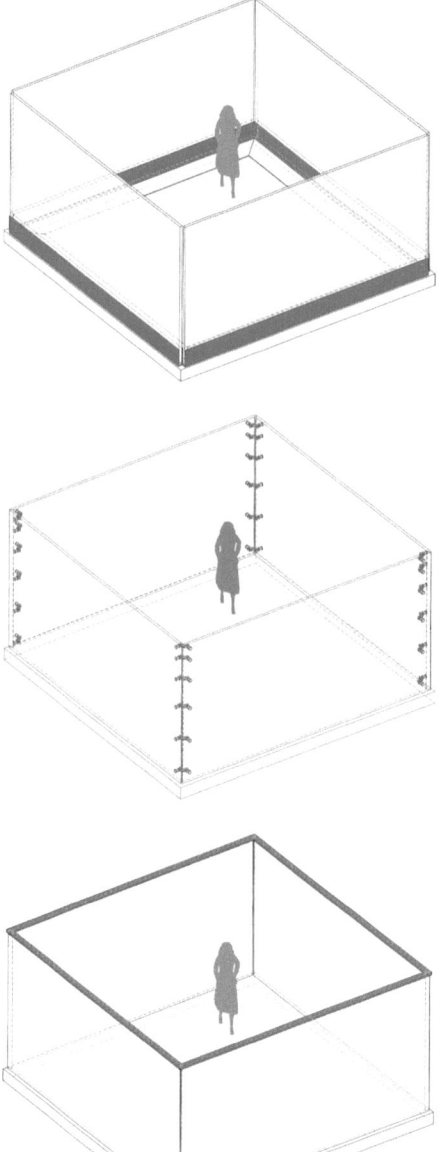

Bild 7 Auskragender Ansatz für die Glasbalustrade
(© Bollinger + Grohmann Consulting GmbH)

Bild 8 Glasgeländer mit Punktbefestigung
(© Bollinger + Grohmann Consulting GmbH)

Bild 9 Glasbalustrade mit verklebten vertikalen Kanten (© Bollinger + Grohmann Consulting GmbH)

Bei den weiteren Ansätzen sollte die Scheibenwirkung der Verglasungen aktiviert werden, die es ermöglicht, dass sich angrenzende Einheiten an den vertikalen Stößen gegenseitig aussteifen. Mechanische Verbindungen über Punkthalter entlang der Ränder waren nicht mit dem Ziel einer möglichst ungestörten Erscheinung vereinbar und hätten auch große Schwierigkeiten in der Kombination mit der Kunstverglasung verursacht (Bild 8). Konsequenterweise wurde daher die Entscheidung getroffen, den Ansatz einer tragenden Silikonverklebung an den vertikalen Rändern zu verfolgen, über welche die VSG-Einheiten verbunden werden sollten (Bild 9).

2.2 Aufbau und lastabtragende Verwendung der Verglasung

Die Verbundglasscheiben setzen sich zusammen aus der künstlerisch gestalteten und eingefärbten Glasscheibe auf der Außenseite und einem lastabtragenden Teil aus mehreren Schichten vorgespannten Glases und den Zwischenschichten. Die Glaswand muss Windsog- und -drucklasten sowie der von innen wirkenden Holmlast und aufgrund der absturzsichernden Wirkung auch einer Anpralllast widerstehen.

Die entsprechenden Lagerreaktionen an den Vertikalrändern müssen von der SG-Verklebung in die angrenzenden Scheiben weitergeleitet werden. Am unteren Rand dieser Scheiben werden die Horizontalkräfte dann in die Stahlkonstruktion und die Betondecke eingeleitet, welche die hölzerne provisorische Dachkonstruktion des Turms ersetzt. Das Eigengewicht der Glasscheiben wirkt den abhebenden Kräften aus dem exzentrischen Lastangriff der Horizontallasten entgegen.

Der gesamte Glasaufbau muss sehr robust sein. Der tragende Teil wurde aus 3 × 12 mm ESG aus Weißglas mit jeweils 1,52 mm dicker Ionoplast-Verbundschicht aus SentryGlas® SG 5000 hergestellt. Die 12 mm graue parsol® Floatglasscheibe wurde auf

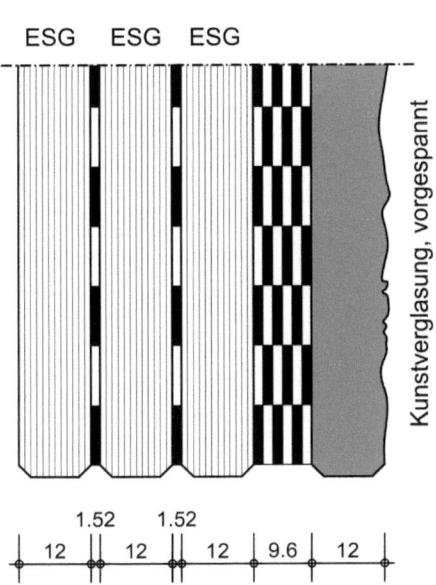

Bild 10 Glasaufbau von innen (links) nach außen (rechts) (© Bollinger + Grohmann Consulting GmbH)

Bild 11 Künstlerische Gestaltung des Gipsbettes zur Erzeugung der Struktur des Kunstglases (© Glasmalerei Peters GmbH)

Bild 12 Detail der Kunstglasoberfläche (© Glasmalerei Peters GmbH)

einem Tischofen bei ca. 790 °C auf einem Gipsbett zu einer Kunstverglasung umgeformt und anschließend langsam abgekühlt, um thermisch induzierte Eigenspannungen zu vermeiden. Für jede Scheibe wurde das Gipsbett vom Architekten individuell gestaltet (Bild 11), so dass jede Scheibe ein Unikat darstellt (Bild 12). Anschließend wurden die Kunstverglasungen thermisch auf das Niveau von ESG vorgespannt und mit einer ca. 9,6 mm dicken Zwischenlage aus EVA auf die tragenden Gläser laminiert (Bild 10).

Bei der statischen Dimensionierung müssen die erhöhten Temperaturen von ca. 60 °C aufgrund des hohen Absorptionsgrades ($\approx$ 83 %) der durchgefärbten Verglasung und die hierdurch reduzierte Steifigkeit der SGP-Zwischenschicht berücksichtigt werden. Der Schubmodul für unterschiedliche Lastdauern und Temperaturen kann hierbei der Zulassung Z-70.3-170 [2] für SentryGlas® SG 5000 entnommen werden. Dieser variiert für normale Temperaturen von 100 N/mm^2 bis 4 N/mm^2 und für erhöhte Temperaturen von 50 N/mm^2 bis 2 N/mm^2.

2.3 Statische Berechnung und Redundanz

Am oberen Rand der Verglasungen ist ein U-förmiges Profil angeordnet, in welches die Glasscheiben einbinden. Da sich im Zusammenspiel dieses Randes mit den verklebten Vertikalfugen ein statisch unbestimmtes System ergibt, bei dem die Lastpfade und -anteile von der Steifigkeitsverteilung der Komponenten abhängen, musste eine ganze Reihe von Grenzwertbetrachtungen unter Variation der Eigenschaften durchgeführt werden, um die maximalen und minimalen Lasten für die Dimensionierung der einzelnen Bauteile zu ermitteln. Hierbei können die Auflager und die Verbindungen durch Federn abgebildet werden. Ebenso wurde die Steifigkeit der Verbundschicht und damit der Glasscheiben in den verschiedenen Szenarien variiert. Der Anprall (weicher Stoß) wurde durch eine transiente Simulation entsprechend der DIN 18008-4 [1] mit einer Anprallenergie von E_{Basis} = 100 Nm nachgewiesen.

Da Glas als sprödes Material seine Tragfähigkeit beim Bruch rechnerisch verliert, ist das Sicherstellen eines redundanten Systems von fundamentaler Bedeutung. Üblicherweise wird hierbei die Resttragfähigkeit der Glasscheiben durch Einsatz von Verbundsicherheitsglas sichergestellt. Als Grundprinzip wird dies auch beim Uhrturm angewendet. Im Gegensatz zu konventionellem VSG mit einer PVB-Zwischenschicht, wurde hier SGP verwendet, da dieses den Ansatz von deutlich höheren Schubmoduln ermöglicht. Außerdem konnte durch den vielschichtigen Aufbau die Spannungsausnutzung der Verglasung geringgehalten werden. Sofern sich die Kunstverglasung günstig auswirkt, wurde diese nicht angesetzt. Wirkt sich die erhöhte Steifigkeit durch die zusätzliche Scheibe jedoch nachteilig aus, wurde die Kunstverglasung berücksichtigt. Außerdem wurden noch Szenarien untersucht, bei denen sowohl die Kunstverglasung als auch die innerste Scheibe nicht angesetzt wurden.

Da das primäre Tragsystem auf der Tragwirkung der Silikonverklebung basiert, musste zusätzlich eine mechanische Lastweiterleitung für den Fall des Versagens des Silikons sichergestellt werden. Das am oberen Rand angebrachte und ebenfalls mit dem Glas verklebte U-Profil, das an den vier Ecken mit den angrenzenden Profilen verschraubt wird, sorgt für die alternative bzw. redundante Lastabtragung. Sollte auch die Verklebung zwischen U-Profil und Verglasung versagen, sorgen vier vertikale Seile in den Ecken für die Lagesicherung des oberen Rahmens. Bei einem Ausfall der horizontalen Verklebung der Scheiben mit der unteren Randeinfassung ist die Gesamtintegrität der Struktur durch die geometrische Ausführung der Gehrungsfugen sichergestellt. Die Glasscheiben blockieren sich gegenseitig gegen ein Verschieben parallel zum unteren Rand. Das Eigengewicht der Scheiben, die Reibung auf der Verklotzung und die Vertikalseile schaffen eine zusätzliche Redundanz. Auch der komplette Ausfall des Verbundes zwischen der Kunstverglasung und den übrigen Scheiben wurde untersucht. Die Kunstverglasung kann die charakteristische Windsoglast einachsig spannend zwischen dem oberen und unteren U-Profil abtragen. Diese Profile sichern die Scheibe in diesem Fall mechanisch.

2.4 Detailausbildung

Bei der Detaillierung der Bauteile und Verbindungen müssen die im Abschnitt 2.2 erwähnten Lastzustände berücksichtigt werden. Darüber hinaus sind thermische Ausdehnungen und Toleranzen zu berücksichtigen. Jeglicher Kontakt zwischen Glas- und

Stahlbauteilen muss vermieden werden. Die Langzeitverträglichkeit zwischen den einzelnen Baustoffen (wie z. B. den Verbundschichten, Glasklötzen und Silikonverklebungen) muss sichergestellt werden. Außerdem gilt es, die Baustellenverklebungen auf ein Minimum zu reduzieren. Die Reihenfolge des Zusammenbaus und die temporären Abstützungen unter Beachtung der Hebezeuge und Glassauger wurden von der ausführenden Firma festgelegt.

Typische Details, die in enger Zusammenarbeit zwischen der ausführenden Firma und den Fachplanern entwickelt und finalisiert wurden, sind in den Bildern 13 bis 15 dargestellt. Zusätzlich zu seiner tragenden Funktion dient das obere U-Profil auch als Schutz der Glaskanten und des Verbundes (Bild 13). Zugleich bildet es zusammen mit den Vertikalseilen und dem unteren Stahlprofil den Blitzschutz der Einhausung. Die Silikonverklebungen der unteren und oberen Profile wurden unter kontrollierten Bedingungen im Werk ausgeführt. Um eine Belüftung des Glasrandes sicherzustellen, werden kleine Unterbrechungen in der Silikonverfugung vorgesehen.

Das untere Stahlauflager ist auf dem Bestandsmauerwerk verankert und dient zugleich als Randschalung für die neu errichtete Ortbetondecke. Das untere Randprofil ist in Querrichtung durch angeschweißte Bolzen, welche in Bohrungen des Stahlauflagers eingreifen, gelagert. Langlöcher sorgen für eine zwängungsfreie Lagerung. Im Abstand von 1 m sind Entwässerungsbohrungen vorgesehen für den Fall, dass Wasser in den Spalt zwischen Glas und U-Profil eindringt (Bild 14). An den vier Ecken der Einhausung sind die vertikalen Glaskanten im Winkel von 45° gefast und poliert. Die Vertikalfuge wird vor Ort mit einem 2-K-Silikon tragend verklebt. Das Fitting am oberen Ende des Vertikalseils wird auch für die Verbindung der U-Profile verwendet. Die erforderlichen Bohrungen wurden zur Aufnahme von möglichen Toleranzen vor Ort ausgeführt (Bild 15).

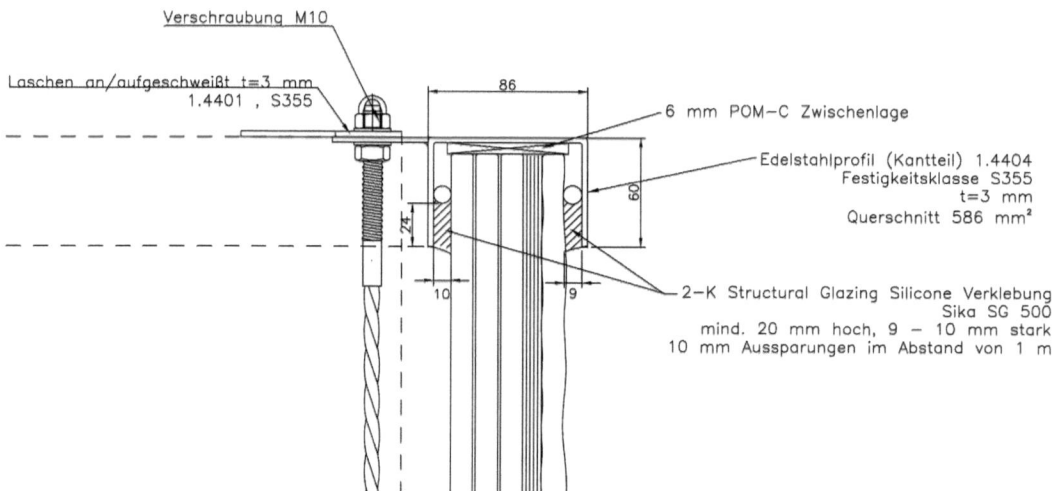

Bild 13 Vertikaler Schnitt durch die Oberseite der Verglasungseinheit mit oberem U-Profil und vertikalem Kabel im Eckbereich (© Glasmalerei Peters GmbH)

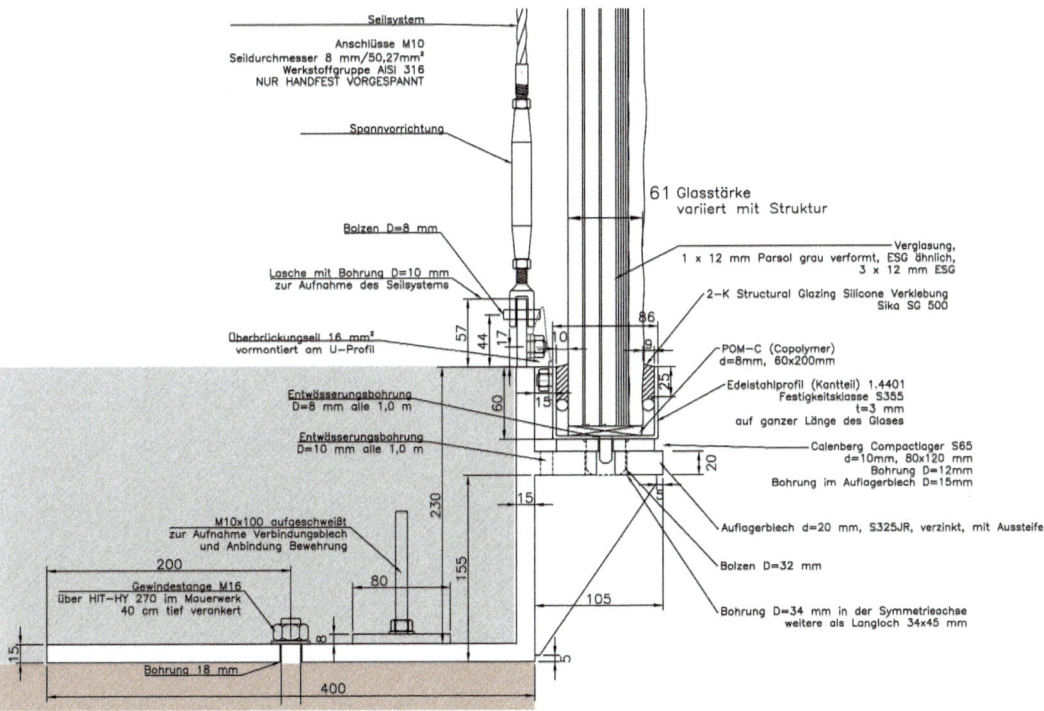

Bild 14 Vertikaler Schnitt durch den Fußpunktanschluss der Verglasung
(© Glasmalerei Peters GmbH)

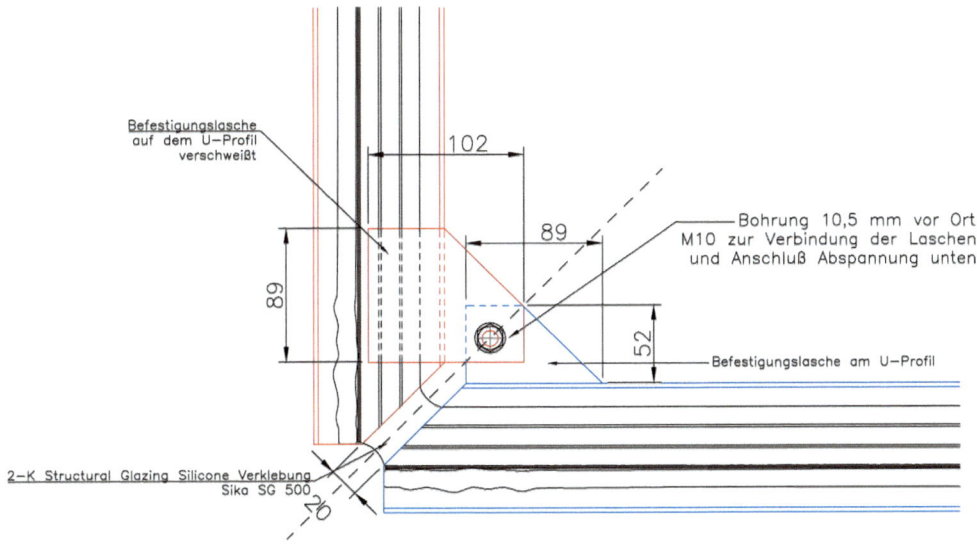

Bild 15 Grundriss Eckdetail (© Glasmalerei Peters GmbH)

2.5 Bemessung der SG Verklebung

2.5.1 Lasten und Vordimensionierung

Die Windlasten können DIN EN 1991-1-4 [3] und dem entsprechenden nationalen Anhang [4] entnommen werden. Die teilweise Verschattung durch die gegenüberliegende Wand wird dabei in Ansatz gebracht. Die resultierenden c_p-Werte wurden mit −1,7 für Windsog und 1,5 für Winddruck ermittelt inklusive der auf der Innenseite des nach oben offenen Volumens auftretenden Drücke. Es ergeben sich w_S = −1,30 kN/m² Windsog und w_D = 1,15 kN/m² Winddruck.

Die Holmlast wurde gemäß DIN EN 1991-1-1 [5] mit q_h = 1,0 kN/m in 1,20 m Höhe angesetzt. Dies beinhaltet eine Reserve, die mit dem Auftraggeber für eine etwaige spätere anderweitige Nutzung abgestimmt wurde. Der Pendelschlag wurde wie oben erwähnt als Aufprall des 50 kg schweren Zwillingsreifens mit einer Fallhöhe von 200 mm simuliert.

Die maximale charakteristische Lagerreaktion an einer oberen Ecke der Verglasung wurde zu 2,916 kN ermittelt. Um diese Last entlang einer Silikonfuge durch Schub auf eine angrenzende Scheibe übertragen zu können, ist eine Fläche von A = 2916 N / 0,105 MPa = 27 770 mm² erforderlich. Unter Berücksichtigung einer Fugenhöhe von 20 mm auf beiden Seiten des U-Profils, beträgt die erforderliche Fugenlänge ca. 700 mm. Das U-Profil wird über die gesamte Länge der Verglasung von ca. 5.400 mm verklebt, so dass sich eine hohe zusätzliche Sicherheit ergibt.

Die maximale Reaktion in der vertikalen Silikonfuge wurde für die Lastkombination aus 1,0 × Windsog + 0,7 × Holmlast ermittelt. Hierbei wurde eine stark heruntergesetzte Federsteifigkeit für die Verbindung an der oberen Ecke von 750 N/mm angesetzt. Diese entspricht ungefähr einer Verklebung der Verglasung auf lediglich 500 mm Länge. Hieraus ergibt sich eine maximale lokale Lagerreaktion senkrecht zur Verglasung von 4,684 N/mm. Bei vereinfachter Betrachtung der Geometrie der Gehrungsfuge (Projektion von 3 × 12 mm Glasstärke), resultiert eine Spannung im Silikon von 0,13 N/mm² < 0,14 N/mm² [6].

Bei einer Steifigkeit der Eckfeder von 1500 N/mm ergibt sich eine Lagerreaktion von 3,536 N/mm, die sehr nahe an dem erwarteten Ergebnis für eine Einflussbreite von 2,75 m liegt: 2,75 m × 1,30 kN/m² = 3,575 kN/m.

2.5.2 Gehrungsecke und detaillierte Bemessung der Silikonfuge

Unter den Beteiligten bestand keine Übereinkunft darüber, ob die kombinierte Zug- und Schubbeanspruchung jeweils getrennt ermittelt und anschließend wie von Silikonherstellern vorgeschlagen z. B. gemäß nachfolgender Interaktion nachgewiesen werden dürfen [7].

$$U = \left(\frac{\sigma}{\sigma_{des}}\right)^2 + \left(\frac{\tau}{\tau_{des}}\right)^2 \leq 1,0 \tag{1}$$

mit:
U Ausnutzung
σ lokale Zugspannung
σ_{des} zulässige Zugspannung (hier 0,14 N/mm² [6])
τ lokale Schubspannung
τ_{des} zulässige Schubspannung (hier 0,105 N/mm² [6])

Darüber hinaus gab es Diskussionen darüber, ob die Formeln in ETAG 002-1 [8] Schubkräfte abdecken, die quer zur Fuge anstelle von längs der Fuge auftreten.

Die unterschiedlichen Lastszenarien an angrenzenden Gläsern, führen zu einer kombinierten Axial- und Schubbeanspruchung in der Silikonfuge. Um eine Übereinkunft zu erzielen, dass die Fugen ausreichend dimensioniert sind, wurde eine detailliert FE-Analyse durchgeführt, welche ein hyperelastisches Material für die Verklebung berücksichtigt.

Drei grundlegende Lastszenarien für angrenzende Glasscheiben können unterschieden werden:

Fall 1 Beide angrenzenden Wände erfahren nach außen gerichtete Kräfte (Windsog)
Fall 2 Ein Scheibe erfährt nach außen gerichtete Kräfte, die angrenzende nach innen gerichtete Kräfte (Windsog/Winddruck)
Fall 3 Beide Scheiben erfahren nach innen gerichtete Kräfte (Winddruck)

Fall 3 resultiert in einer Druckkraft in der Silikonfuge und muss nicht weiter untersucht werden, da die Einwirkungen geringer sind als bei Windsog. Wenn beide Kräfte gleichgroß sind, ergibt sich keine Schubbeanspruchung. Im *Fall 1* ergibt sich die höchste Zugbeanspruchung, während im Fall 2 eine kombinierte Beanspruchung mit hohen Schubkräften auftritt (Bild 16).

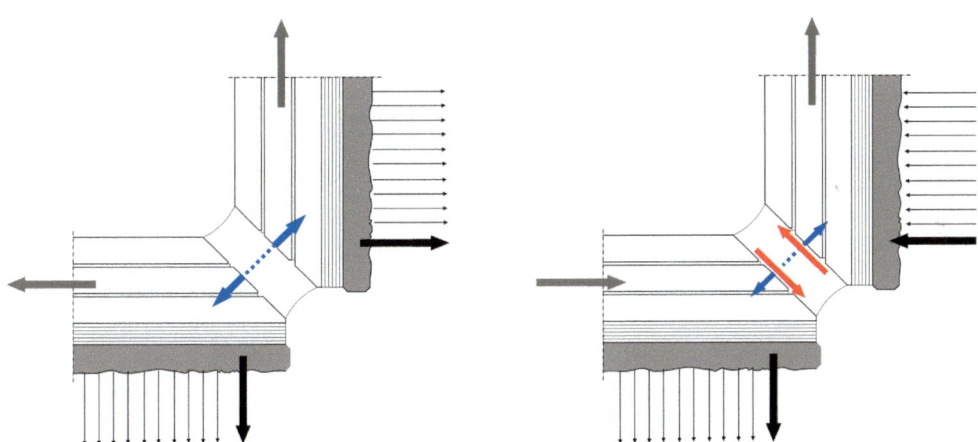

Bild 16 Resultierende Kräfte im Bereich der vertikalen Verklebung, Fall 1 (symmetrisch) und Fall 2 (asymmetrisch)

Das hyperelastische FE-Modell wurde mithilfe des Programms ANSYS und einem 2-Parameter Mooney-Rivlin Materialmodell durchgeführt. Um das Rechenmodell zu kalibrieren, wird in einem ersten Schritt der Standard ETAG 002-1 [8] H-Probekörper mit einer 12 × 12 × 50 mm Silikonnaht zwischen zwei Aluminiumplatten modelliert und mit einer Last beansprucht, welche zur zulässigen Zugspannung von 0,14 MPa gemäß [6] führen würde bei Anwendung der technischen Spannungsformel $\sigma = N/A$. Bei Anwendung genauerer Berechnungsmethoden darf der Sicherheitsbeiwert für die Silikonbemessung von $\gamma_{tot} = 6$ auf $\gamma_{tot} = 4$ reduziert werden [9]. Daher kann die aufgebrachte Last ermittelt werden zu:

$$N = \frac{6}{4} \cdot 12 \text{ mm} \cdot 50 \text{ mm} \cdot 0{,}14 \text{ MPa} = 126 \text{ N} \tag{2}$$

Entsprechend kann für die Schubbeanspruchung vorgegangen werden:

$$T = \frac{6}{4} \cdot 12 \text{ mm} \cdot 50 \text{ mm} \cdot 0{,}105 \text{ MPa} = 94{,}5 \text{ N} \tag{3}$$

Beide Modelle werden unter Außerachtlassung von Singularitäten in der mittleren Ebene der Fuge hinsichtlich der maximal auftretenden Hauptzugspannung ausgewertet. Der niedrigere der beiden so ermittelten Werte kann dann für die Auswertung des Berechnungsmodells für die zu bemessende Fuge herangezogen werden. Um gültige Ergebnisse zu erhalten, ist es wichtig, dass dieselbe Netztopologie und die Netzdichte wie für das Kalibrierungsmodell verwendet werden.

Im Kalibrierungsmodell wurde ein Netz mit 4 × 4 Elementen für den 12 × 12 mm Querschnitt der Fuge verwendet, was zu Volumenelementen von ca. 3 mm Kantenlänge führt. Die Fugdicke der Gehrungsfuge wurde mit 20 mm gewählt, die Breite ergibt sich mit ca. 55 mm. Unter Beachtung möglicher Ausführungstoleranzen wurde die Fugdicke mit 15 mm im FE-Modell abgebildet, da davon auszugehen ist, dass eine geringere Fugdicke zu einer höheren Steifigkeit und zu höheren Spannungen führt bei einer kombinierten Beanspruchung durch Zug- und Schubkräfte.

Tabelle 1 Berechnungsergebnisse der hyperelastischen Analyse

Berechnungsmodell	Max. Hauptzugspannung
Kalibrierung für Zug (Bild 17)	σ_1 = 0,277 MPa erwarteter Mittelwert gemäß techn. Spannungsformel: 0,21 MPa
Kalibrierung für Schub (Bild 18 und Bild 19)	σ_1 = 0,277 MPa 5 mm vom Ende ausgewertet, um Singularitäten zu vermeiden
Fall 1 (Sog/Sog) −3,575 kN/m auf beiden angrenzenden Scheiben (Bild 21)	σ_1 = 0,128 MPa < 0,277 MPa erwarteter Mittelwert gemäß techn. Spannungsformel: 3,575 N/mm × $\sqrt{2}$/55 mm = 0,092 MPa
Fall 2 (Sog/Druck) −3,575 kN/m/3,163 kN/m auf angrenzende Scheiben, daraus 4,764 kN/m Schub und 0,291 kN/m Zug (Bild 22)	σ_1 = 0,249 MPa < 0,277 MPa auf der sicheren Seite liegend max. Wert inkl. Singularitäten ausgewertet Wert im mittleren Bereich der Fuge 0,105 MPa

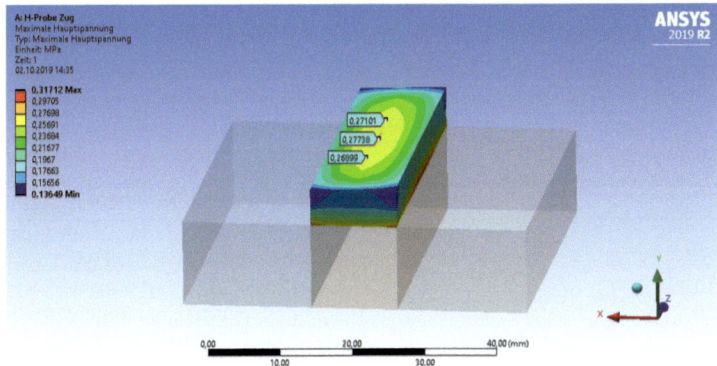

Bild 17 Resultierende Hauptspannung, Kalibrierungsmodell für Zug (0,277 MPa)

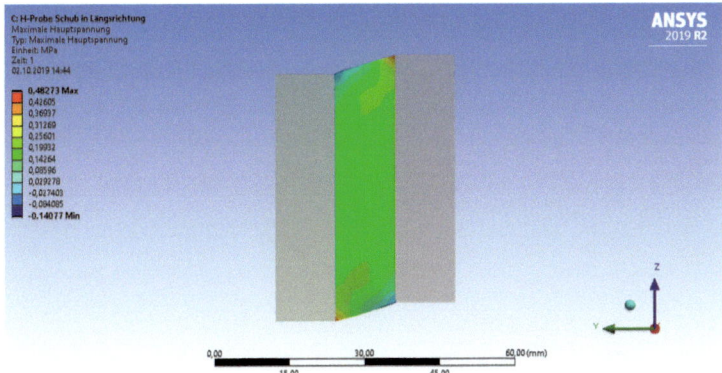

Bild 18 Resultierende Hauptspannung, Kalibrierungsmodell für Schub (Übersicht)

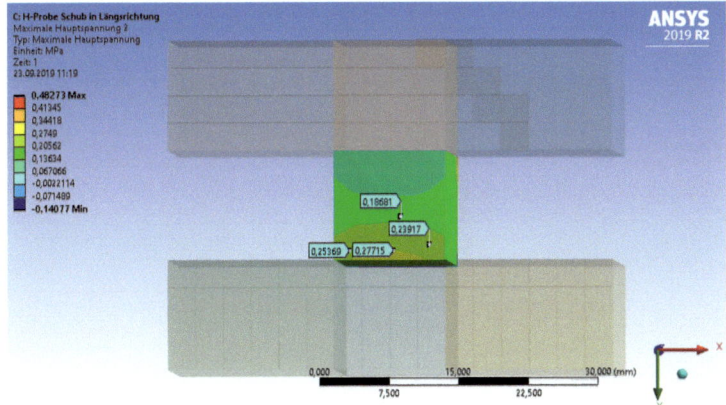

Bild 19 Resultierende Hauptspannung, 5 mm vom Ende, Kalibrierungsmodell für Schub (0,277 MPa)

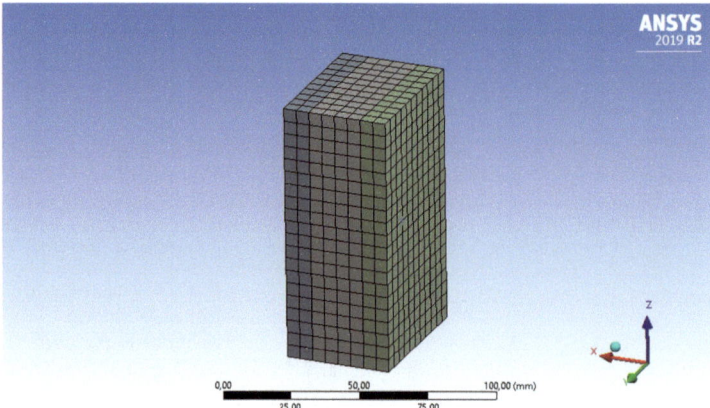

Bild 20 Berechnungsmodell der Silikonfuge (Systemausschnitt 52 × 100 mm) – Ober- und Unterseite des Silikons sind mit Symmetrierandbedingungen versehen

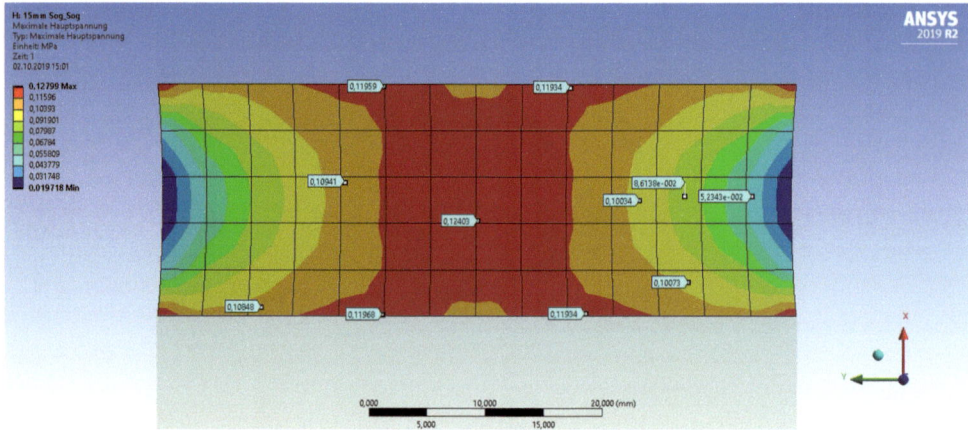

Bild 21 Resultierende Hauptspannung für Fall 1: reine Zugbeanspruchung mit max. 0,128 MPa (Draufsicht)

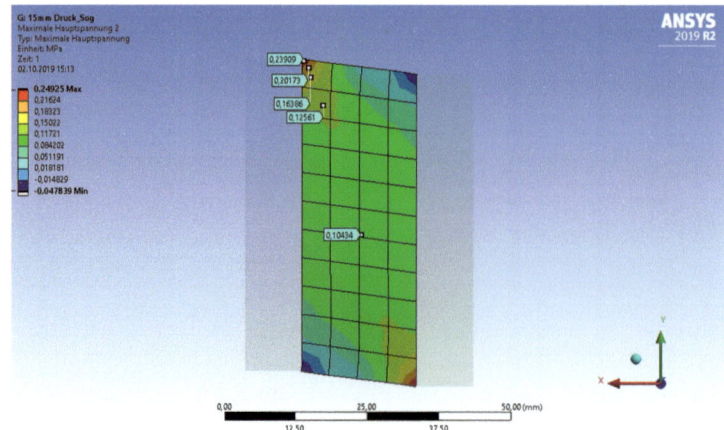

Bild 22 Resultierende Hauptspannung für Fall 2: Schub- und Zugbeanspruchung mit max. 0,249 MPa und 0,10 MPa (Draufsicht)

3 Nachweis- und Genehmigungsverfahren

3.1 Abweichungen von den technischen Baubestimmungen

Die realisierte Ganzglaskonstruktion weicht unter anderem mit den folgenden Eigenschaften von den Technischen Baubestimmungen ab:

- Für die geklebte Glaskonstruktion liegt kein ergänzender An- bzw. Verwendbarkeitsnachweis vor.
- Die Kunstglasscheibe ist nicht über die Produktnorm DIN EN 572-5 [10] für Ornamentglas erfasst.
- Das thermische Vorspannen der Kunstglasscheibe auf das Eigenspannungsniveau von Einscheibensicherheitsglas ist in DIN EN 12150-2 [11] nicht geregelt.
- Bei der gemeinsamen Verwendung der Zwischenschichten handelt es sich entsprechend der allgemeinen bauaufsichtlichen Zulassungen Z-70.3-170 [2] und Z-70.3-238 [12] um ein nicht geregeltes Bauprodukt.
- Bei Verwendung der in der allgemeinen bauaufsichtlichen Zulassung Z-70.3-238 [12] geregelten Zwischenschicht in Kombination mit dem Kunstglas handelt es sich um ein nicht geregeltes Bauprodukt; darüber hinaus ist auch die Anwendbarkeit der erhöhten Zwischenschichtdicke nicht im Rahmen der allgemeinen bauaufsichtlichen Zulassung Z-70.3-238 [12] geregelt.
- Der Aufbau der Verglasungen, die Glasformate sowie die SG-verklebte Lagerung der absturzsichernden Verglasungen ist nicht über DIN 18008-4 [1] geregelt.
- Die Anwendung von aussteifenden Vertikalverglasungen ist in DIN 18008-2 [13] nicht geregelt.
- Die SG-Verklebungen von Glas mit Glas sowie von Glas mit der zugrunde liegenden Fügeteiloberfläche aus nicht rostendem Stahl sind nicht geregelt.
- Die Reduktion des globalen Sicherheitsfaktors von $\gamma_{tot} = 6$ auf $\gamma_{tot} = 4$ ist in [14] nicht geregelt.

Genannte Sachverhalte außerhalb der Technischen Baubestimmungen machten bei Verwendung der Ganzglaskonstruktion die Erwirkung einer vorhabenbezogenen Bauartgenehmigung (vBG) über die oberste Bauaufsichtsbehörde erforderlich.

3.2 Genehmigungsverfahren

Nach den jeweiligen Landesbauordnungen bedürfen Bauvorhaben oder Bauarten einer vorhabenbezogenen Bauartgenehmigung (vBG) bzw. einer Zustimmung im Einzelfall (ZiE), wenn für sie keine allgemein anerkannten Regeln der Technik bestehen, sie von den veröffentlichten technischen Regeln abweichen, sie keine allgemeine bauaufsichtliche Zulassung (abZ) oder kein allgemeines bauaufsichtliches Prüfzeugnis (abP) haben oder wenn sie von diesen wesentlich abweichen. Eine vBG und/oder ZiE wird von der obersten Bauaufsichtsbehörde des zuständigen Bundeslandes auf schriftlichen Antrag des Bauherrn oder seines Vertreters erteilt.

Vorhabenbezogene Bauartgenehmigungen (vBG) und Zustimmungen im Einzelfall (ZiE) beziehen sich – wie der Name schon sagt – nur auf ein einzelnes Bauvorhaben.

Die Genehmigung wird auf der Grundlage von bautechnischen Nachweisen (Standsicherheits-, Gebrauchstauglichkeits-, Brand-, Schall- und Wärmeschutznachweise) erteilt. In der Regel wird die Verwendbarkeit einer anspruchsvollen Konstruktion wie dem Uhrturm auf Grundlage einer sachverständigen Bewertung bzw. Stellungnahme beurteilt. Für derart komplexe Konstruktionen, bei welchen eine Vielzahl von Eigenschaften von den technischen Baubestimmungen abweicht (vgl. Abschnitt 3.1), ist es ratsam, im Vorfeld ein gutachterliches Versuchs- und Nachweiskonzept zu entwickeln, in welchem das erforderliche Nachweisverfahren in Abstimmung mit der obersten Bauaufsichtsbehörde festgelegt wird.

Im Folgenden werden die aus sachverständiger Sicht erforderlichen Untersuchungen und Nachweise beschrieben und die wesentlichen Versuchsergebnisse vorgestellt.

3.3 Versuchs- und Nachweiskonzept

Im Rahmen des Versuchs- und Nachweiskonzeptes wurden die aus sachverständiger Sicht notwendigen Maßnahmen zur Bewertung der:

- zusätzlichen Anforderungen an absturzsichernde Verglasungen,
- der experimentellen Überprüfung des Bauproduktes „Kunstglas",
- dem technischen Nachweis des Bauproduktes „Verbundsicherheitsglas mit außenliegender Kunstglasscheibe",
- die Anwendung der SG-Verklebung
- sowie die allgemeinen konstruktiven Anforderungen

definiert. Im Hinblick auf die Absturzsicherung konnte aus sachverständiger Sicht die Anwendung des transienten Nachweisverfahrens von Stoßbeanspruchungen nach DIN 18008-4 [1] empfohlen werden, auch wenn die normativen Randbedingungen bei der zu bewertenden Konstruktion abweichen. In diesem Zusammenhang war eine Betrachtung der Grenzfälle

- Stoßeinwirkung auf die Verbundsicherheitsverglasung unter Vernachlässigung der Kunstglasscheibe und
- Stoßeinwirkung auf das gesamte Glaspaket unter Berücksichtigung der Kunstglasscheibe

erforderlich.

Zur sachverständigen Beurteilung der Gebrauchstauglichkeit der Kunstglasscheibe mussten diverse experimentelle Untersuchungen durchgeführt werden, da diese Glasart nicht über die Produktnorm DIN EN 572-5 [10] für Ornamentglas abgedeckt ist. Die Bestimmung der charakteristischen Biegezugfestigkeit erfolgte mittels Doppelringbiegeversuchen nach DIN EN 1288-2 [15] und DIN EN 1288-5 [16] mit modifizierter Prüffläche sowie durch Vergleichsprüfungen im Vierschneiden-Biegeverfahren nach DIN EN 1288-3 [17]. Des Weiteren wurde die Oberflächendruckspannung mittels Streulichtverfahren nach DIN EN 12150-2 [11] quantifiziert. Darüber hinaus wurde die Ebenheit auf der Rückseite der Kunstglasscheibe bewertet und das Bruchbild überprüft.

Zur Beurteilung der Anwendbarkeit des „Verbundsicherheitsglases mit außenliegender Kunstglasscheibe" wurden in Anlehnung an DIN EN ISO 12543-4 [18] und DIN EN ISO 12543-6 [19] Versuche bei erhöhter Temperatur und Feuchtigkeit durchgeführt und die Auswirkungen auf das Erscheinungsbild beurteilt. Aufgrund sehr starker lokaler Verwerfungen auf der Rückseite der Kunstglasscheibe musste die Dicke der Zwischenschicht auf ca. 9,6 mm angepasst werden. Obwohl der Folienhersteller die Anwendbarkeit solch großer Zwischenlagendicken bestätigte, wurde das Haftungsverhalten experimentell durch Pummeltests bestätigt. Bei dieser zerstörenden Prüfmethode werden die Proben auf eine harte Unterlage gelegt und mit Hammerschlägen so bearbeitet, dass das Glas weitgehend zerstört wird. Anschließend wird die Probe einer Sichtprüfung unterzogen, bei welcher die ungelösten Glasstücke auf der Folie mit Referenzproben hinsichtlich der Größe der Glasstücke und ihrer Anzahl verglichen werden.

Aufgrund der Komplexität der SG-Verklebung wurde aus sachverständiger Sicht empfohlen, dass eine Verifizierung des analytischen Bemessungsansatzes mittels Finite-Elemente-Berechnung unter Verwendung geeigneter hyperelastischer Materialgesetze erfolgte. Aufgrund des damit verbundenen, sehr detaillierten Nachweises konnte in Abstimmung mit dem Klebstoffhersteller eine Reduzierung des globalen Sicherheitsfaktors von γ_{tot} = 6 auf γ_{tot} = 4 empfohlen werden. Dazu wurden die in ETA-03/0038 [6] geregelten technischen Versagensspannungen (σ_{zul} und τ_{zul}) in echte Bemessungswerte umgerechnet. Eine Bewertung der Fügeflächen der Edelstahlbiegeteile erfolgte durch zusätzliche Schälversuche.

Darüber hinaus wurden im Rahmen des Versuchs- und Nachweiskonzeptes die aus fachlicher Sicht notwendigen Maßnahmen zur Sicherung der Ausführungsqualität im Rahmen der werkseigenen Produktionskontrolle und der Fremdüberwachung empfohlen. Auch wurden Empfehlungen für eine regelmäßige Bauwerksinspektion für die Nutzungsdauer definiert.

3.4 Sachverständige Bewertung

Basierend auf den im Rahmen des Nachweis- und Versuchskonzeptes durchgeführten Untersuchungen konnte die Anwendbarkeit der Ganzglaskonstruktion aus sachverständiger Sicht empfohlen werden. Neben der Bewertung der Absturzsicherung und der SG-Verklebung wurde insbesondere Augenmerk auf die Eigenschaften der Kunstglasscheibe und die damit verbundenen Zwischenschichteigenschaften durch die deutlich erhöhte Zwischenschichtdicke gelegt. Zur Ermittlung der charakteristischen Biegezugfestigkeit von thermisch vorgespanntem Kunstglas wurden Doppelringbiegeversuche mit modifizierter Prüffläche und Vierpunktbiegeversuche nach DIN EN 1288 durchgeführt. Im Rahmen dieser Versuche wurde festgestellt, dass die Biegezugfestigkeit von der Orientierung der strukturierten Oberfläche des Kunstglases abhängig ist. Während die charakteristische Biegezugfestigkeit nach DIN EN 12150-1 [20] für Einscheibensicherheitsglas für die der Zwischenschicht zugewandte Oberfläche bestätigt werden konnte, betrug diese für die strukturierte Oberfläche in der Zugzone nur f_k = 100 N/mm². Anhand von Messungen der Oberflächendruckspannungen mittels Streulichtverfahren und Untersuchungen des Bruchbildes nach DIN EN 12150-1 [20] konnte bestätigt werden, dass die Eigenschaften der Kunstglasscheiben denen von Einscheibensicherheitsglas entsprechen.

Das unregelmäßig strukturierte Gipsbett im thermischen Formgebungsprozess der Kunstglasscheibe verleiht der Verglasung in der Ansicht durch unterschiedlich große Erhebungen und Einschnitte eine künstlerische Beweglichkeit. Obwohl die dem VSG zugewandte Glasfläche nicht planmäßig strukturiert ist, weist sie nicht mehr die Ebenheitseigenschaften des Basisglases nach DIN EN 572-2 [21] auf. Zur Kompensation dieser lokalen Verwerfungen, welche durchaus in der Größenordnung von bis zu 7 mm lagen, wurde der Verbund zwischen dem Verbundglas und der Kunstverglasung durch die ausgleichende EVA-Zwischenschicht mit einer Nenndicke von 9,6 mm hergestellt.

4 Montageprozess

Die statische wirksame Verklebung der Edelstahlprofile entlang der horizontalen Glaskanten wurde unter kontrollierten Bedingungen beim Glashersteller ausgeführt. Nach einer ausreichenden Aushärtezeit wurden die vier Verglasungen per Spezialtransport an den Pützerturm in Darmstadt geliefert (Bild 23), wo die Verglasungen mittels Mobilkran und einer Hochleistungs-Vakuumsauganlage auf die Turmspitze gehoben wurden (Bild 24 bis Bild 26). Für die Montage wurden die Glaseinheiten mit Hilfe von Diagonalstreben an der Spitze des Turms exakt ausgerichtet (Bild 27 und Bild 28). Abschließend erfolgte die Herstellung der vertikalen SG-Verklebungen in den Eckbereichen der Glaskonstruktion als Zweikomponenten-Verklebung vor Ort mit entsprechender externer Qualitätskontrolle. Die Diagonalstreben wurden nach Aushärtung der SG-Verklebung rückgebaut.

5 Danksagung

Die Autoren danken allen an diesem kleinen, aber einzigartigen Projekt Beteiligten. Ohne den Enthusiasmus und den festen Glauben an ein gemeinsames Ziel und das ständige Streben nach besseren Lösungen hätte die anfängliche Vision nicht verwirklicht werden können.

Tabelle 2 Projektbeteiligte

Bauherr	Dezernat V – Baumanagement und Technischer Betrieb der Technischen Universität Darmstadt
Architektur	Sichau & Walter, Fulda
Tragwerks- und Fachplanung	Bollinger + Grohmann Consulting GmbH, Frankfurt
Produktion/Montage	Glasmalerei Peters, Paderborn in Kooperation mit Thiele Glas Werk GmbH, Wermsdorf
Materialprüfung	Staatliche Materialprüfungsanstalt Darmstadt – Zentrum für Konstruktionswerkstoffe, Darmstadt
Prüfingenieur	G+H Tragwerksplanung GmbH, Darmstadt
Sachverständige Beratung und Bewertung	SGS Schütz Goldschmidt Schneider GmbH, Heusenstamm
Genehmigungsbehörde	Hessisches Ministerium für Wirtschaft, Energie, Verkehr und Wohnen, Wiesbaden

5 Danksagung | 79

Bild 23 Anlieferung der Verglasungen mit werkseitig verklebten Edelstahlprofilen entlang der horizontalen Glaskanten (© Glasmalerei Peters GmbH)

Bild 24 Einheben der Verglasungen mit einem Gewicht von jeweils ca. 2 Tonnen (© Glasmalerei Peters GmbH)

Bild 25 Der Einbau der vier Glaseinheiten wurde innerhalb eines Tages abgeschlossen (© Glasmalerei Peters GmbH)

Bild 26 Das hohe Glasgewicht erforderte den Einsatz einer Hochleistungs-Vakuum-Sauganlage (© Glasmalerei Peters GmbH)

Bild 27 Ausrichtung der Glaselemente auf der Stahlunterkonstruktion (© Glasmalerei Peters GmbH)

Bild 28 Temporäre Unterstützung der Verglasung während der Montage und der Aushärtung der vertikalen SG Verklebung (© Glasmalerei Peters GmbH)

6 Literatur

[1] DIN 18008-4 (2013) *Glas im Bauwesen – Bemessungs- und Konstruktionsregeln – Teil 4: Zusatzanforderungen an absturzsichernde Verglasungen.* Berlin: Beuth.
[2] Deutsches Institut für Bautechnik (DIBt) (2015) *Allgemeine bauaufsichtliche Zulassung Z-70.3-170: Verbund-Sicherheitsglas aus SentryGlas SG5000 mit Schubverbund,* Geltungsdauer vom 15. Dezember 2015 bis 14. April 2020. Berlin.
[3] DIN EN 1991-1-4 (2010) *Eurocode 1: Einwirkungen auf Tragwerke – Teil 1-4: Allgemeine Einwirkungen – Windlasten.* Berlin: Beuth.
[4] DIN EN 1991-1-4/NA (2010) *Nationaler Anhang – National festgelegte Parameter – Eurocode 1: Einwirkungen auf Tragwerke – Teil 1-4: Allgemeine Einwirkungen – Windlasten.* Berlin: Beuth.
[5] DIN EN 1991-1-1 (2010) *Eurocode 1: Einwirkungen auf Tragwerke – Teil 1-1: Allgemeine Einwirkungen auf Tragwerke – Wichten, Eigengewicht und Nutzlasten im Hochbau.* Berlin: Beuth.
[6] Deutsches Institut für Bautechnik (DIBt) (2014), *ETA-03/0038 – European Technical Assessment – Sikasil SG 500*, Berlin.
[7] Dow Silicones Deutschland GmbH (2014) *Festigkeitswerte von DOWSIL™ Silikonklebstoffen.*
[8] ETAG 002-1 (2012) *Structural Sealant Glazing Kits – Part 1: Supported and Unsupported Systems.*
[9] Sika Services AG (2017) *Additional Technical Information – Sikasil SG-Joint calculation*, Zuerich.
[10] DIN EN 572-5 (2012) *Glas im Bauwesen – Basiserzeugnisse aus Kalk-Natronsilicatglas – Teil 5: Ornamentglas.* Berlin: Beuth.
[11] DIN EN 12150-2 (2017) *Glas im Bauwesen – Thermisch vorgespanntes Kalknatron-Einscheibensicherheitsglas – Teil 2: Produktnorm.* Berlin: Beuth.
[12] Deutsches Institut für Bautechnik (DIBt) (2016) Allgemeine bauaufsichtliche Zulassung Z-70.3-238 *Verbund-Sicherheitsglas mit der EVA Verbundfolie evguard®,* Geltungsdauer: 14. Oktober 2016 bis 14. April 2020, Berlin.
[13] DIN 18008-2 (2010) *Glas im Bauwesen – Bemessungs- und Konstruktionsregeln – Teil 2: Linienförmig gelagerte Verglasungen.* Berlin: Beuth.
[14] Hessisches Ministerium für Wirtschaft, Energie, Verkehr und Landesentwicklung (2018) *Hessische Verwaltungsvorschrift Technische Baubestimmungen (H-VV TB)* (Umsetzung der Muster-Verwaltungsvorschrift Technische Baubestimmungen Ausgabe 2017/1), Wiesbaden.
[15] DIN EN 1288-2 (2000) *Glas im Bauwesen – Bestimmung der Biegefestigkeit von Glas – Teil 2: Doppelring-Biegeversuch an plattenförmigen Proben mit großen Prüfflächen.* Berlin: Beuth.
[16] DIN EN 1288-5 (2000) *Glas im Bauwesen – Bestimmung der Biegefestigkeit von Glas – Teil 5: Doppelring-Biegeversuch an plattenförmigen Proben mit kleinen Prüfflächenschneiden-Verfahren.* Berlin: Beuth.
[17] DIN EN 1288-3 (2000) *Glas im Bauwesen – Bestimmung der Biegefestigkeit von Glas – Teil 3: Prüfung von Proben bei zweiseitiger Auflagerung (Vierschneiden-Verfahren).* Berlin: Beuth.

[18] DIN EN ISO 12543-4 (2011) *Glas im Bauwesen – Verbundglas und Verbund-Sicherheitsglas – Teil 4: Verfahren zur Bestimmung der Beständigkeit.* Berlin: Beuth.
[19] DIN EN ISO 12543-6 (2012) *Glas im Bauwesen – Verbundglas und Verbund-Sicherheitsglas – Teil 6: Aussehen.* Berlin: Beuth.
[20] DIN EN 12150-1 (2015) *Glas im Bauwesen – Thermisch vorgespanntes Kalknatron-Einscheibensicherheitsglas – Teil 1: Definition und Beschreibung.* Berlin: Beuth.
[21] DIN EN 572-2 (2012) *Glas im Bauwesen – Basiserzeugnisse aus Kalk-Natronsilicatglas – Teil 2: Floatglas.* Berlin: Beuth.

Neuer Kanzlerplatz Bonn – Glasfassade in der Schnittstelle zur Gridstruktur

Jürgen Einck[1]

[1] *Drees & Sommer SE, Habsburgerring 2, 50674 Köln, Deutschland; juergen.einck@dreso.com*

Abstract

Der Neue Kanzlerplatz in Bonn ist ein moderner Bürokomplex, der sich aus drei Einzelgebäuden zusammensetzt. Mit über 100 m Höhe bildet das Hochhaus ein weiteres bedeutendes Landmark in der Bonner Skyline. Ein herausragendes und charakteristisches Merkmal des Fassadenentwurfs von JSWD-Architekten aus Köln liegt in der starken Plastizität seiner konisch ausgeformten Gridstruktur. Das Grid ist bei den niedrigeren Bauteilen als ein außenliegendes Sichtbeton-Tragwerk und am Turm optisch sinngemäß als hinterlüftete Glasfaserbetonbekleidung ausgeführt. Die Glasfassaden sind in den Regelbereichen raumhoch verglast und zum Foyer sowie an der Hochhauskrone von großformatigen Panoramaverglasungen eingefasst. Eine herausfordernde fassadentechnische Besonderheit stellt die konstruktionsbedingt unterschiedliche Lage der tragenden Rohbaustützen entlang der Fassade im Kalt- bzw. im Warmbereich dar.

Neuer Kanzlerplatz Bonn – glass facade in the interface with the grid structure. The "Neuer Kanzlerplatz" in Bonn is a modern office complex consisting of three individual buildings. With a height of more than 100 meters, the high-rise forms another significant landmark in the skyline of Bonn. An outstanding and characteristic feature of the facade-design by JSWD Architekten from Cologne is the strong plasticity of its conically shaped grid structure. The grid is designed as an exterior fair-faced concrete structure on the lower building-elements and as a rear-ventilated glass-fiber-reinforced concrete cladding on the tower in a visually appropriate manner. The glass facades are glazed to room-height in the standard areas and enclosed by large-format panoramic glazing towards the foyer and at the high crown. A challenging feature of the facade engineering is the different position of the load-bearing structural columns along the facade in the cold and warm areas.

Schlagwörter: *Fassadentechnik, elementiert, Schallschutz*

Keywords: *facade technology, elemented, sound insulation*

Glasbau 2023. Herausgegeben von Bernhard Weller, Silke Tasche. https://doi.org/10.1002/9783433611739.ch7
© 2023 Ernst & Sohn GmbH. Published 2023 by Ernst & Sohn GmbH.

1 Büroquartier „Neuer Kanzlerplatz" in Bonn

In direkter Nachbarschaft zu Bundesviertel und Museumsmeile ist auf dem Grundstück des ehemaligen „Bonn-Centers" das Büroquartier „Neuer Kanzlerplatz" entstanden. Die Architekten JSWD aus Köln gingen im Jahre 2015 mit ihrem Entwurfsbeitrag als Sieger aus dem Wettbewerbsverfahren hervor. Dieser wurde dann durch die Art-Invest Real Estate aus Köln als Bauherrenschaft umgesetzt. Das Quartier umfasst ca. 60 000 m² flexible Büroflächen samt Gastronomieangebot.

Eine hochwertige, attraktive Architektur mit zugleich städtebaulicher und funktionaler Qualität stand im Fokus der damaligen Projektentwicklung. Das von den Architekten JSWD entworfene und geplante Ensemble aus drei polygonalen Gebäuden mit zum Teil mit Glas überdachten Atrien definiert die Grundrisse für modernste Arbeitswelten und setzt mit der besonderen und markanten Fassadenstruktur und dem knapp über 100 m hohen Turm an der Spitze des Bundesviertels ein neues Wahrzeichen für Bonn (Bild 1).

Bild 1 Visualisierung mit Einblick in das Gesamtareal (© Art-Invest/Pure)

2 Fachplanung Fassadentechnik – Unerlässlich

Die Fassade als Verbindungsglied zwischen Innen- und Außenraum und als wesentliches kostenrelevantes Schlüsselgewerk ist heute weit mehr als ein Witterungsschutz und Raumabschluss. Aus Witterungsschutz und Raumabschluss sind zum Teil hoch komplexe, mehrschichtige Bauteile geworden, die Spezialwissen z. B. über Profiltechnik, Materialeigenschaften, multifunktionale Verglasungen, Steuerungssensorik, Bauphysik und thermische Zusammenhänge erfordern, um funktionale, effiziente, zukunftsfähige und gleichermaßen wirtschaftliche Fassadenkonstruktionen zu entwickeln. Bei der Fassade handelt es sich neben der technischen Gebäudeausrüstung um eines der komplexesten und kostenintensivsten Schlüsselgewerke mit vielfältigsten Wechselwirkungen zu anderen Haupt- und Nebengewerken.

Die Fachingenieurleistungen für Fassadentechnik gehören nicht zum üblichen Leistungsbild eines Architekten. Vielmehr beinhaltet die Fassadentechnik ergänzende und fachtechnisch vertiefende Beratungs- und Planungsleistungen während der einzelnen Planungsphasen, welche hinsichtlich der Konzeption sowie der technisch-konstruktiven Planung einer Fassade im Regelfall über die Leistungen der Objektplanung hinausgehen. Die Beratungs- und Planungsleistungen eines Fassadenplaners erfolgen auf Basis anerkannter Grundlagen und Regelwerke wie dem AHO Heft Nr. 28 [1] und der VDI-Richtlinie 6203 [2].

Zur fachtechnischen Unterstützung und Bearbeitung wurden beim Projekt „Neuer Kanzlerplatz" in Bonn durch die Bauherrenschaft die Fassadenexperten von Drees & Sommer in das Planungsteam eingebunden.

3 Fassadenkonzeption „Neuer Kanzlerplatz" Bonn

3.1 Fassade allgemein

Die Regelfassade der drei Gebäudeteile (Haus 1 bis 3) als Aluminium-Glas-Fassade mit seiner markanten Gridstruktur verleihen dem „Neuen Kanzlerplatz" einen unverwechselbaren Charakter.

Die beiden Flachbauten (Haus 2 und 3) sind zum Teil oben zurückgestaffelt und oberirdisch bis zu sieben Geschosse hoch. Die außenliegende, plastisch ausgeformte Gridstruktur besteht aus Sichtbeton-Fertigteilen und ist als selbsttragende Fassade hergestellt. Die Betonfertigteile sind über thermisch getrennte Kopplungselemente tragend mit den Geschossdecken verbunden und somit nicht nur Teil der Fassade, sondern elementarer Bestandteil des Rohbaus. Die eigentliche Aluminium-Glas-Fassade liegt somit bauartbedingt hinter der im Kaltbereich angeordneten Grid-(Rohbau)stützen (Bild 2).

Der Rohbau des als Landmark mit seinen 28 Geschossen weit sichtbaren Hochhauses (Haus 1) wurde indes in konventioneller Bauweise mit innenliegenden Ortbetonstützen konzipiert und errichtet. Der Stahlbetonskelettbau wird vollständig von der Aluminium-Glas-Fassade und der außen vorgelagerten Gridstruktur umhüllt und liegt somit anders als bei den beiden Flachbauten komplett im Warmbereich. Die außenliegende Gridstruktur ist aus großformatigen Glasfaserbetonelementen als wärmegedämmte hinterlüftete Bekleidung nach dem Prinzip einer Vorhangfassade (VHF) hergestellt. Die

Bild 2 Baustelle Bereich Flachbauten mit Gridstruktur als tragende Fassade (© Drees & Sommer SE)

Grid-Elemente sind im Vergleich zu herkömmlichen Betonfertigteilen sehr dünn und somit auch verhältnismäßig leicht.

Hinsichtlich der, wie vorstehend skizziert, im Zusammenhang mit dem Rohbau und der Fassade verschiedenartigen Ausbildung und Funktionalität der außenliegenden Gridstruktur, haben sich zum Teil sehr unterschiedliche Anforderungen an die eigentliche Aluminium-Glas-Fassade ergeben. Insbesondere unter der Maßgabe und dem Anspruch an eine für alle drei Gebäude gleichbleibenden Optik und Funktionalität der Regelfassaden werden im Weiteren einige planungsrelevante Teilaspekte näher beleuchtet und Lösungsansätze erläutert.

3.2 Gebäudeübergreifende fassadenrelevante Planungsaspekte – Auszug

Wärmeschutz-Anforderungen Regelfassaden:
Wärmeschutzanforderung als Mittelwert über die Fassadentypen:

- $U_w \leq 1{,}1$ W/m²K

Dreischeiben-Isolierverglasungen als neutrale Sonnenschutzverglasung:

- U_g gemessen nach DIN EN 674: $\leq 0{,}6$ W/m²K
- g-Wert berechnet nach EN 410: ca. 35 %
- TL-Wert ermittelt nach DIN 5036 und EN 410: ca. 65 %
- Lichtreflexion außen: ≤ 15 %

Schallschutz gegen Außenlärm
Das Areal mit den drei Gebäudeteilen befindet sich entlang einer Hauptverkehrsader von Bonn und wird in Richtung Grundstückspitze zweiseitig von mehrspurigen und zum Teil vielbefahrenen Straßen (Bundestraße 9) und einseitig zusätzlich von einer Bahntrasse flankiert. Die auf Basis der Verkehrslärmsituation abzuleitenden erforder-

lichen Schalldämm-Maße der Fassade wurde bereits in der frühen Projektphase vom Bauphysiker analysiert und berechnet. Das Ergebnis war insofern sehr positiv, als dass lediglich für Teilbereiche für die Fassade ein maximales Bauschalldämmmaß nach DIN 4109 von $R'_{w,res}$ = 44 dB gefordert ist. Damit war eine über sämtliche Fassadenbereiche hinweg einschalige Bauweise der Fassadenkonstruktionen möglich. Es mussten lediglich die Bereiche mit erhöhter Anforderung an den Schallschutz die Verglasungen, die Paneelflächen und die Fassadenanschlüsse schalltechnisch ertüchtigt werden. Damit konnte im Sinne einer einheitlichen Fassadengestaltung und der Wirtschaftlichkeit ein partieller Systemwechsel auf eine eventuell zweischalige Fassadenkonstruktion (im Regelfall ab einem erforderlichen Bauschalldämmmaß der Fassade von $R'_{w,res} \geq 45$ dB erforderlich) gerade so vermieden werden.

Optimale Verfügbarkeit außenliegender Sonnenschutz
Warum heute noch an einem Hochhaus stark abdunkelnde Sonnenschutzverglasungen als sozusagen permanente „Sonnenbrille" ausbilden, wenn die Verglasung für sich alleine die Anforderungen an den sommerlichen Wärmeschutz ohnehin nicht leisten kann und/oder aber die Kühllasten unter energetischen Gesichtspunkten enorm hoch und damit im Sinne der Nachhaltigkeit nicht zu vertreten sind? Die zentrale Frage nach Lösungsmöglichkeiten für eine bedarfsgerechte Anpassung der Sonnenschutzfunktion bei gleichzeitig hoher und im weitesten Sinne witterungsunabhängiger Verfügbarkeit stand daher auch beim „Neuen Kanzlerplatz" in Bonn sehr früh im Mittelpunkt. Das Ganze am besten ohne die Fassade als Windschutz für den Sonnenschutz als doppelschalige Konstruktion ausführen zu müssen. Die Lösung ist gar nicht so kompliziert. So wurde am Hochhaus ein hochwindstabiler seitlich schienengeführter LM-Raffstore mit einer gegenüber herkömmlichen Sonnenschutzsystemen deutlich erhöhten Windstabilität bei Windstärken von bis zu 9 auf der Beaufortskala (entspricht der Bezeichnung Sturm) konzipiert und umgesetzt.

Rohbautoleranzen zur Fassade
Bereits in der frühen Planungsphase wurden zwischen dem Objektplaner, dem Tragwerksplaner und dem Fachplaner für Fassadentechnik die zulässigen Rohbautoleranzen erörtert und definiert. Alle Verbindungen und Verankerungsteile sowie die Fassadenanschlüsse zwischen der Fassade und dem Rohbau wurden daraufhin so konzipiert, dass allseitig konstruktiv ein Toleranzausgleich der Fassade gegenüber dem Rohbau von bis zu ±20 mm möglich ist. Das Ganze selbstverständlich auch in Abhängigkeit zur jeweiligen Konstruktionsart des Rohbaus (Gridstruktur tragend bzw. nicht tragend vorgelagert). Im Ergebnis wurde hierdurch eine konstruktive und wirtschaftliche Optimierung der Detaillösungen unter Berücksichtigung der gestalterischen Anforderungen sichergestellt.

Begrenzung der Deckenrandverformungen
Vorstehend erwähnte Rohbautoleranzen sind nicht zu verwechseln mit der Festlegung der zulässigen Rohbauverformungen bzw. insbesondere der für die Fassadenkonstruktion relevanten Deckenrandverformungen. Im Hinblick auf eine zwingend notwendige Begrenzung der allgemeinen Verformungen sowie auftretender Verrautungen von Fassadenelementen, sind im Regelfall nur sehr begrenzte Deckenrandverformungen (Durchbiegungen) zulässig. Diese sind unter Berücksichtigung des Rohbau-Stützen-

rasters sowie der beabsichtigten Bauart und dem Achs- bzw. Elementstoßraster der Fassade frühzeitig vom Fachplaner für Fassadentechnik zu bestimmen und dem Tragwerksplaner zur gezielten Begrenzung der späteren Deckenrandverformungen anzugeben.

Entscheidend für die Fassade sind im Regelfall die sich nach dem Einbau der Fassadenkonstruktion noch maximal einstellenden Deckenrandverformungen aus Verkehrslast sowie bei einem Stahlbetonskelettbau zusätzlich aus den Langzeitverformungen durch Kriechen und Schwinden. Einen wesentlichen Einfluss auf die zulässige Deckenrandverformung hat die Anordnung und Ausbildung der horizontalen und vertikalen Elementstöße (Kopplungs-/Dehnfugen) sowie die Positionierung der Befestigungs- und Auflagerungspunkte der Fassadenelemente.

Die Verformungswerte der Deckenränder entlang der Fassaden wurden vom Tragwerksplaner ermittelt und bei der Planung der Fassaden berücksichtigt.

3.3 Regelfassadentyp Flachbauten (Haus 2 und 3)

Wesentliche Konstruktionsmerkmale der Fassade

Bei den beiden Flachbauten besteht die außen sichtbare Gridstruktur aus vertikal und horizontal angeordneten, mehrfach konisch verlaufenden Sichtbeton-Fertigteilen, welche als tragende Fassade zusammen mit den angebundenen Geschossdecken gleichzeitig das statisch tragende Rohbausystem bilden. Auf der Grundlage war für die Aluminium-Glas-Fassade eine Konstruktionslösung zu entwickeln, bei der die Fassa-

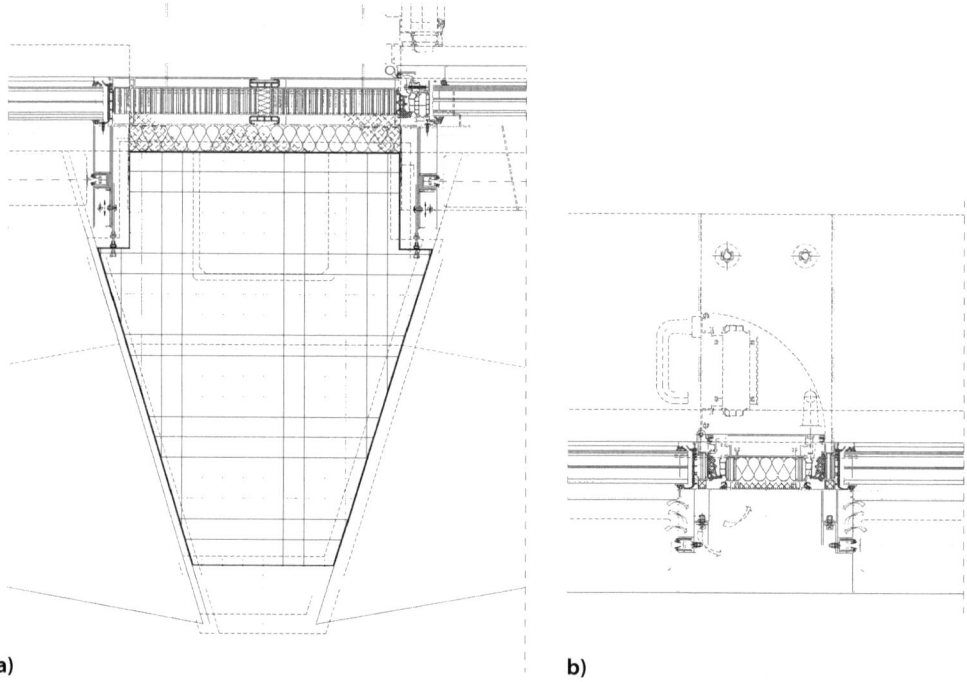

Bild 3 a) Fassadendetail Flachbauten, H-Schnitt Regelstützenanschluss; b) Fassadendetail Flachbauten, H-Schnitt Mittelpfosten (© Drees & Sommer SE)

denelemente konstruktionsbedingt hinter dem außenliegenden Beton-Grid und gleichzeitig zwischen den Geschossdecken montiert werden kann.

Die Aluminium-Glas-Fassade wurde teilelementiert als eine raumhohe Fensterbandkonstruktion aus thermisch getrennten Aluminiumprofilen mit Kopplungsstößen im Achsraster (Regelbereiche) von ca. 2,70 m konzipiert. Im Bereich des Mittelpfostens ist eine Lüftungsklappe angeordnet und außenseitig eine vertikale LM-Lisene adaptiert. Als Einsatzelemente sind dreifach Isolierverglasungen, partiell LM-Dreh-Flügel sowie LM-Klappen in die Fassade integriert (Bild 3a und Bild 3b).

Bauphysikalische Anforderungen und Eigenschaften im Hinblick auf den Wärmeschutz sowie den Schallschutz gegen Außenlärm sind im Abschnitt 3.2 erfasst.

Die Fensterbandkonstruktion ist geschossweise jeweils am Fußpunkt über eine mehrteilig zusammengesetzte, dreidimensional justierbare Sattelzarge aufgestellt und am Kopfpunkt jeweils vertikal gleitfähig am Baukörper befestigt. Im Geschossdeckenbereich bzw. hinter der außenliegenden Gridstruktur ist der Zwischenraum zur Aluminium-Glas-Fassade vollständig ausgedämmt, siehe Bild 4.

Für den Anschluss an das außenliegende Sichtbeton-Grid wurde eine projektspezifische Sonderlösung entwickelt. Dabei waren gleichermaßen die konstruktiven, funktionalen und gestalterischen Anforderungen sowie die Abhängigkeiten zum Rohbau zur erforderlichen Montageabfolge im Hinblick auf die Baubarkeit und Zugänglichkeit von Rohbau und Fassade und deren Anschlüsse von innen und außen zu bedenken.

So wurde bei den Fassadenanschlüssen an den Baukörper neben der grundsätzlichen Dampfdichtigkeit der Fassadenkonstruktion zur Raumseite eine redundante Lösung für

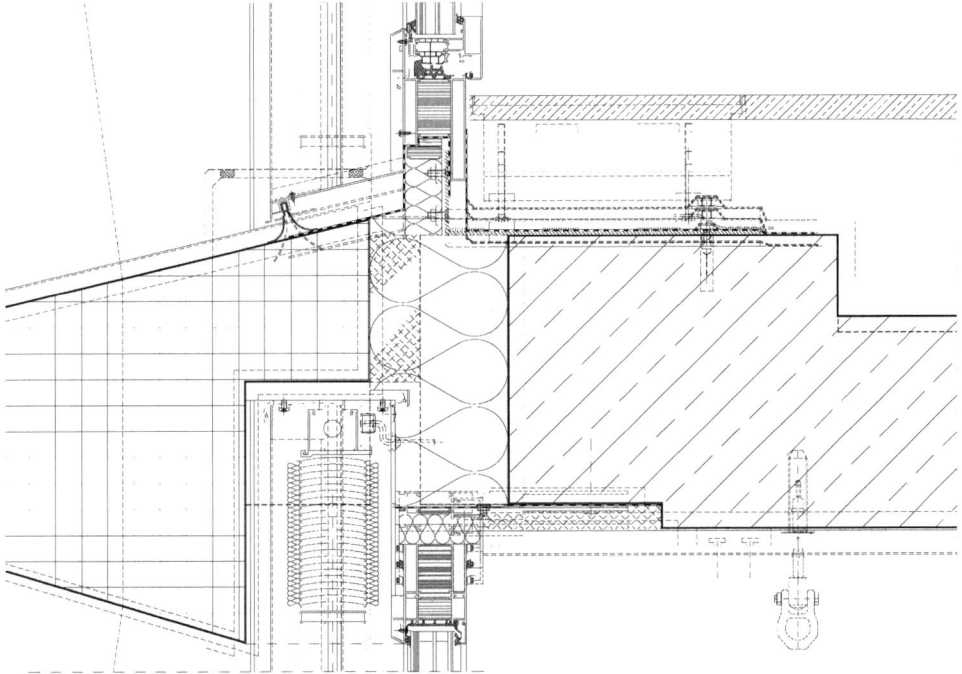

Bild 4 Fassadendetail Flachbauten, V-Schnitt Deckenanschluss (© Drees & Sommer SE)

die außenseitige Abdichtung entwickelt. Die Detaillösung umfasst dabei eine je Fassadenfeld außenseitig von der Aluminium-Glas-Fassade zum Beton-Grid herzustellenden manschettenartig ausgebildeten umlaufenden Folienanschluss (Primärdichtebene) und ein von außen zusätzlich darüber adaptierten LM-Futterrahmen (Sekundärdichtebene), siehe Bild 3a und Bild 4.

Als Sonnenschutzsystem wurde in die Fassade ein schienengeführter LM-Raffstore integriert. Ganz im Sinne eines sonnenschutztechnisch optimalen Einsatzes bei maximalem Tageslichtkomfort für die Nutzer erfolgt die Steuerung übergeordnet und nach Fassadenseiten.

3.4 Regelfassadentyp Hochhaus (Haus 1)

Wesentliche Konstruktionsmerkmale der Fassade

Anders als bei den Flachbauten gemäß Abschnitt 3.3 ist trotz gleicher Fassadenoptik das außen sichtbare Grid nicht Bestandteil der tragenden Rohbaustruktur, sondern als hinterlüftete Bekleidung aus vorgehängten Glasfaserbetonelementen ausgebildet (Bild 6). Dennoch war auch hier für die Fassade eine Sonderlösung zu entwickeln, bei der die Aluminium-Glas-Fassadenelemente und auch das Grid einen maximalen Vorfertigungsrad für eine optimale Ausführungsqualität und schnelle Montage gewährleisten.

Die Aluminium-Glas-Fassade ist als teilelementierte Elementfassade im Sinne einer achsweise vertikal ausgebildeten Fensterbandkonstruktion aus thermisch getrennten Aluminiumprofilen mit geschossweiser Elementkopplung ausgeführt.

Der Mittelpfosten enthält auch hier eine verdeckt integrierte Lüftungsklappe und als Einsatzelemente sind ebenfalls dreifach Isolierverglasungen, partiell LM-Dreh-Flügel sowie LM-Klappen in die Fassade integriert (Bild 3b).

Bauphysikalische Anforderungen und Eigenschaften im Hinblick auf den Wärmeschutz sowie den Schallschutz gegen Außenlärm sind im Abschnitt 3.2 erfasst.

Die vertikale Fensterbandkonstruktion ist geschossweise am Fußpunkt über Tragkonsolen jeweils am Kopfpunkt am Baukörper angehängt und seitlich über Anschlusszargen an den Rohbaustützen angebunden. Im Geschossdeckenbereich sind in die Fassadenelemente wärmegedämmte Paneele integriert und im Stützenbereich ist das Grid rückseitig mit Mineralfaserdämmung versehen. Die Glasfaserbetonelemente des Grids sind mittels verdecktem Schienensystem über Sondertragkonsolen an den Rohbaustützen angehängt (Bild 5a und Bild 5b).

Als Sonnenschutzsystem ist am Hochhaus ebenfalls ein schienengeführter LM-Raffstore integriert, die Ausführung ist dabei hochwindstabil, siehe auch Abschnitt 3.2 Optimale Verfügbarkeit außenliegender Sonnenschutz. Auch hier erfolgt die Steuerung im Sinne eines sonnenschutztechnisch optimalen Einsatzes bei maximalem Tageslichtkomfort für die Nutzer übergeordnet und nach Fassadenseiten.

3.5 Foyerfassade Hochhaus (Haus 1) mit Glasübergrößen

Wesentliche Konstruktionsmerkmale der Foyerfassade

Die Foyerfassade des Hochhauses ist insgesamt ca. 11,40 m hoch und hat ein Regelachsraster von 2,70 m. Die Fassade wurde als Sonderkonstruktion entwickelt. Die Stahl-Pfosten-Riegel-Konstruktion besteht aus unterschiedlichen Profilen, die aus scharf-

3 Fassadenkonzeption „Neuer Kanzlerplatz" Bonn | 91

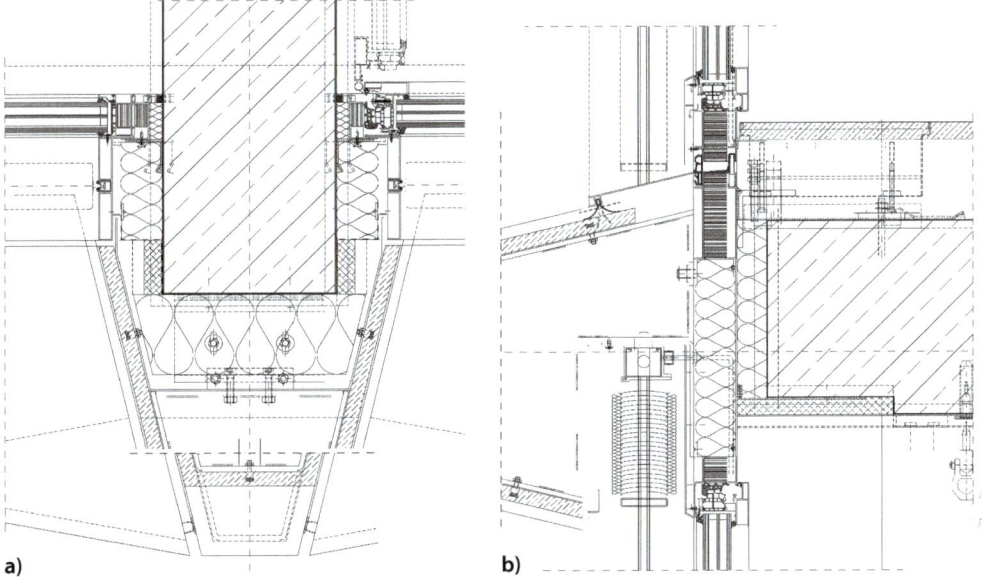

Bild 5 a) Fassadendetail Hochhaus, H-Schnitt Regelstützenanschluss; b) Fassadendetail Hochhaus, V-Schnitt Deckenanschluss (© Drees & Sommer SE)

Bild 6 Baustelle Hochhaus-Elementfassade mit vorgehängter Grid-Bekleidung aus Glasfaserbetonelementen (© Drees & Sommer SE)

a) b)

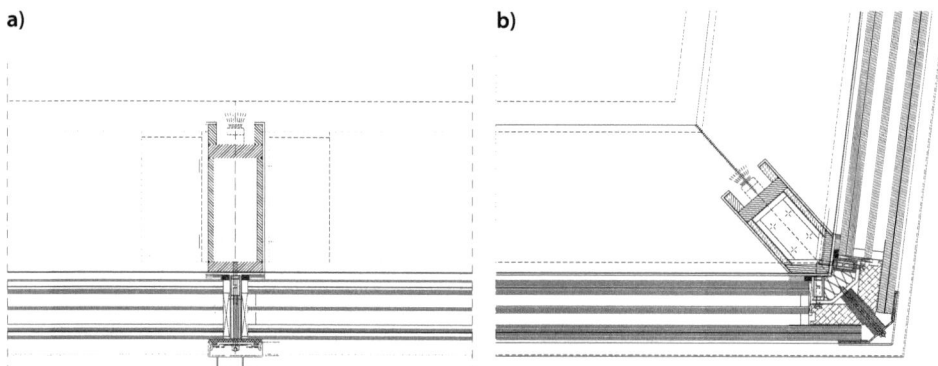

Bild 7 a) Fassadendetail Hochhaus-Foyerfassade, H-Schnitt Regelpfosten (© Drees & Sommer SE); b) Fassadendetail Hochhaus, Hochhaus Foyerfassade, H-Schnitt Eckpfosten (© Drees & Sommer SE)

kantigen Flachprofilen zusammengesetzt und verschweißt sind. An der Vorderseite ist eine LM-Aufsatzkonstruktion adaptiert, in der die Verglasungen und Einsatzelemente integriert sind (Bild 7a und Bild 7b).

Bauphysikalische Anforderungen und Eigenschaften im Hinblick auf den Wärmeschutz sowie den Schallschutz gegen Außenlärm sind im Abschnitt 3.2 erfasst.

Die Ausfachung der transparenten Fassadenfelder wurden im Sinne einer Panoramaverglasung im „XXL-Format" geplant. Die Glasfelder sind ca. 2,70 × 11,35 m (Breite × Höhe) groß und in der Höhe geteilt. In den Eckbereichen sind entsprechend der Winkelstellung der Fassade Stufenisoliergläser vorgesehen. Die Foyerfassade ist aufgrund der überproportionalen Dimension und der maximalen Transparenz ebenfalls ein absolut gelungener Hingucker.

4 Sonstige projekt- und planungsrelevante Empfehlungen

4.1 Vorgezogene ausschnittsweise Detaillierung der Fassaden-Grundsatzkonstruktion

Im Zuge der Entwicklung der Fassadenlösungen wurden für die wesentlichen Grundsatzkonstruktionen bereits frühzeitig vertiefte Detailbetrachtungen vorgenommen. In enger Abstimmung mit dem Architekten und der Bauherrenschaft hat der Fachplaner für die Fassadentechnik im Zuge der Entwurfsplanung erste ausschnittsweise, system- und produktneutrale Fassadenleitdetails im Maßstab 1:1 ausgearbeitet, siehe exemplarisch Bilder 3 bis 5 und Bild 7. Die Vorteile für die Bauherrenschaft durch diese Vorgehensweise liegen auf der Hand: Maximierte Planungs- und Kostensicherheit bereits zum Abschluss der Entwurfsplanung.

4.2 Musterfassade als „Visual-Mock-Up"

Von dem großen Nutzen und der sinnvollen Investition in eine Musterfassade als vorgezogenes „Visual-Mock-Up" war die Bauherrenschaft von Beginn an überzeugt. So wurden für beide Fassadentypen gemäß den Abschnitten 3.3 und 3.4 Fassaden-Groß-

Bild 8 a) Musterfassade Flachbau gemäß Abschnitt 3.3; b) Musterfassade Hochhaus gemäß Abschnitt 3.4 (© Drees & Sommer SE)

muster erstellt. Der Musteraufbau diente neben der finalen Entscheidung hinsichtlich der Verglasung, der Farbgebung auch einer Überprüfung der Montageabfolge (Bild 8).

Das „Visual-Mock-Up" war somit, wie in der Vergangenheit bereits in vielen anderen Projekten auch, eine für die Bauherrenschaft äußerst wertvolle Entscheidungshilfe.

5   Fazit und Danksagung

Der gestalterisch herausragende und konstruktiv anspruchsvolle Entwurf der Architekten stellte das gesamte Planungsteam und die ausführenden Firmen bei der Entwicklung und Planung der Fassaden sowie deren Umsetzung vor vielfältige konstruktive, funktionale sowie fertigungs- und montagetechnische Herausforderungen. Der Aufwand hat sich, wie das Ergebnis zeigt, absolut gelohnt. Die einzigartige und gestaltungsprägende Fassadenstruktur ist trotz unterschiedlicher Konstruktionsansätze optisch kaum zu unterscheiden. Das Ergebnis ist spektakulär und als weitere bedeutende Landmark in Bonn weit sichtbar (Bild 9).

Bild 9 Ensemble im Herbst 2022 (© HZI)

Der Autor dankt der Bauherrenschaft, dem Investor, den Architekten, den Fachplanern, der Bauleitung sowie der ausführenden Fassadenbaufirma für die konstruktive, engagierte und partnerschaftliche Zusammenarbeit im Zuge der Entwicklung und Umsetzung der Fassadenkonzepte bei diesem Leuchtturmprojekt.

6 Literatur

[1] AHO Schriftenreihe: Nr. 28 (2017) *Fachingenieurleistungen für die Fassadentechnik*. Erarbeitet von der AHO-Fachkommission „Fassadenplanung", 2., vollständig überarbeitete Auflage, Bundesanzeiger Verlag.

[2] VDI 6203:2017-05, *Fassadenplanung – Kriterien, Schwierigkeitsgrade, Bewertung. VDI Gesellschaft Bauen und Gebäudetechnik (GBG)*, Fachbereich Architektur, Berlin: Beuth Verlag.

Nachhaltige Fassaden – Zirkularität als Innovationstreiber

Winfried Heusler[1, 2], Ksenija Kadija[1]

[1] Schüco International KG, Karolinenstraße 1–15, 33609 Bielefeld, Deutschland; wheusler@schueco.com; kkadija@schueco.com
[2] TH OWL, Detmolder Schule für Architektur und Innenarchitektur, Emilienstraße 45, 32756 Detmold, Deutschland

Abstract

Dieser Beitrag befasst sich mit Zirkularität als Innovationstreiber für nachhaltige Fassaden. Als primäre Ziele der Zirkularität gelten die Minimierung des Material- und Energieeinsatzes sowie der Emissionen und des Abfallaufkommens in der gesamten Wertschöpfungskette. Bei Fassaden betrachten wir werterhaltende (Wartung und Instandsetzung), wertsteigernde (Aktualisieren und Aufwerten) und materialerhaltende (Recycling und Downcycling) Zirkularitätsstrategien. Die wirksamste ist die erste. Es geht neben Service-Innovationen auch um Produkt-, Prozess-, Technologie- und Geschäftsmodell-Innovationen. Letztere haben das größte Potenzial, wobei digitale Technologien als Enabler dienen.

Sustainable facades – circularity as a driver of innovation. In this paper, we focus on circularity as an innovation driver for sustainable facades. The primary goals of circularity are to minimise the use of materials and energy as well as emissions and waste throughout the value chain. For facades, we consider value-preserving (maintenance and repair), value-enhancing (updating and upgrading) and material-preserving (recycling and downcycling) circularity strategies. The most effective is the first. In addition to service innovations, it is also about product, process, technology and business model innovations. The latter have the greatest potential, with digital technologies serving as enablers.

Schlagwörter: *Fassade, Zirkularität, Digitalisierung*

Keywords: *facade, circularity, digitalisation*

1 Einleitung

Das Wachstum der Weltbevölkerung und der steigende Lebensstandard führten in den letzten Jahrzehnten zu einem Anstieg des Material- und Energieverbrauchs sowie klimaschädigender Emissionen. In jüngster Vergangenheit verschärften Katastrophen und Krisen die globale Rohstoffverknappung. Wenn wir nicht gegensteuern, wird sich die Lage künftig verschärfen. Deshalb ist dringend eine Entkopplung des Wachstums von der primären Rohstoffentnahme und den Emissionen erforderlich. Die Europäische Union will mit ihrem European Green Deal eine Vorreiterrolle einnehmen. Ein zentrales Handlungsfeld auf dem Weg zur Klimaneutralität ist das Konzept der „Circular Economy" (CE). Die Baubranche gehört zu den ressourcen- und emissionsintensivsten Wirtschaftszweigen. Deshalb ist es unumgänglich, auch hier Maßnahmen zum Klimaschutz sowie zur Minderung der Ressourcenverknappung zu ergreifen. Es gilt, die Produktions-, Transport- und Betriebsprozesse vom Rohstoffabbau und der Materialherstellung über den Bau und Betrieb des Gebäudes bis zum Um- und Rückbau ressourceneffizient und treibhausgasarm zu gestalten. Optimierungsansätze liefern die Effizienz-, Suffizienz- und Konsistenz-Strategie [1]. Gemäß dem Nachhaltigkeitsverständnis der Autoren gilt es, bei der Umsetzung ökologische, ökonomische und soziale Aspekte sowie die Bedürfnisse heutiger und künftiger Generationen gleichrangig und gleichberechtigt zu berücksichtigen. Unter dem Druck des Klimawandels sind kurzfristig wirksame Maßnahmen gefragt. Deshalb muss in Ländern wie Deutschland insbesondere der Gebäudebestand optimiert werden. Dafür gibt es zahlreiche Stellhebel. Dieser Beitrag befasst sich mit Zirkularität als Innovationstreiber für nachhaltige Fassaden.

2 Zirkuläre Wirtschaft und Zirkularität

Die Wirtschaft folgt heute weltweit fast ausschließlich dem „Linearprinzip". Dabei enden Produkte und die eingesetzten Rohstoffe oft als Abfall auf der Deponie. In Deutschland wurde 1972 mit dem Abfallbeseitigungsgesetz [2] die erste bundeseinheitliche Regelung des Abfallrechts geschaffen. Das Kernelement des Kreislaufwirtschaftsgesetzes [3] von 2012 bildet die fünfstufige Abfallhierarchie: Vermeidung (z. B. durch Reparatur), Wiederverwendung (z. B. nach Aufwertung), stoffliche Verwertung (z. B. Recycling), energetische Verwertung (z. B. thermisch) und Abfallentsorgung. Das branchen- und sektorenübergreifende Konzept der „Circular Economy" geht noch weiter. Im Rahmen des vorliegenden Beitrages setzen die Autoren die Begriffe „Circular Economy" und „Zirkuläre Wirtschaft" gleich. Es geht um eine ganzheitliche Kreislaufführung zur Schonung der natürlichen Ressourcen. Als primäre Zirkularitätsziele gelten die Minimierung des Material- und Energieeinsatzes sowie der Emissionen und des Abfallaufkommens in der gesamten Wertschöpfungskette. Dies beinhaltet auch die Nutzung regenerativer Energien. Nebenziel ist die Verhinderung der Anreicherung von Schadstoffen in Sekundärerzeugnissen.

Darauf aufbauend definieren die Autoren: „Zirkuläre Wirtschaft ist ein regeneratives Wirtschaftssystem, in dem die Zirkularitätsziele dadurch erreicht werden, dass Material- und Energiekreisläufe verlangsamt, verringert und geschlossen werden". Die „Zirkuläre Bau- und Immobilienwirtschaft" ist der Teil der „Zirkulären Wirtschaft", welcher sich auf Gebäude bezieht. Ihre Akteure und deren Zulieferer verfolgen im gesamten Lebenszyklus des Gebäudes – von der Errichtung bis zum Rückbau – die o. g. Zirkularitätsziele. Bei der Bewertung, ob das Modernisieren, Sanieren oder Umbauen ökologisch und ökonomisch sinnvoller als ein Rückbau und Neubau ist, helfen Ökobilanzen und Lebenszyklus-Kostenanalysen.

3 Alterung und Instandhaltung von Fassaden

Die technische Lebensdauer wird von materiellen, die wirtschaftliche Nutzungsdauer von immateriellen Einflussfaktoren bestimmt. Erstere ist die Zeitspanne zwischen Errichtung und technisch bedingtem Ausfall. Beim Bauen im Bestand ist die Restlebensdauer relevant. Hauptursachen der materiellen Alterung sind physikalische, chemische oder biologische Belastungen, häufig aus äußeren Einflüssen. Nutzungsbedingter Verschleiß oder Eigenschafts- bzw. Zustandsverschlechterungen können auch durch mangelnde Reinigung und Pflege oder unsachgemäße Bedienung und unvorhergesehene Naturkatastrophen beschleunigt werden. In der Praxis besteht die Herausforderung in der objektiven Beurteilung des aktuellen Bauteilzustands. ISO 15686 [4] beschreibt die sogenannte Referenzfaktormethode zur Ermittlung der Lebensdauer von Bauteilen. Wichtigste Kriterien sind die Bauteil-, Planungs- und Ausführungsqualität, Umgebungseinflüsse in der Produktion, auf der Baustelle und im Betrieb (insbesondere Temperatureinwirkungen, Strahlung, Feuchtigkeit, Luftverschmutzung, Wind, Bauwerkserschütterung und mechanische Belastungen) sowie die Nutzungsbedingungen (insbesondere Art der Nutzung und Qualität der Instandhaltung).

Die wirtschaftliche Nutzungsdauer bezeichnet den Zeitraum, in dem es unter den gegebenen Bedingungen ökonomisch sinnvoll ist, ein Bauteil zu nutzen [5]. Sie wird i. d. R. durch immaterielle Alterung begrenzt. Als deren Einflussfaktoren gelten die modische, baurechtliche, ökologische, ökonomische und technische Obsoleszenz [5]. Dabei handelt es sich um einen Wertverlust, der seine Ursache in wachsenden (Markt-)Anforderungen und (Kunden-)Ansprüchen sowie in gesellschaftlichen Trends hat. Immaterielle Alterung kann dazu führen, dass voll funktionsfähige Komponenten vorzeitig ersetzt werden.

Im Betrieb ist gemäß Landesbauordnungen und Bauproduktenverordnung (auch zur Sicherung der Gebrauchstauglichkeit sowie zur Vermeidung von Personen- und Sachschäden) eine fachgerechte Instandhaltung erforderlich. Sie wird gemäß DIN 31051 [6] unterteilt in Inspektion, Wartung, Instandsetzung und Verbesserung (Tabelle 1).

Fassadenkomponenten sind bezüglich Beschädigungen bzw. Einschränkungen der Gebrauchstauglichkeit intervall- oder zustandsabhängig zu inspizieren. Hierzu gehören nicht nur die beweglichen Teile (Beschläge, Antriebe, Sonnenschutz), sondern auch Oberflächen und Anschlussfugen. Reinigungs- und Pflegemittel müssen auf das Material und die Oberfläche der Fassade (einschließlich der Beschläge) abgestimmt sein. Das regelmäßige Fetten sowie das Nachstellen von Beschlagsteilen sind Teil der Wartung. Instandsetzung kann geplant bzw. vorbeugend oder ungeplant bzw. korrektiv (schadens- und ausfallbedingt) erfolgen. Am Ende des Instandsetzungsprozesses befindet sich die Komponente in einem neuwertigen Zustand. „Verbesserung" (rechte Spalte in Tabelle 1) zielt darauf ab, immateriell gealterte Komponenten zu aktualisieren bzw.

Tabelle 1 Maßnahmen und Ziele der Instandhaltung (in Anlehnung an [6])

Inspektion	Wartung	Instandsetzung	Verbesserung
Grundlage für eine regelmäßige Prüfung sind die vom Hersteller bereitgestellten technischen Unterlagen	Grundlage für Wartungen sind die entsprechenden Richtlinien, Normen, und Gesetze	Abwicklung von Instandsetzungsmaßnahmen zur Vorbeugung eines ungesteuerten Anlagenausfalls sowie Behebung von Problemen im Schadensfall	Durch Austausch oder Hinzufügen wird eine bestehende Anlage auf den aktuellen Stand gebracht oder aufgewertet
Ziele			
Feststellung und Beurteilung des Ist-Zustandes	Bewahrung des Soll-Zustandes	Wiederherstellung des Soll-Zustandes bzw. langfristige Sicherung des Soll-Zustandes	Anpassung an gesteigerte Ansprüche und Anforderungen
Maßnahmen			
Planen, messen, prüfen, diagnostizieren	Reinigen, pflegen, nachstellen, schmieren	Reparieren, ausbessern, austauschen, Funktion prüfen	Planen, analysieren, aktualisieren, aufwerten

aufzuwerten. Beim Aktualisieren (Updaten) handelt es sich um kleine Funktionserweiterungen oder technische Modifikationen, beim Aufwerten (Upgraden) dagegen um wesentliche Funktionserweiterungen, neue Funktionsbereiche oder bessere Leistungsmerkmale [7].

4 Zirkularitätsstrategien bei Fassaden

Potting [8] beschreibt unterschiedliche zirkuläre Strategien, die sogenannten R-Strategien:

- Refuse, Rethink und Reduce (R0 bis R2) sind die Strategien mit der höchsten Wertigkeit. Sie zielen auf die Intensivierung der Produktnutzung, Steigerung der Ressourceneffizienz und Vermeidung von Abfall ab.
- Reuse, Repair, Refurbish, Remanufacture und Repurpose (R3 bis R7) haben die Verlängerung der Lebensdauer von Produkten im Fokus.
- Recycle und Recover (R8 und R9) sind die Strategien mit der geringsten Zirkularitätswertigkeit. Es geht um die stoffliche und energetische Verwertung.

Einige Strategien sind in der Bau- und Immobilienbranche längst üblich, wie etwa die Vermietung von Gebäuden nach Auszug vormaliger Mieter (Reuse) oder die Instandhaltung von Gebäuden (Repair). Gängig sind auch die Modernisierung von Gebäuden (Refurbishment) und die Umnutzung, z. B. vormaliger Fabriken als Lofts (Repurpose).
Nicht alle R-Strategien (R0-R9) eignen sich gleichermaßen für die Fassadenbranche. Im Rahmen dieses Beitrages betrachten wir drei grundsätzliche Zirkularitätsstrategien

Tabelle 2 Zirkularitätsstrategien bei Fassaden

Maßnahmen	Betreff	Service-Leistung
werterhaltend (Minimierung der materiellen Alterung)	Verlängerung der technischen Lebensdauer	Wartung und Instandsetzung
wertsteigernd (Minimierung der immateriellen Alterung)	Verlängerung der wirtschaftlichen Nutzungsdauer	Aktualisierung und Aufwertung
materialerhaltend (roh- und werkstoffliche Verwertung)	Erhöhung des Sekundärrohstoffanteils	Recycling und Downcycling

(Tabelle 2). Die mit der höchsten zirkulären Wirksamkeit ist die „Werterhaltung" durch Minimierung der materiellen Alterung. Demgegenüber geht es bei der „Wertsteigerung" um das Minimieren der immateriellen Alterung. Die Zirkularitätsstrategie mit der geringsten zirkulären Wirksamkeit ist die dritte. Hierbei gilt es, Materialien stofflich zu verwerten. Stoffe, die sich nicht im Kreis führen lassen, sollten zumindest energetisch verwertet werden. Die Deponie von Baumaterialien ist zu vermeiden.

5 Innovationen in der Fassadenbranche

Grundsätzlich unterscheidet man Innovationen bezüglich ihres Innovationsgrades und ihres Veränderungsumfangs. Im ersten Fall geht es um die Frage, ob eine Innovation neu ist für ein Unternehmen, für einen Markt, für eine spezielle Branche oder für die gesamte Welt. Der Veränderungsumfang kann inkrementell oder radikal sein. Bei inkrementellen Innovationen handelt es sich um Verbesserungs-, Anpassungs- oder Folgeinnovationen. Dies betrifft beispielsweise eine Kostenreduktion oder eine Anpassung an neue Märkte, Gesetze und Normen. Dagegen umfassen radikale Innovationen grundsätzlichere Veränderungen, durch die komplett neue Märkte entstehen können. Daneben stellt sich die Frage, wodurch die Innovation ausgelöst wurde: Market-Pull-Innovationen gehen vom Markt aus und werden durch einen konkreten Kundenwunsch initiiert. Dagegen entstehen Technology-Push-Innovationen durch neue Technologien, für die passende Anwendungsmöglichkeiten gesucht und realisiert werden.

Bisher beschränken sich Innovationen in der Fassadenbranche meist auf mehr oder weniger inkrementelle Optimierungen der Funktionalität (technische Leistungsfähigkeit) und der Herstellungskosten. Nachhaltige Fassaden müssen zur Unterstützung der Nutz-, Vermiet- und Vermarktbarkeit des Gebäudes darüber hinaus ressourcenschonend, umwelt- und gesundheitsverträglich sowie gestalterisch ansprechend sein. Deshalb sollten auf dem Weg zur Zirkularität viele Produkte grundsätzlich hinterfragt und neu durchdacht werden. Bei der Bewertung, welche Maßnahmen ökologisch und ökonomisch sinnvoll sind, helfen Ökobilanzen und Lebenszyklus-Kostenanalysen.

Die drei o. g. Zirkularitätsstrategien betreffen neben Produkt-Innovationen auch Service-, Prozess-, Technologie- und Geschäftsmodell-Innovationen. Serviceinnovationen dienen häufig der Differenzierung und Kundenbegeisterung. Sie sind i. d. R. den Market-Pull-Innovationen zuzuordnen. Prozess- und Technologie-Innovationen sind dagegen meist Technology-Push-Innovationen. Sie verfolgen das Ziel, die Art wie Produkte hergestellt bzw. Dienstleistungen erbracht werden, zu optimieren. Dazu zählen neben Produktionsverfahren auch neue IT-Technologien.

Geschäftsmodell-Innovationen weisen einen radikalen Charakter auf, wenn sie für die gesamte Fassadenbranche neu sind. Sie können Veränderungen bezüglich Zielkunde, Kundennutzen, Wertschöpfung und/oder Erlösmodell betreffen. Man unterscheidet produkt- und serviceorientierte Geschäftsmodelle [9]. In den heute üblichen produktorientierten Geschäftsmodellen steigern Unternehmen Umsatz und Gewinn, indem sie die Anzahl verkaufter Produkte maximieren. In dienstleistungsorientierten Geschäftsmodellen verdienen Unternehmen dagegen Geld, indem sie für die angebotene Dienstleistung bezahlt werden. Die Produkte und Verbrauchsmaterialien, die bei der Erbringung der Dienstleistung eine Rolle spielen, werden zu Kostenfaktoren [9]. Die Unternehmen haben also einen Anreiz, die Lebens- und Nutzungsdauer von Produkten zu verlängern, sie möglichst materialeffizient herzustellen und Teile weiter- oder wiederzuverwenden. Welches Geschäftsmodell sich für ein spezifisches Unternehmen eignet, hängt insbesondere von dessen Position in der Wertschöpfungskette ab. In den folgenden drei Kapiteln stellen die Autoren Innovationsansätze vor, die aus den drei Zirkularitätsstrategien resultieren. Den Anfang machen zielführende Service-Leistungen. Daraus werden die Konsequenzen für die Produktentwicklung sowie Ansätze für unterstützende Maßnahmen bei Prozessen und Technologien sowie bei Geschäftsmodellen abgeleitet.

6 Werterhaltende Maßnahmen

Die wirksamste Zirkularitätsstrategie ist die Verlängerung der technischen Lebensdauer von Fassaden, vorausgesetzt, dass auch bei der Umsetzung der hierfür notwendigen Maßnahmen die Zirkularitätsziele (insbesondere die Minimierung des Primärrohstoff- und Primärenergieaufwandes) beachtet werden. Schon bei der Herstellung der einzelnen Komponenten und bei deren Montage sind werterhaltende und gütesichernde Services hilfreich. Im Betrieb geht es um die Minimierung der materiellen Alterung durch vorbeugende Instandhaltung. So lässt sich die Neuproduktion von Komponenten vermeiden oder zumindest verzögern. Das verringert nicht nur den Verbrauch an Rohstoffen, sondern auch an Hilfs- und Betriebsstoffen sowie an Energie. Zunächst geht es um die Wartung, dann um die Instandsetzung (Tabelle 1). Einfache Instandhaltungsmaßnahmen können nach kurzer Schulung ausgeführt werden. Komplexe Maßnahmen erfordern qualifiziertes Personal und das Spezialwissen des Herstellers.

Bereits in der Produktentwicklung sind hierfür zielgerichtete Maßnahmen zu ergreifen. Wünschenswert sind qualitativ hochwertige Fassadenkomponenten mit besserer Haltbarkeit. Sie müssen instandhaltungsfreundlich gestaltet sein. Wichtig ist deshalb die Zugänglichkeit aller Komponenten. Zudem sind langlebige Komponenten konstruktiv systematisch von kurzlebigen zu trennen (Bild 1). Nachhaltige Fassaden bestehen aus einem qualitativ hochwertigen, robusten Kern (z. B. Pfosten- und Riegelprofile) und daran angekoppelten, einfach austauschbaren Komponenten (z. B. Verglasungen und Dichtungen). Der Kern, welcher keiner nennenswerten materiellen Alterung unterliegt, ist (möglichst im montierten Zustand) weiterzuverwenden. Dagegen sind kurzlebige Komponenten im Rahmen eines Teilrückbaus der Fassade ein-

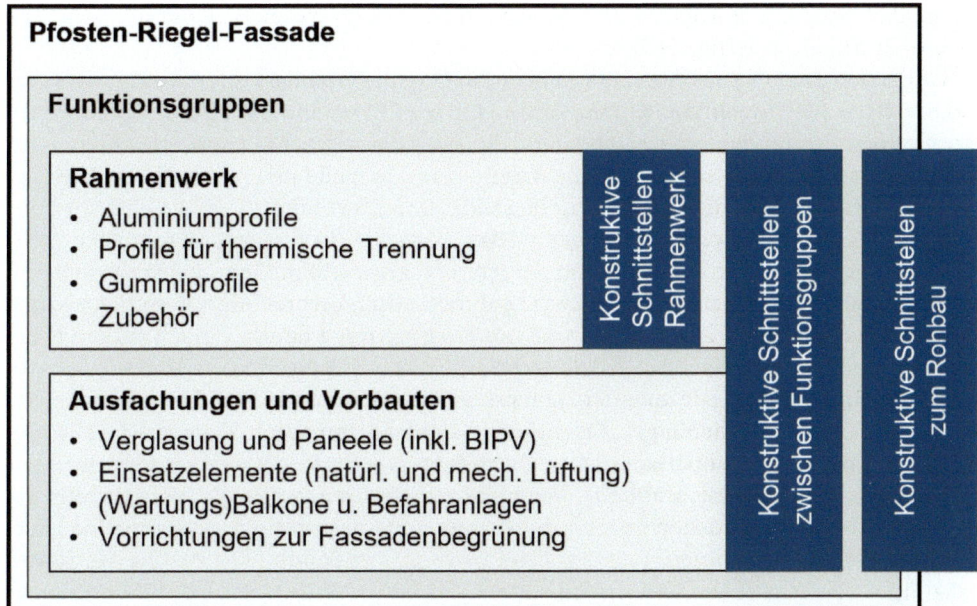

Bild 1 Konstruktive Schnittstellen bei Pfosten-Riegel-Fassaden (© Schüco International KG)

oder mehrmalig auszutauschen. Hilfreich sind deshalb reversible Verbindungen zwischen Komponenten unterschiedlicher Lebensdauer. Von Vorteil sind zudem Systembaukästen für skalierbare Funktionsgruppen mit serienübergreifenden Funktionsprinzipien und Gleichteilen. Im Trend liegt die Vernetzung smarter Komponenten, z. B. über das Internet, zu sogenannten Cyber-Physical Systems (CPS) [10]. Besondere Bedeutung kommt dann der Kompatibilität, Interoperabilität und Substituierbarkeit von Schnittstellen zu [11].

Die Digitale Transformation bildet auch die Grundlage für Prozess- bzw. Technologie-Innovationen. Im Zentrum stehen die Verbindung der Komponenten und Prozesse über eine geschlossene digitale Kette und eine integrierte Datenplattform. Innovative Sensortechnologie erlaubt die Datensammlung in Echtzeit. Durch Kombination von Bauwerksmodellen und Cyber-Physischen Systemen verschmelzen die physische und digitale Welt zu einem digitalen Zwilling. Daraus lassen sich Anregungen für die Betriebsoptimierung und für Produktverbesserungen ableiten. Der Kundennutzen kann z. B. erhöht werden, wenn durch die Aggregation und Auswertung von Betriebsdaten eine vorausschauende Instandhaltung [12] realisiert wird.

Daneben reduzieren ergonomische Assistenz-Systeme (z. B. Exo-Skelette) die physische Belastung und kognitive Assistenz-Systeme psychisch bedingten Stress. So können Kundendiensttechniker (z. B. bei komplexen Montage- und Demontagevorgängen) über Datenbrillen jederzeit auf die für sie momentan relevanten Produktinformationen (z. B. Hinweise zur Fehlerdiagnose oder Montageanleitungen) zugreifen. Die Qualität der „Wissensdatenbank" wird im Praxiseinsatz durch die Auswertung der bei der Interaktion entstehenden Daten kontinuierlich verbessert. Bei Hochhäusern kommen für die Instandhaltung von Fassaden meist schienengeführte Motorgondeln zur Anwendung. Eine innovative Alternative sind halb- oder vollautomatische Reinigungsroboter [13] oder Materialaufzüge [14].

Schließlich geht es um Geschäftsmodelle, welche die Zirkularität unterstützen. Charakteristisch hierfür ist die Kombination der o.g. Service-, Produkt-, Prozess- und Technologie-Innovationen. Entscheidend ist, dass die erbrachte Gesamtleistung – im Vergleich zu den addierten Einzelleistungen – für den Kunden einen spürbaren Mehrwert schafft und dass dieser vom Kunden auch honoriert wird. Bereits heute wird im Fassadenbau gelegentlich an den Verkauf der Fassade ein Wartungsvertrag gekoppelt. Es bietet sich an, dieses Geschäftsmodell weiterzuentwickeln. Dann beinhaltet ein erweiterter Servicevertrag die Demontage und Instandsetzung definierter defekter Komponenten sowie deren Remontage und Inbetriebnahme. Fassaden mit besserer Haltbarkeit können über alternative Erlösmodelle (z. B. Pay-per-Service) vertrieben werden. Denkbar sind auch zwei radikalere, stärker service-orientierte Geschäftsmodelle, bei denen der Kunde nicht länger Eigentümer, sondern nur noch Nutzer ist [15]. Bei nutzenorientierten Geschäftsmodellen („Product-as-a-Service") werden dem Kunden (z. B. gegen eine monatliche Miete) Produkte zur Verfügung gestellt. Bei ergebnisorientierten Geschäftsmodellen bezahlt der Kunde nicht das Produkt, sondern eine „Performance" (z. B. 10 % Einsparung der Total Cost of Ownership (TCO)). Der Hersteller trägt über den gesamten Lebenszyklus hinweg die volle Verantwortung. Eine wesentliche Herausforderung liegt in der Gestaltung des Finanzierungsmodells, wenn die Leistungserbringung durch fortlaufende Zahlungsströme vergütet wird [16].

7 Wertsteigernde Maßnahmen

In der linearen Wirtschaft werden auch immateriell veraltete Produkte durch neue ersetzt. Eine zirkuläre Fassadenbranche reduziert den mit der Neuproduktion verbundenen Verbrauch an Roh-, Hilfs- und Betriebsstoffen sowie an Energie, indem bei Modernisierungs- und Umbaumaßnahmen möglichst viele Fassadenkomponenten erhalten bleiben. Es geht um die Verlängerung der Nutzungsdauer durch wertsteigernde Service-Leistungen. So zielt die zweite Zirkularitätsstrategie darauf ab, Komponenten, welche den aktuellen funktionalen, baurechtlichen, ökologischen, ökonomischen, technischen oder ästhetischen Anforderungen nicht mehr genügen, zu aktualisieren bzw. aufzuwerten (rechte Spalte in Tabelle 1). Veraltete Teile werden gegen aktualisierte ausgetauscht und im Rahmen der Aufwertung benötigte neue Teile ergänzt. Standardisierung ermöglicht auch hier vereinfachte und beschleunigte Prozesse. Ein Beispiel für das Aktualisieren ist die energetische Modernisierung von Pfosten-Riegel-Fassaden. Die tragenden Profile bleiben am Rohbau befestigt, während die Paneele und Gläser sowie die Isolatoren und Dichtungen durch hochwärmegedämmte Komponenten ersetzt werden. Ein vorbildliches Beispiel für das Aufwerten der Fassade steht in Verbindung mit der Umnutzung eines Bürogebäudes in ein Wohngebäude in einer verkehrsreichen Lage. Hierbei lässt sich in einer Pfosten-Riegel-Fassade die (bei klimatisierten Gebäuden übliche) Festverglasung durch ein „Hafen-City-Fenster" ersetzen. Letzteres ermöglicht schallgedämmte, natürliche Fensterlüftung. Andere Aufwertungsbeispiele sind der Austausch traditioneller Brüstungspaneele gegen PV-Paneele und die Ergänzung einer Fassadenbegrünung.

Da die Vorhersage aller künftigen Entwicklungen kaum möglich ist, gilt es, die Anpassungsfähigkeit von Fassaden an wechselnde Anforderungen und Möglichkeiten zu optimieren. Hierzu sind Komponenten mit einem höheren Risiko immaterieller Alterung konstruktiv von langlebigen zu trennen (Bild 1). Hilfreich sind die Prinzipien Modularisierung und Austauschfreundlichkeit sowie Systembaukästen. Bei smarten Komponenten [17] kommen der Kompatibilität, Interoperabilität und Substituierbarkeit [11] besondere Bedeutung zu. Voraussetzung ist, dass die Produktentwickler veränderte Marktanforderungen und Kundenansprüche sowie gesellschaftliche und technologische Trends frühzeitig erkennen und dass die marktreifen Produkte zum verkaufsentscheidenden Zeitpunkt lieferfähig sind. Einige Komponenten smarter Fassaden bieten den Vorteil, dass diese durch das Hinzufügen von Apps individuell konfigurierbar und ohne physische Umbauten flexibel erweiterbar sind [18]. Die Digitale Transformation bietet nicht nur Möglichkeiten für die Aktualisierung und Aufwertung von Fassadenkomponenten, sondern auch für Prozess- bzw. Technologie-Innovationen in der Produktion, auf der Baustelle und im Betrieb. Grundlagen sind häufig eine geschlossene digitale Kette, integrierte Datenplattformen und Cyber-Physical Systems.

Das größte Potenzial steckt jedoch in innovativen Geschäftsmodellen. Fassaden, welche einfach aktualisierbar oder aufwertbar sind, lassen sich über nutzer- und ergebnisorientierte Geschäftsmodelle vermarkten. Bei den bisher vorgestellten Überlegungen werden die Fassadenkomponenten nach der Instandhaltung, Aktualisierung oder Aufwertung im ursprünglichen Gebäude verwendet. Bei standardisierten Komponenten, welche am Markt einen hohen Verbreitungsgrad haben, besteht diese Einschränkung nicht. Dann lohnen sich ggf. Geschäftsmodelle, welche auf der Rücknahme veralteter Komponenten gegen Preisnachlass auf dem Kauf aktualisierter bzw. aufgewerteter Komponenten beruhen. Eine zeitgemäße Ergänzung ist eine digitale Plattform, welche Anbieter und Interessenten von defekten und instandgesetzten sowie veralteten und aktualisierten bzw. aufgewerteten Komponenten verbindet. In diesem Zusammenhang gewinnen Wertschöpfungsnetzwerke an Bedeutung. Dabei fokussieren sich die einzelnen Netzwerkpartner auf ihre jeweiligen Kernkompetenzen. Erfolgsentscheidend ist ein Schnittstellenmanagement mit klarer Abgrenzung von Aufgaben und Verantwortlichkeiten sowie Gewährleistungs- und Haftungsfragen. Voraussetzungen für den Erfolg des Netzwerks ist neben Branchen- und Fachwissen fundiertes Integrations-Know-how. In der Regel koordiniert das Unternehmen mit dem Kundenkontakt (fokales Unternehmen) das Netzwerk. Kritische Leistungen werden an nachgewiesenermaßen zuverlässige Partner vergeben, wobei für diese Leistungen eine erhöhte Zahlungsbereitschaft besteht. Bei weniger erfolgskritischen Leistungen werden onlinebasierte Plattformen, auf denen Anbieter und Kunden interagieren, eine Rolle spielen.

8 Materialerhaltende Maßnahmen

Erst wenn die Instandhaltung sowie die Aktualisierung bzw. Aufwertung von Fassadenkomponenten ökologisch und ökonomisch nicht mehr sinnvoll sind, sollte die dritte Zirkularitätsstrategie (Tabelle 2) ergriffen werden. Dabei geht es um die roh- und werkstoffliche Verwertung von Materialien als Grundlage für den Ersatz von Primärrohstoffen. So lassen sich der durch den Abbau von Rohstoffen sowie durch deren Aufbereitung und Transport verursachte Material- und Energieeinsatz sowie die Emissionen zu großen Teilen einsparen. Es gilt, den Anteil von Sekundärrohstoffen zu maximieren, ohne die technische und optische Qualität zu beeinträchtigen. Echtes Recycling ist gegenüber Downcycling zu bevorzugen. Das Konzept der stofflichen Verwertung geht über das Urban Mining [19] hinaus. Es setzt bereits bei der Herstellung von Halbzeugen und Fassadenkomponenten an und begleitet die Montage auf der Baustelle sowie die Instandsetzung, Aktualisierung und Aufwertung von Fassadenkomponenten. Die Herausforderung besteht darin, die gesamte Wertschöpfungskette einschließlich der Unterlieferanten abzudecken. Wichtig sind auch hier ressourcenschonende Prozesse.

Um in der Lage zu sein, die Materialflüsse und damit die Qualität sowie Wirtschaftlichkeit der Sekundärrohstoffe zu beeinflussen, müssen in der Produktentwicklung Maßnahmen zur Optimierung der stofflichen Verwertbarkeit von Fassadenmaterialien ergriffen werden. Es geht z. B. um die sortenreine Trennbarkeit von Komponenten, um die Verringerung der Werkstoffvielfalt, um die Vermeidung unverträglicher Werkstoffkombinationen und kritischer Verbundstoffe bzw. Beschichtungen sowie um die bevorzugte Verwendung von Materialen, welche sich für technische und biologische Kreisläufe eignen. Bei Aluminium wirkt u. a. die Vielfalt der Legierungen limitierend [20]. Bei Glas besteht die Herausforderung in der Vielzahl unterschiedlicher Glassorten (inklusive „Verbundmaterialien") und benötigter Qualitäten. Flachglas aus Post-Consumer-Abfällen hat für neues Flachglas eine zu geringe Qualität [21]. Bei Kunststoffen liegt die Herausforderung in der Kombinationsvielfalt von Polymeren sowie Zuschlags- und Verstärkungsmaterialien [20]. Ein wesentliches Hemmnis ist bei allen Materialien das geringe Angebot hochwertiger Rezyklate.

Fassadenmaterialien landen nach ihrer stofflichen Verwertung nur in absoluten Ausnahmefällen im selben Gebäude, häufig sogar in anderen Branchen (z. B. Aluminium in der Autoindustrie). So ist auch die stoffliche Verwertung und anschließende Nutzung von Materialien in Wirtschaftszweigen außerhalb der Bau- und Immobilienbranche im Auge zu behalten. Eine effektive Rückgewinnung von Materialien ist nur möglich, wenn branchen- und sektorenübergreifend qualifizierte Informationen (z. B. hinsichtlich Kreislauffähigkeit, CO_2-Fußabdruck und Gesundheit) gesammelt werden und (z. B. in Form von digitalen Produkt- oder Materialpässen) langfristig zugänglich sind. Ein weiterer wichtiger Hebel liegt bei der Logistik für Sammlung und Recycling. Dabei spielen digitale Tools eine wesentliche Rolle. Für ökologisch und ökonomisch sinnvolle Prozesse müssen z. T. neue Demontage-, Sortier-, Trenn- und Recyclingverfahren entwickelt werden [22]. Dabei können auch Roboter eine Rolle spielen.

Abschließend geht es um innovative Geschäftsmodelle, welche die stoffliche Verwertung von Fassadenmaterialien und damit die Zirkularität unterstützen. Dabei gewinnen branchen- und sektorenübergreifende Wertschöpfungsnetzwerke an Bedeutung. Es gilt, sich vielfältiges Know-how von außen zu holen und durch die Zusammenarbeit zu neuen, innovativen Lösungen zu kommen, die über das Kerngeschäft hinausgehen. Hersteller- und branchenübergreifende Interaktionen und Transaktionen, wie z. B. das Zusammenführen von Angebot und Nachfrage bei Abfällen bzw. Sekundärrohstoffen, laufen (z. T. vollautomatisch) über webbasierte Plattformen. Erfolgsentscheidend sind auch hier Schnittstellenmanagement und Integrations-Know-how.

9 Zusammenfassung und Ausblick

Nachhaltige Fassaden müssen die Zirkularitätsziele erfüllen. Es geht um die Minimierung des Material- und Energieeinsatzes sowie der Emissionen und des Abfallaufkommen in der gesamten Wertschöpfungskette, von der Rohstoff- bis zur Sekundärrohstoffgewinnung. Gleichzeitig gilt es, die Anreicherung von Schadstoffen in Sekundärerzeugnissen zu verhindern. Die Fassadenbranche ist davon heute weit entfernt. Sie steht vor einem Strukturwandel mit weitreichenden Folgen. Der notwendige Transformationsprozess stellt eine große Herausforderung dar. Produkt-Innovationen sind in diesem Zusammenhang zwar eine notwendige, aber nicht hinreichende Bedingung. Letztendlich müssen alle Beteiligten auch ihre Services, Prozesse und Technologien sowie ihr Geschäftsmodell kritisch hinterfragen und die Digitalisierung als Enabler nutzen. Dann kann sich Zirkularität als Innovationstreiber erweisen.

10 Literatur

[1] Heusler, W.; Terhechte, D. (2022) *Steigerung der Resilienz – Vorbereitung auf das Unerwartete* in: *Deutsches Ingenieurblatt Ausgabe 6-2022*.

[2] AbfG (1972) *Gesetz über die Beseitigung von Abfällen (Abfallbeseitigungsgesetz)*. Bundesgesetzblatt Teil I 1972 Nr. 49 vom 10.06.1972.

[3] KrWG (2012) *Gesetz zur Förderung der Kreislaufwirtschaft und Sicherung der umweltverträglichen Bewirtschaftung von Abfällen (Kreislaufwirtschaftsgesetz)*. Bundesgesetzblatt Teil I 2012 Nr. 10 vom 29.02.2012.

[4] ISO 15686-1 (2000) *Buildings and Constructed Assets – Service Life Planning – Part 1: General Principles*. ISO Copy Right Office, Geneva (CH).

[5] Bahr, C.; Lennerts, K. (2010) *Lebens- und Nutzungsdauer von Bauteilen*. Endbericht, Forschungsprogramm Zukunft Bau. Aktenzeichen 10.08.17.7-08.20, Karlsruhe.

[6] DIN 31051: 2012-09 (2012): *Grundlagen der Instandhaltung*. Berlin.

[7] Bauer, W.; Elezi, F.; Maurer, M. (2013) *An Approach for Cycle-Robust Platform Design* in: Lindemann, U. [Hrsg.] *Proceedings of the 19th International Conference on Engineering Design* (ICED 13). Seoul, Korea.

[8] Potting, J.; Worrell, E.; Hekkert, M. P. (2017) *Circular Economy: Measuring innovation in the product chain*. PBL Netherlands Environmental Assessment Agency [Hrsg]. The Hague. https://www.researchgate.net/publication/319314335_Circular_Economy_Measuring_innovation_in_the_product_chain/figures [Zugriff am 23.01.2021].

[9] Circular Economy Initiative Deutschland [Hrsg.] (2021) *Zirkuläre Geschäftsmodelle: - Barrieren überwinden, Potenziale freisetzen*. Acatech/SYSTEMIQ, München/London. DOI: https://doi.org/10.48669/ceid_2021-8

[10] acatech [Hrsg.] (2012) *Cyber-Physical Systems: Innovationsmotoren für Mobilität, Gesundheit, Energie und Produktion* (acatech POSITION). Berlin/Heidelberg: Springer Verlag.

[11] Heusler, W.; Kadija, K. (2022) *Innovative Fassaden – Bedeutung von Kompatibilität und Interoperabilität* in: Weller, B.; Tasche, S. [Hrsg.] *Glasbau 2022*. Berlin: Ernst & Sohn.

[12] Henke, M.; Heller, T.; Stich, V. [Hrsg.] (2019) *Smart Maintenance – Der Weg vom Status quo zur Zielvision (acatech STUDIE)*, München: utzverlag GmbH.

[13] Hägele M.; Blümlein N.; Kleine O. (2011) *Wirtschaftlichkeitsanalysen neuartiger Service-robotik-Anwendungen und ihre Bedeutung für die Robotik-Entwicklung.* Analyse im Auftrag des Bundesministeriums für Bildung und Forschung (Kennzeichen 01IM09001); Fraunhofer-Institute IPA (Stuttgart) und ISI (Karlsruhe).

[14] Stahn, B. (2020) *Roboter beschleunigt Materialtransport im Gerüstbau.* https://bi-baumagazin.de 05.08.2020.

[15] Hansen, E. G.; Revellio, F.; Schmitt, J.; Schrack, D.; Alcayaga, A; Dick, A. (2020) *Circular Economy erfolgreich umsetzen: die Rolle von Innovation, Qualitätsstandards & Digitalisierung.* Whitepaper. Quality Austria – Trainings, Zertifizierungs und Begutachtungs GmbH, Wien, Austria.

[16] Scheelhaase T.; Zinke G. (2016) *Potenzialanalyse einer zirkulären Wertschöpfung im Land Nordrhein-Westfalen*; Ministerium für Wirtschaft, Energie, Industrie, Mittelstand und Handwerk des Landes Nordrhein-Westfalen; Düsseldorf, Hamburg Berlin.

[17] Heusler, W.; Kadija, K. (2020) *Smarte Fassaden – im Fokus steht der Mensch* in: Weller, B.; Tasche, S. [Hrsg.] Glasbau 2020. Berlin: Ernst &. Sohn.

[18] Münchener Kreis [Hrsg.] (2016) *Neue Produkte in der digitalen Welt.* Forschungsprojekt des Münchener Kreis. Gefördert durch Heinz Nixdorf Stiftung.

[19] Rosen, A. (2021) *Urban Mining Index – Entwicklung einer Systematik zur quantitativen Bewertung der Kreislaufkonsistenz von Baukonstruktionen in der Neubauplanung* [Dissertation]. Bergische Universität Wuppertal. Fraunhofer IRB Verlag.

[20] IN4climate.NRW [Hrsg.] (2021) *Circular Economy in der Grundstoffindustrie: Potenziale und notwendige Rahmenbedingungen für eine erfolgreiche Transformation.* Ein Diskussionspapier der Arbeitsgruppe Circular Economy. Gelsenkirchen.

[21] Rose, A.; Sack, N. (2019) *Recycling von Flachglas im Bauwesen – Analyse des Ist-Zustandes und Ableitung von Handlungsanweisungen*; Forschungsprogramm Zukunft Bau. Aktenzeichen SWD 10.08.18.7-16.07. Rosenheim.

[22] Schug, H.; Eickenbusch, H.; Marscheider-Weidemann, F.; Zweck, A. (2007) *Zukunftsmarkt Technologien zur Stofferkennung und -trennung.* Fallstudie im Auftrag des Umweltbundesamtes im Rahmen des Forschungsprojektes Innovative Umweltpolitik in wichtigen Handlungsfeldern (Förderkennzeichen 206 14 132/05).

Verglasungen im Zeichen des Klimawandels | mit Glas klimatauglich planen

Alireza Fadai[1], Daniel Stephan[1]

[1] Technische Universität Wien, Forschungsbereich Tragwerksplanung und Ingenieurholzbau, Karlsplatz 13/E259-2, 1040 Wien, Österreich; fadai@iti.tuwien.ac.at; daniel.stephan@tuwien.ac.at

Abstract

Aufgrund des Klimawandels steigt die Häufigkeit von Hitzeperioden spürbar, daher spielt die sommerliche Überwärmung in den urbanen Bereichen eine immer größere Rolle. Die großen Glasflächen und damit verbundenen einfallenden Sonnenstrahlen im Winter führen zur Reduktion des Heizwärmebedarfs; jedoch im Sommer zur deutlichen Erhöhung des Energiebedarfs für die Gebäudekühlung. Im Rahmen der durchgeführten Studien im Forschungsbereich „Tragwerksplanung und Ingenieurholzbau" der „Technischen Universität Wien" wurden umfangreiche Simulationen unter Berücksichtigung unterschiedlicher Variationen durchgeführt. Dabei wurden verschiedene Bauweisen, u. a. in Holz-, Stahlbeton- und Ziegelbauweise untersucht und Einflussfaktoren v. a. Ausrichtung und Größe der Fenster, *g*-Wert der Verglasung sowie Sonnenschutzeinrichtungen variiert. Folglich wurden passive Maßnahmen zum Schutz vor sommerlicher Überwärmung und zur Einsparung von Energie unter Beibehaltung ausreichend natürlicher Belichtung, u.a. die Art und Variabilität der Fassaden beschrieben.

Glass in the context of climate change | climate-smart planning with glass. Due to climate change, the frequency of hot periods is increasing noticeably, which is why overheating in the summer is playing an ever-greater role in urban areas. The large glass surfaces and the associated solar radiation in winter lead to a reduction in the heating requirement, but in summer to a significant spike in the energy requirement for cooling buildings. Within the framework of the studies carried out in the research department "Structural Design and Timber Engineering" of the "Vienna University of Technology", extensive simulations were carried out taking into account different variations. Various construction methods, including timber, reinforced concrete and brick construction, were investigated and influencing factors such as the orientation and size of the windows, the g-value of the glazing and solar protection devices were varied. Consequently, passive measures to protect against overheating in summer and to save energy while maintaining sufficient natural lighting were described, including the type and variability of the facades.

Glasbau 2023. Herausgegeben von Bernhard Weller, Silke Tasche. https://doi.org/10.1002/9783433611739.ch9
© 2023 Ernst & Sohn GmbH. Published 2023 by Ernst & Sohn GmbH.

Schlagwörter: *Glas, Klimawandel, sommerliche Überhitzung, Nachhaltigkeit*

Keywords: *glass, climate change, summer overheating, sustainability*

1 Einleitung und Motivation

Die Diskussion um die Auswirkungen des zunehmenden Treibhauseffekts auf das künftige Außenklima mit zunehmenden Hitzeperioden im Wechsel mit Starkregenfällen ist derweil extrem aktuell. Im Zuge des Klimawandels ist es von außerordentlicher Bedeutung, das Bauen der Zukunft auf die bevorstehenden Bedingungen anzupassen. Daher begrüßte die Bundesingenieurkammer e.V. in Deutschland das Bundesprogramm „Anpassung urbaner Räume an den Klimawandel" [1]. Zudem kam die Forderung auf, rasch neue Wege bei der Planung von Städten und Gemeinden einzuschlagen, besonders um auf langanhaltende hohe Temperaturen und starke Regenfälle vorbereitet zu sein [2].

Auch auf baulicher Ebene lassen sich eine Vielzahl an Maßnahmen treffen, um die Folgen des Klimawandels aufzufangen. Gerade der aktuelle Baustil sowie das Verlangen nach immer größeren Glasflächen an Gebäuden sind jedoch Faktoren, die zwar im Winter als positiv ausgelegt werden können, im Sommer die Innenräume der Büro- und Wohnbereiche aber vor große Herausforderungen stellen. Die Erhöhung des Energiebedarfs für die Gebäudekühlung ist die Folge. Daher wurden im Forschungsbereich „Tragwerksplanung und Ingenieurholzbau" (ITI) der „Technischen Universität Wien" (TU Wien) umfangreiche Simulationen an bestehenden Gebäuden in unterschiedlichen Regionen durchgeführt, um verschiedene Problematiken und Lösungsansätze aufzuzeigen. Dabei wurden unterschiedliche Bauweisen, u. a. in Holz-, Stahlbeton- und Ziegelbauweise untersucht und Einflussfaktoren v. a. Ausrichtung und Größe der Fenster, *g*-Wert der Verglasung sowie Sonnenschutzeinrichtungen variiert.

1.1 Klimaerwärmung in Wien

Zur Einordnung der Auswirkungen des Klimawandels wurde Wien als Startpunkt der ausgehenden Forschung gewählt, um dann in weiteren europäischen Städten und Ländern Vergleiche zu ziehen. In Bild 1 sind die steigenden Durchschnittstemperaturen in Wien seit 1775 durch das Zentralanstalt für Meteorologie und Geodynamik (ZAMG) abgebildet [3].

Anhand dessen wird klar, wie stark sich die Temperaturen allein im letzten Jahrhundert verändert haben. Die durchschnittliche Temperatur stieg seit Anfang des 20. Jahrhunderts immer steiler an – Tendenz steigend.

Gerade für eine Stadt wie Wien mit über 1,9 Mio. Einwohnern und einer Ausbreitung von einer Gesamtfläche von 415 km^2 ist die Bekämpfung der Folgen des Klimawandels sowohl bei der Stadtstruktur als auch im Gebäudesektor mehr als relevant [4].

Dies wird besonders deutlich, wenn die Extremhitzetage mit einer Tageshöchsttemperatur seit 2010 betrachtet werden. Bild 2 zeigt den Verlauf der Hitzetage der letzten 12 Jahre, Messstützpunkt ist die Hohe Warte in Wien [5].

Dabei wird ersichtlich, dass nicht nur allgemein die Temperaturen ansteigen, auch die Häufigkeit der Tage, an denen es über 30 °C überschritten wird, ist mit dem letzten Jahrzehnt rapide angestiegen. Die Spitze wurde 2015 mit 42 Tagen erreicht, während

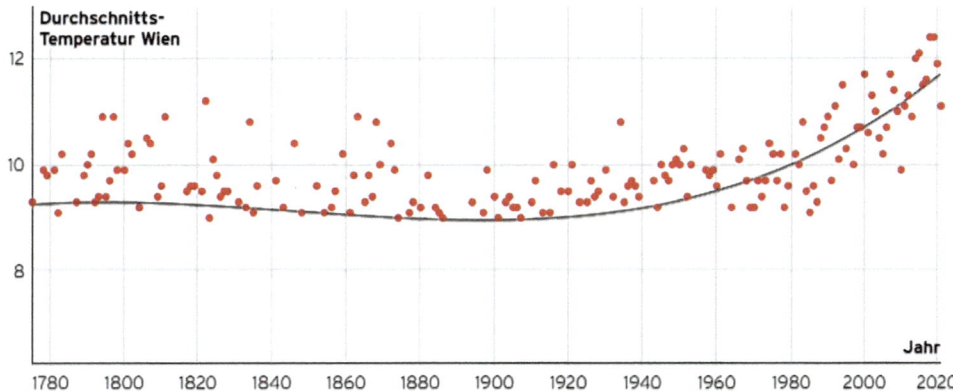

Bild 1 Durchschnittstemperaturen in Wien seit 1775 (© ZAMG Wien, [3])

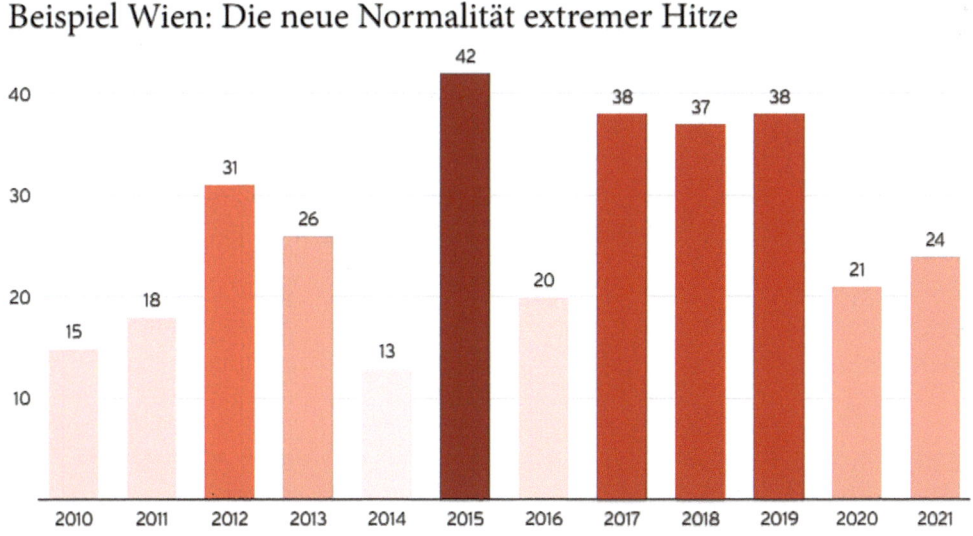

Bild 2 Tage mit einer Durchschnittstemperatur von mindestens 30 °C
(© Bundesministerium für Finanzen, [5])

in den Jahren 2017 bis 2019 die Häufigkeit beunruhigend gleichbleibend bei 38 Tagen im Jahr war. Vorsichtigen Prognosen zufolge wird die Durchschnittstemperatur in Wien bis 2100 etwa +4 °C betragen.

2 Fallstudien

Die bereits in [6] und [7] durchgeführten Simulationen haben gezeigt, dass die Differenz zwischen leichtester und schwerster Bauweise bei allen untersuchten Fällen im Bereich von 0,2 °C liegt. Aus der Zonenübersicht in Bild 3 ist erkennbar, dass die Temperaturmittelwerte in Bezug auf die einzelnen Zonen (Räume) stark variieren. Die Spanne zwischen dem kühlsten und dem wärmsten Raum beträgt beinahe 2,5 °C. Vergleicht man jedoch die einzelnen Raumtemperaturen bezüglich der unterschiedlichen Bauweisen, so sind kaum Unterschiede wahrnehmbar.

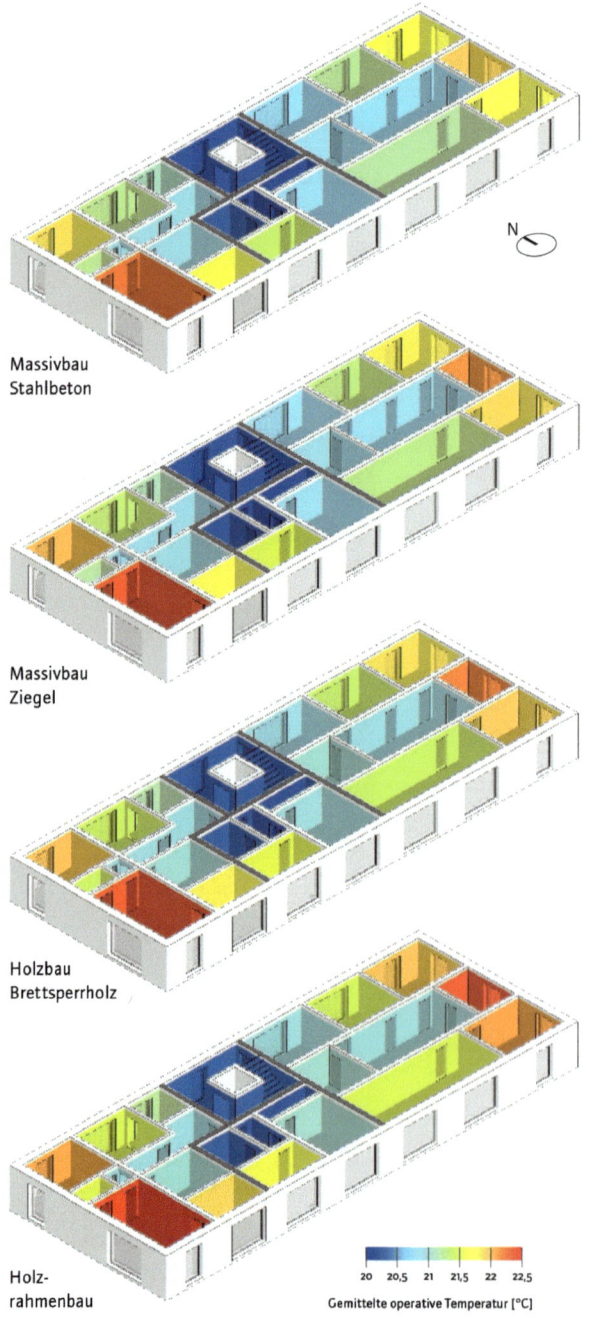

Bild 3 Temperaturmittelwerte der einzelnen Zonen bei den vier Bauweisen (© proHolz Austria und den AutorInnen, [6])

Als speicherwirksame Masse sind besonders die inneren Zentimeter der Bauteile relevant. Tiefer liegende Schichten sind praktisch nicht an der 24 h-Pufferung beteiligt. Die Gebäudesimulationen haben gezeigt, dass Masse symmetrisch wirkt – schwere Gebäude reagieren träger, leichtere flinker; beides hat Vorteile.

2.1 Untersuchung der Einflussparameter

Die durchgeführten Fallstudien im Forschungsbereich „Tragwerksplanung und Ingenieurholzbau" der „Technischen Universität Wien" umfassen verschiedene thermische Simulationen mit dem 3D-Online-Simulations-Tool Thesim 3D [8]. Thesim 3D simuliert das thermische Verhalten eines Raumes im periodisch eingeschwungenen Zustand (Periodenlänge: 1 Tag). Es ist daher insbesondere für normgemäße Sommertauglichkeitsuntersuchungen, z. B. gemäß EN ISO 13791 [9] oder ÖNorm B 8110-3 [10]) geeignet.

Die Rahmenbedingungen variieren dabei insofern, dass in mehreren europäischen Städten unterschiedliche Konstruktionen in Holz-, Stahlbeton- und Ziegelbauweise und sommerliche Überhitzungsvarianten betrachtet wurden. Durch die Simulationen in den Städten Wien, Bochum, London und Wels sollte eine größere Bandbreite an klimatischen Bedingungen abgedeckt und differenziertere Lösungen herausgearbeitet werden. Dabei kristallisierten sich folgende Einflussfaktoren für die angebrachten Untersuchungen heraus: Ausrichtung und Größe der Fenster, g-Wert der Verglasung und Sonnenschutzeinrichtungen.

Demnach wurden differenzierte Maßnahmen zum Schutz vor sommerlicher Überwärmung und zur Einsparung von Energie unter Beibehaltung ausreichend natürlicher Belichtung herausgearbeitet. Zur besseren Vergleichbarkeit in verschiedenen Städten wurde ursprünglich von einem Raumformat des Simulationsraumes von 4 × 4 × 6 m ausgegangen (in Sonderfällen wurden je nach Objekt kleinere, noch interessantere Räume ausgewählt) und der Zeitpunkt der Simulationen wurde einheitlich auf den 15. Juli 13:00 Uhr festgesetzt. Die Referenzräume besitzen verschiedene Variationen von Verglasungen, teils Festverglasung, teils öffenbar. Als Referenz für ein ordentliches Raumklima wurde trotz der Verteilung der Simulationen auf europäische Länder, die Einhaltung der ÖNORM B 8110-3 [10] gewählt und anhand dessen die Simulationen optimiert.

2.1.1 Ausrichtung und Größe der Fenster

Einen wesentlichen Beitrag zu einem erstrebenswerten sommerlichen Raumklima bringen die planerische Gestaltung von Gebäuden. In den thermisch dynamischen Gebäudesimulationen wurden die Positionierung der Fenster in der Außenwand, eine Reduktion der Fensterflächen, die Auswirkungen von Balkonen und Vordächern untersucht.

Der oft kritische Raum mit der meisten Sonneneinstrahlung befindet sich überwiegend im süd-westlichen Bereich. Die ausgeführten Simulationen an einem Objekt in Stahlbeton-Skelettbauweise in Passivhausstandard kombiniert mit Holztafel-Außenschale (3S Wärmeschutzglas besch. mit U-Wert = 0,7; g-Wert = 0,48) in Bochum (Deutschland) zeigen, dass die Raumtemperatur mit nächtlicher Lüftung (20–8 Uhr) und Sonnenschutz (Jalousie Fc-Wert = 0,27), bei angenehmen Temperaturen gehalten werden kann. Dies ist jedoch auch möglich, da die durchschnittlichen Temperaturen

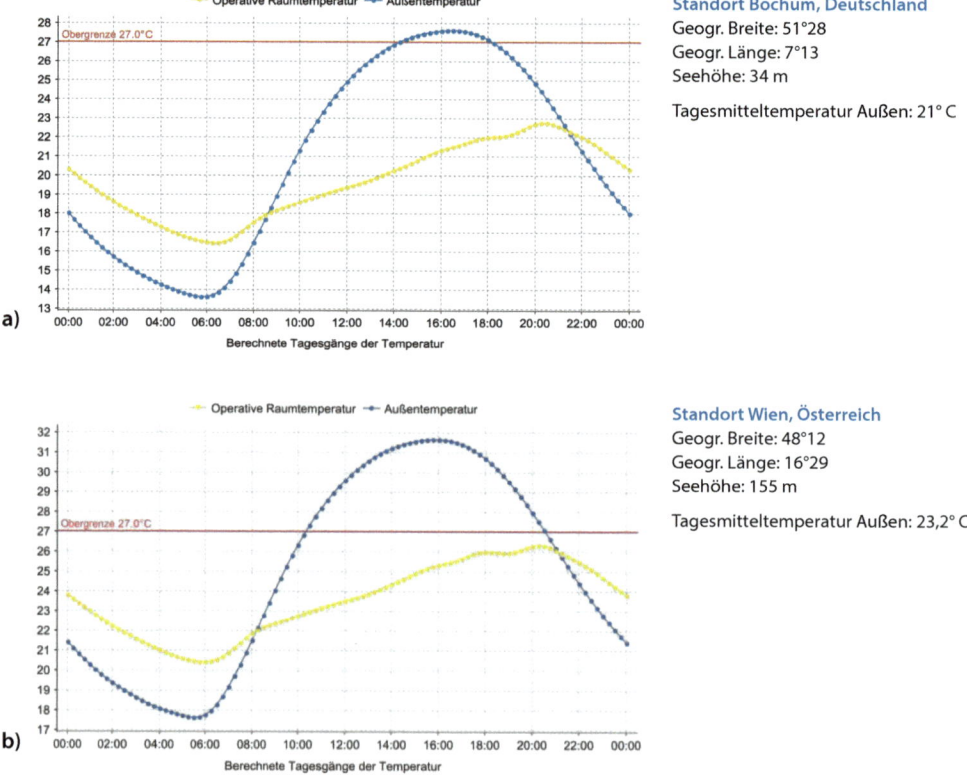

Bild 4 Thermisch dynamische Gebäudesimulation a) in Bochum und b) in Wien (© ITI/TU Wien)

im Sommer in Bochum nicht allzu hoch und relativ niedriger als Wien sind. Jedoch wenn man das Gebäude in Wien platziert, ist zu beobachten, dass die Raumtemperatur höher ist, trotzdem nicht die Grenze von 27 °C erreicht (Bild 4). Dies zeigt, dass die Tafelelemente und Größe der Fenster auch unter heißeren Bedingungen ausreichend dimensioniert sind.

Für das Außenklima in Wien konnte eine effiziente nächtliche Lüftung als eine wirksame Maßnahme gegen sommerliche Überwärmung im Innenraum festgestellt werden.

Als weitere Optimierungsmaßnahmen können u. a. Sonnenschutzverglasung (niedrigerer g-Wert = 0,25), zusätzlicher Balkon als Verschattung und Holzmassivbauweise statt Holzleichtbauweise vorgeschlagen werden.

2.1.2 Eigenschaften der Verglasung

Der Einfluss der Glaseigenschaften wurde durch die Variation des Wärmedurchgangskoeffizienten der Verglasung (U-Wert) und des Gesamtenergiedurchlassgrades (g-Wert) bzw. der Transmissions- und Reflexionseigenschaften der Gläser analysiert.

Zu diesem Zweck wurden thermisch dynamische Gebäudesimulation an einem Gebäude in Holzmassivbauweise in London durchgeführt. Mit dem 3D-Online-Simulations-Tool Thesim 3D wurde ein westliches Schlafzimmer analysiert. Das Zimmer hat die

2S-Sonnenschutzglas 6-12-4
(1,47 W/m²K)

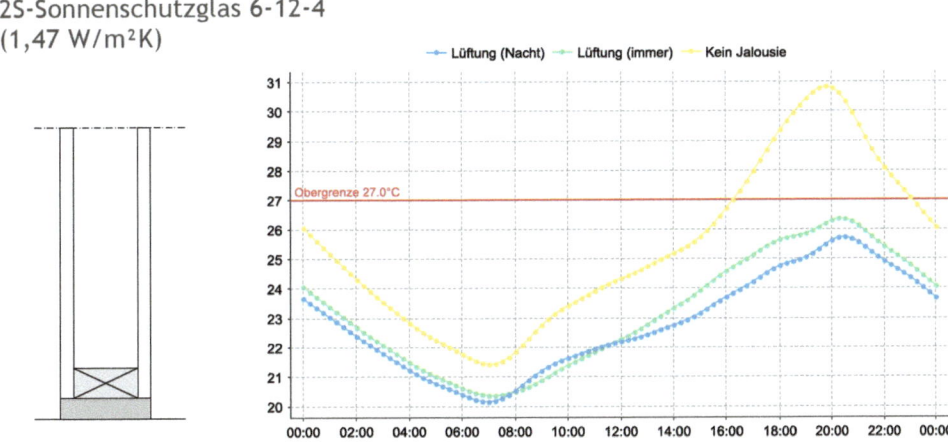

3S-Wärmeschutzglas 4-8-4-8
(0,8 W/m²K)

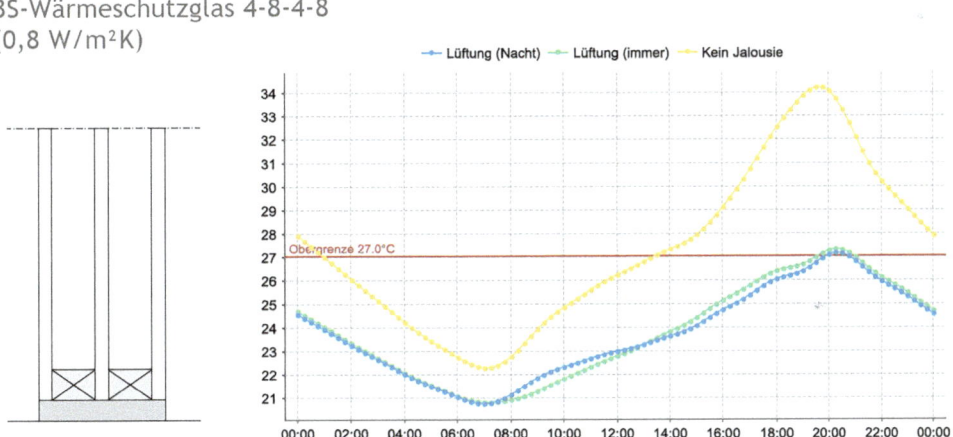

Bild 5 Thermisch dynamische Gebäudesimulationen mit 2- und 3-fach-Verglasung, Gebäude in London (© ITI/TU Wien)

Maße von 3 m × 3 m × 2,55 m und ein französisches Fenster (1,40 m × 2 m). Der Raum wurde dann mit verschiedener Verglasung und Wandaufbau simuliert (Bild 5).

Eine 3-fach-Verglasung (U-Wert = 0,7; g-Wert = 0,48) weist einen geringen U-Wert auf und ist deshalb für den winterlichen Wärmeschutz geeigneter als eine 2-fach-Verglasung (U-Wert = 1,4; g-Wert = 0,27). Außerdem eignet es sich ideal für den Einbau, wenn eine verbesserte Schalldämmung erforderlich ist. Im Sommer ist jedoch der geringe U-Wert kontraproduktiv, da weniger Wärme über die Fenster verloren geht. Deshalb überhitzt der Raum dann auch stärker. Eine 3-fach-Verglasung ist im Winter in allen beheizten Räumen relevant. Für den sommerlichen Wärmeschutz ist dann eine außenliegende Verschattung (Jalousie Fc-Wert = 0,27) konsequent in Kombination mit Nachtlüftung (20–8 Uhr) einzuplanen und anzuwenden.

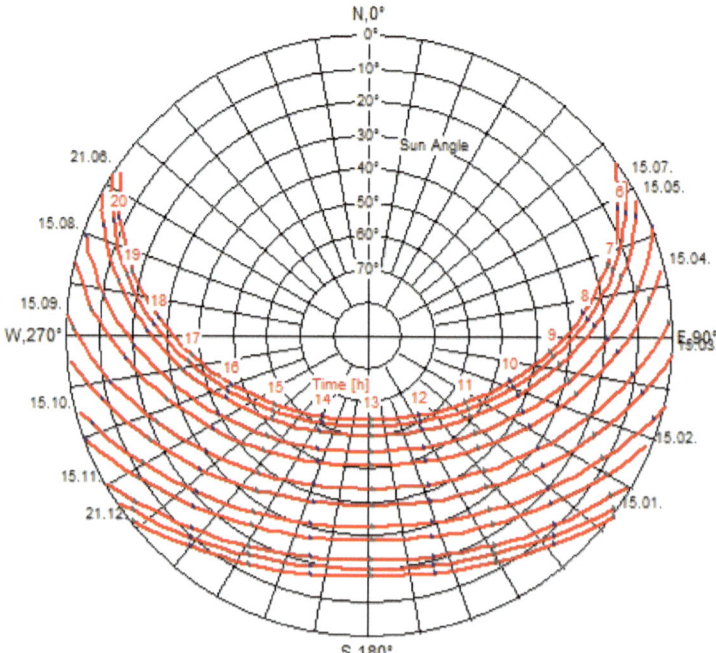

Bild 6 Sonnenstandsdiagramm Wels
Quelle: Erstellt auf Stadtklima.Stuttgart.de (© ITI/TU Wien)

2.1.3 Bauweise und Sonnenschutzeinrichtungen

Die durchgeführten thermischen Gebäudesimulationen zeigen, dass die Bauweise bei guten U-Werten keinen wesentlichen Einfluss hat. Wesentlich höheren Einfluss haben die Orientierung, nächtliche Lüftung und Sonnenschutz. Anhand der thermisch dynamischen Simulationen an einem Objekt in Holzbauweise in Wels (Österreich) wurden diese Einflüsse näher untersucht.

In Wels wirkt auf Grund keiner signifikanten Horizontüberhöhung eine annähernd vollständige Sonneneinstrahlung über den gesamten Tages- und Jahresverlauf (Bild 6). Durch die niedrigen Umgebungsgebäude findet auch keine Verschattung durch die umliegende Bebauung statt.

Alle Aufenthaltsräume verfügen über einen ausreichenden Tageslichtquotienten. Er ist in allen Aufenthaltsräumen zumindest 2 %. Ein Soll-Tageslichtquotient von min. 1,9 % muss in Österreich erreicht werden [11]. Grundsätzlich bedeutet dies eine angenehme Wohnqualität, auch in den nordseitig ausgerichteten Zimmern. Durch die grundlegend gute Anordnung der Wohnungen gibt es keine rein nord-orientierten Wohnungen.

Das als kritischer Raum angenommene Schlafzimmer im Dachgeschoss zeichnet sich durch zwei Außenwände (Süd-West) und eine Ausrichtung des Fensters nach Süden aus. Die Raumgröße ist mit ca. 11 m² relativ klein und kann daher schnell überhitzen. Nachts kann durch das niedrige Raumvolumen jedoch schneller abgekühlt werden.

Zunächst wurden im Ist-Zustand des Gebäudes verschiedene Kombinationen von Nachtlüften (20–8 Uhr) und Jalousie-Gebrauch (Jalousie Fc-Wert = 0,27) bei direkter Sonneneinstrahlung miteinander verglichen. Ein angenehmes Raumklima ist nur dann möglich, wenn in der Nacht gelüftet wird und die Jalousie bei Sonneneinstrahlung ge-

2 Fallstudien | 115

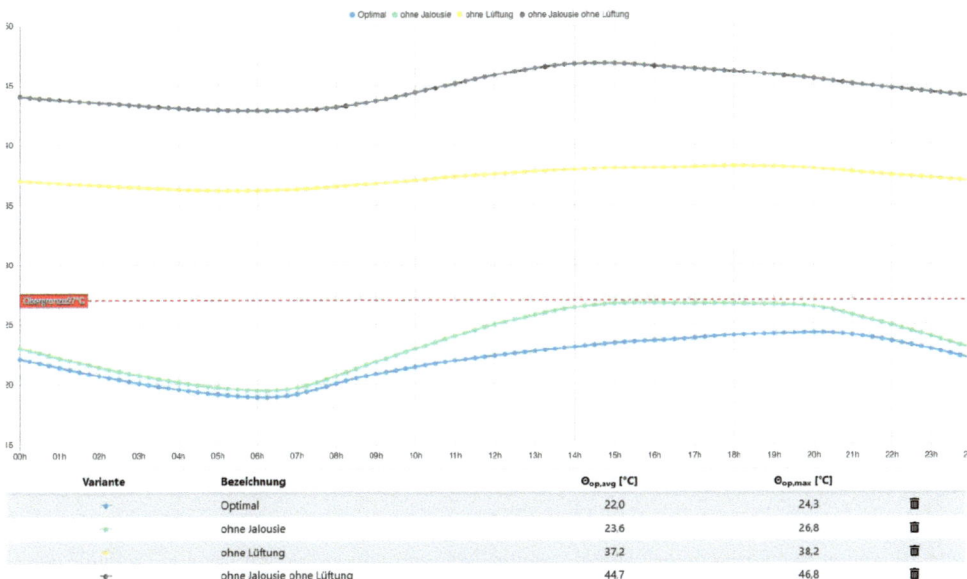

Bild 7 Thermisch dynamische Gebäudesimulationen des Gebäudes in Wels; Vergleich der Optimierungsmaßnahmen (© ITI/TU Wien)

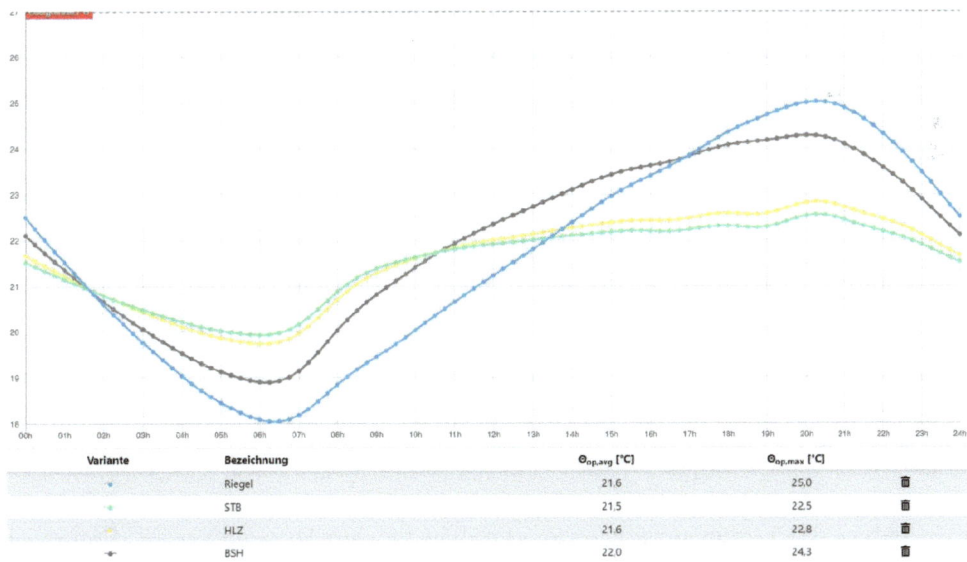

Bild 8 Thermisch dynamische Gebäudesimulationen des Gebäudes in Wels; Vergleich der Bauweisen (© ITI/TU Wien)

schlossen ist. Beim Verreisen in Hitzeperioden sollten die Jalousien geschlossen bleiben. Doch selbst mit geschlossenen Jalousien kann sich der Raum auf bis zu 37 °C erhitzen (Bild 7).

In einem weiteren Schritt wurden, mit der optimalen Lüftung und Nutzung der Jalousie, verschiedene Bauweisen miteinander verglichen (Bild 8). Es fällt deutlich auf, dass sich der Holzleichtbau durch die geringe Speichermasse über den Tagesverlauf am stärksten erhitzt, nachts aber auch die stärkste Abkühlung erfährt. Tagsüber schneidet der Stahlbetonbau am besten ab, wobei dieser nachts am wärmsten bleibt. Dies ist auf seine hohe Wärmespeicherfähigkeit zurückzuführen.

Als Vergleich zum Schlafzimmer wird das deutlich volumenstärkere Wohnzimmer mit hauptsächlich Westausrichtung simuliert. Die Fensterflächen sind mit ca. 6 m² ebenfalls deutlich größer, jedoch werden diese durch die Balkonauskragung sowie die seitlichen Holzverkleidungen vor direkter Sonneneinstrahlung im Tagesverlauf relativ lange geschützt.

Im Vergleich zum Schlafzimmer schneidet das Wohnzimmer nachts besser und tagsüber schlechter ab. Besonders deutlich wird dies ab dem Zeitpunkt, an dem die Balkonverschattung durch die westseitig einfallende Sonne unwirksam wird. Bei geöffneter Jalousie macht sich dies noch um einiges mehr bemerkbar.

Es könnte durch das Verlängern des Balkons über das Schlafzimmer nicht nur die Wohnung attraktiver und brandüberschlagstechnisch besser gestaltet werden, sondern würde auch die sommerliche Überwärmung vermeiden. Die Temperaturkurve zeigt, dass ohne Jalousie eine Überhitzung des Schlafzimmers nicht zu vermeiden ist. Ein anderer Außenwandaufbau wirkt sich kaum auf den Temperaturverlauf im Rauminneren aus, wenn nachts gelüftet wird. Die beste Option um keine Überhitzung im Sommer zu erreichen, ist richtiges und kontrolliertes Lüften. Durch die größere Fensterfläche kann der Raum jedoch stärker belüftet werden und ein höherer Luftaustausch kühlt das Wohnzimmer in der Nacht schneller und tiefer herunter.

3 Conclusio

Der Temperatur-Behaglichkeitsparameter im Sommer ist die operative Raumtemperatur. Zur Analyse des sommerlichen Wärmeschutzes wurde die operative Raumtemperatur der verschiedenen Bauweisen und Nutzerverhalten miteinander verglichen. Die Räume wurden nach ihrer Lage in den Gebäuden europaweit ausgewählt. So sind die kritischen Räume mit den höchsten Temperaturen im Gebäude mit großen Fenstern Richtung Süden und Westen.

Bei einem idealen Nutzerverhalten mit Nachtlüftung und Verschattung überhitzen die Räume nicht so stark. Lässt man jedoch die Nachtlüftung oder die Verschattung weg, steigen die Temperaturen deutlich an. Was bei der Analyse ebenfalls festgestellt wurde, ist, dass die mechanische Lüftung so gut wie keinen Effekt auf die Raumtemperatur hat.

Die durchgeführten thermischen Gebäudesimulationen zeigen, dass die Bauweise bei guten U-Werten keinen wesentlichen Einfluss hat. Wesentlich höheren Einfluss haben die Faktoren Orientierung, nächtliche Lüftung und Sonnenschutz.

Eine 3-fach-Verglasung weist einen geringen U-Wert auf und ist deshalb für den winterlichen Wärmeschutz geeigneter als eine 2-fach-Verglasung. Im Sommer ist der geringe *U*-Wert jedoch kontraproduktiv, da weniger Wärme über die Fenster verloren geht. Deshalb überhitzt der Raum dann auch stärker. Abhängig vom jeweiligen Standort kann dadurch eine passende Strategie für das Wohlbefinden im Innenraum entwickelt werden.

Mit den gegenwärtig verfügbaren Verglasungen und Sonnenschutzeinrichtungen sowie einer ausgereiften Planung kann wesentlich zu einem wohltuenden Innenraumklima im Sommer beigetragen werden.

4 Literatur

[1] Jakob, A. (2022) *Bundesingenieurkammer* [Online]. Available: https://bingk.de/wp-content/uploads/2022/07/PM-BIngK-fordert-Umdenken-fuer-klimarsiliente-Staedte-und-Gemeinden.pdf [Zugriff am 30. Juli 2022]

[2] Bundesministerium für Wohnen, Stadtentwicklung und Bauwesen (2022) *Bundesministerium für Wohnen, Stadtentwicklung und Bauwesen* [Online]. Available: https://www.bmwsb.bund.de/SharedDocs/kurzmeldungen/Webs/BMWSB/DE/2022/anpassung-an-klimawandel.html [Zugriff am 30. Juli 2022]

[3] ZAMG (2022) *HISTALP 2022* [Online]. Available: http://www.zamg.ac.at/histalp/dataset/station/csv.php [Zugriff am 08. März 2022]

[4] Stadt Wien, „Stadt Wien – Statstik," 2022. [Online]. Available: https://www.wien.gv.at/statistik/aktuell/ [Zugriff am 05. August 2022].

[5] Bundesministerium für Finanzen (2022) *data.gv.at* [Online]. Available: https://www.data.gv.at/katalog/dataset/wetter-seit-1872-hohe-warte-wien/resource/aaf539c3-2379-45e5-8821-81f4b60f67ee [Zugriff am 08. März 2022]

[6] Ferk, H.; Rüdisser, D.; Riederer, G.; Majdanac, E. (2016) *Sommerlicher Wärmeschutz im Klimawandel Einfluss der Bauweise und weiterer Faktoren* in: Zuschnitt Attachment – Sonderthemen im Bereich Holz, Holzwerkstoff und Holzbau, S. 1–22.

[7] Bachinger, J.; Wolffhardt, R.; Nusser; B. (2021) *Sommer, Sonne, Hitze – Wohin geht die Reise? Klimawandel und sommerliche Überwärmung im Wohnbau* in: Holzbau, S. 45–48.

[8] Nackler, J. (2022) *Thesim* [Online]. Available: www.thesim.at [Zugriff am 15 Juli 2022]

[9] EN ISO 13791 (2010) *Wärmetechnisches Verhalten von Gebäuden – Sommerliche Raumtemperaturen bei Gebäuden ohne Anlagentechnik – Allgemeine Kriterien und Validierungsverfahren.*

[10] ÖNORM B 8110-3 (2020) *Wärmeschutz im Hochbau – Teil 3: Ermittlung der operativen Temperatur im Sommerfall (Parameter zur Vermeidung sommerlicher Überwärmung).*

[11] EN 17037 (2019) *Tageslicht in Gebäuden.*

Entwicklung von beschusshemmendem Glas ohne Einsatz von Polycarbonat

Fritz Schlögl[1]

[1] sedak GmbH & Co. KG, Einsteinring 1, 86368 Gersthofen, Deutschland; fritz.schloegl@sedak.com

Abstract

1903 stieß der französische Chemiker Édouard Bénédictus in seinem Labor einen vormals mit Zelluloid gefüllten Glaskolben um. Das eingetrocknete Zelluloid bildete eine dünne Kunststoffschicht, die ein Zerbrechen verhinderte. Die Vorstufe des Sicherheitsglases war geboren. Die Kombination aus Glas und Kunststoff ist heute der Standardaufbau für Sicherheitsglas, so auch beim beschusshemmenden Glas. Letzteres wird bisher durch zusätzliches Anfügen einer Polycarbonat-Schicht ermöglicht. Das Material ist in seiner verfügbaren Größe oder Verarbeitbarkeit limitiert und beschränkt beschusshemmendes Glas auf Größen von ca. 2250 mm × 4200 mm. Ein neu entwickelter Glasaufbau verzichtet auf den Einsatz von Polycarbonat, bietet aber Sicherheit für die höchste Beschussklasse BR7.

Development of bullet-resistant glass without the use of polycarbonate. In 1903, the French chemist Édouard Bénédictus knocked over a glass flask, which was filled with celluloid. The dried out celluloid formed a thin plastic layer that prevented it from breaking. The idea for safety glass was born. The combination of glass and plastic is the standard built-up for safety glass, as it is for bullet-resistant glass. The latter has so far been made possible by adding an additional layer of polycarbonate. However, the material is limited in its available size or processability and has so far restricted bullet-resistant glass to sizes of approx. 2250 mm × 4200 mm. A newly developed glass structure dispenses with the use of polycarbonate, but offers safety for the highest bullet class BR7 NS.

Schlagwörter: beschusshemmendes Glas, Polycarbonat, Sicherheitsglas

Keywords: bullet-resistant glass, polycarbonate, safety glass

1 Einführung

1.1 Historie Sicherheitsglas

Die Geburtsstunde des Sicherheitsglases liegt im Jahr 1903 – und beruht auf einem Zufall. Der französische Chemiker Édouard Bénédictus stieß im Labor aus Versehen einen Glaskolben um, doch dieser zerbrach nicht. Bénédictus fand den Grund: Im Kolben befand sich eingetrocknetes Zelluloid als dünne Plastikschicht, die das Zerbrechen verhinderte. Die Idee zum Sicherheitsglas war geboren [1]. Bis heute besteht Sicherheitsglas aus Glas und Folien, bei konventionellem durchschusshemmendem Glas sorgt eine zusätzliche Polycarbonat-Schicht für die Sicherheit [2].

1.2 Einsatzfelder für beschusshemmendes Glas

Es gibt viele Einsatzorte, in denen beschusshemmendes Glas aus Sicherheitsgründen benötigt wird. Dazu zählen vor allem Regierungsgebäude und Botschaften, Banken, Veranstaltungsgebäude, Privathäuser, Flughäfen etc. Das Sicherheitsniveau wird abhängig von der Gefahrenlage festgelegt. Bei der Planung spielt die Richtung des potentiellen Angriffs mit Schusswaffen eine relevante Rolle. Kommt der Angriff nur von einer Seite oder muss von beiden Seiten geschützt werden. Konventionelles beschusshemmendes Glas hat eine Angriffs- und eine Schutzseite. Daher ist die Richtung, aus der ein Angriff zu erwarten ist, maßgeblich [3].

2 Normative Grundlagen

Die Schusssicherheit von Glas (Widerstand gegen Beschuss) und den entsprechenden Nachweis regelt die europäische Norm DIN EN 1063. Sie definiert sieben Beschussklassen (BR1 bis BR7) und kategorisiert diese in Glas mit oder ohne Splitterabgang. Der Zusatz S bzw. NS steht für „Splitterabgang" (S = spall) bzw. „splitterfrei" (NS = no spall) [4]. Daneben hat sich ein zweites Regelwerk etabliert. Das Standardisierungsübereinkommen der NATO. Die NATO AEP-55 STANAG 4569 klassifiziert die Beschusshemmung in sogenannte STANAG-Leveln. Dabei gehen die Anforderungen der NATO in den höheren Leveln über die maximalen Anforderungen der DIN EN 1063 hinaus [5].

2.1 DIN EN 1063

Die DIN EN 1063 definiert Prüfverfahren und die Klasseneinteilung für den Widerstand gegen Beschuss für den Bereich Glas im Bauwesen. Je höher die Klasse, desto höher der Widerstand gegen Beschuss. Die Widerstandsklassen der Durchschusshemmung sind nach der Art der Schusswaffen und der Kaliber eingeteilt (Bild 1 + Tabelle 1).

Die Klassifizierungen der Schutzstufen gliedern sich in BR1 (z. B. Kleinkaliber-Gewehre), BR2 bis BR4 (z. B. Beschuss durch Kurzwaffen, wie Pistole oder Revolver), BR5 und BR7 (z. B. Schüsse mit Langwaffen, wie Jagd- oder militärisches Gewehr/G36 oder G3). Glas der Beschussklasse BR7 widersteht gemäß DIN EN 1063 Angriffen mit Langwaffen und Munition mit gehärtetem Stahlkern (Tabelle 1).

2 Normative Grundlagen

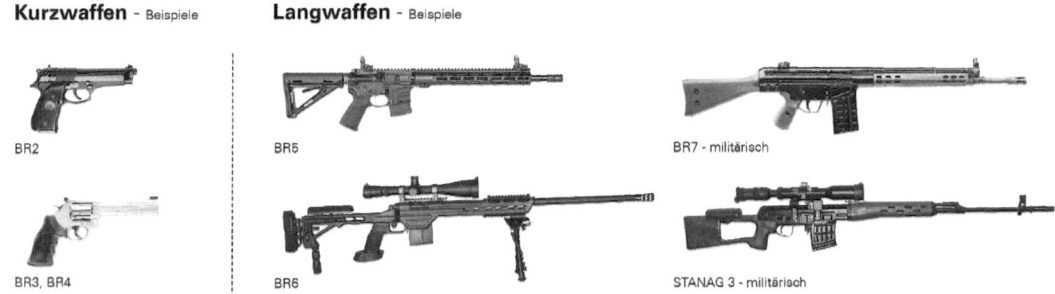

Bild 1 Beispiele für Schusswaffen zu den entsprechenden Beschussklassen gemäß DIN EN 1063 (© sedak)

Tabelle 1 Beschussklassen gemäß DIN EN 1063 [4]

Wider-stands-klasse	Beschuss durch	Munitionstyp			Prüfbedingungen		
		Kaliber	Bezeichnung Projektil*	Projektil-Masse (gr)	Geschwindig-keit (m/s)	Energie (J)	Entfernung (m)
BR 1	Langwaffe	.22 lr	L/RN	2,6	360	168	10
BR2	Kurzwaffe	9 mm Luger	FMJ/RN/SC	8,0	400	689	5
BR3	Kurzwaffe	.375 Magnum	FMJ/CB/SC	10,2	430	943	5
BR4	Kurzwaffe	.44 Magnum	FMJ/FN/SC	15,6	440	1510	5
BR5	Langwaffe	5,56 × 45 mm	FMJ/PB/SCP	4,0	950	1805	10
BR6	Langwaffe	7,62 × 51 mm	FMJ/PB/SC	9,5	830	3289	10
BR7	Langwaffe	7,62 × 51 mm	FMJ/PB/HC	9,6	820	3261	10

* L Vollblei, FMJ Vollmantel, RN Rundkopf, CB Kegelspitzkopf, FN Flachkopf, PB Spitzkopf, SC Bleikern, SCP Bleikern mit Stahlpenetrator, HC Stahlhartkern

2.2 NATO AEP-55 STANAG 4569

Mit den sogenannten STANAG-Leveln („Standardization Agreement") definiert die NATO eigene Sicherheitsklassen [5].

Level 1 erfüllt Schutz vor Beschuss durch Gewehre bis Kaliber 7,62 mm × 51 mm. Das entspricht der Klasse BR6. Level 2 reicht bis Kaliber 7,62 mm × 39 mm mit Hartkern-Brandsatz API („Armor Piercing Incendiary" = „panzerbrechend mit Brandsatz"). Dieses Sicherheitsniveau widersteht auch den Beschuss mit einer Kalaschnikow AK 47. Für Level 3 gilt: Gewehre mit Kaliber 7,62 mm × 51 mm/7,62 × 54 R, jeweils mit spezieller panzerbrechender Hartkern-Munition (Tabelle 2). Diese Klasse geht über die Anforderung nach DIN EN 1063 BR7 hinaus.

Tabelle 2 Beschussklassen gemäß NATO AEP-55 STANAG 4569 [5]

Widerstandsklasse	Beschuss durch	Munitionstyp			Prüfbedingungen		
		Kaliber	Bezeichnung Projektil*	Projektil-Masse (gr)	Geschwindigkeit (m/s)	Energie (J)	Entfernung (m)
Level 3	Büchse	7,62 × 54 mm R	FMJ/PB/HCI	10,4	854	3846	10
Level 3	Büchse	7,62 × 51 mm	FMJ/PB/WC	8,4	930	3633	10

* FMJ Vollmantel, PB Spitzkopf, HCI Stahlhartkern mit Brandsatz, WC Wolframkarbitkern

3 Aufbau von beschusshemmendem Glas

Beschusshemmende Verglasungen sind nach aktuellem Stand der Technik als mehrschichtiger Glas-Folien-Verbund ausgelegt. Trifft eine Kugel auf ein solches Glaslaminat, verteilt sich ihre Energie seitlich durch die Schichten. Die Energie wird dabei auf mehrere Glas- und Kunststoffschichten aufgeteilt und über eine große Fläche verteilt – und dadurch schnell absorbiert. Das Geschoss wird so stark verlangsamt, dass es nicht mehr genug Energie hat, um zu durchschlagen. Die Glasscheiben brechen, die zähen Kunststoffschichten verhindern aber das „Auseinanderbrechen" und halten abgehende Splitter zurück bzw. sorgen für Splitterfreiheit [7].

3.1 Konventioneller Aufbau

Konventionelles beschusshemmendes Glas besteht nach derzeitigem Stand der Technik aus einem sandwichartigen Aufbau aus Glas (ca. 6–10 mm) und Kunststoff (z. B. Splitterschutzfolien CPET oder Polycarbonat). Dabei sind die dicken Glas- und Kunststoffschichten durch dünnere Folien aus verschiedenen Kunststoffen, wie Polyvinylbutyral (PVB) oder Polyurethan, verbunden [3].

3.2 Nachteile konventioneller Aufbau

Der konventionelle Aufbau als Kunststoff-Glas-Sandwich birgt funktionale und ästhetische Nachteile [3]:

- Die Kunststoffschicht auf der Schutzseite weist immer eine deutlich geringere Beständigkeit gegen Verkratzungen im Vergleich zu einem Glasabschluss auf der Schutzseite auf.
- Ein konventioneller Glas-Folien-Aufbau beeinflusst den Einsatz einer Sonnenschutzbeschichtung. Das Solar-Coating liegt zwingend auf der Innenseite, sprich der der Schutzseite. Liegt der Splitterschutz im Scheibenzwischenraum, kann eine Beschichtung nicht aufgebracht werden. Sonnenschutzschichten sind jedoch für erforderliche bauphysikalische Werte im Glasaufbau unabdingbar.

- Polycarbonat-Platten und Splitterschutzfolien sind in ihrem Format begrenzt. Dadurch sind Formate über das Maß 2250 mm × 4200 mm mit einem konventionellen Aufbau nicht als beschusshemmendes Glas ausführbar. Zudem limitiert der deutliche Unterschied der Längenausdehnungskoeffizienten von Glas zu Polycarbonat, der beim Laminationsprozess (130 °C) zum Tragen kommt, die maximal ausführbare Größe von beschusshemmendem Glas auch physikalisch.
- TPU-Verbundfolien, die eingesetzt werden um Glas und Polycarbonat miteinander zu verbinden, weisen keine strukturellen Eigenschaften auf, um eine entsprechende Schubsteifigkeit des Glasverbunds nachweisen zu können.
- Polycarbonat weist eine geringere Gasdichtigkeit als Glas auf. Das führt zu einer kürzeren Lebenserwartung bei beschusshemmenden Isoliergläsern (geringere Gasdichtigkeit des SZR).
- Polycarbonat ist brennbar. Dieser Parameter muss bei einer Brandschutzklassifizierung berücksichtigt werden.

4 Entwicklung durchschusshemmendes Glas ohne Polycarbonat

4.1 Aufgabenstellung

Zur Überwindung der Nachteile in Kapitel 3.2 lag die Zielsetzung in der Entwicklung eines eigenständigen Glasaufbaus, der die Schutzklassen der DIN EN 1063 erfüllt und gleichzeitig die Limitierungen des bisherigen Aufbaus in Bezug auf Größe, statische Tragfähigkeit und dem Einsatz von vorgespanntem Glas aufhebt. Auch die Limitierung beim Einsatz von Sonnenschutz- und Wärmebeschichtungen, v. a. für großformatige, beschusshemmende Verglasungen, sollte aufgehoben werden.

4.2 Entwicklung des Aufbaus

In einer umfassenden, empirischen Entwicklungsreihe wurden systematisch alternative Glaskonstruktionen (Glas-Folien-Kombinationen) ohne den Einsatz von Polycarbonat zusammengesetzt und getestet. Um eine genauere Vorauswahl für die zu zertifizierenden Aufbauten zu generieren, wurden die verschiedenen Typen systematisch ausgewertet. Sortiert nach Glastyp, Aufbaudicken, Gewicht, Folienarten und Splitterverhalten. Mehr als 100 Prüfkörper wurden in internen Vortests analysiert und in einer Matrix ausgewertet (Tabelle 3 + 4).

Im Vorfeld der Testreihen wurden zunächst Überlegungen angestellt, wie die Beschussenergie bestmöglich vom Glas absorbiert werden kann. Immer mit dem Ziel den „Impact" innerhalb der Laminate so aufzunehmen, dass so wenig Schaden wie möglich am Glas entsteht. Dabei reichten die Konzepte von „Aufbauten mit dämpfenden Schichten" bis hin zu Konfigurationen, die die „Last so gut wie möglich verteilen". Parallel dazu wurden Kombinationen aus harten und weichen Interlayern durch logische Herleitungen anhand ihrer Produktparameter geschickt zusammengestellt. Bereits in den ersten Vortests stellte sich schnell heraus, dass diese Vorgehensweise nicht zielführend ist. Insbesondere die Kombinationen, die aus logischer Sicht die größtmögliche Schussenergie aufnehmen sollten, entpuppten sich schnell als nicht geeignet.

Tabelle 3 Beschussmatrix Monoglas

Platz	Aufbau-Nr.	Folien-dicke (mm)	Glas-dicke (mm)	Gewicht (kg)	Paket (mm)	Schuss (Zahl)	Bewertung Splitter	Bewertung Kürzel
12	S032	10,90	50	138	60,90	1	S	D
6	S033	12,68	56	155	68,68	1	G	B
13	S034	12,16	56	155	68,16	1	S	D
3	S035	12,68	56	155	68,68	2	G	B
7	S036	12,68	56	155	68,68	1	G	B
5	S037	12,68	56	155	68,68	2	M	C
8	S038	12,68	56	155	68,68	1	G	B
10	S039	12,68	56	155	68,68	1	M	C
11	S040	12,68	56	155	68,68	1	M	C
1	S043	9,01	62	166	71,01	3	M	C
2	S044	9,01	72	191	81,01	3	S	D
9	S045	15,46	56	159	71,46	1	G	B
4	S046	15,46	66	184	81,46	2	G	B

* Kürzel Splitterabgang: N NS (keine Splitter), G gering, M mittel, S stark
Kürzel zur Bewertung: A sehr gut, B knapp, C nicht gut, D schlecht

Tabelle 4 Beschussmatrix Isolierglas

Platz	Aufbau-Nr.	Folien-dicke (mm)	Glas-dicke (mm)	Gewicht (kg)	Paket (mm)	Schuss (Zahl)	Bewertung Splitter	Bewertung Kürzel
9	S048	10,53	74	198	100,53	3	N	A
7	S049	9,64	68	182	91,64	3	N	A
8	S050	9,64	68	182	91,64	3	N	A
3	S051	9,64	64	172	89,64	3	N	A
6	S052	10,53	66	178	92,53	3	N	A
4	S053	5,97	68	177	83,97	3	N	A
12	S054	5,08	58	151	75,08	3	M	C
11	S056	4,56	57	148	77,56	3	M	C
5	S057	5,97	68	177	89,97	3	N	A
2	S059	5,08	58	151	79,08	3	N	A
1	S060	5,08	54	141	75,08	3	N	A
14	S061	4,19	48	125	72,19	2	B	B
10	S066	5,08	58	151	79,08	3	B	B
13	S067	5,08	54	141	75,08	3	S	D

* Kürzel Splitterabgang: N NS (keine Splitter), G gering, M mittel, S stark
Kürzel zur Bewertung: A sehr gut, B knapp, C nicht gut, D schlecht

Aufgrund der ersten Beschusstest und der nicht ableitbaren Ergebnisse entschied man sich für die Untersuchung „willkürlich" zusammengestellter Glas-Folien-Kombinationen. Mit dieser „Trial-and-Error"-Methode wurden zunächst Monoglaskombinationen und später Isolierglasaufbauten in verschiedensten Paketdicken auf dem Prüfstand getestet. Zusätzlich wurden die Ergebnisse zum Bruch- und Splitterverhalten pro Schuss, die bei allen vorhergehenden Tests bereits dokumentiert wurden, in die Auswertung miteinbezogen.

Für eine schlüssige Bewertung wurden die Prüfkörper (Aufbau-Nr.) mit ihren Aufbauparametern (Foliendicke, Glasdicke, Gewicht, Paketdicke), der standgehaltenen Schussanzahl und der Bewertung des Splitterabgangs in eine Liste eingetragen. (Tabellen 3 und 4).

Zur Auswertung wurde die Tabelle nach der höchst gehaltenen Beschusszahl und der niedrigsten Menge abgehender Splitter sortiert, um daraus die Glas-Folien-Kombination abzuleiten, die eine maximale Beschusshemmung ermöglicht. Mit Hilfe der Matrix wurden verschiedene Aufbauten identifiziert, die aufgrund ihrer Ergebnisse für eine Zertifizierung geeignet erschienen. Die „Top 13" (Monoglas) bzw „Top 14" (Isolierglas) Aufbauten wurden daraufhin auf die entsprechende Beschussklasse weiter abgestimmt.

Grundsätzlich ließ sich aus den ersten Ergebnissen ein prinzipieller Glasaufbau ableiten, der den erforderlichen ballistischen Aufbau erreicht: Eine Kombination aus thermisch behandeltem Glas (TVG) und schubsteifem Interlayer (SGP) (Bild 2).

Nach den umfassenden Tests und der Auswertung der Ergebnisse, wurden die Aufbauten als Prüfkörper für die entsprechenden Beschussklassen hergestellt und für die Beschussprüfung am Beschussamt Ulm vorbereitet.

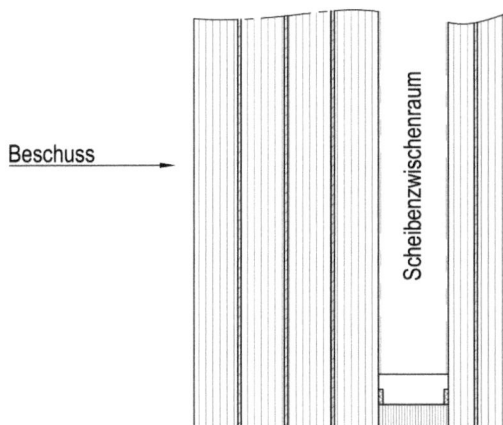

Bild 2 Schematischer Aufbau des beschusshemmenden Isolierglases ohne Polycarbonat: Die außenliegende Angriffsseite (Beschuss) ist dabei beispielhaft als 4-fach Laminat (TVG, SGP) ausgeführt (© sedak)

5 Beschussprüfung

Die Zertifizierung der Beschussklasse des Glasaufbaus erfolgte im Rahmen einer Beschussprüfung, gemäß den Vorgaben der DIN EN 1063, am Beschussamt in Ulm.

5.1 Aufbau

Die DIN EN 1063 legt folgendes Prüfverfahren fest: Der Prüfkörper im vorgeschriebenen Format (500 mm × 500 mm) wird in einem definierten Prüfstand befestigt. (Bild 3). Mit einem geeichten Prüflauf wird der eingespannte Prüfkörper aus einer definierten Entfernung drei Mal beschossen [6].

Je nach Beschussklasse liegt die definierte Entfernung bei 5 bzw. 10 m. Die Norm-Treffer bilden ein gleichschenkliges Dreieck mit einer Seitenlänge von 120 mm (Bild 4). Die Norm sieht den Beschuss von drei Prüfkörpern vor.

Nach dem Beschuss wird der Prüfkörper nach Durchdringung des Projektils und Splitterabgang beurteilt. Halten die Prüfkörper dem Beschuss auch beim dritten Schuss

Bild 3 Prüfstand gemäß DIN EN 1063 mit sedak-Prüfkörper (© sedak)

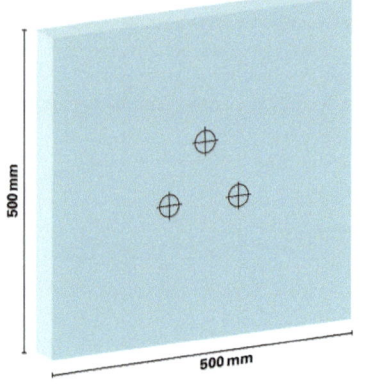
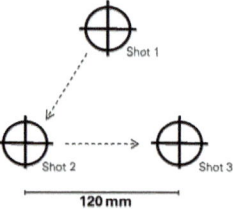

Bild 4 Normaufbau für Beschussprüfung gemäß DIN EN 1063 (© sedak)

stand, also durchdringt das Geschoss das Glas nicht, ist die entsprechende Schutzklasse erreicht. Ist zudem auch kein Splitterabgang auf der Rückseite des Prüfkörpers zu vermelden, erhält die Prüfserie den Zusatz „NS" (no spall = splitterfrei).

Wie bereits in Kapitel 3 beschrieben wirkt beschusshemmendes Glas „energieabsorbierend". Bei größeren Formaten wird Durchdringungsenergie zunehmend in Verformungsenergie umgewandelt, dadurch können die Ergebnisse der Norm-Prüfung des 500 mm × 500 mm großen Prüfkörpers problemlos auf größere Formate übertragen werden.

5.2 Durchführung der Prüfung

Die Prüfung im Beschussamt Ulm folgte exakt den Vorgaben der Norm. Der Fokus der Prüfung lag auf der Erlangung der Beschussklasse BR7. Hierfür wurden je nach Scheibenaufbau und Beschussklasse je drei Probekörper angefertigt (Bild 5).

Bild 5 Für Beschussprüfung vorbereitete Prüfkörper in der sedak Fertigung (© sedak)

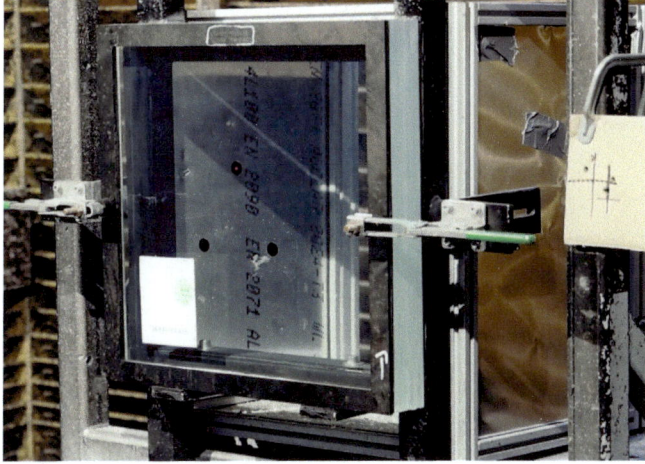

Bild 6 Der Prüfkörper vor dem Beschuss: Die drei vorgegebenen Beschusspunkte sind gut zu erkennen (© sedak)

128 *Entwicklung von beschusshemmendem Glas ohne Einsatz von Polycarbonat*

Bild 7 Der erste Schuss trifft die erste Markierung auf dem Prüfkörper (© sedak)

Bild 8 Prüfkörper mit unterschiedlichem Aufbau a) und b) nach dem dritten Schuss (© sedak)

5 Beschussprüfung | 129

Die Versuchsaufbauten mit dem Format 500 mm × 500 mm wurden in den Prüfstand eingespannt und mit der Beschussklasse entsprechenden Waffe/Munition beschossen. Bild 6 und Bild 7 zeigen den im Prüfstand eingespannten Prüfkörper vor und während des ersten Beschusses. Die Beschusspunkte sind schwarz eingezeichnet.

5.3 Ergebnisse

Die Ergebnisse bestätigten die Beschussklasse BR7. Bild 8a und Bild 8b zeigen Prüfkörper nach dem dritten Beschuss. Der entwickelte Glasaufbau hielt dem Beschuss stand.

Alle Splitter wurden im Scheibenzwischenraum (SZR) aufgefangen. Die innere Scheibe ist komplett unbeschädigt (Bild 9 und 10).

Im Aufbau sind drei Scheiben komplett unbeschädigt (Bild 11).

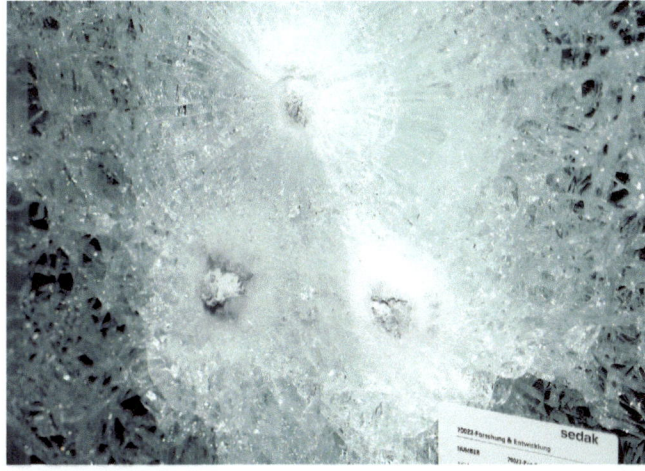

Bild 9 Nahaufnahme der drei Einschusslöcher zur Dokumentation (© sedak)

Bild 10 Rückseite eines Prüfkörpers (Isolierglas) nach bestandener Prüfung gemäß Beschussklasse BR6 NS; Ergebnis: Kein Splitterabgang, alle Splitter im SZR aufgefangen (© sedak)

Bild 11 Erfolgreicher Test für BR7 NS als monolithischer Block. Drei TVG-Scheiben auf der Schutzseite (schussabgewandten Seite, links) sind unzerstört. Auf der Angriffs- oder Beschussseite (rechts) sind die Splitter gut erkennbar (© sedak)

5.4 Zusätzliche Beschussprüfung nach STANAG 4569 Level

Nach dem erfolgreichen Test für BR7 NS wurde zusätzlich eine Beschussprüfung mit Hartkern und Brandsatz (HCI) nach STANAG 4569 Level 3 durchgeführt (Tabelle 2). Der entwickelte Glasaufbau wurde ebenfalls auf diese Schutzklasse erfolgreich getestet. Bild 12 zeigt den Aufprall eines Geschosses auf den Prüfkörper.

Bild 12 Beschussprüfung militärisch mit Stahlhartkern und Brandsatz nach STANAG 4569 Level 3 (© sedak)

6 Zusammenfassung und Ausblick

Die Neuentwicklung zeigt, dass beschusshemmendes Glas ohne den Einsatz einer klassifizierten, schusssicheren Außenscheibe mit Polycarbonat aufgebaut werden kann. Dies reduziert den Gesamtaufbau der Glasdicke von beschusshemmendem Glas und damit auch das Gewicht und die Kosten deutlich. Die von sedak entwickelte Kombination aus TVG und Interlayer ist patentrechtlich geschützt und ermöglicht die Herstellung von beschusshemmendem Glas in Formaten bis 3600 mm × 20 000 mm (flach) sowie erstmals in gebogener Form.

Als Gesamtfazit kann bis dato festgehalten werden:
- Bei der Reinigung der Glasflächen muss keine Rücksicht auf das Verkratzen von Polycarbonat oder der Splitterschutzfolien genommen werden.
- Das Aufbringen von Sonnenschutz- und Wärmeschutzbeschichtungen auf entsprechend erforderlichen Flächen im Scheibenzwischenraum ist nun möglich (Bild 13).

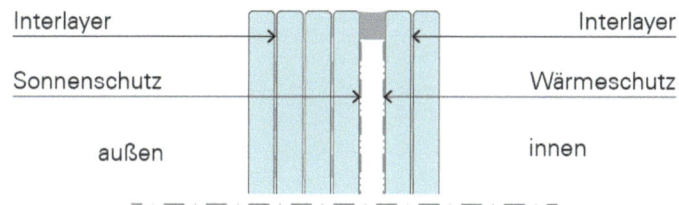

Bild 13 Mögliche Lage der Sonnenschutz-/Wärmeschutzbeschichtung bei einem durchschusshemmenden Isolierglas ohne Polycarbonat (© sedak)

Der neue Aufbau hebt bisherige Größenbeschränkung, z. B. durch die Verfügbarkeit von Polycarbonat-Platten, auf. Theoretisch sind dadurch nun auch Größen von derzeit 3600 mm × 20 000 mm möglich.

- Durch das Verwenden von hochfesten dauerhaft lastübertragenden Verbundfolien, wie z. B. Ionoplasten oder hochfesten PVB-Folien, im außenliegenden Laminat, können diese Gläser statisch zusätzlich höher belastet werden. Hauptvorteil dabei ist, dass der Glasaufbau gleichzeitig die statisch belastbare Außenscheibe des Isolierglasaufbaues darstellt. Das ist vor allem relevant beim Einsatz von entsprechend hoch belasteten (z. B. Hurrikanlasten) oder übergroßen Isoliergläsern. Für die innenliegende Verbundscheibe bleibt damit nur die Aufgabe einen gedämmten Scheibenzwischenraum herzustellen und die möglichen Splitterabgänge einzufangen.
- Langlebigkeit des gasgefüllten Isolierglasaufbaues durch entsprechend hohe Gasdichtigkeit des Randverbundes mit Glas.
- Keine Verschlechterung der Brandschutzklassifizierung durch Verwendung von Standard VSG-Verbundeinheiten.
- Des Weiteren lässt sich aus diesem Aufbau ein monolithischer Aufbau ableiten, der Schutz von beiden Seiten ermöglicht. Dies ist kann dann wichtig werden, wenn nicht abzusehen ist, aus welcher Richtung eine Gewalttat ausgeht (Passagierströme auf Flughäfen etc.). Durch den monolithischen, symmetrischen Aufbau bietet der Glasaufbau von beiden Seiten dasselbe Beschussniveau für ebenfalls die höchste Beschussklasse BR7 NS. (Bild 14)

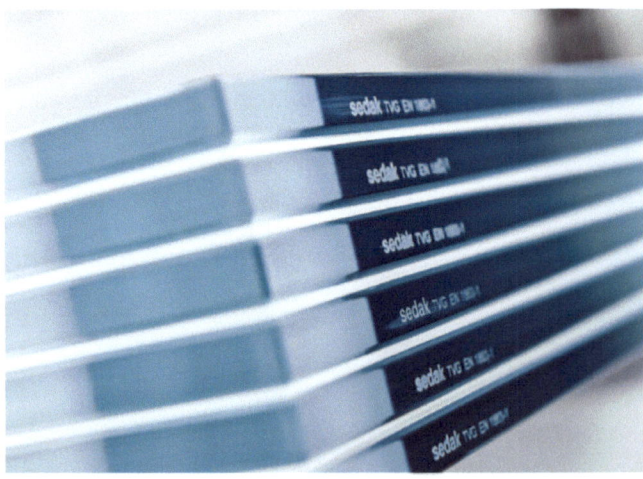

Bild 14 Der symmetrische Aufbau des monolithischen Glases ohne Polycarbonat (© sedak)

Übertragung der Ergebnisse auf gebogenes Glas

Der von sedak entwickelte Aufbau mit teilvorgespanntem Glas lässt erstmals auch die Produktion von beschusshemmendem, thermisch gebogenem Glas zu. Mit dem neuen Aufbau sind Gläser ab einem Radius von 1000 mm ausführbar. Der erweiterte erfolgreiche Testablauf mit thermisch behandelten Gläsern hat nun auch ermöglicht maschinengebogene Gläser mit in die Zertifizierung aufzunehmen. Inzwischen sind alle Beschussklassen von BR2 NS bis BR7 NS als Isoliergläser in plan und gebogen – R von 1 m bis ∞ – erfolgreich zertifiziert (Bild 15).

Bild 15 Muster eines maschinell gebogenen Isolierglases von sedak, das beschusshemmend ausgeführt ist (© sedak)

7 Literatur

[1] Dahlmann, F. (2017) *Wissenschaftliche Entdeckungen – Professor Zufall* [online] in: *brand eins*, Hamburg. www.brandeins.de/magazine/brand-eins-wirtschaftsmagazin/2017/ueberraschung/professor-zufall [Zugriff am: 01.07.2022]

[2] *Verbundsicherheitsglas (VSG)* [online] in: *BauNetz Wissen*, Berlin. www.baunetzwissen.de/glas/fachwissen/funktionsglaeser/verbundsicherheitsglas-vsg-159103 [Zugriff am: 01.07.2022]

[3] sedak GmbH & Co. KG (2021) *fact sheet Schusshemmendes Glas*. Gersthofen: Internes Dokument.

[4] DIN EN 1063: *Glas im Bauwesen – Sicherheitssonderverglasung – Prüfverfahren und Klasseneinteilung für den Widerstand gegen Beschuß*; Deutsche Fassung EN 1063:1999.

[5] NATO AEP-55 (2021) *STANAG 4569: Protection levels for ocupants of armoured vehicles*.

[6] Vereinigung der Prüfstellen für angriffshemmende Materialien und Konstruktionen VPAM (2006) *Allgemeine Prüfgrundlagen für ballistische Material-, Konstruktions- und Produktprüfungen*.

[7] Schlögl, F. (2020) *Produktblatt sedak isosecure und sedak secuprotect – 77570*. Gersthofen: Internes Dokument.

Jürgen H. R. Küenzlen, Eckehard Scheller, Marc Klatecki,
Rainer Becker, Thomas Kuhn, Thomas Stein

Befestigung und Abdichtung von Fenstern und Türen

Aktuelle Regelungen, Praxisbeispiele, bauphysikalische Gesichtspunkte

- praxisnahe Darstellung der Berechnungen und Nachweise
- alle Verankerungsgründe und alle Fensterarten sind im Buch berücksichtigt
- Anhang mit 100 Detailzeichnungen für Neubau und Altbau

Das Fenster als Teil moderner funktionaler Gebäudehüllen muss hohen Anforderungen genügen. Das Buch enthält detaillierte Erläuterungen für Planung und Ausführung von Fensterbefestigungen in allen Verankerungsgründen und von Anschlussfugen sowie baurechtliche Hinweise.

2022 · 560 Seiten · 354 Abbildungen · 116 Tabellen
Hardcover
ISBN 978-3-433-03362-3   € 59*

BESTELLEN
+49 (0)30 470 31-236
marketing@ernst-und-sohn.de
www.ernst-und-sohn.de/3362

* Der €-Preis gilt ausschließlich für Deutschland. Inkl. MwSt.

Aktueller Stand der nationalen Glasbaunormung

Geralt Siebert[1]

[1] Universität der Bundeswehr München, Fakultät für Bauingenieurwesen und Umweltwissenschaften, Institut und Labor für Konstruktiven Ingenieurbau, Professur für Baukonstruktion und Bauphysik, Werner-Heisenberg-Weg 39, 85577 Neubiberg, Deutschland; geralt.siebert@unibw.de

Abstract

Die Überarbeitung der DIN 18008 Teile 3, 4 und 5 ist so weit fortgeschritten, dass demnächst Entwurfsfassungen veröffentlicht werden können. Insbesondere Senkkopfhalter und Regelungen zu Ganzglasanlagen in Teil 3 sowie die grundlegende Überarbeitung der Kategorien und Nachweisformate absturzsichernder Verglasungen in Teil 4 bringen große Fortschritte. Letzte Änderungen und deren Einordnung werden dargestellt. Erfahrungen aus den zwischenzeitlich eingeführten Teilen 1 und 2 liegen vor.

Update on standardization work of glass design code in Germany. The revision of DIN 18008 Parts 3, 4 and 5 has progressed so far that draft versions can finally be published. In particular, countersunk holders and regulations on all-glass systems in Part 3 as well as the fundamental revision of the categories and verification formats of balustrade glazing in Part 4 bring great progress. The latest changes and their classification are presented. Experiences from Parts 1 and 2, which have been introduced in the meantime, are available.

Schlagwörter: *Normung, Überarbeitung DIN 18008*

Keywords: *standardisation, revision DIN 18008*

1 Allgemeines

1.1 Einleitung

Parallel mit der kontinuierlichen Entwicklung der Normung im Konstruktiven Glasbau sind in den letzten Jahren in dieser Veröffentlichungsreihe jeweils Beiträge mit kurzen Erläuterungen erschienen. Einen Überblick über die Teile 1 bis 5 von DIN 18008 [1], [2] in der aktuell noch eingeführten Fassung gibt der Beitrag 2013 [3], die Einbettung der unterschiedlichen Vorschriften zur Glasbemessung in das (seinerzeitige)

Baurecht, den Stand deren Einführung sowie ein kurzer Überblick europäischer Aktivitäten in diesem Bereich erfolgte 2015 in [4]. Im Beitrag 2016 [5] wurde neben einem Ausblick auf die seinerzeit angedachten Änderungen von Teil 1 und 2 die Schlussfassung von Teil 6 [6] thematisiert sowie wiederum kurz die aktuelle Situation der europäischen Normung dargestellt. 2017 [7] wurde detaillierter berichtet über die damals in erster Endabstimmung befindlichen Änderungen von Teil 1 und 2, die sich aus Erfahrungen mit der praktischen Anwendung sowie dem zwischenzeitlich erfolgten technischen Fortschritt ergaben wie Einführung eines stufenweisen Nachweises für Mehrscheiben-Isolierglas bis 2 m^2, Berücksichtigung der Glasdicke von 2 mm, Aufnahme von Definitionen und konsequente Verwendung einheitlicher Begrifflichkeiten. Die Auswirkungen des sogenannten „EuGH-Urteil" [8] auf die bauaufsichtlichen Regelungen mit Umbau des Bauordnungsrechts schließlich wurden 2018 [9] ausführlicher erläutert, einschließlich der in der überarbeiteten Fassung von DIN 18008 Teil 1 und 2 enthaltenen Lösungsansätze für die damit verbundene Problematik der Verwendung von Einscheiben-Sicherheitsglas (ESG) und dessen Heißlagerungstest.

Zwischenzeitlich wurde nach Veröffentlichung der Entwurfsfassung 2018 [10] und der darauffolgenden Kommentarberatungen die (zweite) Entwurfsfassung [11] 2019 in einer Einspruchssitzung diskutiert, nach abschließender Bearbeitung war eine Veröffentlichung als Weißdruck Ende 2019 erwartet. Im Beitrag 2020 [12] wurde die schrittweise Entwicklung je eines Abschnittes in Teil 1 (Glas mit sicherem Bruchverhalten bis Brüstungshöhe) und Teil 2 (alternative Nachweisführung für Mehrscheiben-Isolierglas mit geringerer Schadensfolge) zusammenfassend dargestellt sowie – der Vollständigkeit halber – die weiteren Änderungen – insbesondere zu bauartspezifischen Anforderungen – nochmals kurz angesprochen und abschließend kurz auf die europäische Normung geblickt. Mit der Einspruchssitzung zur zweiten Entwurfsfassung konnte die Überarbeitung der Teile 1 und 2 schließlich – bis auf redaktionelle Anpassungen – abgeschlossen werden, die Endfassung (Weißdruck) [13] ist mit Datum Mai 2020 veröffentlicht.

Neben europäischer Spiegelarbeit zur EN 16612 und dem Eurocode für Glas hat sich der zuständige DIN-Arbeitsausschuss seit Mitte 2019 der turnusgemäßen Überprüfung der Teile 3, 4 und 5 [2] gewidmet. Im Beitrag [14] wurden die angedachten Änderungen mit Erläuterung der Hintergründe dargestellt, primär gedacht um der Fachwelt Einblick in die laufende Überarbeitung zu gewähren und für Beiträge zu motivieren.

Im Beitrag 2022 [15] wurde zunächst die Verbindlichkeit von DIN-Normen und baurechtliche Einführung der bereits im Weißdruck vorliegenden überarbeiteten Teile 1 und 2 [13] einschließlich eingegangener Auslegungsanfragen beleuchtet, die Entwicklung der MVV TB [16, 17, 18, 19] über die Jahre 2017 bis 2021 dargestellt und eine die Regelungen des zukünftigen Eurocodes [20] vorwegnehmende Allgemeine Bauartgenehmigung für Mehrscheiben-Isolierglas [21] erläutert, bevor kurz allgemein auf die letzten Entwicklungen der noch laufenden Überarbeitung der Teile 3, 4 und 5 eingegangen wurde.

In diesem Beitrag werden zusammenfassend insbesondere die letzten Beratungsergebnisse zur Überarbeitung von Teil 3 und Teil 4 thematisiert.

2 DIN 18008-1 und -2 Ausgabe Mai 2020: Relevanz und baurechtliche Einführung

Seit Mai 2020 liegen die Teile 1 und 2 von DIN 18008 als Weißdruck [13] vor, in die MVV TB sind sie erstmals in die im Januar 2022 veröffentlichte Endfassung MVV TB 2021/1 [19] aufgenommen, nach Umsetzung in jeweiliges Landesrecht werden sie baurechtlich verbindlich. Bis Ende Oktober 2022 wurde dies von fast allen Ländern umgesetzt, lediglich drei Länder haben noch ältere Fassungen als Basis: *Sachsen* und *Thüringen* jeweils MVV TB 2019/1 [17] sowie *Baden-Württemberg* noch die erste Fassung MVV TB 2017/1 [16].

Gleichzeitig mit der Umsetzung ist auch die Voraussetzung geschaffen, dass die einzelnen bauaufsichtlich anerkannten Prüfstellen nach Landesbauordnung ihre Anerkennung für die Erteilung allgemeiner bauaufsichtlicher Prüfzeugnisse erweitern; d.h. erst nach Abschluss dieses weiteren Verfahrensschritts können auch allgemeine bauaufsichtliche Prüfzeugnisse erteilt werden für das Bauprodukt „Vorgefertigte Verglasung mit versuchstechnisch ermittelter Resttragfähigkeit" bzw. die Bauart „Verglasung mit versuchstechnisch ermittelter Resttragfähigkeit" nach Anhang B1 von DIN 18008-1 [13].

3 Teil 3 und Teil 4 und Teil 5

3.1 Allgemeines

Gegenüber den in den Beiträgen [14] und [15] dargestellten Überarbeitungen ergaben sich – neben der Textarbeit einschließlich Anpassen der Struktur der einzelnen Normteile – einige zusätzliche Aspekte, auf die im Folgenden kurz eingegangen wird, auf eine Wiederholung der in letztjährigen Beiträgen dargestellten Inhalte soll jedoch verzichtet werden.

3.2 Randabstand von Bohrungen

Die angedachten versuchstechnischen Untersuchungen und die wissenschaftliche Aufbereitung der Fragestellungen im Zusammenhang mit randnahen Bohrungen vorgespannter Gläser als Beitrag für die Normung konnte leider nicht im geplanten Umfang umgesetzt werden, in der Förderrichtlinie WIPANO stehen zu wenig Haushaltsmittel zur Verfügung.

3.3 Ganzglasanlagen

Nachdem eine Differenzierung der Schadensfolge von Gläsern in Ganzglasanlagen und beispielsweise in benachbarten Fassaden fragwürdig erscheint, ist der Gedanke einer Bemessung mit reduzierten Sicherheitsbeiwerten schließlich nicht umgesetzt worden. Dennoch bietet der Anhang für die Baupraxis durch ergänzende Präzisierungen und insbesondere die Möglichkeit des Nachweisverzichts bei Einhaltung konstruktiver und anwendungsspezifischer Randbedingungen eine willkommene Unterstützung.

3.4 Klassifizierung und Nachweisführung absturzsichernder Verglasungen

Eine übersichtliche Darstellung der Nachweisführung absturzsichernder Verglasungen in Form eines Flussdiagramms mit Berücksichtigung der unterschiedlichen Kategorien und Bemessungs- und Prüfszenarien ist innerhalb des Arbeitsausschusses in der Endabstimmung.

Die Einteilung der absturzsichernden Verglasungen in die Kategorien orientiert sich nunmehr konsequent an der Art der Abtragung von horizontalen Nutzlasten (Holmlasten), für Kategorie B ist die Beschränkung auf unten eingespannte Gläser entfallen. So werden bei Kategorie A absturzsichernde Funktion wie auch die Abtragung der Holmlasten in die Lagerung allein vom Glaselement übernommen. Die Unterteilung in Subkategorien A1 (an min. drei Rändern linienförmig oder mit Tellerhaltern gelagert), A2 (unten eingespannt) und A3 (zweiseitig linienförmig, mit Randklemmen oder Senkhaltern gelagert) erlaubt weitere Differenzierungen. Eine Verglasung nach Kategorie B muss aus mindestens zwei Glaselementen bestehen, einzelne Glaselemente sind durch einen durchgehenden Handlauf verbunden; bei Ausfall einzelner Gläser werden Holmlasten durch den Handlauf auf benachbarte Tragelemente weitergeleitet. Unter Kategorie C sind unverändert lediglich ausfachend angeordnete Verglasungen zusammengefasst.

Unverändert sind für absturzsichernde Verglasungen jeweils zu führen die Nachweise der Tragfähigkeit und der Stoßsicherheit der intakten Verglasung, d. h. für das Glas und für die Lagerung. Anhang D zum Nachweis der Stoßsicherheit von Lagerungskonstruktionen ist zur Vermeidung von Missverständnissen insbesondere für Linienlagerung redaktionell überarbeitet, Differenzierung zwischen verschraubten und anderen Befestigungen ist deutlicher. Der in aktuell eingeführter Fassung [2] nur für Kategorie B geforderte Nachweis der Tragfähigkeit auch im (teil)gebrochenen Zustand soll nach aktuellem Beratungsstand zukünftig – abhängig von Erfüllung der Kantenschutzanforderungen – für alle Kategorien geführt werden, allerdings wie in DIN 18008-2 [13] Abschnitt 6.1.6 für die außergewöhnliche Bemessungssituation nach einem außergewöhnlichen Ereignis ($A_d = 0$). Für die außergewöhnliche Bemessungssituation ist bei

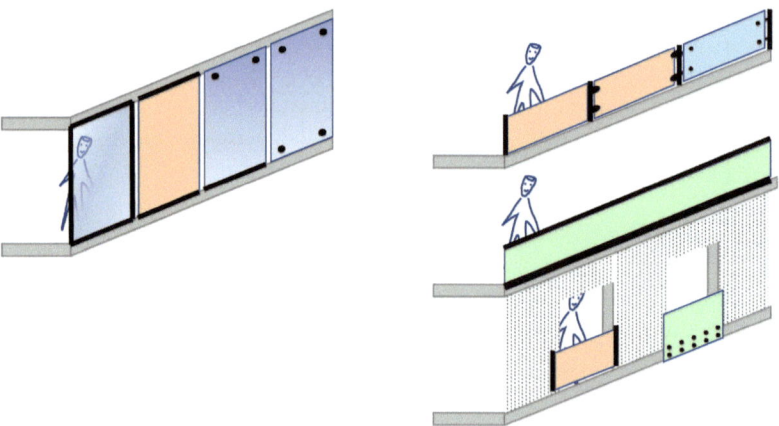

Bild 1 Beispiele für Kategorie A1, A2 (grün) und A3 (orange), Kategorie B und Kategorie C
(© G. Siebert, Universität der Bundeswehr München)

wirksamen Kantenschutz für Kategorien A2, A3 und B jeweils vom Bruch einer (stoßzugewandten) Scheibe des VSG auszugehen, in Einbausituationen ohne Kantenschutz ist für A2, A3 und B vom Bruch zweier (äußerer) Scheiben des VSG und für Kategorie C vom Bruch einer (stoßzugewandten) Scheibe des VSG auszugehen. Analog sind auch für den Nachweis der Stoßsicherheit Teilzerstörungszustände anzunehmen, der rechnerische Nachweis der Stoßsicherheit soll (unverändert) weiterhin nicht für alle Anwendungen möglich sein. VSG aus mehr als zwei Glasscheiben können zukünftig wegen der Begrenzung der als ausgefallen anzunehmenden Glasscheiben wirtschaftliche Alternativen darstellen.

Insgesamt wurde durch Ausweitung der Kategorien und Differenzierung der Nachweisführung der Anwendungsbereich nicht unerheblich erweitert. Die angedachte Erweiterung der Tabellen bereits nachgewiesener Konstruktionen auf Basis bestehender Prüfzeugnisse konnte leider nicht umgesetzt werden.

4 Zusammenfassung und Ausblick

Die bauaufsichtliche Einführung der überarbeiteten DIN 18008, Teile 1 und 2 [13] in den meisten Bundesländern ermöglicht dort bereits eine Anwendung – die Fortschritte werden gerne genutzt. Durch die allgemeine Bauartgenehmigung [21] können zumindest Mehrscheiben-Isolierverglasungen nach der aktualisierten Fassung mit abgestuften Sicherheiten bundeseinheitlich dimensioniert werden. Die Überarbeitung der Teile 3, 4 und 5 sind schließlich so weit fortgeschritten, dass eine Veröffentlichung von Entwurfsfassungen für eine Stellungnahme durch die Fachwelt im Lauf des Jahres 2023 erfolgen wird. Der Focus des Arbeitsausschusses wird sich dann auf die nationale Spiegelarbeit zur Vorbereitung einer zukünftig anstehenden Einführung des Eurocodes für Glas verschieben.

5 Literatur

[1] DIN 18008 (2010) *Glas im Bauwesen – Bemessungs- und Konstruktionsregeln* –Teil 1: Begriffe und allgemeine Grundlagen, Dezember 2010; Teil 2: Linienförmig gelagerte Verglasungen, Dezember 2010; Teil 2 Berichtigung 1. April 2011.

[2] DIN 18008 (2013) *Glas im Bauwesen – Bemessungs- und Konstruktionsregeln* – Teil 3: Punktförmig gelagerte Verglasungen, Juli 2013; Teil 4: Zusatzanforderungen an absturzsichernde Verglasungen, Juli 2013. Teil 5: Zusatzanforderungen an begehbare Verglasungen, Juli 2013.

[3] Siebert, G. (2013) *DIN 18008 Teile 1–5: Neuerungen gegenüber eingeführten Regelungen* in: Weller, B.; Tasche, S. [Hrsg.] *Glasbau 2013*, Berlin: Ernst & Sohn.

[4] Siebert, G. (2015) *Aktueller Stand der Glasnormung* in: Weller, B.; Tasche, S. [Hrsg.] *Glasbau 2015*, Berlin: Ernst & Sohn.

[5] Siebert, G. (2016) *Aktueller Stand der Glasnormung* in: Weller, B.; Tasche, S. [Hrsg.] *Glasbau 2016*, Berlin: Ernst & Sohn.

[6] DIN 18008 (2018) *Glas im Bauwesen – Bemessungs- und Konstruktionsregeln* –Teil 6: Zusatzanforderungen an zu Instandhaltungsmaßnahmen betretbare Verglasungen und an durchsturzsichere Verglasungen, Februar 2018.

[7] Siebert, G. (2017) *DIN 18008 – Neuerungen durch Überarbeitung Teil 1 und 2* in: Weller, B.; Tasche, S. [Hrsg.] *Glasbau 2017*, Berlin: Ernst & Sohn.

[8] Urteil des europäischen Gerichtshofs (Zehnte Kammer) in der Rechtssache C-100/13 (2014) *Vertragsverletzung eines Mitgliedstaats – Freier Warenverkehr – Regelung eines Mitgliedstaats, nach der bestimmte Bauprodukte, die mit der Konformitätskennzeichnung, CE' versehen sind, zusätzlichen nationalen Normen entsprechen müssen – Bauregellisten* (vom: 16.10.2014).

[9] Siebert, G. (2018) *Neue bauaufsichtliche Regelungen – und wie die Normung darauf reagiert* in: Weller, B.; Tasche, S. [Hrsg.] *Glasbau 2018*, Berlin: Ernst & Sohn.

[10] E DIN 18008 (2018) *Glas im Bauwesen – Bemessungs- und Konstruktionsregeln – Teil 1: Begriffe und allgemeine Grundlagen; Teil 2: Linienförmig gelagerte Verglasungen*, Entwurfsfassung 2018-05.

[11] E DIN 18008: (2019) *Glas im Bauwesen – Bemessungs- und Konstruktionsregeln – Teil 1: Begriffe und allgemeine Grundlagen; Teil 2: Linienförmig gelagerte Verglasungen*, Entwurfsfassung 2019-06.

[12] Siebert, G. (2020) *Möglichkeiten und Verantwortung durch überarbeitete Teile 1 und 2 der DIN 18008* in: Weller, B.; Tasche, S. [Hrsg.] *Glasbau 2020*, Berlin: Ernst & Sohn.

[13] DIN 18008: (2020) *Glas im Bauwesen – Bemessungs- und Konstruktionsregeln – Teil 1: Begriffe und allgemeine Grundlagen*, Mai 2020; Teil 2: Linienförmig gelagerte Verglasungen, Mai 2020.

[14] Siebert, G. (2021) *Nationale Glasbaunormung – Überarbeitung von DIN 1808 Teil 3, 4 und 5* in: Weller, B.; Tasche, S. [Hrsg.] *Glasbau 2021*, Berlin: Ernst & Sohn.

[15] Siebert, G. (2022) *Neues aus der nationalen Glasbaunormung* in: Weller, B.; Tasche, S. [Hrsg.] *Glasbau 2022*, Berlin: Ernst & Sohn.

[16] Muster-Verwaltungsvorschrift Technische Baubestimmungen (MVV TB), Ausgabe 2017/1, veröffentlicht als DIBt Amtliche Mitteilungen (Ausgabe vom 31.08.2017 mit Druckfehlerkorrektur vom 11.12.2017).

[17] Muster-Verwaltungsvorschrift Technische Baubestimmungen (MVV TB), Ausgabe 2019/1; veröffentlicht als DIBt Amtliche Mitteilungen (Ausgabe: 15.01.2020 mit Druckfehlerberichtigung vom 7.08.2020).

[18] Muster-Verwaltungsvorschrift Technische Baubestimmungen (MVV TB), Ausgabe 2020/1; veröffentlicht als DIBt Amtliche Mitteilungen (Ausgabe: 19.01.2021).

[19] Muster-Verwaltungsvorschrift Technische Baubestimmungen (MVV TB), Ausgabe 2021/1; veröffentlicht als DIBt Amtliche Mitteilungen (Ausgabe: 17.01.2022).

[20] FprCEN/TS 19100-1 (2021) *Design of glass structures – Part 1: Basis of design and materials*.

[21] DIBt: Allgemeine Bauartgenehmigung Z-70.3-267 (2021) *Linienförmig gelagerte Verglasungen aus Mehrscheiben-Isolierglas*. (13.09.2021, gültig bis 13.09.2026).

Explosionsschutz von Fenstern und Fassaden: Angewandte Grundlagen und Methoden

Jan Dirk van der Woerd[1,2], Matthias Wagner[1], Achim Pietzsch[1], Matthias Andrae[2], Norbert Gebbeken[2]

[1] MJG Ingenieur-GmbH, Gottfried-Keller-Straße 12, 81245 München, Deutschland; office@mjg-ing.com
[2] Universität der Bundeswehr München, Forschungsgruppe BauProtect, Research Center RISK, Werner-Heisenberg-Weg 39, 85579 Neubiberg, Deutschland; jan.vanderwoerd@unibw.de, matthias.andrae@unibw.de, norbert.gebbeken@unibw.de

Abstract

Explosionsereignisse stellen eine außergewöhnliche Belastung für Gebäude und deren Hülle dar. Als Ursachen kommen u. a. terroristische Anschläge, Havarien, aber auch kriegerische Einwirkungen in Betracht. Trümmer und Glassplitter, die beim Versagen von Fenstern und Fassadenteilen entstehen, gefährden Menschen innerhalb und außerhalb von Gebäuden. Bei gefährdeten Bauwerken sollte die Einwirkung aus Explosion bereits im Entwurf unbedingt berücksichtigt werden (Security by Design). Die Planung und Ausführung einer sprengwirkungshemmenden Gebäudehülle sind keine trivialen Aufgaben. Ziel des Beitrages ist eine Einführung in den Explosionsschutz. Neben Grundlagen werden Methoden zum Nachweis des Widerstandes gegen Druckwellen beschrieben.

Blast resistance of windows and facades: Applied fundamentals and methods. Explosion events represent an extraordinary action for buildings and the envelope. Causes include terrorist attacks and accidents as well as armed conflicts. Debris and fragments resulting from the failure of windows and facades endanger people inside and outside the building. For buildings at risk, blast resistance should be considered in the design (Security by Design). However, the design and construction of a blast-resistant building envelope is not a trivial task. The goal of this article is to give an introduction to blast resistance. Beside fundamentals of blast and structural behavior, failure modes of windows and methods for the verification of blast resistance are described.

Schlagwörter: *sprengwirkungshemmende Fassaden, Explosion, Freilandversuch, Stoßrohrversuch, sprengwirkungshemmende Verglasung*

Keywords: *blast resistant facades, explosion, free field test, shock tube test, blast resistant glazing*

1 Einleitung

In den letzten zwei Jahrzehnten hat die Bedrohung von Gebäuden durch Explosionen für die Gesellschaft an Bedeutung gewonnen. Ein wesentlicher Grund dafür ist die zunehmende Globalisierung des internationalen Terrorismus. Im Zuge des Ukrainekonflikts sind mittlerweile auch wieder Auswirkungen aus kriegerischen Handlungen denkbar. Eine weitere Ursache sind mögliche Unfälle in chemischen Anlagen und Lagern von brennbaren Flüssigkeiten, Gasen und Staubgemischen.

Fassadenkonstruktionen, Fenster und Türen stellen im Falle einer Explosion Schwachstellen dar, durch die Druckwellen in das Gebäude eindringen können. Sie müssen im Falle eines Explosionsereignisses die folgenden Anforderungen erfüllen:

- Schutz der Personen und Einrichtung im Gebäude vor der direkten Einwirkung der Druckwelle,
- Vermeidung der Bildung von Trümmern mit hoher kinetischer Energie als Folge von Bauteilversagen,
- Vermeidung von Glassplittern,
- Erhalt der raumabschließenden Funktion der Gebäudehülle und
- Sicherung der Standsicherheit, falls die Gebäudehülle eine tragende Funktion hat.

Die Planung und die Ausführung einer sprengwirkungshemmenden Gebäudehülle sind keine trivialen Aufgaben. In einigen Fällen kann ein ausreichender Schutz durch die Verwendung zertifizierter Bauelemente erreicht werden. In den meisten Fällen haben schützenswerte Gebäude auch eine repräsentative Funktion und damit eine architektonisch anspruchsvolle Gestaltung. Hierfür ist der Rückgriff auf genormte Produkte meist nicht möglich und es sind individuelle Neukonstruktionen erforderlich, deren sprengwirkungshemmende Eigenschaften nachgewiesen werden müssen.

Obwohl die Bedeutung des Explosionsschutzes in der Planung zunimmt, werden Architekten und Tragwerksplaner oft zum ersten Mal mit dieser Anforderung konfrontiert und haben wenig oder keine Erfahrung. Vor diesem Hintergrund soll dieser Artikel einen Überblick über Grundlagen zum Nachweis des Explosionsschutzes von Bauteilen geben. Zunächst werden im Abschnitt 2 die Eigenschaften von Explosionen und die Wechselwirkung von Druckwellen mit Hindernissen erörtert. Die möglichen Versagensarten eines einfachen Fensters unter Druckwellenbeanspruchung werden in Abschnitt 3 aufgezeigt. Es wird auf die Schwachpunkte und Versagensmodi von Fenstern eingegangen. Abschnitt 4 behandelt die Definition von Leistungsanforderungen an Fenster, um das gewünschte Schutzniveau zu erreichen und gibt Empfehlungen für die Ausschreibung. Die Methoden zum Nachweis des Explosionswiderstandes werden in Abschnitt 5 vorgestellt.

2 Explosionen und Druckwellen

2.1 Definition und Charakteristiken

Eine Explosion ist ein thermodynamischer Prozess, bei dem im Rahmen einer schnellen, stark exothermen chemischen Reaktion Energie freigesetzt wird [1]. Neben chemischen Reaktionen gibt es auch physikalische Explosionen, z. B. den sogenannten

Kesselzerknall [2]. Eine chemische Explosion führt zu einem schnellen und starken, lokalen Anstieg von Temperatur und Druck. Es wird eine Druckwelle erzeugt, die sich kugelförmig im umgebenden Medium ausbreitet. Grundsätzlich wird bei Explosionen zwischen Detonationen und Deflagrationen unterschieden [3]. Bei einer Detonation ist die Ausbreitungsgeschwindigkeit der chemischen Umsetzung im Explosivstoff größer als die Schallgeschwindigkeit. Die Ausbreitungsgeschwindigkeit der Druckwelle im umgebenden Medium ist ebenso größer als die Schallgeschwindigkeit. Bei einer Deflagration breitet sich die Flamm- oder die Reaktionsfront langsamer aus als die Schallgeschwindigkeit und die Druckfront ist schwächer als bei einer Detonation. Je nach Konzentration des Explosivstoffs, Reaktionsgeschwindigkeit und Umgebungsbedingungen sind alle möglichen Übergangsformen von langsamer Verbrennung über Deflagrationen bis hin zu Detonationen möglich. Die qualitativen Verläufe der Schockfront einer Detonation und einer Deflagration sind vergleichend in Bild 1a dargestellt. Im Folgenden wird hauptsächlich auf die Lastansätze bei Detonationen eingegangen.

Für die Bemessung von Bauteilen ist der Überdruck-Zeit-Verlauf relevant, der aus der Differenz des Druckes p zum Umgebungsluftdruck p_0 berechnet wird. Es gibt mehrere Ansätze, den Überdruck-Zeit-Verlauf mathematisch zu beschreiben. Die Friedlander-Kurve [4] in Bild 1b beschreibt sowohl die positive Druckphase des Überdruck-Zeit-Verlaufes als auch die negative Druckphase. Wesentliche Parameter der Friedlander-Kurve sind der Spitzenüberdruck p_{max}, die Dauer der positiven Druckphase t_d und der maximale Impuls I_{max}, der dem Flächeninhalt unterhalb der Funktion und der x-Achse entspricht ($I_{max} = \int_{t_0}^{t_d} p(t) dt$). t_0 ist die Ankunftszeit der Stoßfront.

Ein vereinfachter Ansatz besteht darin, den Überdruck-Zeit-Verlauf durch einen Dreiecksimpuls abzubilden (Bild 1b). Die negative Druckphase der Druckwelle wird dabei vollständig vernachlässigt. Dieser vereinfachte Lastansatz wird häufig für Bemessungszwecke verwendet, bei denen nur das Versagen von Bauteilen ins Innere von Gebäuden von Interesse ist. Weitere Informationen zum Einfluss der negativen Druckphase auf die Bemessung finden sich in [5].

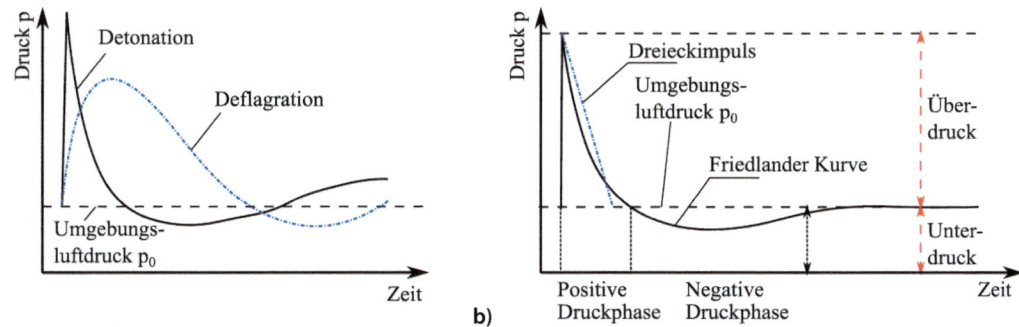

Bild 1 a) Vergleich Detonation und Deflagration (© Matthias Andrae); b) Idealisierter Druck-Zeit-Verlauf der Druckwelle einer Detonation; Als Alternative für die positive Druckphase ist ein Dreieckimpuls eingezeichnet (© Matthias Andrae)

2.2 Explosionslasten in den Normen

Szenarien oder allgemeine Ansätze für Explosionslasten auf Gebäude oder tragende Bauteile werden bisher nicht in den europäischen Normen angegeben. Lediglich die DIN EN 1991-1-7:2010-12 enthält Ansätze zur Berücksichtigung der Auswirkungen von Explosionen im Inneren von Gebäuden bei der Auslegung von lastabtragenden Bauteilen. Konkrete Explosionslasten für Innenraumexplosionen sind in dieser Norm jedoch nicht angegeben. Normativ vorgegeben sind hingegen die Prüflasten zum Nachweis der Sprengwirkungshemmung von nicht-tragenden Bauteilen, wie Fenster, Türen und Rollläden. Diese Lasten können [4], [6], [7], [8] und [9] entnommen werden. Die Prüfung der Sprengwirkungshemmung verfolgt das Ziel einer Klassifizierung der Bauteile. Bei den normativ angegebenen Explosionslasten handelt es sich somit lediglich um Richtwerte, die nicht zwingend reale Bemessungsszenarien abbilden.

2.3 Wechselwirkung der Druckwelle mit dem Bauwerk

Der Überdruck, der bei einer ungestörten, sich frei vom Explosionsursprung ausbreitenden Druckwelle gemessen wird, wird als einfallender Überdruck bezeichnet. Wenn die Druckwelle auf ein Hindernis trifft, dann tritt eine komplexe Wechselwirkung zwischen der Druckwelle und dem Hindernis auf. Die numerisch simulierte Wechselwirkung einer Druckwelle mit mehreren Hindernissen ist in Bild 2a abgebildet. Die Druckwelle wird teilweise an den Hindernissen reflektiert, teilweise überströmt sie diese. An der der Druckwelle zugewandten Oberfläche der Hindernisse bildet sich der sogenannte reflektierte Überdruck, der im Allgemeinen um ein Vielfaches höher ist als der einfallende Überdruck. Das Verhältnis zwischen dem reflektierten Überdruck und dem einfallenden Überdruck wird mit dem Reflexionskoeffizienten c_r ausgedrückt [10]. Bei der senkrechten Reflexion einer Druckwelle an einer Oberfläche hat der Reflexionskoeffizient mindestens die Größe 2 oder ist sogar größer. Wenn die Druckwelle nicht senkrecht auf die Oberfläche eines Hindernisses trifft, dann ist der Reflexionskoeffizient vom Auftreffwinkel abhängig [11].

Die Druckwellenausbreitung in städtischen Umgebungen kann äußerst komplex sein, da Mehrfachreflexionen an benachbarten Gebäuden oder Hindernissen auftreten. Die ideale Friedlander-Kurve aus Bild 1b kann in solchen Fällen nicht angewendet werden, denn sie basiert auf einer ungestörten Ausbreitung der Druckwelle, die höchstens einmal reflektiert wurde. Dies kann auch schon lokal an einer Fassade beobachtet werden, wie mit einem Beispiel gezeigt werden soll. Im Bild 2a wird eine Ladung in erhöhter Position vor einer Hausfront zum Zeitpunkt $t = 0$ ms gezündet. An der Fassade befindet sich ein Vordach. Zunächst kann sich die Druckwelle ungestört ausbreiten wie zum Zeitpunkt $t = 2$ ms dargestellt. Lediglich die Reflektion der Welle am Boden führt zur Ausbildung eines sogenannten Machstamms [3]. Sobald die Druckwelle das Vordach erreicht, wird diese dort ebenfalls reflektiert wie zum Zeitpunkt $t = 5,5$ ms zu sehen ist.

Im Bild 2b ist der im Punkt T7 an der Gebäudefront gemessene Überdruck-Zeit-Verlauf abgebildet. Nach der ersten Druckwelle entsteht infolge der Reflexionen eine zeitlich versetzte zweite Druckspitze mit höherem Wert. Die Abweichung zur theoretisch idealen Friedlander-Kurve ist groß.

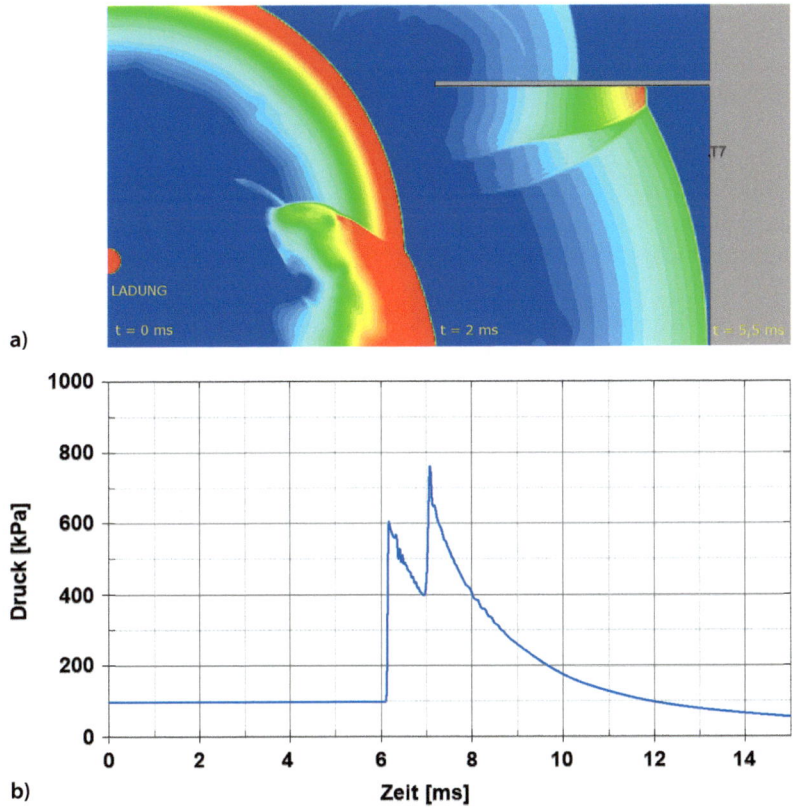

Bild 2 a) Ausbreitung einer Druckwelle infolge einer erhöht liegenden Ladung vor einer Hausfront mit Vordach; Darstellung der Welle zu den Zeitpunkten t = 0 ms, 2 ms und 5,5 ms (© Jan Dirk van der Woerd); b) Druck-Zeit-Verlauf ermittelt im Punkt T7 an der Front des Gebäudes (© Jan Dirk van der Woerd)

2.4 Strukturantwort bei Kurzzeitbelastung

Entscheidend für die Reaktion eines beanspruchten Bauteils auf eine Einwirkung ist das Verhältnis zwischen der Dauer der positiven Druckphase t_d (Bild 1b) einer Druckwelle und der Eigenschwingungsdauer T des Bauteils [12]. Die Reaktion auf die Belastung lässt sich anhand eines Ein-Massen-Schwingers (EMS) mit einem Freiheitsgrad darstellen. Bild 3a zeigt die Reaktion eines Ein-Massen-Schwingers unter der Annahme eines linear-elastischen Materialverhaltens für Verhältnisse von $t_d/T = 0{,}25$ und $t_d/T = 2{,}0$. Eine Kenngröße zur Beschreibung der Systemantwort ist der dynamische Lastfaktor (DLF). Dieser wird aus dem Verhältnis zwischen der dynamischen Verformung u_{dyn} zur statischen Verformung $u_{stat} = F_{max}/k$ berechnet.

Anhand eines Antwortspektrums wird die dynamische Systemantwort für eine große Bandbreite an Einwirkungskombinationen und Struktureigenschaften erfasst [13]. Die Antwortspektren eines EMS unter verschiedenen Impulslasten sind in Bild 3b dargestellt. Es gilt unabhängig von der Modellierung der Einwirkung (Rechteckimpuls, Dreieckimpuls oder Friedlander-Impuls), dass mit steigendem Verhältnis zwischen der

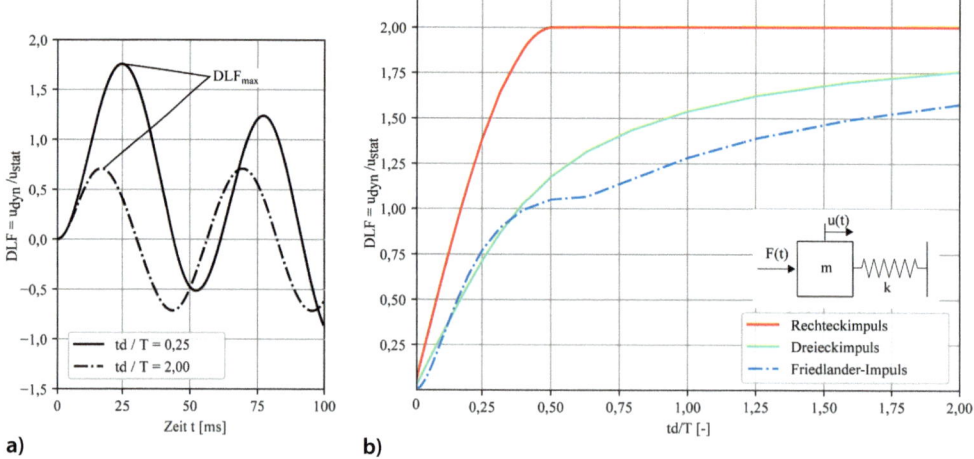

Bild 3 a) Dynamischer Lastfaktor (DLF) für einen Ein-Massen-Schwinger unter eines Dreieckimpulses (© Matthias Andrae); b) Antwortspektren eines EMS unter verschiedenen Impulslasten (© Matthias Andrae)

Dauer der positiven Druckphase t_d und der Eigenfrequenz T der DLF ansteigt. Maximal kann der doppelte Wert der statischen Antwort unter der maximalen Last F_{max} erreicht werden. Bei einer sehr kurzen Dauer der positiven Druckphase t_d kann der DLF auch auf Werte unterhalb von 1,0 fallen.

3 Mögliche Versagensarten eines einfachen Fensters unter Druckwellenbeanspruchung

An der Lastaufnahme und -weiterleitung einer Druckwelle sind zahlreiche Komponenten eines Fensters beteiligt. Zur Veranschaulichung wird ein handelsübliches Standardfenster aus Bild 4a mit Isolierverglasung aus Floatglas betrachtet. Aufgrund der großen Zahl verschiedener Bauteile und deren Übergänge und Verbindungen sind selbst bei

Tabelle 1 Zusammenfassung dominierender Versagensarten eines einfachen Fensters

Ort	Versagensart
Verglasung	Biegebruch in Scheibenmitte
	Biegebruch an der Scheibenkante an der Klemmleiste
	Auszug der Scheibe aus der Klemmleiste
Übergang zwischen Flügel- und Blendrahmen	Bruch der Beschläge
	Auszug der Beschläge aus dem Flügel- oder Blendrahmen
	Versagen der Rahmenprofile/Eckverbinder
Übergang Rahmen und Wand	Abscheren der Dübel
	Auszug oder Bruch der Verankerung im Rahmen oder Mauerwerk/Wand

Bild 4 a) Handelsübliches Standardfenster befestigt in Mauerwerk (© J. van der Woerd, MJG Ingenieur-GmbH); b) durch Druckstoß zerstörtes Fenster nach einem Versuch im Stoßrohr (© Fraunhofer EMI; Forschungsgruppe BauProtect, Uni BW)

einem einfachen Fenster viele Versagensarten möglich. Eine Übersicht über die häufigsten Versagensarten ist in Tabelle 1 aufgeführt. Bei komplexen Fassaden oder aufwendigeren Konstruktionen, kommt es in der Regel zu einer wesentlich größeren Zahl von Schwachstellen und Versagensarten. Ein durch einen Druckstoß zerstörtes Fenster ist in Bild 4b dargestellt.

4 Definition von Leistungsanforderungen

Bei der Definition von Leistungsanforderungen entsteht oft ein Konflikt zwischen dem Interesse des Bauherrn, die genauen Details des Bedrohungsszenarios geheim zu halten und dem notwendigen Informationsbedürfnis der Fachplaner und ausführenden Firmen. Dieser Konflikt verursacht oft Missverständnisse, die zu suboptimalen oder sogar unsicheren Konstruktionen führen können.

In der Praxis kann teilweise beobachtet werden, dass Werte aus Prüfnormen, die im Zusammenhang mit echten Sprengstoffanschlägen (Detonationen) entwickelt wurden, zweckentfremdet zum Nachweis der Sprengwirkungshemmung unter Deflagrationsprozessen eingesetzt werden. Dabei geschieht es erstaunlich oft, dass lediglich die maximalen Überdrücke aus der Ausschreibung mit den geprüften Werten verglichen werden und daraus die Eignung des Produktes abgeleitet wird. Bei diesem Vorgehen wird der Impuls, der entscheidend für die Stoßenergie einer Druckwelle ist, nicht berücksichtigt. Trotz niedrigerem Spitzenüberdruck weisen Deflagrationen meist eine deutlich längere Dauer der positiven Druckphase als Detonationen auf. Der einwirkende Impuls kann somit um ein Vielfaches höher sein als bei einer Detonation. Somit mag z. B. eine Konstruktion der Klasse EPR1 (vgl. Tabelle 2 und [4]) unter Berücksichtigung lediglich des Überdruckes augenscheinlich ausreichend sein, dies gilt jedoch nicht für den Impuls. Hier kommt es schnell zu dem Fall, dass auch Schutzmaßnahmen, die den hohen Anforderungen der EPR4 (vgl. Tabelle 2 und [4]) genügen, nicht als Schutzmaßnahme bei Deflagrationen ausreichen. Eine weitere Fehlerquelle ist die Angabe der Art des Spitzendrucks, die oft undeutlich ist. Es muss spezifiziert werden, ob es sich um den Spitzenüberdruck der einfallenden oder der reflektierten Druckwelle handelt.

Zur Fehlervermeidung sind folgende Informationen notwendig (Checkliste):
- Angabe des Spitzenüberdruckes, des maximalen Impulses und der Dauer der positiven Druckphase,
- Angabe der Art des Spitzenüberdruckes (reflektiert oder einfallend),
- Angabe der Art der Explosion (Detonation oder Deflagration),
- Angabe der Form des Druck-Zeit-Verlaufes (dieser kann bei Mehrfachreflexionen erheblich variieren),
- Spezifikationen der negativen Druckphase (falls diese für die Konstruktion von Bedeutung ist) und
- Spezifikation der akzeptablen Schadenshöhe/Leistungsanforderungen/Schutzziele.

5 Nachweismethoden

5.1 Übersicht

Die Sprengwirkungshemmung bzw. Druckwellenhemmung ist keine zwingend notwendige Anforderung an Bauelemente oder Gebäude in deutschen Bauvorschriften wie die Standsicherheit, der Brandschutz, der Schallschutz oder der Wärmeschutz [14]. Das zugrundeliegende Bedrohungsszenario und das gewünschte Schutzniveau werden vom Gebäudeeigentümer oder -nutzer vorgegeben. Daraus leiten sich Anforderungen an Fassaden, Fenster und Türen hinsichtlich der Druckwellenhemmung ab.

Die Aufgabe der Planer besteht darin sicherzustellen, dass die ausgewählten Bauelemente die Anforderungen an die Sprengwirkungshemmung erfüllen. Folgende Gruppen von Methoden sind üblich, um den Widerstand gegen Druckwellen nachzuweisen:

- experimentelle Methoden,
- numerische Methoden,
- Ingenieurmodelle und
- empirische Modelle.

Da es keine Vorgaben gibt, hängt die Wahl einer Methode von den Anwendungsgrenzen und der Genauigkeit sowie von der Akzeptanz des Eigentümers oder der Behörden ab. Darüber hinaus schränken verfügbare experimentelle Kapazitäten und wirtschaftliche Aspekte die Herangehensweise zur Nachweisführung ein.

5.2 Experimentelle Methoden

5.2.1 Übersicht und Normung

In Ermangelung ausreichend validierter Berechnungsmethoden zur Bestimmung der Sprengwirkungshemmung von Fassaden, Fenstern und Türen, wurden in den letzten Jahrzehnten experimentelle Methoden weiterentwickelt. In den nationalen Normen werden zwei unterschiedliche Prüfverfahren für den experimentellen Nachweis be-

Tabelle 2 Äquivalente Ladungsmasse und Abstände zwischen Ladung und Gebäude für Stoßrohrversuche und Freilandversuche nach [4], [7] und [8]

Klassifizierung	Nachweismethode	Masse der Sprengladung [kg-TNT]	Abstand zwischen Ladung und Bauteil [m]
EXR1		3	5,0
EXR2		3	3,0
EXR3	Freilandversuch	12	5,5
EXR4		12	4,0
EXR5		20	4,0
ER1/EPR1		100	34,0
ER2/EPR2		500	39,0
ER3/EPR3	Stoßrohr	1000	41,0
ER4/EPR4		2000	46,0
		2500	49,0

schrieben. Komplette Fenster, Türen und Fassadenbauteile werden entweder in einem Stoßrohr oder in einem Freilandversuch geprüft. Einzelne Verglasungen werden nur im Stoßrohr geprüft.

Eine Liste von Explosions-Szenarien, die im Stoßrohr oder Freilandversuch durchgeführt werden und den Klassifizierungsnormen der DIN EN 13123-1 [4], DIN EN 13541 [7] sowie DIN EN 13123-2 [8] entsprechen, ist in Tabelle 2 dargestellt.

5.2.2 Freilandversuche

Die naheliegendste Möglichkeit der Untersuchung der Sprengwirkungshemmung eines Bauteils ist ein Realversuch im Maßstab 1:1. Diese sogenannten Freilandversuche bieten einige wesentliche Vorteile und sind daher ein wesentlicher Bestandteil der Entwicklung und Zertifizierung von explosionsgeschützten Fassaden. Strukturen mit beliebigen Abmessungen können in der tatsächlichen Größe geprüft werden. Bild 5a zeigt einen solchen Versuch.

Mit einem Freilandversuch lassen sich mit einer Sprengladung mehrere Strukturen gleichzeitig prüfen (Arenatest). Der Aufbau und die Instrumentierung solcher Tests sind jedoch sehr komplex und kostspielig. Da erhebliche Sicherheitsabstände eingehalten werden müssen, insbesondere bei Versuchen mit größeren Ladungsmengen, ist es in Deutschland schwierig, einen Versuch mit mehr als 100 kg TNT-Äquivalent durchzuführen. Für Zertifizierungen zur Einstufung in die Klassen EXR1 bis EXR5 legt die DIN EN 13123-2 [8] die Anforderungen und die Norm DIN EN 13124-2 [9] die Prüfbedingungen für Versuche im Freiland fest.

5.2.3 Stoßrohrversuche

Die zweite Möglichkeit der Durchführung von Tests sind Versuche im Stoßrohr. In einem Stoßrohr werden in einem geschlossenen Rohr mit Hilfe von Druckluft oder Sprengstoffen gleichmäßige Stoßwellen erzeugt, die sich eindimensional entlang der

Bild 5 a) Charakteristischer Versuchsaufbau eines Freilandversuches mit mehreren Versuchskörpern (© Fa. Bollrath); b) Stoßrohranlage „Blast-STAR" am Fraunhofer Institut für Kurzzeitdynamik (© Fraunhofer EMI, [16])

Rohrachse ausbreiten. Durch das geschlossene System sind große Sicherheitsabstände wie bei Freifeldversuchen nicht erforderlich. Außerdem kann der Druck-Zeit-Verlauf genauer reproduziert werden als bei einem Freifeldversuch. In Deutschland gibt es Stoßrohranlagen an der Wehrtechnischen Dienststelle für Schutz- und Sondertechnik (WTD52) in Oberjettenberg [15] und am Fraunhofer-Institut für Kurzzeitdynamik Ernst-Mach-Institut (EMI) in Efringen-Kirchen [16] (Bild 5b).

Für Zertifizierungsversuche zur Einstufung von Fenstern, Türen oder Abschlüsse in die Klassen EPR1 bis EPR5 legt die DIN EN 13123-1 [4] die Anforderungen und die Norm DIN EN 13124-1 [6] die Prüfbedingungen fest. Das Prüfverfahren sowie die Klassifizierung von Verglasungen werden mit den festgelegten Abmessungen 1100 mm × 900 mm durchgeführt. Es erfolgt die Klassifizierung nach der DIN EN 13541 [7] in die Klassen ER1 bis ER4. Die alleinige Erprobung von Teilkomponenten, wie die Verglasung, ist kritisch zu hinterfragen, da die Gesamtkonstruktion des Fensters bzw. der Fassade, das erreichbare Schutzniveau bestimmt.

5.3 Numerische Methoden

Für eine realitätsnahe rechnerische Analyse wurden in den letzten Jahren numerische Berechnungsverfahren entwickelt. Diese basieren auf komplexen nichtlinearen Simulationsmethoden. Die numerischen Modelle werden zunächst durch Nachrechnung vorhandener Versuchsergebnisse kalibriert und validiert. Anschließend können die Ergebnisse auf neue und geänderte Konstruktionen bzw. Sprenglasten übertragen werden, um das Schutzniveau dieser neuen Konstruktionen mittels numerischer Simulationen zu bewerten.

Die numerische Simulation einer Gesamtkonstruktion erfordert ein komplexes Berechnungsmodell mit detaillierter Darstellung aller Einzelteile. Es werden alle geometrischen und physikalischen Nichtlinearitäten erfasst. Entsprechende Ansätze finden sich in [17], [18] und [19]. Numerische Methoden tragen wesentlich zu einem besseren Verständnis der komplexen Wechselwirkungen innerhalb von Fassadenkonstruktionen

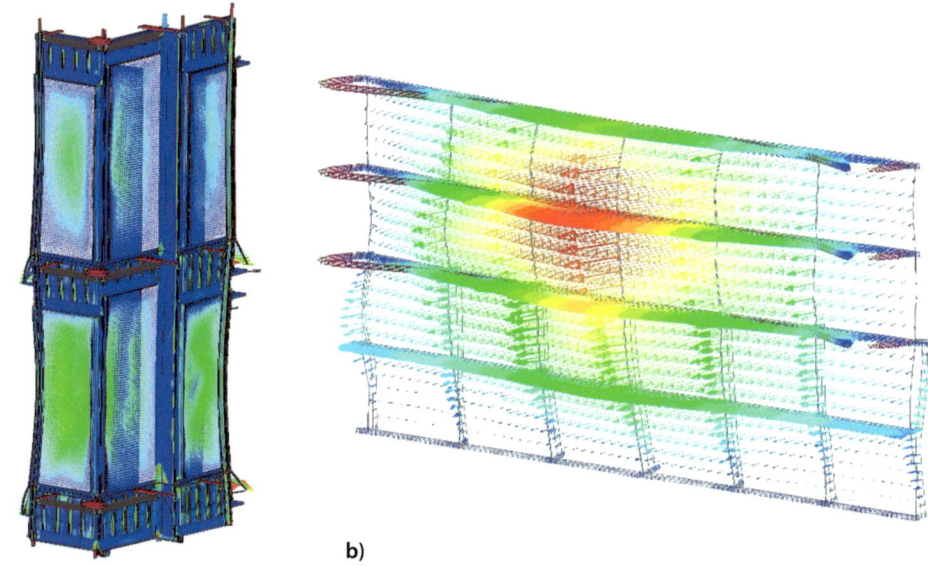

a) b)

Bild 6 Beispiele für die Anwendung der Finite-Elemente-Methode auf komplette Systeme und komplexe Strukturen unter Explosionsbelastung (© Matthias Wagner); a) komplexe Elementfassade: Farbliche Darstellung der Knotengeschwindigkeiten am verformten System; b) Stahl-Glas-Fassade: Vektordarstellung der Verformung (© Matthias Wagner)

unter hochdynamischen Belastungen bei. Hierdurch können Trageffekte erfasst werden, die im Versuch optisch nicht erkennbar sind. Numerische Methoden unterstützen somit die Entwicklung und Optimierung von Hochleistungsschutzkonzepten (Bild 6). Die Erstellung von solch detaillierten Modellen bedeutet für den Planer einen hohen Aufwand und erfordert besonderes Fachwissen. Stand heute wurden keine nationalen Normen oder Vorschriften für numerische Simulationen von Fassaden oder Fensterkonstruktionen veröffentlicht.

5.4 Ingenieurmodelle

Mit Hilfe von Ingenieurmodellen werden in der Regel einzelne Teile einer Konstruktion individuell analysiert. Solche Methoden basieren meist auf dem Modell eines Ein-Massen-Schwingers [12]. Sie bieten die Möglichkeit, einfache Konstruktionen mit ausreichend konservativen Annahmen robust und sicher auszulegen. Nationale Normen oder Vorschriften existieren nicht, jedoch amerikanische Normen und Vorschriften [20, 21].

Das mechanische Verhalten von Fenstern, Fassaden oder Bauteilen wird durch Widerstands-Verformungs-Beziehungen beschrieben, wobei elastische, plastische und schädigende Zustände erfasst werden können. Je nach Komplexität der angenommenen Widerstands-Verformungs-Beziehung können auch die Auflagerbedingungen und mehrere Versagenszustände bis zu einem bestimmten Grad erfasst werden. Als Kriterien zur Beurteilung des Schädigungsgrades von Bauteilen werden z. B. die kritischen Verformungszustände herangezogen. In Abhängigkeit von der Konstruktion und der zu erzielenden Sicherheit können beispielsweise maximal zulässige Auflagerrotationen bzw. plastische Verformungen als Grenzwerte festgelegt werden. Die Grenzwerte können experimentell [22], durch numerische Simulationen unter Einbeziehung aller Versagensmechanismen oder für einfache Systeme aufgrund analytischer Überlegungen ermittelt werden.

Aus verschiedenen Ein-Massen-Schwinger-Berechnungen mit zahlreichen Belastungskombinationen von Spitzenüberdrücken P und maximalen Impulsen I lassen sich sogenannte P-I-Diagramme erstellen. Diese geben für unterschiedliche Lastkombinationen die ermittelten Schädigungsgrade (Zerstörungskennlinien) an und ermöglichen so eine gute Einschätzung der Schädigung für verschiedene dynamische Belastungen. Weitere Informationen zu P-I-Diagrammen sind in [23] zu finden.

Um dynamische Berechnungen zu vermeiden, können statische Ersatzlasten angewendet werden. Die statische Last wird mit einem dynamischen Lastfaktor erhöht und mit dieser Ersatzlast ist eine übliche Bemessung möglich. Die dynamischen Lastfaktoren können aus Versuchen, inversen Nachweisen oder mit Hilfe von Systemen mit einem oder mehreren Freiheitsgraden bestimmt werden. Da eine statische Ersatzlast bei einem nichtlinearen System mit einer Vielzahl an Kontakten, möglichen Versagenszuständen, nichtlinearem Materialverhalten etc. nur genau für eine System- und Lastkombinationen gilt, kann die Bemessung bei Abweichungen zu einem unsicheren Ergebnis führen. Eine statische Ersatzlast, die dann auch wirklich auf der sicheren Seite liegt, führt häufig zu einer „Überdimensionierung". Die Verwendung statischer Ersatzlasten ist für Fenster und Fassaden nicht empfehlenswert [24].

5.5 Empirische Methoden

Empirische Methoden beruhen auf experimentellen Untersuchungen, numerischen Berechnungen, Erfahrungen, Äquivalenzbetrachtungen oder einer Kombination hieraus. Mit einer Reihe von (unvollständigen) Daten kann eine Trendkurve extrapoliert werden, die als empirische Formel aufgestellt wird. Die bestimmte empirische Formel kann wiederum als Ausgangsbasis für Ingenieurmodelle, zum Beispiel zur Festlegung des kritischen Verformungszustandes, herangezogen werden. Da die Datenquellen von empirischen Formeln meist unbekannt sind, sollte immer sehr sorgfältig gehandelt und das Ergebnis auf Plausibilität geprüft werden. Empirische Methoden eignen sich sowohl für die Vorplanung als auch für die rasche Überprüfung von Ergebnissen.

6 Zusammenfassung und Ausblick

Explosionen sind eine außergewöhnliche Einwirkung für Gebäude und insbesondere für die Konstruktion der Gebäudehülle. Für gefährdete Bauwerke ist eine druckwellenhemmende Ausführung von Fassaden, Fenstern, Türen und Verschlüssen erforderlich, um das Gebäudeinnere und insbesondere Personen vor Explosionen, Trümmern und Splittern zu schützen. In diesem Artikel wurde eine Einführung in die Schwachstellen von Fassaden und Fenstern unter Explosionsbelastung sowie in ausgewählte Aspekte von Druckwellen und deren Auswirkungen auf Gebäude gegeben. Vier verschiedene Klassen von Nachweisverfahren zur Untersuchung des Widerstandes gegen Druckwellen wurden vorgestellt. Allen Methoden gemeinsam ist, dass sie ein hohes Maß an

Erfahrung und Wissen bei der Anwendung und Interpretation der Ergebnisse erfordern, um ein zufriedenstellendes Schutzniveau zu erreichen. Es bleibt festzuhalten, dass der Explosionsschutz ein Thema ist, das bereits in einem frühen Stadium in die Planung von Bauwerken einbezogen werden muss, was als „Security-by-Design"-Ansatz bezeichnet wird.

7 Literatur

[1] Klomfass, A.; Thoma, K. (1997) *Ausgewählte Kapitel der Kurzzeitdynamik – Teil 1 – Explosionen in Luft.* Freiburg: Fraunhofer-Institut für Kurzzeitdynamik Ernst-Mach-Institut.

[2] Committee for the Prevention of Disasters (2005) *Methods for the calculation of physical effects – Due to the release of hazardous materials (liquids and gases).* Den Haag: VROM Ministerie van Verkeer en Waterstraat, The Hague.

[3] Kenney, G.; Graham, K. (1985) *Explosive Shocks in Air.* New York: Springer-Verlag.

[4] DIN EN 13123-1:2001-10 (2001) *Fenster, Türen und Abschlüsse – Sprengwirkungshemmung – Anforderungen und Klassifizierungen – Teil 1: Stoßrohr.* Berlin: Beuth.

[5] Teich, M.; Gebbeken, N. (2010) *The Influence of the Underpressure Phase on the Dynamic Response of Structures Subjected to Blast Loads* in: *International Journal of Protective Structures 1*, H. 2, S. 219–233.

[6] DIN EN 13124-1:2001-10 (2001) *Fenster, Türen und Abschlüsse – Sprengwirkungshemmung – Prüfverfahren – Teil 1: Stoßrohr.* Berlin: Beuth.

[7] DIN EN 13541:2012-06 (2012) *Glas im Bauwesen – Sicherheitssonderverglasung – Prüfverfahren und Klasseneinteilung des Widerstandes gegen Sprengwirkung.* Berlin: Beuth.

[8] DIN EN 13123-2:2004-5 (2004) *Fenster, Türen und Abschlüsse – Sprengwirkungshemmung – Anforderungen und Klassifizierungen – Teil 1: Freilandversuch.* Berlin: Beuth.

[9] DIN EN 13124-2:2004-5 (2004) *Fenster, Türen und Abschlüsse – Sprengwirkungshemmung – Prüfverfahren – Teil 2: Freilandversuch.* Berlin: Beuth.

[10] Gebbeken, N.; Döge, T. (2006) *Der Reflexionsfaktor bei der senkrechten Reflexion von Luftstoßwellen an starren und nachgiebigen Materialien* in: *Der Bauingenieur 81*, S. 496–503.

[11] Technical Manual TM 5-855-1 (1987) *Fundamentals for Protective Design for Conventional Weapons.* US Dept. of the Army, Alexandria (US).

[12] Biggs, J. (1964) *Introduction to structural dynamics.* New York: McGraw-Hill Book Company.

[13] Hassis, C.; Piersol, A. [eds.] (2002) *Shock and vibrations Handbook.* New York: Mc Graw Hill.

[14] Bauministerkonferenz (2022) *Musterbauordnung* [online]. https://www.bauministerkonferenz.de/verzeichnis.aspx?id=991&o=759O986O991 [Zugriff am: 31. März 2022]

[15] Bermbach, T.; Teich, M.; Gebbeken, N. (2016) *Experimental investigation of energy dissipation mechanisms in laminated safety glass for combined blast-temperature loading scenario* in: *Glass Structures and Engineering*, S. 331–350.

[16] van der Woerd, J.D. et al. (2020) *Investigating the origin of breakage of panes subjected to blast loading by acoustic emission testing* in: Belis, J.; Bos, F.; Louter, C. [eds.] *Challenging Glass 7 – Conference on Architectural and Structural Applications of Glass.* Ghent. https://doi.org/10.7480/cgc.7.4512

[17] Pietzsch, A.; Wagner, M. (2013) *Blast Protection Design of Window and Façade Constructions – Effective and Efficient* in: *15th International Symposium on Interaction of the Effects on Munitions with Structures (ISIEMS)*. Potsdam.

[18] Müller, R.; Wagner, M. (2006) *Berechnung sprengwirkungshemmender Fenster- und Fassadenkonstruktionen* in: *Der Bauingenieur 81*, S. 475–487.

[19] Rutner, M.; Gebbeken, N. et al. (2008) *Stahlkonstruktionen unter Explosionsbeanspruchungen* in: Kuhlmann, U. [Hrsg.] *Stahlbau-Kalender 2008*. Berlin: Ernst & Sohn, S. 549–646.

[20] Technical Manual 5-1300 (1990) *Structures to resist the effects of accidental explosions*. Department of The Army, The Navy, and The Air Force, Alexandria (US).

[21] Manual EM 1110-345-415 (1957) *Design of Structures to Resist the Effects of Atomic Weapons – Principles of dynamic analysis and design*. U.S. Army Corps of Engineers.

[22] Fischer, K. et al. (2021) *Dynamic bearing capacity of point fixed corrugated metal profile sheets subjected to blast loading* in: *International Journal of Protective Structures*. https://doi.org/10.1177%2F20414196211059201

[23] Krauthammer, T. (2008) *Modern Protective Structures*. Boca Raton: CRC Press Taylor & Francis Group.

[24] Gebbeken, N.; Döge, T. (2006) *Vom Explosionsszenario zur Bemessungslast* in: *Der Prüfingenieur 29*, S. 42–52.

Irreversible Oberflächenverwitterung von modernem Floatglas und präventive Reinigungsstrategien

Gentiana Strugaj[1], Elena Mendoza[1], Andreas Herrmann[1], Edda Rädlein[1]

[1] Technische Universität Ilmenau, Institut für Werkstofftechnik, Fachgebiet Anorganisch-nichtmetallische Werkstoffe, Gustav-Kirchhoff-Straße 5, 98693 Ilmenau, Deutschland; gentiana.strugaj@tu-ilmenau.de; ekmendoza@gmail.com; andreas.herrmann@tu-ilmenau.de; edda.raedlein@tu-ilmenau.de

Abstract

Floatglas wurde künstlicher und natürlicher Bewitterung ausgesetzt. Um die Glasbewitterung zu beschleunigen und die Auswirkungen bestimmter Verunreinigungen zu verstehen, wurden vor der Untersuchung vier Modell-Schadstoffe für organische, anorganisch nichtmetallische, metallische und salzhaltige Verunreinigungen auf die untersuchten Glasproben aufgebracht. Vor und nach der Bewitterung wurden die Proben mit drei verschiedenen Reinigungslösungen (deionisiertes Wasser, Zitronensäurelösung und kommerzieller Floatglasreiniger) gereinigt. Die Verunreinigungen verursachten unterschiedliche Verwitterungsgrade und die Reinigungslösungen boten einen unterschiedlichen Grad an Schutz. Mit Zitronensäurelösung gereinigte Proben wiesen nach der Bewitterung eine stabilere Oberfläche auf, da weniger Verunreinigungen anhafteten und die geringsten dauerhaften Schäden auftraten.

Irreversible surface weathering of modern float glass and preventive cleaning strategies. Float glass has been subjected to artificial and natural weathering. To accelerate the glass weathering and understand the impact of specific contaminants, four model pollutants (organic, inorganic non-metallic, metallic, and saline) were applied on the examined glass samples prior to the investigation. Before and after the weathering the samples have been cleaned with three different cleaning solutions (deionized water, citric acid solution, and commercial float glass cleaner). Contaminants caused different weathering degrees and cleaning solutions provided different grades of preservation. Samples cleaned with citric acid solution presented a more stable surface after weathering by adhering less contaminants and having the lowest permanent damage.

Schlagwörter: *Floatglas, Verwitterung, Reinigung, Korrosion*

Keywords: *float glass, weathering, cleaning, corrosion*

1 Einleitung

Modernes Kalk-Natron-Silikatglas ist so optimiert, dass es gegen Umwelteinflüsse stabil ist und frühe Stadien der Veränderung weitgehend verhindert werden. Studien zeigen jedoch, dass Kalk-Natron-Silikatglas unter verschiedenen Umweltbedingungen [1] relativ schnell angegriffen werden kann. Es ist bekannt, dass Wasser die Bildung von Hydratschichten auf der Glasoberfläche erheblich beeinflusst [2], wodurch sich die Härte [3] und die Festigkeit [4] des Glases verändern. Darüber hinaus gibt es viele andere äußere Faktoren, die sich auf die Glasoberfläche auswirken und in Verbindung mit Feuchtigkeit die Veränderung beschleunigen. Im Außenbereich wird Floatglas stark durch Wasserdampf [5], Verschmutzung [6, 7] und Witterungseinflüsse beeinträchtigt. Unter Verschmutzung versteht man die Ablagerung und Ansammlung von Staub, Schwebeteilchen und organischem/anorganischem Schmutz auf der Glasoberfläche. Die jeweilige Belastung kann die Leistungsfähigkeit der Verglasung hinsichtlich Transmission, Benetzung und notwendigem Reinigungsaufwand beeinträchtigen. Veränderungen, die sich entwickeln und in unvorhersehbarer Weise zu Glaskorrosion fortschreiten können, sind ein Problem für industrielle Anwendungen [8]. Irreversible Bewitterungsmerkmale wie Delaminierungseffekte sind noch nicht gut untersucht, aber in einer kürzlich durchgeführten Untersuchung wurde Delaminierung an einem modernen Floatglas festgestellt, das sechs Monate lang in einer Küstenatmosphäre auf natürliche Weise (ohne Modellschmutz) bewittert wurde [9]. Daher sind präventive Strategien zur Optimierung der Glaslebensdauer von großem Interesse. Die Entfernung von Verunreinigungen von der Glasoberfläche kann die Lebensdauer verlängern und die Alterung/Korrosion verlangsamen.

Unsere Studie zielt darauf ab, die Auswirkungen spezifischer Arten von Verunreinigungen zu verstehen, nachteilige Effekte zu identifizieren und Reinigungsmethoden zu entwickeln, die eine frühzeitige Glaskorrosion verhindern. Die mechanische Stabilität (Festigkeit) aufgrund von Partikeleinwirkung wurde in dieser Studie nicht untersucht.

2 Materialien und Methoden

2.1 Kalk-Natron-Floatglas

Für die Untersuchung wurde Floatglas der in Tabelle 1 angegebenen Zusammensetzung verwendet. Glasproben hatten eine Größe von 10 × 10 cm² und eine Dicke von 0,3 cm.

Tabelle 1 Berechnete chemische Zusammensetzung von Kalk-Natron-Floatglas nach der Röntgenfluoreszenzanalyse von Zentrum für Glas- und Umweltanalytik GmbH [9]

Komponente	SiO_2	Na_2O	CaO	MgO	Al_2O_3	K_2O	Fe_2O_3	SO_3	TiO_2
Massenanteil %	72,80	13,07	8,80	4,21	0,48	0,28	0,066	0,24	0,018

2.2 Model-Kontaminationen

Bei den vier ausgewählten Verunreinigungen handelte es sich um Vogelkot (organisch), Zementstaub (anorganisch-nichtmetallisch), Aluminiumpartikel (metallisch) und Natriumchlorid (salzhaltige Komponente). Sie stehen für typische natürliche Verunreinigungen, vom Menschen verursachten Staub durch Bautätigkeit, abrasiven Verschleiß von Rahmen und natürliche Meeresgischt. Alle Verunreinigungen wurden mit entionisiertem Wasser gemischt und auf die Atmosphärenseite des Floatglases aufgebracht, d. h. auf die Oberfläche, die während der Floatglasherstellung nicht mit dem Zinnbad in Berührung kam.

2.3 Reinigungslösungen und Verfahren

Erste Behandlung: vor der künstlichen und natürlichen Bewitterung wurden die Glasproben mit drei verschiedenen Reinigungsmitteln behandelt und zwar: 5 ml Schukolin® SolarSoft [10] aufgelöst in einem Liter Leitungswasser, 6 g Zitronensäure-Monohydrat, aufgelöst in einem Liter Leitungswasser und reinem deionisiertem Wasser. Der erste Grund für die Reinigung der Glasoberfläche mit verschiedenen Mitteln vor der Bewitterung besteht darin, zu verstehen, ob das Reinigungsmittel die Glasgelschicht stabilisiert oder nicht. Der zweite Grund ist, zu prüfen, ob diese Reinigungslösungen die Anhaftung der Verunreinigungen auf der Glasoberfläche beeinflussen.

Zweite Behandlung: nach der Bewitterung wurden die Proben erneut mit den selben Reinigungsmitteln gereinigt, um die Entfernung von Verunreinigungen und Oberflächenveränderungen/Korrosion zu bewerten. Diese Behandlung erfolgte durch 5-minütiges Eintauchen der bewitterten Proben in die Lösung und durch mechanisches Reinigen mit vier Wischbewegungen mit einem Mikrofasertuch bei einem Anpressdruck von etwa 5 N (eine typische Kraft in der gewerblichen Reinigung von Hand).

Dritte Behandlung: aufgrund des hohen Bewitterungsgrades wurde bei Glas, das sieben Tage lang in der Klimakammer bewittert wurde, eine zusätzliche mechanische Reinigung durchgeführt (zweite Behandlung + viermaliges gezieltes Abwischen mit einem Wattestäbchen).

2.4 Exposition im Freien

Für die Freibewitterung wurden acht Proben auf dem Dach des Zentrums für Mikro- und Nanotechnologien in Ilmenau mit einer Neigung von etwa 20° (Bild 1b) auf der Westseite des Gebäudes platziert. Die Positionierung der Verunreinigungen auf den Proben ist in Bild 1a dargestellt. Um eine Kombination verschiedener Verunreinigungen zu vermeiden und eine bessere Beobachtung einzelner Reaktionsprodukte zu ermöglichen, wurden nur zwei Verunreinigungen auf einer Glasprobe angebracht. Die Proben waren vor Regen durch ein 100 cm × 20 cm großes Glasdach geschützt. Die Expositionszeit betrug 30 Tage ohne unnatürliche Oberflächenreinigung.

 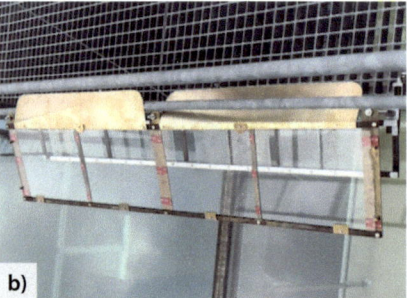

Bild 1 a) Positionierung der Verunreinigungen auf der Luftseite der Glasproben und b) der in Ilmenau aufgestellten Proben. Maßstab auf dem linken Bild in [cm]

Bild 2 a) Positionierung der Verunreinigungen auf der Luftseite einer Glasprobe und b) Glasproben in der Klimakammer

2.5 Klimakammer

Vier Glasproben wurden künstlich kontaminiert, wie in Bild 2a dargestellt. Zum Vergleich mit früheren Ergebnissen und zur Simulation möglicher langfristiger Angriffe wurden die Glasproben mit jeweils vier Flecken von Modellverunreinigungen horizontal in der Klimakammer (Bild 2b) bei einer Temperatur von 80 °C und einer relativen Luftfeuchtigkeit von 80 % platziert. Die Proben wurden sieben Tage lang bewittert. Nach sieben Tagen unter diesen Bedingungen ist Floatglas auch ohne zusätzliche Verunreinigungen stets stark angegriffen.

2.6 Lichtmikroskopie

Eine AxioCam 305 Digitalkamera (Carl Zeiss Axiotech) wurde zur Lokalisierung und Identifizierung von Bewitterungsprodukten und Veränderungen der Glasoberfläche verwendet. Etwa 2350 Bilder wurden mit einer Vergrößerung von 10 × 5 von zwölf bewitterten Proben (30 Tage Außenbewitterung und sieben Tage Klimakammer) vor und nach der Reinigung aufgenommen. Die Auswertung der Bilder erfolgt visuell und die Ergebnisse werden nur anhand der untersuchten Fälle dieser Studie bewertet. Bewertungsunsicherheiten sind aufgrund des inhomogenen Bewitterungsgrades der verschiedenen Proben möglich.

2.7 Kontaktwinkel

Das MobileDrop Krüss ist ein halbautomatisches System zur Messung der Benetzbarkeit mittels des Kontaktwinkels. Der Messbereich liegt bei 5°–175°, die Genauigkeit bei ±0,1° und die Auflösung der Oberflächenenergie bei 0,01 mN/m. Für diese Untersuchung wurde die Benetzbarkeit der Glasoberfläche mit der Kreismethode gemessen, bei der die gesamte Tropfenkontur und nicht nur einige signifikante Punkte ausgewertet werden. Für jede Probe wurde der durchschnittliche Kontaktwinkel von drei Tropfen berechnet. Jeder Tropfen wurde 10-mal gemessen.

3 Ergebnisse

3.1 Kontaktwinkel

Alle Expositionsbedingungen führten zu einer Vergrößerung des Kontaktwinkels zu DI-Wasser. Der Kontaktwinkel und damit die Benetzbarkeit der Oberfläche veränderte sich in Abhängigkeit von zwei Faktoren: Bewitterung und Reinigungsmittel (Tabelle 2). Die Kontaktwinkel wurden an gereinigten Glasproben gemessen (bei bewitterten Glasproben wurden die Verunreinigungen vor der Messung, wie in Abschnitt 2.3 beschrieben, entfernt).

Mit Zitronensäure behandelte Glasoberflächen sind im Vergleich zu den anderen Reinigungsmitteln hydrophiler. Im Gegensatz dazu erhöht die Klimakammerbehandlung den Kontaktwinkel am stärksten, insbesondere bei mit entionisiertem Wasser behandeltem Glas. In diesen Fällen wird die Glasoberfläche hydrophober.

Tabelle 2 Durchschnittliche Wasserkontaktwinkel mit Standardabweichungen von unbewitterten und bewitterten Glasproben nach der Reinigung.

Reinigungsmittel	Unbewittert	Bewittert 30 Tage	Klimakammer 7 Tage
DI-Wasser	43.7° ± 0.3	48.8° ± 0.1	61.1° ± 0.8
Schukolin	41.3° ± 0.4	45.8° ± 0.1	59.3° ± 0.7
Zitronensäure	38.4° ± 0.8	41.4° ± 0.1	55.6° ± 0.3

3.2 Lichtmikroskopie

Unter dem Lichtmikroskop betrachtet, scheinen alle Verunreinigungen ausreichend an der Glasoberfläche zu haften. Im Gegensatz dazu wurden bei einem früheren Test, bei dem das Glas ungeschützt im Freien exponiert wurde, die Verunreinigungen aufgrund starker Regenfälle fast vollständig entfernt. Die Verschmutzung und Veränderung des Glases wurden anhand von lichtmikroskopischen Beobachtungen bewertet, von denen einige in Bild 3 dargestellt sind. Der relative Grad der genannten Auswirkungen wurde als gering (G), mittel (M) und hoch (H) eingestuft.

160 | *Irreversible Oberflächenverwitterung von modernem Floatglas und präventive Reinigungsstrategien*

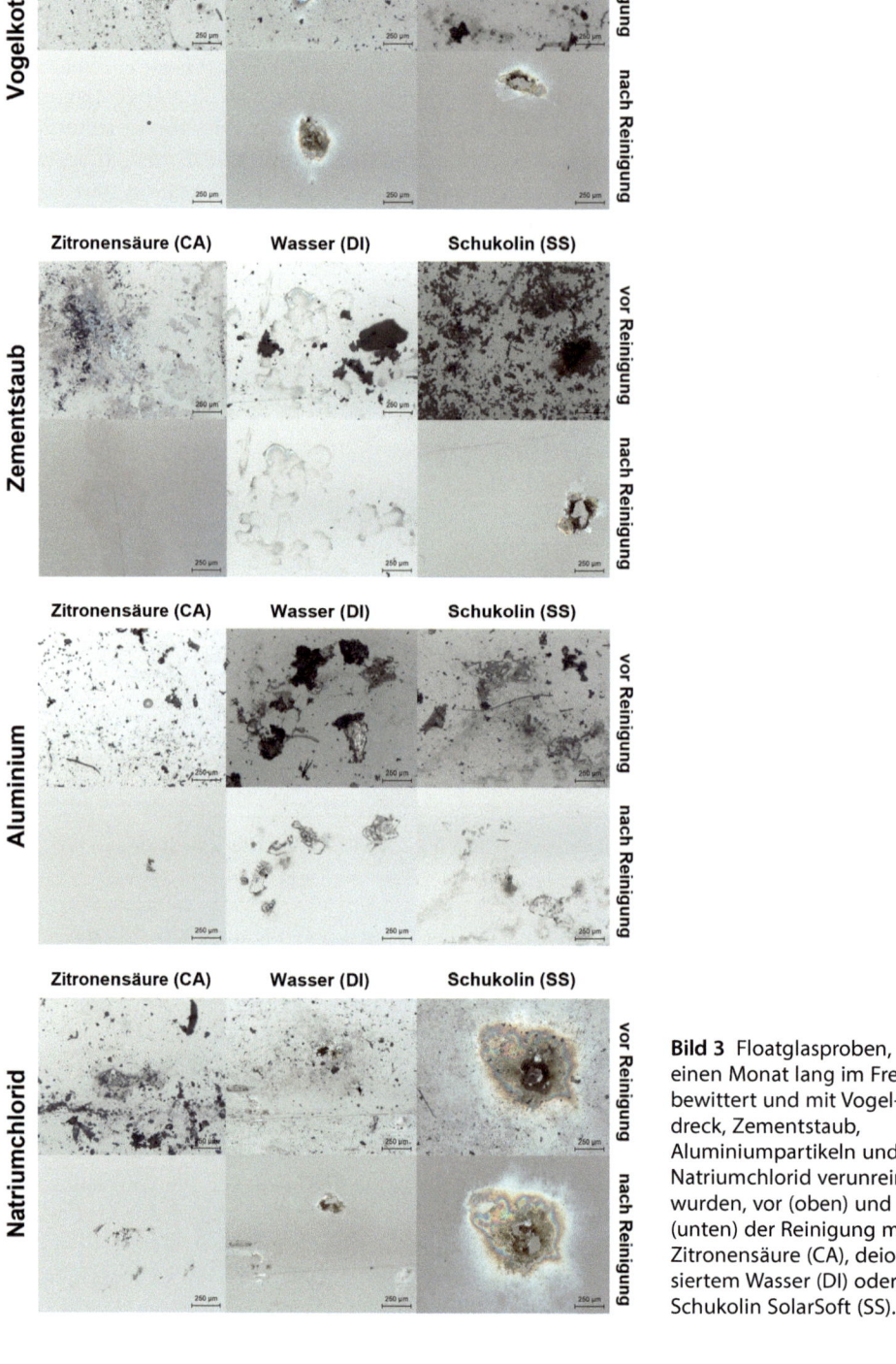

Bild 3 Floatglasproben, die einen Monat lang im Freien bewittert und mit Vogeldreck, Zementstaub, Aluminiumpartikeln und Natriumchlorid verunreinigt wurden, vor (oben) und nach (unten) der Reinigung mit Zitronensäure (CA), deionisiertem Wasser (DI) oder Schukolin SolarSoft (SS).

3.2.1 Freibewitterung

Tabelle 3 zeigt die typischen, durch Verunreinigungen verursachten Bewitterungseffekte auf Glas, das mit Zitronensäure (CA), deionisiertem Wasser (DI) und Schukolin SolarSoft (SS) behandelt wurde. Entfärbungseffekte, schillernde Filme, bräunliche Oberflächen, Wülste und Ränder sind Merkmale, die sich während der natürlichen Bewitterung des Floatglases entwickelt haben und in den meisten Fällen auch nach der Reinigung noch vorhanden sind. Die in Bild 3 dargestellten Bilder zeigen einige der typischen Merkmale, die auf den verwitterten Proben vor und nach der Reinigung zu erkennen sind. Delaminationen wie bei den mit Natriumchlorid kontaminierten und mit Schukolin behandelten Proben gelten als schwere Korrosion und sind mit bloßem Auge sichtbar (gelbliche Flecken, Bild 3 NaCl SS). Wie aus Tabelle 3 und Bild 3 hervorgeht, weisen mit Zitronensäure behandelte und mit Vogelkot verunreinigte Glasproben geringere Bewitterungseffekte auf und die Oberfläche ist nicht korrodiert. Im Gegensatz dazu verursachen Zementstaub und Natriumchlorid einen stärkeren Verwitterungsgrad bei Floatglas im Freien, und die Oberfläche ist auch nach der Reinigung noch stark korrodiert. Bräunliche Oberflächen und Wölbungen sind auf im Freien bewittertem Glas immer vorhanden, aber diese Effekte können durch Reinigung entfernt werden, wenn auch nicht vollständig.

Floatglas verhält sich je nach Verunreinigung oder Reinigungsmittel sehr unterschiedlich. Alle Verunreinigungen haben die Veränderung befördert, ob gering oder stark. Delaminierungseffekte und schillernde Filme traten immer bei Proben auf, die mit deionisiertem Wasser und Schukolin behandelt wurden, und wurden auch durch Zementstaub und Natriumchlorid stark begünstigt. Aluminiumpartikel hinterlassen Flecken, die durch die Reinigungsmittel nicht entfernt werden können. In allen Fällen zeigt sich jedoch, dass die mit Zitronensäure behandelten Proben eine stabilere Oberfläche aufweisen, weniger irreversible Effekte entwickeln und die Glasoberfläche weniger stark beschädigt ist.

Tabelle 3 Bewitterungseffekte durch Vogelkot, Zementstaub, Aluminiumstaub und Natriumchlorid auf Floatglasproben, die einen Monat lang in Ilmenau im Freien gelagert wurden. Die Proben wurden vor und nach der Bewitterung mit Zitronensäure (CA), deionisiertem Wasser (DI) oder Schukolin SolarSoft (SS) behandelt; Der Bewitterungsgrad wurde mittels drei Stufen, gering (G), mittel (M) und hoch (H) bewertet

Freibewitterung	Vogelkot			Zementstaub			Aluminium			NaCl		
	CA	DI	SS	CA	DI	SS	CA	DI	SS	CA	DI	SS
Delamination	–	G	M	M	H	H	–	G	M	G	M	H
Schillern	–	M	M	H	H	H	–	M	M	G	G	H
braune Flecken	G	M	M	M	H	M	G	H	M	G	M	M
Beulen	G	G	G	G	M	M	G	H	G	G	H	M
Ränder	–	–	G	G	G	M	G	G	G	G	M	G
Degradation nach der Reinigung	G	M	M	G	H	H	G	M	M	G	M	H

3.2.2 Klimakammer

Die durch die Behandlung in der Klimakammer erzeugten Verwitterungsmerkmale sind homogener und weniger gut definiert als die durch die Freibewitterung erhaltenen. Tabelle 4 ist ein Vergleich der Merkmale nur innerhalb der Proben, die sieben Tage nach der ersten Reinigung in der Klimakammer bewittert wurden. Der durchschnittliche relative Bewitterungsgrad wird auf der Grundlage von Mehrfachbeobachtungen durch Lichtmikroskopie beurteilt. Die Ausschnitte in Bild 4 können diesen nicht repräsentativ wiedergeben.

Die in Tabelle 4 aufgeführten Merkmale sind bei den in der Klimakammer bewitterten Glasproben immer vorhanden. Vogelkot scheint wiederum die geringsten Schäden am Glas zu verursachen. In der Klimakammer haben jedoch Aluminiumpartikel die stärkste Verwitterung verursacht, die durch einen zusätzlichen mechanischen Reinigungsschritt etwas verringert werden kann. Hohe Luftfeuchtigkeits- und Temperaturwerte könnten die Auswirkungen dieses Schadstoffs auf die in der Klimakammer bewitterten Proben verstärkt haben. Zementstaub, der ebenfalls eine starke Verunreinigung darstellt, ist mechanisch schwer zu entfernen und kann manchmal Kratzer auf der Glasoberfläche verursachen (siehe Bild 4). Natriumchlorid scheint sich bereits nach der ersten Reinigung aufgelöst zu haben, so dass eine zusätzliche mechanische Reinigung nicht erforderlich wurde.

Bild 4 zeigt drei Stufen der Glasbewitterung in einer Klimakammer über sieben Tage. Stufe 1: Das Glas ist verwittert, aber nicht gereinigt. Die Verteilung der Partikel ist im Wesentlichen gleichmäßig, es gibt keine Anzeichen für eine Aggregation, und Zementierung (chemischer Niederschlag) ist kaum zu erkennen. Stufe 2: Das Glas wird nach der Bewitterung durch 5-minütiges Eintauchen in das Reinigungsmittel und viermaliges Abwischen mit einem Mikrofasertuch gereinigt. Stufe 3: Gezieltes Abwischen mit einem Wattestäbchen (viermal) wird auf den in Stufe 2 festgestellten, nicht entfernten Schmutz angewandt. Auch wenn die Partikel meist schon durch die zweite Reinigungsstufe entfernt werden, hilft die zusätzliche mechanische Reinigung in den meisten

Tabelle 4 Bewitterungseffekte durch Vogelkot, Zementstaub, Aluminiumstaub und Natriumchlorid auf Floatglasproben, die sieben Tage lang in einer Klimakammer ausgesetzt waren. Die Proben wurden vor und nach der Bewitterung mit Zitronensäure (CA), entionisiertem Wasser (DI) oder Schukolin SolarSoft (SS) behandelt; Der Bewitterungsgrad wurde mittels drei Stufen, gering (G), mittel (M) und hoch (H) bewertet

Klimmakammer	Vogelkot			Zementstaub			Aluminium			NaCl		
	CA	DI	SS	CA	DI	SS	CA	DI	SS	CA	DI	SS
Degradation nach der Reinigung	M	M	H	M	H	H	H	H	H	M	M	M
Delamination	G	G	M	G	M	H	H	H	H	M	M	H
Schillern	M	M	H	M	H	H	M	H	H	G	M	H
Ränder	M	M	H	M	M	H	H	H	H	H	H	H
+ zusätzliche mechanische Reinigung	G	G	G	G	H	H	M	M	M	G	M	M

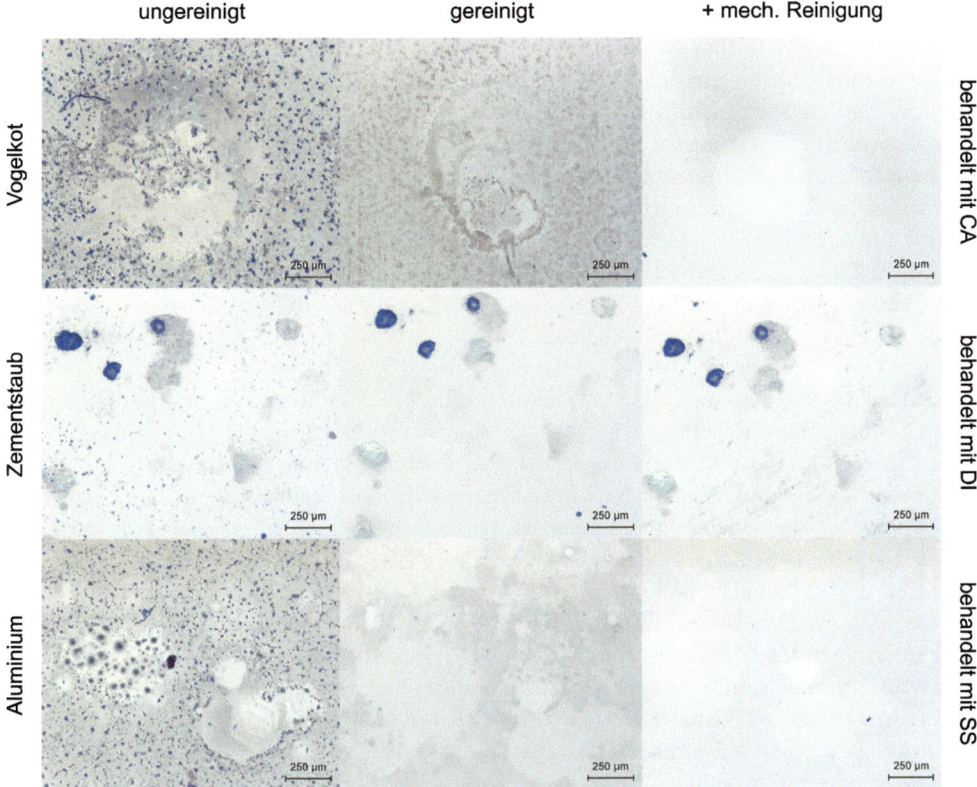

Bild 4 Floatglas, welches sieben Tage in einer Klimakammer bei 80 °C und 80 % r.H. bewittert wurde. Vorher verunreinigt mit Vogelkot (oben), Zementstaub (mittig) und Aluminium (unten); Die linke Spalte zeigt die Glasoberflächen vor der Reinigung, die mittlere Spalte nach der Reinigung und die rechte Spalte nach der mechanischen Reinigung mit einem Wattestäbchen

Fällen, weiteren anhaftenden Schmutz zu entfernen. Wenn der Schmutz stark an den Oberflächen haftet, kann die mechanische Reinigung Kratzer verursachen.

4 Zusammenfassung und Ausblick

Partikuläre Belastung von Glasoberflächen beeinflusst lokal die Alterung. Selbst wenn die auslösenden größeren Partikel von der Oberfläche entfernt sind, sind Agglomeration und Zementation kleiner Teilchen durch die Kapillarwirkung von an den großen Teilchen kondensiertem Wasser so stark, das die üblichen Reinigungsvorgänge nicht alle kleinen Teilchen und anderen Oberflächenveränderungen entfernen können.

Die Bewitterung von Floatglas ist bei Glasproben, die im Freien exponiert wurden, inhomogen und bei Glas, das in einer Klimakammer exponiert wurde, überwiegend homogen. Delaminierungseffekte und schillernde Filme wurden bei Proben, die einen Monat lang im Freien exponiert waren, von allen Modellschmutzarten verursacht. Zementstaub ist eine korrosive Verunreinigung, die zu einem stärkeren Oberflächenabbau beiträgt und nur schwer zu entfernen ist, was manchmal zu einer zusätzlichen Beschädigung des Glases bei der mechanischen Reinigung führt. Aluminiumpartikel haben keinen großen Einfluss auf Glasproben, die für kurze Zeit im Freien gelagert werden. Beobachtungen mittels Lichtmikroskopie und Kontaktwinkelmessungen zeigen, dass mit Zitronensäure behandeltes und gereinigtes Glas die geringsten Oberflächenschäden und die höchste Schmutzentfernungsrate aufweist. Eine zusätzliche mechanische Reinigung optimiert in einigen Fällen die Reinigungseffizienz. Bei Natriumchlorid ist eine verstärkte mechanische Reinigung jedoch möglicherweise nicht erforderlich, bei stark anhaftenden Partikeln wie Zementstaub könnte sie zu Oberflächenkratzern führen.

5 Literatur

[1] Putaud, J.-P. et al. (2010) *A European aerosol phenomenology – 3: Physical and chemical characteristics of particulate matter from 60 rural, urban, and kerbside sites across Europe* in: Atmospheric Environment 44, H. 10, S. 1308–1320. https://doi.org/10.1016/j.atmosenv.2009.12.011

[2] Conradt, R. (2008) *Chemical Durability of Oxide Glasses in Aqueous Solutions: A Review* in: Journal of the American Ceramic Society 91, H. 3, S. 728–735. https://doi.org/10.1111/j.1551-2916.2007.02101.x

[3] Soares, P. et al. (2011) *Aqueous corrosion of a commercial float glass studied by surface spectroscopies and nanoindentation* in: Physics and Chemistry of Glasses – European Journal of Glass Science and Technology Part B 52, H. 1, S. 25–30.

[4] Wiederhorn, S. M. et al. (2013) *Water Penetration—Its Effect on the Strength and Toughness of Silica Glass* in: Metallurgical and Materials Transactions A 44, H. 3, S. 1164–1174. https://doi.org/10.1007/s11661-012-1333-z

[5] Majérus, O. et al. (2020) *Glass alteration in atmospheric conditions: crossing perspectives from cultural heritage, glass industry, and nuclear waste management* in: Materials Degradation 4, H. 1, S. 27. https://doi.org/10.1038/s41529-020-00130-9

[6] Ilse, K. K. et al. (2018) *Fundamentals of soiling processes on photovoltaic modules* in: Renewable and Sustainable Energy Reviews 98, S. 239–254. https://doi.org/10.1016/j.rser.2018.09.015

[7] Reiß, S. et al. (2021) *Chemical changes of float glass surfaces induced by different sand particles and mineralogical phases* in: Journal of Non-Crystalline Solids 566, S. 120868. https://doi.org/10.1016/j.jnoncrysol.2021.120868

[8] Ullah, A. et al. (2020) *Investigation of soiling effects, dust chemistry and optimum cleaning schedule for PV modules in Lahore, Pakistan* in: Renewable Energy 150, S. 456–468. https://doi.org/10.1016/j.renene.2019.12.090

[9] Strugaj, G.; Herrmann, A.; Rädlein, E. (2021) *AES and EDX surface analysis of weathered float glass exposed in different environmental conditions* in: Journal of Non-Crystalline Solids 572, S. 121083. https://doi.org/10.1016/j.jnoncrysol.2021.121083

[10] HERWETEC® GmbH (2013) *Technisches Merkblatt: TMB Schukolin SolarSoft*.

Überlagerung fertigungsbedingter Inhomogenitäten und beschleunigter Alterung bei Silikonklebstoffen

Benjamin Schaaf[1], Markus Feldmann[1], Elisabeth Stammen[2], Klaus Dilger[2]

[1] Institut für Stahlbau, RWTH Aachen University, Mies-van-der-Rohe-Straße 1, 52074 Aachen; b.schaaf@stb.rwth-aachen.de; feldmann@stb.rwth-aachen.de

[2] Institut für Füge- und Schweißtechnik, TU Braunschweig, Langer Kamp 8, 38106 Braunschweig; e.stammen@tu-braunschweig.de; k.dilger@tu-braunschweig.de

Abstract

Die Bemessung von Structural-Glazing-Konstruktionen erfolgt in Deutschland unter Verwendung hoher „Sicherheitsfaktoren" (ETAG 002). Im dort vorgeschlagenen globalen Sicherheitsfaktor von sechs gehen diverse die Klebstofffestigkeit mindernde Einflüsse ein. Der Anteil dieser Einflüsse an diesem pauschalisierten Faktor ist jedoch nicht näher beschrieben. Im Rahmen dieses Beitrags wird der Einfluss verschiedener fertigungsbedingter Inhomogenitäten sowie der Einfluss und die teilweise Überlagerung beschleunigter Alterungsverfahren auf das Materialverhalten von zugelassenen Silikonklebstoffen untersucht. Es wird ein Ausblick auf ein alternatives Bemessungskonzept gegeben, welches auf dem semiprobabilistischen Teilsicherheitskonzept nach Eurocode basiert.

Superposition of manufacturing-related inhomogeneities and accelerated aging of silicone adhesives. In Germany, structural glazing is designed using high "safety factors" (ETAG 002). The global safety factor of six proposed there includes various influences that reduce the adhesive strength. However, the share of these influences in this generalized factor is not described in detail. In this paper, the influence of different manufacturing-related inhomogeneities and the influence and partial superposition of accelerated aging processes on the material behaviour of approved silicone adhesives are investigated. An outlook on an alternative design concept is given, which is based on the semi-probabilistic partial safety concept according to Eurocode.

Schlagwörter: *Structural Sealant Glazing, fertigungsbedingte Inhomogenitäten, beschleunigte Alterung*

Keywords: *structural sealant glazing, manufacturing-related inhomogeneities, accelerated aging*

1 Einführung

1.1 Structural Sealant Glazing

Als *Structural Sealant Glazing* (SSG, oftmals auch nur als *Structural Glazing* bezeichnet) wird das Kleben von Verglasungselementen mit einer aus Edelstahl oder Aluminium bestehenden Rahmenkonstruktion durch eine allseitig umlaufende Silikonfuge bezeichnet [1]. Einwirkende Lasten auf die Verglasung, wie z. B. Wind, werden über die Klebung abgetragen. Auch der Lastabtrag des Eigengewichts der Verglasung über die Klebung ist problemlos möglich, zumeist aber durch behördliche Vorgaben eingeschränkt bzw. teilweise nicht gestattet. SSG-Fassaden weisen einen hohen Grad an Transparenz auf, da auf zusätzliche Unterkonstruktionen, wie beispielsweise Haltesysteme bei punktgehaltenen Verglasungen, verzichtet werden kann. Die Fassade wirkt als ganzheitliche, homogene Gebäudeumhüllende, die lediglich durch dünne Trennfugen unterteilt wird (Bild 1a). Der schematische Aufbau einer typischen SSG-Fuge ist in Bild 1b dargestellt.

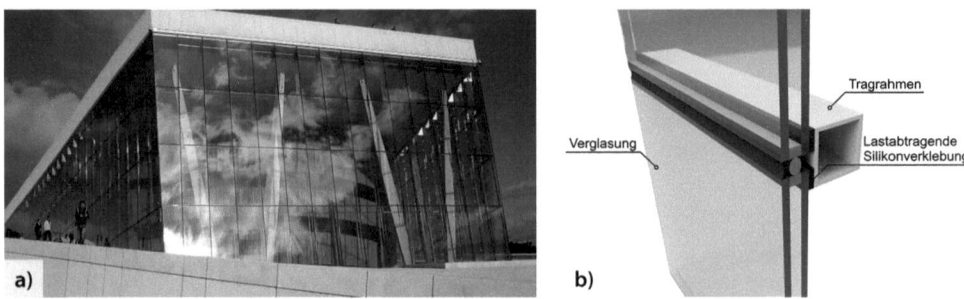

Bild 1 a) Opernhaus Oslo, Norwegen; b) Schematische Darstellung einer SSG-Fassade
(© B. Schaaf, [3])

1.2 Bemessungskonzept nach ETAG 002

Bei der ETAG 002 – *Leitlinie für die Europäisch Technische Zulassung für geklebte Glaskonstruktionen* [2] handelt es sich um ein durch die Europäische Organisation für Technische Zulassungen (EOTA, European Organisation for Technical Approvals) im Jahr 1998 veröffentlichtes Leitliniendokument, welches bei der Erlangung einer Europäischen Technischen Bewertung (ETA, European Technical Assessment) als Grundlagendokument für die Spezifikation der wesentlichen Leistungsmerkmale eines Bauproduktes herangezogen wird. Neben den produkttechnischen Anforderungen an die zu verwendenden Klebstoffe beinhaltet die ETAG 002 [2] außerdem ein Konzept zur Gestaltung und Auslegung von Klebfugen in SSG-Systemen. Auch wenn es sich bei der ETAG 002 nicht um eine baurechtlich eingeführte Norm handelt, so wird das Auslegungskonzept in der Regel durch die Baubehörden übernommen. Damit einher geht die Bemessung der Klebfuge mit einem globalen Sicherheitskonzept anstelle des Teilsicherheitskonzepts nach Eurocode 0/DIN EN 1990 [4]. Das globale Sicherheitskonzept sieht vor, die Widerstandsseite mit einem pauschalen Sicherheitsfaktor (in Bezug auf die ETAG 002 auch als *Methodenfaktor* bezeichnet) von $\gamma_{tot} = 6$ für Kurzzeitbelastungen abzumindern. Auf der Einwirkungsseite werden charakteristische Lasten angesetzt. Dieser Faktor beinhaltet sämtliche die Festigkeit mindernde Einflüsse sowie bei der Berechnung der Klebfugenspannungen vereinfachende Annahmen. Eine Differenzierung nach Anteil der verschiedenen Einflussgrößen am Gesamtfaktor ist nicht möglich und auch nicht bekannt. Um den Anteil fertigungsbedingter Inhomogenitäten am derzeitigen Gesamtsicherheitsniveau zu erfassen, wurden im AiF-Projekt *NewMechsiko* [5] u. a. Einflüsse auf das Werkstoffverhalten aus fertigungsbedingten Inhomogenitäten überlagert mit beschleunigten Alterungsverfahren untersucht.

1.3 Alterung

Die ETAG 002 sieht eine erwartete Nutzungsdauer von 25 Jahren für geklebte Elemente vor. Die zu erwartende Werkstoffdegradation der Nutzungsdauer wird ihm Rahmen eines umfangreichen Prüfprogramms unter bescheinigter physikalischer und chemischer Exposition abgeschätzt. Die Anforderungen für die Nutzungsdauer gelten als erfüllt, wenn nach den in der ETAG vorgesehenen Alterungsprüfungen noch 75 % der ungealterten Referenzfestigkeit erreicht werden.

Mittlerweile gibt es einige Veröffentlichungen (primär aus den USA mit Einfachglasscheiben), in denen reale Klebungen über einen langen Zeitraum gemonitort und die Klebstoffe auf ihre Eigenschaften hin überprüft wurden. Ein Beispiel ist die Fassade des *ift* in Rosenheim, wo 2012 Isolierglaseinheiten entfernt wurden und die Eigenschaften nach 23 Jahren Freibewitterung untersucht wurden [6]. Es zeigte sich, dass die Prüfungen der ETAG 002 die Gebrauchstauglichkeit der Klebungen auch für Klebungen ohne mechanischen Nothalter ausreichend gut abbilden. Untersuchungen an einem ausgebauten SSG-Fassadenelement aus Japan [7], von welchem die Klebfuge (1K-Silikon) extrahiert, Prüfkörper präpariert und diese verschiedenen mechanischen Prüfungen unterzogen wurden, zeigen die hohe Robustheit der Silikone. Nach 31 Jahren Nutzungsdauer, in welcher u. a. mehrere Taifune und zwei Erdbeben auftraten, lassen sich quasi keine Änderungen des Werkstoffverhalten ermitteln. Die Festigkeit war im Vergleich zu den Referenzproben aus 1985 geringfügig erhöht, die Bruchdehnung geringfügig reduziert. Zusätzliche Ermüdungsversuche (100000 Lastwechsel bei 10 % Dehnung) führten zu keiner Reduktion der Festigkeit.

Typischerweise werden in allen Prüfungen für Zulassungen „ideale" Probekörper untersucht. Dies bildet den Idealfall der Fertigung ab, wo es nicht zu Fehlern wie Einschlüssen, Luftblasen oder Mischfehlern kommen sollte. Trotzdem sind Inhomogenitäten in der realen Fertigung nicht auszuschließen. Auch der zusätzliche Einfluss auf die Alterungsbeständigkeit möglicher inhomogener Proben im Vergleich zu den „idealen" Prüfkörpern nach ETAG 002 ist dabei völlig unklar.

2 Experimentelle Untersuchungen

Die im Rahmen dieses Artikels vorgestellten Ergebnisse einer Vielzahl experimenteller Untersuchungen basieren auf den in [8] bereits veröffentlichen Ergebnissen und stellen eine konsekutive Erweiterung dieser dar. Der Fokus der vorangegangenen Veröffentlichung wurde insbesondere auf die Erprobung und Auswahl relevanter fertigungsbedingter Inhomogenitäten, die Methodik zur qualitativen und quantitativen Erfassung dieser sowie der Einfluss dieser Inhomogenitäten auf das Werkstoffverhalten gelegt. Die experimentellen Untersuchungen wurden alle an der standardmäßig zu Testzwecken herangezogenen H-Probe nach ETAG 002 unter Zug- und Schubbelastung durchgeführt. Für eine detaillierte Beschreibung des Versuchsprogramms, des bildgebenden Verfahrens zur Detektion und Vermessung von Inhomogenitäten innerhalb des Klebstoffbulks sowie der Ergebnisse sei an dieser Stelle auf [8] verwiesen.

Folgend werden die Ergebnisse des Einflusses beschleunigter Alterungsverfahren auf ausgewählte Klebstoffinhomogenitäten aus [8] vorgestellt und diskutiert. Es wurden drei für SSG-Anwendungen zugelassene Klebstoffsysteme untersucht, deren Ergebnisse in anonymisierter Form dargestellt werden. Insgesamt wurden drei verschiedene beschleunigte Alterungsverfahren untersucht. Diese werden nachfolgend zunächst vorgestellt. Aufgrund von Kapazitätsbeschränkungen konnten nicht alle Alterungsverfahren für alle drei Klebstoffe gleichermaßen durchgeführt werden.

2.1 Wasserlagerung mit UV-Exposition

Bei diesem beschleunigten Alterungsverfahren handelt es sich um die nach ETAG 002 [2] Kap. 5.1.4.2.1 angegebene Wasserlagerung bei hoher Temperatur mit UV-Bestrahlung. Eine direkte Korrelation zwischen natürlicher Sonnenalterung und beschleunigter UV-Exposition ist derzeit jedoch noch nicht vollständig geklärt. Die Proben werden für 2 × 21 Tage in warmen (45 °C), entmineralisiertem Wasser gelagert. Der Prüfkörper ist dabei vollständig mit Wasser benetzt, die obere Fügeteilfläche ist bündig mit der Wasseroberfläche. Für die UV-Bestrahlung wurde eine künstliche Lichtquelle (Xenon) mit einer Leistung von 60 W/m^2 genutzt. Nach Wasserlagerung werden die Proben für 24 Stunden bei 23 °C und 50 % relativer Luftfeuchte rückgetrocknet. Im Anschluss erfolgt die zerstörende Prüfung bei Raumklima.

2.2 Tensidlagerung

Mit dieser Prüfung soll die Wirkung von Reinigungsmitteln auf den strukturellen Verbund beurteilt werden. Die Durchführung der Versuche erfolgte in Anlehnung an ETAG 002 Kap. 5.1.4.2.4. Die Proben wurden 21 Tage in eine 1 %ige Prillösung getaucht. Die Wassertemperatur betrug hier ebenfalls 45 °C. Nach der Auslagerung werden die Proben für 24 Stunden bei 23 °C und 50 % relativer Luftfeuchte rückgetrocknet. Im Anschluss erfolgt die zerstörende Prüfung bei Raumklima.

2.3 PV1200 Klimawechseltest

Zur Untersuchung der Alterungsbeständigkeit wurden einige Proben Klimawechseltests nach einem Standard der Volkswagengruppe ausgesetzt. Diese Prüfungen, üblicherweise für Anbauteile im Bereich Automotive genutzt, bilden in Ermanglung gültiger Normen auch den relevanten Feuchte- und Temperatureinsatzbereich für das Bauwesen näherungsweise ab. Bild 2 zeigt den Ablauf des PV1200 nach einer Spezifikation der VW AG. Die geprüften Temperaturen und Feuchtigkeitsgehalte entsprechen den Grenzbereichen, die im Bauwesen zum Tragen kommen und werden in Ermanglung von Alterungstests für Klebungen im Bauwesen für den vorliegenden Anwen-

2 Experimentelle Untersuchungen

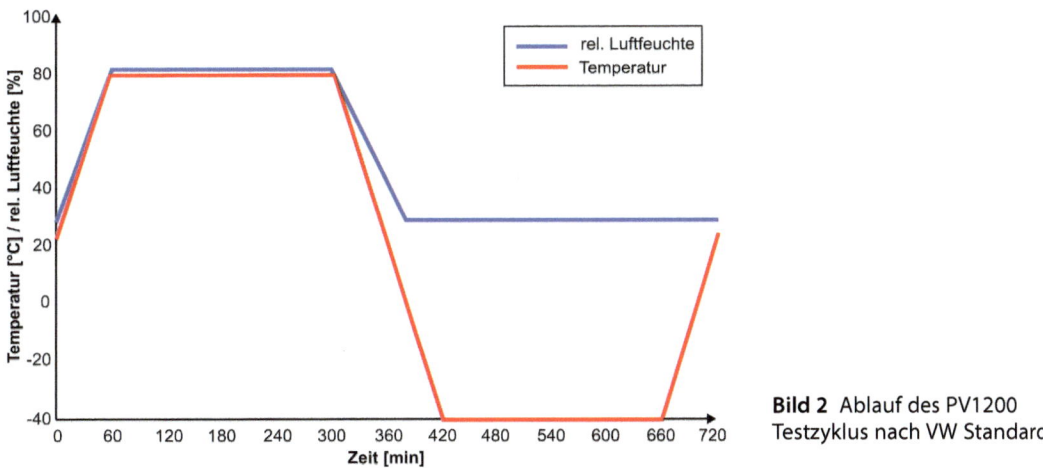

Bild 2 Ablauf des PV1200 Testzyklus nach VW Standard

Ein Zyklus dauert 720 min (12 h) und besteht aus folgenden Temperatur- und Luftfeuchtigkeits-Verläufen:
- 60 min   Aufheizphase: +80 °C, 80 % r. L.
- 240 min Haltezeit: +80 °C, 80 % r. L.
- 120 min Abkühlphase: −40 °C, ab T < 0 °C ungeregelte r. L.
- 240 min Haltezeit: −40 °C, 80 % ungeregelte r. L.
- 60 min   Aufheizphase: +23 °C, ab T = 0 °C r. L 30 %

Tabelle 1 Bezeichnungen der berücksichtigen Inhomogenitäten und beschleunigten Alterungsverfahren

Inhomogenitäten			Alterungsverfahren		
Bezeichnung	Inhomogenität	Klebstoff	Bezeichnung	Alterungsverfahren	Klebstoff
Optimal	Referenzproben der optimal gefertigten Probenreihen ohne signifikante Defekte	A, B, C	ETAG H$_2$O + UV	Verfahren gem. Kap. 1.3	A
Werksfertigung	Durch Klebstoffhersteller im Werk gefertigte und bei Forschungseinrichtungen geprüfte Probenserie	A	Tensid	Verfahren gem. Kap. 1.4	C
Kartuschen	Mit Handrührgerät direkt in der Kartusche angemischter Klebstoff	A	PV 1200	Verfahren gem. Kap. 1.5	A, B, C
Styroporflocke	In Klebstoffbulk eingebrachte Styroporflocke, Volumen und Lage mittels CT bestimmt	B, C			
Mischrohr −20 %	Reduktion der Mischwendeln im Statikmischrohr um 20 %	B			
Mischrohr ohne Spitze	Entfernen der Dosierspitze des Statikmischers	C			

dungsfall übernommen. Es wurden 100 Zyklen je Probe durchgeführt. Es ist davon auszugehen, dass hiermit „*Worst-Case*"-Szenarien abgeprüft werden.

Tabelle 1 gibt eine Übersicht über die verwendeten Bezeichnungen der berücksichtigen Inhomogenitäten und beschleunigten Alterungsverfahren.

Weiterhin wurden einige Proben von Klebstoff C während der beschleunigten Alterung vorgespannt. Hierzu wurden die Fügeteile durch PTFE-Blöcke gespreizt, sodass sich eine technische Dehnung von ca. 23 % bezogen auf die Klebschichtdicke einstellt.

2.4 Ergebnisse

Neben der Auslagerung der Proben und der abschließenden quasistatischen Prüfung wurden einige Referenzproben (keine „geplanten" fertigungsbedingten Inhomogenitäten) auch vor und nach 500 Stunden Wasserlagerung sowie nach Rücktrocknung (vgl. Kap. 1.3) bis Gewichtskonstanz im CT vermessen und bewertet, Bild 3.

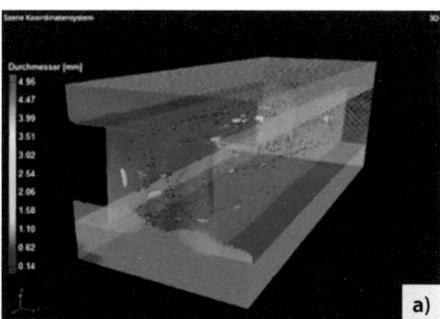

Ausgangssituation
Defektanzahl: 1147
Max. Porengrauwert 27 000
Verhältnis DVV 0,19 %

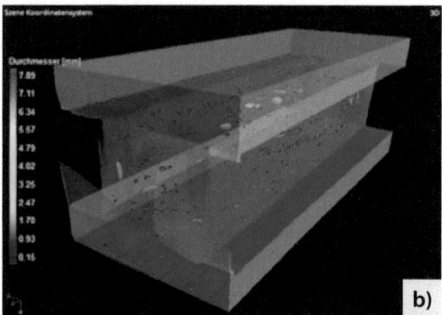

Feucht
(nach 500 h Wasser + UV)
Defektanzahl: 483
Max. Porengrauwert 33 900
Verhältnis DVV 0,136 %

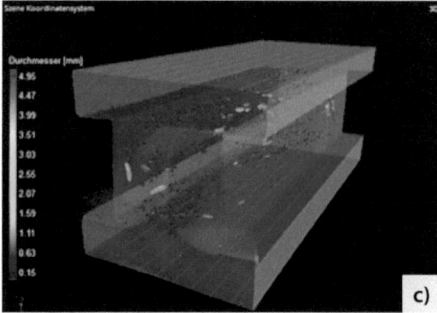

Nach Rücktrocknung
Defektanzahl: 988
Max. Porengrauwert 27 000
Verhältnis DVV 0,203 %

Bild 3 a) CT Aufnahmen einer Referenzprobe: Ausgangssituation; b) nach 504 h Wasserlagerung + UV; c) nach Rücktrocknung

Nach der Herstellung enthält die dargestellte Probe 1147 kleinere Kavitäten mit einem Defektvolumenverhältnis (DVV) von 0,19 %. Durch 500 h Wasserlagerung nimmt die Zahl der Kavitäten um mehr als die Hälfte ab, da die Probe offensichtlich Wasser aufnimmt. Dies ist auch an der Änderung der Probendichte (über den max. Porengrauwert) erkennbar. Nach der Rücktrocknung stellt sich der Ursprungszustand nahezu wieder her; die Kavitäten sind wieder fast vollständig sichtbar und der Grauwert fällt auf den Ursprungswert.

Bei Klebstoff A wurde der Einfluss der unterschiedlichen Fertigungsverfahren untersucht, Bild 4. Es wurden hier keine zusätzlichen Inhomogenitäten eingebracht, es handelt sich jeweils um optimal gefertigte Proben. Bei der Betrachtung der Bruchlasten wird deutlich, dass im ungealterten Ausgangszustand die Mischungen mittels Baustellenquirl noch auf einem vergleichbaren Niveau wie die Werksfertigung war (sogar mit geringerer Standardabweichung), nach den Alterungen jedoch ein deutlicher Unterschied besteht. Dabei unterscheiden sich die Bruchlasten der verschiedenen Alterungen nur marginal. Lediglich bei einer Betrachtung der Bruchverschiebungen wird lässt sich erkennen, dass sich der PV 1200 deutlicher auswirkt als die Tensid- oder Wasserlagerung, da hier die Streuung stark zunimmt. Das Bruchbild lässt sich als kohäsiv bis grenzschichtnah kohäsiv klassifizieren. Dies gilt unabhängig von der Fertigung.

Für Klebstoff B wurde für drei Inhomogenitäten (optimal, Styroporflocke, Mischgüte) die Alterung im PV 1200 durchgeführt. Bild 5 gibt einen Überblick über die erhaltenen Bruchlasten. Diese werden durch die Alterungen reduziert. Besonders im Fall der reduzierten Mischrohrlänge, die im ungealterten Fall keinerlei Effekte zeigte, wird der Einfluss von Feuchte und Temperatur deutlich.

Die Ergebnisse der beschleunigten Alterungstests für Klebstoff C sind in Bild 6 dargestellt. Für die ungealterten Proben zeigt die Einbringung einer Inhomogenität eine Restfestigkeit unterhalb von 75 % der optimalen Proben. Eine große Styroporflocke, (DVV von 2 % und mehr) und auch das Manipulieren der Mischgüte durch Abschneiden der Mischrohrspitze, führt zu einer signifikanten Reduktion der Bruchlast. Betrachtet man nun die Alterung durch die Einlagerung in Tensidlösung, fällt die Re-

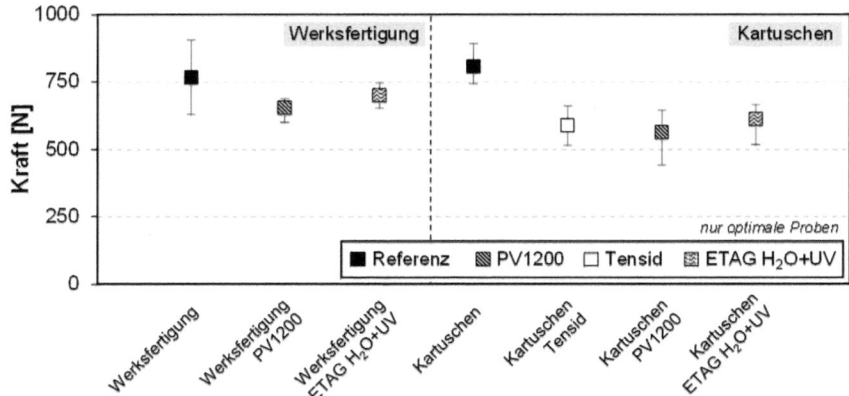

Bild 4 Ergebnis der Alterungsprüfungen (Zugversuch) für verschiedene Fertigungsmethoden, Klebstoff A

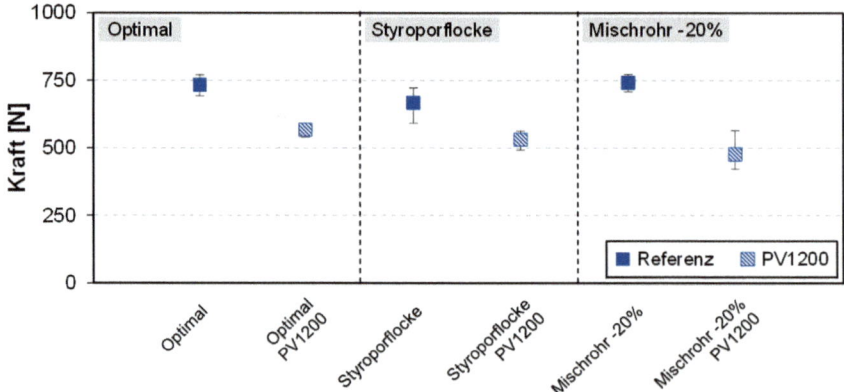

Bild 5 Ergebnis der Alterungsprüfungen (Zugversuch) für verschiedene Inhomogenitäten, Klebstoff B

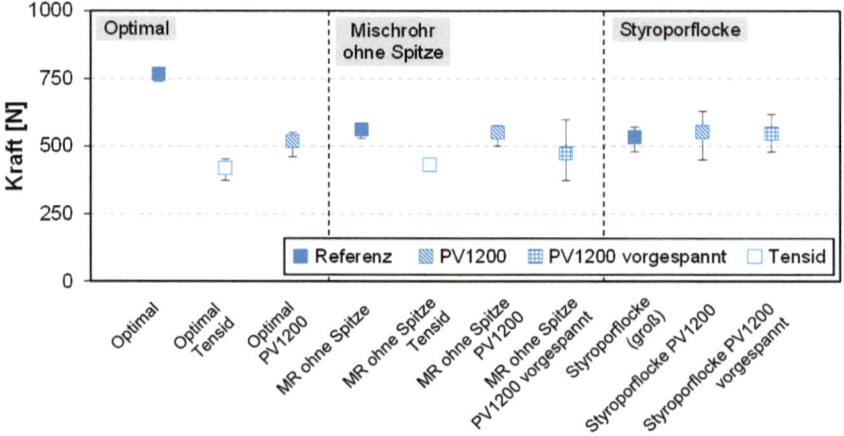

Bild 6 Ergebnis der Alterungsprüfungen (Zugversuch) für verschiedene Inhomogenitäten, Klebstoff C

duktion der Bruchlast besonders für die optimalen Proben auf. Die Restfestigkeit liegt bei 55 % durch die Alterung, während man bei den Inhomogenitäten auf einem ähnlichen Niveau auskommt. Die Art der Inhomogenität ist dann also nicht mehr entscheidend.

Die Ergebnisse kann man daher in zweierlei Hinsicht interpretieren. Zum einen lässt sich für ungealterte Proben feststellen, dass sich Inhomogenitäten wie große Fehlstellen oder eine schlechte Mischqualität deutlich auf die Bruchlast auswirken können. Zum anderen tritt die Inhomogenität aber nach einer Alterung in den Hintergrund; der Klebstoff altert in sich und das Versagen der Proben wird dann nicht mehr durch die Inhomogenität bestimmt, sondern mehr durch die Alterung des Bulks. Durch die beschleunigten Alterungsverfahren verändert sich teilweise auch das Bruchbild. Bei einigen Proben ist nun ein grenznah kohäsives Versagen (nach PV1200) zu beobachten. Zu einem adhäsiven Versagen kam es jedoch bei keiner der untersuchten Proben.

Die ermittelten Ergebnisse geben einen Einblick des Werkstoffverhaltens in Bezug auf künstliche Alterung, haben jedoch nicht den Anspruch auf Vollständigkeit. Für eine belastbare Aussage zum Alterungsverhalten und dessen Einfluss auf die Bemessungsgrößen sind weitere Untersuchungen notwendig. Insbesondere die Fragestellung, inwieweit künstliche Alterungsverfahren die in der Realität tatsächlich auftretende Alterung abbilden, ist nach wie vor nicht abschließend geklärt. Das in der ETAG 002 verwendete 75%-Kriterium konnte außerdem nicht bei allen beschleunigten Alterungsverfahren eingehalten werden.

3 Alternative Bemessungskonzepte

3.1 Semiprobabilistisches Teilsicherheitskonzept

Im Gegensatz zum globalen Sicherheitskonzept der ETAG 002 sieht das Teilsicherheitskonzept nach Eurocode 0 [4] unterschiedliche Teilsicherheitsbeiwerte für die Einwirkungs- und die Widerstandsseite vor. Für eine detaillierte Beschreibung der Berechnung sei an dieser Stelle auf Sedlacek et al. [9] verwiesen.

Der Bemessungswert der Tragfähigkeit eines Bauteils ergibt sich nach EC 0 wie folgt:

$$R_d = \frac{R_k}{\gamma_M} \quad (1)$$

mit
γ_M Teilsicherheitsbeiwert für Bauteileigenschaft unter Berücksichtigung von Modellunsicherheiten und Größenabweichungen
R_k charakteristischer Wert der Tragfähigkeit eines Bauteils oder Bauproduktes
R_d Bemessungswert der Tragfähigkeit eines Bauteils oder Bauproduktes

Der Teilsicherheitsbeiwert γ_M ist in Abhängigkeit der gewählten Verteilungsfunktion (normal oder Log.-normal verteilt) wie folgt zu bestimmen [4, 9]:

Normalverteilung:

$$\gamma_M = \frac{1}{\eta_d} \cdot \frac{1 - 1{,}645 \cdot V_x}{1 - \alpha \cdot \beta \cdot V_R} \quad (2)$$

Log.-Normalverteilung:

$$\gamma_M = \frac{1}{\eta_d} \cdot \exp(-1{,}645 \cdot V_x + \alpha \cdot \beta \cdot V_R) \quad (3)$$

mit
α Wichtungsfaktor
β Zuverlässigkeitsindex
V_x Variationskoeffizient der Versuchsdaten
V_R $\sqrt{V_M^2 + V_G^2 + V_X^2}$
V_M Variationskoeffizient der Modellunsicherheit
V_G Variationskoeffizient der Geometrie
η_d Umrechnungsfaktor für noch nicht berücksichtigte Unsicherheiten

Mit Hilfe des Umrechnungsfaktors η_d können Einflüsse berücksichtigt werden, die durch die Versuche nicht abgedeckt sind. Es bietet sich an, die Alterung des Klebstoffes, wie die Exposition mit Reinigungsmitteln oder UV-Strahlung, durch diesen Faktor abzudecken. In Anlehnung an die Alterungsanforderung nach ETAG 002 kann dieser Faktor beispielsweise zu $\eta_d = 0{,}75$ angenommen werden. Alternativ kann er als das Verhältnis der mittleren Festigkeit (oder eines bestimmten Quantilwerts) von gealterter zu ungealterter Probe bestimmt werden.

Da der globale Sicherheitsfaktor der ETAG 002 nicht zwischen Einwirkungs- und Widerstandsseite differenziert, sondern beide Einflussgrößen in einem kombinierten Faktor berücksichtigt, muss für einen Vergleich mit dem Teilsicherheitskonzept die dortige Trennung zwischen Einwirkung und Widerstand aufgelöst werden. Für die Vergleichbarkeit zum globalen Sicherheitskonzept wird somit der Vergleichsfaktor γ_{vgl} eingeführt, der sich wie folgt ergibt:

$$\gamma_{vgl} = \gamma_Q \cdot \gamma_M \qquad (4)$$

Der Teilsicherheitsbeiwert für veränderliche Einwirkungen wird nach EC 0 mit $\gamma_Q = 1{,}5$ angenommen. Auf diese Weise ergibt sich ein zur ETAG 002 äquivalentes globales Sicherheitsniveau, bei welchem Einwirkung und Widerstand zusammengefasst sind. Der Vergleich ist dann gegen den globalen Sicherheitsfaktor der ETAG 002 $\gamma_{tot} = 6$ zu führen. In Tabelle 2 sind die ermittelten Teilsicherheitsbeiwerte anhand von Zug- und Schubversuchen gemittelt über alle drei untersuchten Klebstoffe dargestellt.

Bei Annahme von Log.-normalverteilten Versuchsergebnissen ergeben sich weniger konservative Teilsicherheitsbeiwerte als für die Normalverteilung. Auch der Unterschied zwischen an Zug- und Schubversuchen ermittelten Teilsicherheitsbeiwerten fällt sehr viel geringer aus. Eine entsprechende Differenzierung bei der Bestimmung der Teilsicherheitsbeiwerte ist dann nicht zwingend notwendig. Die Annahmen der Varia-

Tabelle 2 Exemplarisch bestimmte Teilsicherheitsbeiwerte γ_M für verschiedene Parametervariationen, Mittelwerte aller drei untersuchten Klebstoffe

	$\eta_d = 1{,}0$ (ohne Alterungseffekte)				$\eta_d = 0{,}75$ (Alterungskriterium nach ETAG 002)			
	Normalverteilung		Log.-Normalverteilung		Normalverteilung		Log.-Normalverteilung	
$\eta_d = 1{,}0$	$V_M, V_G = 0{,}05$		$\eta_d = 1{,}0$	$V_M, V_G = 0{,}05$	$\eta_d = 0{,}75$	$V_M, V_G = 0{,}05$	$\eta_d = 0{,}75$	$V_M, V_G = 0{,}05$
	γ_M	γ_{vgl}	γ_M	γ_{vgl}	γ_M	γ_{vgl}	γ_M	γ_{vgl}
Zug	1,32	1,97	1,20	1,80	1,75	2,63	1,60	2,41
Schub	1,28	1,92	1,21	1,82	1,70	2,55	1,61	2,42
Gesamt	1,30		1,21		1,73		1,61	
$\eta_d = 1{,}0$	$V_M, V_G = 0{,}10$		$\eta_d = 1{,}0$	$V_M, V_G = 0{,}10$	$\eta_d = 0{,}75$	$V_M, V_G = 0{,}10$	$\eta_d = 0{,}75$	$V_M, V_G = 0{,}10$
	γ_M	γ_{vgl}	γ_M	γ_{vgl}	γ_M	γ_{vgl}	γ_M	γ_{vgl}
Zug	1,78	2,67	1,47	2,20	2,37	3,55	1,96	2,93
Schub	1,71	2,57	1,44	2,17	2,28	3,43	1,92	2,89
Gesamt	1,75		1,46		2,33		1,94	
$\eta_d = 1{,}0$	$V_M, V_G = 0{,}15$		$\eta_d = 1{,}0$	$V_M, V_G = 0{,}15$	$\eta_d = 0{,}75$	$V_M, V_G = 0{,}15$	$\eta_d = 0{,}75$	$V_M, V_G = 0{,}15$
	γ_M	γ_{vgl}	γ_M	γ_{vgl}	γ_M	γ_{vgl}	γ_M	γ_{vgl}
Zug	2,93	4,40	1,81	2,71	3,91	5,87	2,41	3,62
Schub	2,79	4,18	1,76	2,64	3,72	5,57	2,35	3,52
Gesamt	2,86		1,78		3,81		2,38	

tionskoeffizienten für Modell V_M und Geometrie V_G von 0,05 orientieren sich nach [9] an Werten von Beton ($V_M = V_G = 0{,}05$), Betonstahl ($V_M = V_G = 0{,}05$) und Baustahl ($V_M = V_G = 0{,}03$). Zusätzlich sind zwei weitere konservativere Varianten mit $V_M = V_G = 0{,}10$ und $V_M = V_G = 0{,}15$ berechnet worden. Der günstigste Teilsicherheitsbeiwert ergibt sich zu $\gamma_M = 1{,}21$ bei Annahme einer Log.-Normalverteilung, der konservativste Wert zu $\gamma_M = 3{,}81$ bei Annahme einer Normalverteilung. Der Vergleich mit dem Vergleichsfaktor γ_{vgl} zeigt das Potential der Reduktion des Sicherheitsfaktors von $\gamma_{tot} = 6$.

3.2 Zeitabhängige Schädigungsfunktion

Im vorangegangenen Kapitel wird die Festigkeitsdegradation infolge Alterung pauschal über den Faktor η berücksichtig. Im Rahmen des Konzepts der zeitabhängigen Festigkeit wird davon ausgegangen, dass die Degradation des Werkstoffs über die Zeit nicht linear, sondern degressiv fortschreitet. Für die mathematische Beschreibung wird hierfür der folgende Zusammenhang verwendet [10]:

$$f(t) = A - B \cdot (1 - e^{-C \cdot t}) \tag{5}$$

Die Unbekannten A, B, C sind über entsprechende Randbedingungen zu lösen. Zum Zeitpunkt $t = 0$ können die Festigkeitswerte der quasistatischen Versuche verwendet werden. Weiterhin wird angenommen, dass die Ergebnisse des Klimawechseltests PV 1200 einer realen Alterung von $t = 25$ Jahren entsprechen. Wie im Kapiteln zuvor bereits erörtert, ist eine genaue Korrelation der künstlichen Alterung mit der realen Alterung jedoch nicht abschließend geklärt. Es handelt sich daher um eine Modellannahme für eine exemplarische Berechnung. Diese Annahme impliziert weiterhin, dass zu diesem Zeitpunkt eine nahezu vollständige Degradation erreicht ist und es danach zu keiner signifikanten Reduktion der Festigkeit mehr kommt. Auslagerungsproben (Klebstoff A), die am Institut für Stahlbau geprüft wurden, wiesen nach einem Jahr ($t = 0$) eine um 14% reduzierte mittlere Festigkeit in Vergleich zu den Referenzproben auf. Mittels dieser drei Randbedingungen lassen sich die Modellkonstanten A, B, C bestimmen.

In Bild 7 ist die zeitabhängige Festigkeitsfunktion dargestellt. Die roten Punkte stellen dabei Mittelwerte (je drei Proben) der Auslagerungsproben nach einem, drei und acht

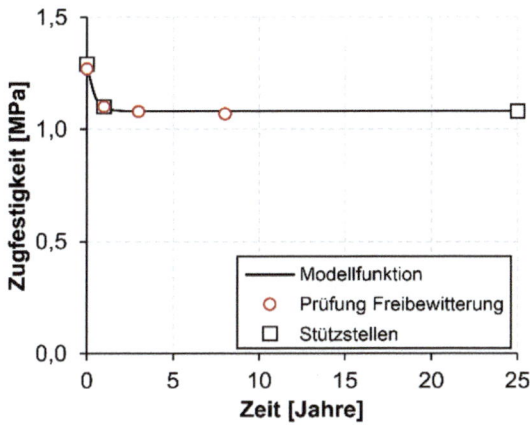

Bild 7 Festigkeitsdegradation infolge Alterung für den Klebstoff A

Jahren dar. Die Modellfunktion bildet den Festigkeitsverlust relativ genau ab, wobei zu berücksichtigen ist, dass die Proben nach einem Jahr als notwendige Stützstelle fungiert.

Mit einer entsprechend ausreichenden Datenmenge zu unterschiedlichen Zeitpunkten, bestenfalls Jahr für Jahr, ließe sich die zeitabhängige Festigkeitsdegradation auch in das Teilsicherheitskonzept des Eurocodes integrieren. Hier besteht somit weiterer Forschungsbedarf zur Erweiterung der Datenlage.

4 Zusammenfassung und Ausblick

Die Ergebnisse einer Vielzahl experimenteller Untersuchungen zeigt, dass der Einfluss beschleunigter Alterungsverfahren auf die Klebstofffestigkeit den Einfluss potentiell vorhandener Inhomogenitäten überwiegt. Inhomogenitäten, wie beispielsweise eine unzureichende Durchmischung oder Fehlstellen, reduzieren die Klebstofffestigkeit. In Überlagerung mit einem beschleunigten Alterungsverfahren kommt es jedoch zu keiner zusätzlichen Reduktion im Vergleich zu optimalen Referenzproben. Inhomogene und homogene Proben weisen dann ein vergleichbares Festigkeitsniveau auf. Es ist jedoch noch abschließend zu klären, inwieweit beschleunigte Alterungsverfahren die tatsächliche Alterung abbilden können.

Mit entsprechenden Annahmen zu Modell- und Geometrieunsicherheiten ergeben sich Teilsicherheitsfaktoren γ_M zur Abminderung charakteristischer Festigkeiten, gemittelt über die drei Klebstoffe, von 1,2 bis 2,9 ohne und von 1,6 bis 3,8 mit direkter Berücksichtigung von Alterungseffekten nach dem 75 %-Kriterium der ETAG 002. Mit der in Kapitel 3.2 vorgestellten zeitabhängigen Schädigungsfunktion ließe sich die Festigkeit zusätzlich zu unterschiedlichen Zeitpunkten prognostizieren. Diese zeitabhängige Festigkeit ließe sich ebenfalls in das semiprobabilistische Teilsicherheitskonzept einbinden. Für eine zuverlässige Prognose bedarf es jedoch noch weiterer Daten, insbesondere von freibewitterten Proben zu regelmäßigen Zeitpunkten in hinreichender Anzahl.

5 Danksagung

Die vorgestellten Ergebnisse wurden im Rahmen des Forschungsprojektes *NewMechisko*, IGF-Nr. 20602 N [5], erarbeitet. Das Projekt wurde über die Forschungsvereinigung Schweißen und verwandte Verfahren e.V. des DVS von der Arbeitsgemeinschaft industrieller Forschungsvereinigungen „Otto von Guericke" e.V. (AiF) aus Mitteln des Bundesministeriums für Wirtschaft und Klimaschutz (BMWK) auf der Grundlage eines Beschlusses des Deutschen Bundestages gefördert. Allen Mitgliedern des projektbegleitenden Ausschusses sei an dieser Stelle für die gute Zusammenarbeit und Unterstützung herzlich gedankt.

6 Literatur

[1] Hilliard J.R.M.; Parise C.J.; Peterson C.O. (1977) *Structural Sealant Glazing. Sealant Technology in Glazing Systems.* In: C. Peterson [ed.] *ASTM International*, 1977, S. 67–99. https://doi.org/10.1520/STP49667S

[2] ETAG 002 (2012) *Guideline for European Technical Approval for Structural Sealant Glazing Kits* in: *European Organisation for Technical Approvals*.
[3] Schaaf, B. (2022) *Zur Bemessung von Silikonklebungen im Bauwesen*. Dissertation, Schriftenreihe Stahlbau, Shaker, Aachen [Arbeitstitel, Veröffentlichung vrsl. 2022].
[4] DIN EN 1990 (2010) *Eurocode: Grundlagen der Tragwerksplanung (EN 1990:2010)*. Berlin: Beuth Verlag.
[5] Feldmann, M.; Dilger, K. (2022) *Mechanisches Verhalten von Silikonklebstoffen in Abhängigkeit der Belastungsdauer (Kurzzeit-, Langzeit- und Schwingbelastung) – NewMechsiko*. DVS-Nr. 08.3040, AiF-Projekt: IGF-Nr. 20602 N.
[6] Lieb, K. (2013) *Sie hält und hält und hält... – Structural Glazing Fassade im Dauertest – Was sich daraus für Fenster und Fassaden ableiten lässt* in: *Tagungsband Rosenheimer Fenstertage 2013*, S. 49–53.
[7] Chiba, F.; Matsuo, T.; Mori, H. (2019) *Structural Silicone Performance after 31 Years in Service in Japan* in: *GPD Glass Performance Days 2019*, Tampere, Finnland, S. 352–355.
[8] Stammen et al. (2021) *Einfluss fertigungsbedingter Inhomogenitäten auf das Werkstoffverhalten von Silikonklebstoffen für die Anwendung im Bereich des Structural Sealant Glazings* in: Weller, B.; Nicklisch, F.; Tasche, S. [Hrsg.] *Klebtechnik im Glasbau 2021*, Berlin: Ernst & Sohn.
[9] Sedlacek, G.; Brozzetti, J.; Hanswillle, G. (1996) *Relationship between Eurocode 1 and the «material» oriented Eurocodes* in: *IABSE Reports 74*. http://doi.org/10.5169/seals-56063
[10] Abeln, B. (2019) *Zur Bemessung struktureller Klebungen im Stahlbau* [Dissertation]. Schriftenreihe Stahlbau 86, Aachen: Shaker.

Bernhard Weller, Felix Nicklisch, Silke Tasche (Hrsg.)
Klebtechnik im Glasbau 2022

- renommierte Autor:innen erläutern in 15 Beiträgen aktuelle Fragestellungen und Beispiele der Klebtechnik
- Aspekte aus Forschung und Praxis der Entwicklung und Materialkunde, der Planung sowie der Ausführung werden dargestellt

Das Kleben wird seit Langem im Konstruktiven Glasbau und Fassadenbau angewendet. Dieses Buch behandelt aktuelle Themen, wie Bemessung, Oberflächenanalyse, Werkstoffverhalten und Verarbeitung, Qualitätssicherung. Es zeigt sich: das Innovationspotential ist noch nicht ausgeschöpft.

2022 · 216 Seiten · 134 Abbildungen
Softcover
ISBN 978-3-433-03391-3 € 24,90*

BESTELLEN
+49 (0)30 470 31-236
marketing@ernst-und-sohn.de
www.ernst-und-sohn.de/3391

* Der €-Preis gilt ausschließlich für Deutschland. Inkl. MwSt.

Hybrides Vakuumisolierglas – Thermische und thermomechanische Charakterisierung

Bastian Büttner[1], Franz Paschke[2], Matthias Seel[2], Cornelia Stark[1], Elias Wolfrath[1], Helmut Weinläder[1]

[1] *Bayerisches Zentrum für Angewandte Energieforschung e. V. (ZAE Bayern), Magdalene-Schoch-Straße 3, 97074 Würzburg, Deutschland; bastian.buettner@zae-bayern.de; cornelia.stark@zae-bayern.de; elias.wolfrath@zae-bayern.de; helmut.weinlaeder@zae-bayern.de*

[2] *Technische Universität Darmstadt, Institut für Statik und Konstruktion, Glass Competence Center, Franziska-Braun-Straße 3, 64287 Darmstadt, Deutschland; paschke@ismd.tu-darmstadt.de; matthias_martin.seel@tu-darmstadt.de*

Abstract

Vakuumisolierglas (VIG) mit Vorsatzscheibe, auch hybrides Vakuumisolierglas (VIG+) genannt, verringert die Belastung auf das VIG und entschärft die Wärmebrücke über den Randverbund effizient. Im Rahmen des vom BMWK geförderten Forschungsprojektes FFS-VIG wurden thermische Messungen und Belastungsprüfungen durchgeführt. Auftretende Spannungen durch Temperaturdifferenzen wurden als Simulationsmodell abgebildet und mit DMS-Messungen validiert. VIG+ eignet sich durch seine flexible Aufbauhöhe für den Einsatz in Neubau und Bestand. Das theoretische Energieeinsparpotential durch den Einsatz im deutschen Gebäudebestand wurde anhand der Referenzgebäude der TABULA Gebäudetypologie ermittelt.

Hybrid vacuum glass – thermal and thermomechanical characterization. Vacuum insulating glass (VIG) with facing glass, also called hybrid vacuum insulating glass (VIG+), reduces the load on the VIG and efficiently mitigates the thermal bridge via the edge seal. Thermal measurements and load tests were carried out as part of the BMWK-funded FFS-VIG research project. Occurring stress due to temperature differences was calculated in a simulation model and validated with strain gauge measurements. VIG+ is suitable for use in new and existing buildings due to its flexible installation thickness. The theoretical energy savings potential when using VIG+ in existing German buildings was determined on basis of the reference buildings of the TABULA building typology.

Schlagwörter: *Vakuumisolierglas, VIG, U-Wert, mechanische Belastbarkeit*

Keywords: *vacuum glass, VIG, U-value, mechanical stability*

1 Motivation

Im Hinblick auf das Ziel eines klimaneutralen Gebäudebestandes 2045 besteht ein Bedarf an erhöhter Gebäudeeffizienz im Neubau sowie vor allem im Gebäudebestand. Transparente Elemente sind die thermische Schwachstelle der Gebäudehülle. Vakuumisolierglas (VIG) stellt hier eine interessante Alternative zum konventionellen Mehrscheibenisolierglas (MIG) dar. Durch Evakuieren des Scheibenzwischenraums im VIG wird die Gaswärmeleitung effektiv unterdrückt – bei einem sehr dünnen Zweischeibenaufbau mit einem Scheibenabstand von weniger als 1 mm, wobei Stützen die Scheiben auf Abstand halten. VIG sind jedoch anfällig gegenüber Hagelschlag, zudem stellt der Randverbund eine erhebliche Wärmebrücke dar. Das Hinzufügen einer Vorsatzscheibe mit einem thermisch optimierten Abstandhalter („warme Kante") adressiert diese beiden Problemstellungen. Dieses sogenannte hybride VIG oder VIG+ führt mit abgestimmten Fenster- und Profilsystemen zu sehr guten Dämmwerten. Weiterhin ermöglicht die geringe Aufbaustärke von VIG+ den Einsatz in Bestandsgebäuden, wodurch enorme Energieeinsparpotentiale erschlossen werden können. Die Vorsatzscheibe garantiert zudem eine hohe Dauerhaftigkeit der VIG+-Systeme. Die genannten Glasaufbauten sind in Bild 1 dargestellt.

Im Projekt FFS-VIG werden solche VIG+ sowohl thermisch als auch mechanisch charakterisiert und untersucht. Weiterhin werden praktikable und wirtschaftliche Systemlösungen für VIG+ als Pfosten-Riegel-Fassade, Fenster und Dachfenster entwickelt. Im Rahmen dieses Manuskripts werden erste Projektergebnisse vorgestellt.

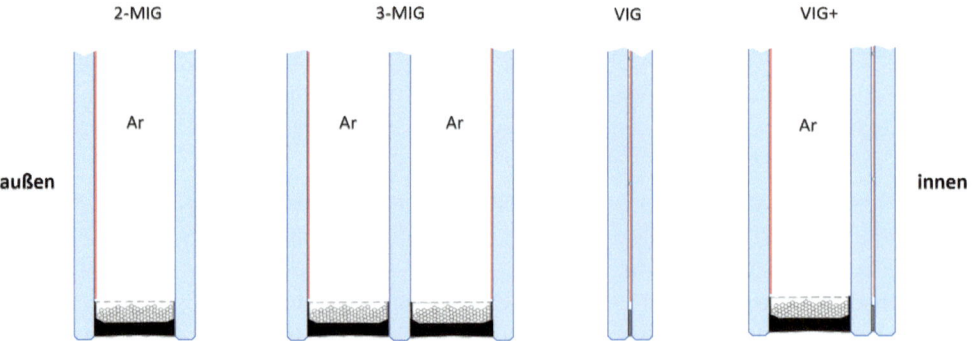

Bild 1 Glasaufbauten für 2- und 3-MIG, VIG und VIG+. Die nicht evakuierten Scheibenzwischenräume sind mit Argon gefüllt, die Scheiben werden mit einem Abstandhalter des Typs „Warme Kante" auf Distanz gehalten; im VIG wird ein gasdichtes Lot als Randverbund eingesetzt (© ZAE Bayern)

2 Thermische Charakterisierung

2.1 U_g-Werte von Mehrscheibenisolierglas (MIG)

Typische U_g-Werte von konventionellem MIG werden von deutschen Herstellern mit 1,1 W/(m²K) für Zweischeibenisolierglas und 0,6 W/(m²K) für Dreischeibenisolierglas angegeben [1]. Generell werden auch niedrigere U_g-Werte angeboten, doch sind diese in der Regel nur mit Krypton als Füllgas erreichbar. Dieses ist jedoch teuer und muss energieintensiv hergestellt werden, so dass Gläser mit Kryptonfüllung nicht immer nachhaltig sind [2].

2.2 U_g-Werte von Vakuumisolierglas (VIG)

Am ZAE Bayern wurde seit 2014 der U_g-Wert 24 kommerzieller VIG von sieben unterschiedlichen Herstellern gemessen. Die Messungen erfolgten in einer Guarded Hot Plate Apparatur in Anlehnung an die DIN EN 674 (Bild 2).

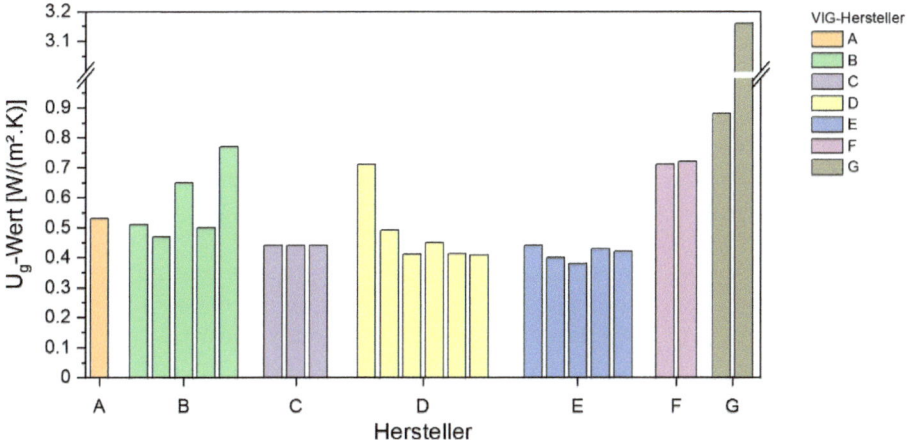

Bild 2 Gemessene U_g-Werte kommerzieller VIG unterschiedlicher Hersteller (© ZAE Bayern)

Die Messwerte zeigen eine große Bandbreite der thermischen Eigenschaften von VIG unterschiedlicher Hersteller. So verwenden einige Hersteller getempertes Glas anstatt Floatglas, wodurch die Stützen in größeren Abständen gesetzt werden können, was deren Wärmebrückeneffekt reduziert und niedrigere U_g-Werte erlaubt. Weiterhin zeigen sich bei einigen Herstellern Schwankungen innerhalb der U_g-Werte. Leichte Schwankungen können durch teilweise unterschiedliche Aufbauten der gemessenen VIG erklärt werden, z. B. Variation des Stützenrasters. Starke Schwankungen hingegen lassen auf einen inkonsistenten Fertigungsprozess schließen, z. B. Hersteller G.

Trotz einzelner Ausreißer sind mittlerweile VIG-Hersteller am Markt verfügbar, bei denen eine gleichbleibend hohe Produktqualität mit zuverlässig konsistenten und sehr niedrigen U_g-Werten im Bereich von 0,4 W/(m²K) zu verzeichnen ist.

2.3 U_g-Werte von hybridem Vakuumisolierglas (VIG+)

Aus den thermisch hochwertigsten VIG wurden VIG+ hergestellt und ebenfalls in der Guarded Hot Plate Apparatur vermessen. Eine Übersicht der Messwerte ist in Tabelle 1 dargestellt. Die zusätzliche Vorsatzscheibe mit low-ε-Beschichtung (ε = 0,03) wird mit einem herkömmlichen „Warme Kante"-Randverbund aufgebracht und verbessert den U_g-Wert der VIG+ im Vergleich zum reinen VIG nochmal um rund 0,1 W/(m²K), so dass hierdurch U_g-Werte um die 0,3 W/(m²K) erreicht werden.

Tabelle 1 Aufbau und gemessene U_g-Werte von VIG+

Nr.	Aufbau	U_g VIG W/(m²K)	U_g VIG+ W/(m²K)
1	4*/16 Ar/VIG	0,44 ± 0,02	0,33 ± 0,02
2	4*/16 Ar/VIG	0,41 ± 0,02	0,32 ± 0,02
3	4-2EVA-4*/16 Ar/VIG	0,44 ± 0,02	0,32 ± 0,02
4	4-2EVA-4*/16 Ar/VIG	–	0,33 ± 0,02

2.4 U_{eff}-Werte von VIG und VIG+

Der Einfluss des Randverbundes kann über den sogenannten U_{eff}-Wert beschrieben werden. Er entspricht dem Wärmedurchgang einer Verglasung, die nicht in ein Rahmen- oder Profilsystem eingebaut ist und stellt eine Überlagerung des U_g-Wertes und des *Psi*-Wertes dar. Der U_{eff}-Wert ist abhängig vom Format der Verglasung.

Der U_{eff}-Wert wurde am ZAE Bayern in einer Hot-Box-Apparatur in Anlehnung an die neue VIG-Norm ISO 19916-3 an der reinen Verglasung ohne Rahmen gemessen. Hierzu steht am ZAE eine eigens entwickelte Hot-Box-Apparatur mit hoher Genauigkeit zur Verfügung. Die Messungen wurden am VIG und dem daraus hergestellten VIG+ Nr. 2 aus Tabelle 1 durchgeführt und sind in Tabelle 2 dargestellt.

Tabelle 2 Messwerte von U_g und U_{eff} an VIG und VIG+ im Format 901 mm × 814 mm

Probe	Aufbau	U_g W/(m²K)	U_{eff} W/(m²K)
VIG	4* / 0.2 V / *4	0,41 ± 0,02	1,10 ± 0,04
VIG+	4* / 16 Ar / VIG	0,32 ± 0,02	0,76 ± 0,04

Die im Vergleich zu den U_g-Werten deutlich höheren U_{eff}-Werte zeigen, dass der Randverbund einen erheblichen Anteil am Gesamtwärmedurchgang einer Verglasung verursacht; insbesondere beim reinen VIG ist der Einfluss dramatisch. Durch die Vorsatzscheibe und den zusätzlichen Scheibenzwischenraum kann der Einfluss des Randverbundes beim VIG+ deutlich entschärft werden.

2.5 U_W- und U_{CW}-Werte mit VIG und VIG+

Der gesamte Wärmedurchgang eines Fensters bestehend aus Verglasung und Rahmen wird über den U_W-Wert für Fenster bzw. den U_{CW}-Wert für Pfosten-Riegel-Fassaden angegeben. Diese berücksichtigen neben dem ungestörten Wärmedurchgang in der Scheibenmitte (U_g-Wert) und dem Einfluss des Randverbundes der Verglasung (*Psi*-Wert) zusätzlich den Einfluss der Rahmen bzw. Profile (U_f-Wert).

In Tabelle 3 ist die thermische Performance von Vakuumglas für das Fensterelement WICONA WICLINE 95 und das Fassadenelement WICONA WICTEC 50 NG dargestellt. Beide Systeme sind thermisch optimierte Produkte des Projektpartners Hydro Building Systems Germany GmbH und weisen mit 3-MIG ein Passivhauszertifikat auf.

Tabelle 3 Thermische Kennwerte des Fenstersystems WICONA WICLINE 95 sowie des Fassadensystems WICONA WICTEC 50 NG mit unterschiedlichen Verglasungen

System	Verglasung	Modulgröße $B \times H$ in [mm]	U_g W/(m²K)	U_W/U_{CW} W/(m²K)
Fenster	2-MIG	1230 × 1480	1,1	1,07
	3-MIG		0,6	0,74
	VIG+		0,32	0,67
Fassade	2-MIG	1200 × 2500	1,1	1,22
	3-MIG		0,6	0,72
	VIG+		0,32	0,58

2.6 Einsatz im Gebäudebestand: U_g-Werte für VIG+ und MIG im Vergleich

Der Glastausch stellt im Vergleich zum Fenstertausch eine geringer invasive Effizienzmaßnahme mit höherer Akzeptanz dar. Gerade Holz- und Aluminiumfensterflügel, die in den 1990er Jahren verbaut wurden, zeichnen sich durch sehr gute U_f-Werte aus, so dass deren Weiterverwendung graue Energie einspart. Im Falle eines Glastausches ist die Stärke des Glasaufbaus – üblicherweise 2-MIG – vorgegeben. Die Dicken der häufigsten Glasaufbauvarianten betragen 20 mm (4–12–4) und 24 mm (4–16–4). In Bild 3 sind die U_g-Werte unterschiedlicher Glasaufbauten dargestellt.

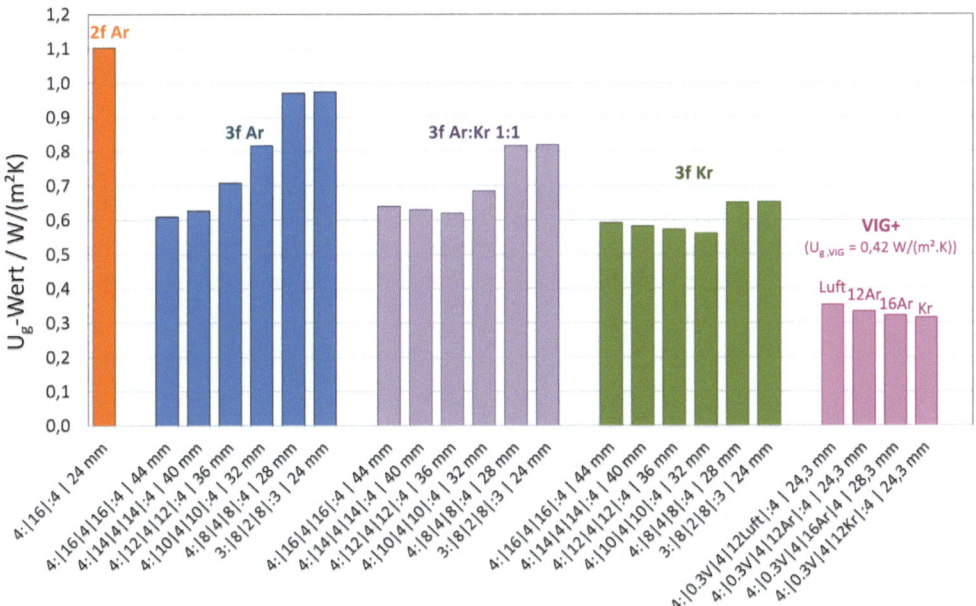

Bild 3 Berechnete U_g-Werte unterschiedlicher Glasaufbauten: 2-MIG (orange), 3-MIG in unterschiedlichen Aufbaustärken mit Edelgasfüllung aus Argon (blau), Kr:Ar 1:1 (lila) und Krypton (grün), sowie VIG+ (pink) (© ZAE Bayern)

Bei geringen Aufbaustärken stellt 3-MIG mit Argonfüllung nur eine geringe Verbesserung gegenüber 2-MIG dar. Erst durch den Einsatz von Krypton ergeben sich signifikante Verbesserungen. VIG+ erzielt auch in geringer Aufbaustärke sehr niedrige U_g-Werte.

2.7 Glastausch und U_w-Werte in alten Fensterflügeln

Beim Glastausch im Bestand ist der U_f-Wert durch den bestehenden Rahmen vorgegeben. Zur Bestimmung des U_w-Wertes wurden Fensterrahmen aus Kunststoff I.3 und Holz I.4 verwendet, die in der Norm DIN 10077-2 als Standard hinterlegt sind, und mit VIG+ sowie dünnem 3-IG ausgestattet. Entsprechend der Norm wurde die für den Bestand repräsentative Fenstergröße im Format 1,48 m × 1,23 m eingesetzt, der Glaseinstand beträgt 15 mm. Unter Verwendung der Simulationssoftware WINISO® wurde eine Parametervariation für Verglasungen mit einer Gesamtaufbaustärke von 28 mm durchgeführt. Variiert wurden Gasfüllung sowie Scheibendicke. Die Ergebnisse sind in Bild 4 dargestellt. Auch hier werden mit VIG+ (Balken mit lila Rahmen) die besten U_w-Werte erreicht.

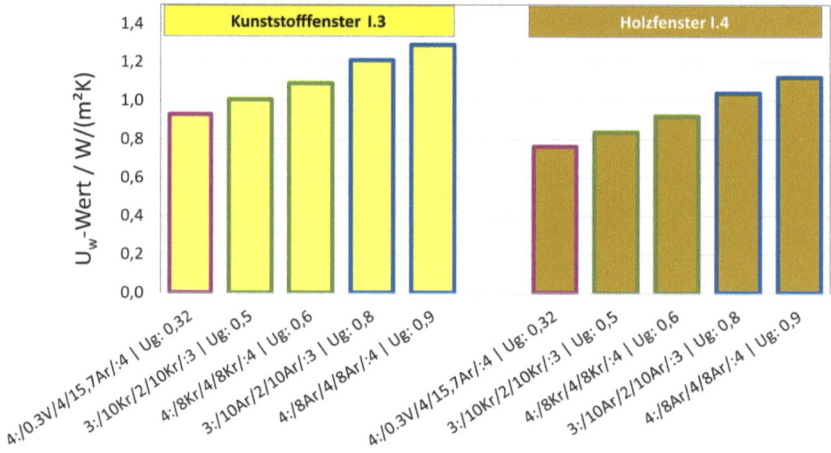

Bild 4 Ergebnisse der WinISO® Simulationen verschiedener 28 mm starker Glasaufbauten für das Kunststofffenster I.3 und das Holzfenster I.4 gemäß DIN EN ISO 10077-2:2003 (© ZAE Bayern)

3 Energieeinsparpotential

Da Fenster im Vergleich zu Außenwänden einen höheren U-Wert besitzen stellen sie die größte energetische Schwachstelle dar. Im Folgenden wird das Einsparpotential in Bezug auf Endenergie- und CO_2-Emissionen im deutschen Gebäudebestand ermittelt, das durch den vollständigen Austausch mit FFS-VIG+ Fenstern erreicht werden kann.

Hierzu wurden Daten des Instituts für Wohnen und Umwelt (IWU) verwendet, welches die Wohngebäude in Deutschland nach Baujahr und Gebäudetyp kategorisiert und deren jeweilige Anzahl bestimmt hat [3]. Wohngebäude, die nach 2009 errichtet wurden, sind nicht berücksichtigt, da für diese keine Daten zur Verfügung standen.

Der Endenergieverbrauch durch Heizen, Warmwasser und Beleuchtung wurde in Anlehnung an die DIN V 18599:2018 ermittelt. Die technische Ausführung der Gebäudehülle und Gebäudesystemtechnik wurde anhand des vom IWU im TABULA Verfahren ermittelten deutschen Gebäudebestandes mit dem Referenzklima für Potsdam abgebildet [3]. Zur Berechnung der CO_2-Emissionen wurde angenommen, dass alle Gebäude einen Gasbrennwertkessel zum Heizen verwenden. Die Validierung erfolgte über die vom BMWK bereitgestellten Energiedaten Deutschlands [4]. Um die Diskrepanz zu den realen Daten, insbesondere bei höheren Bedarfen [5], zu korrigieren, wurde analog zum beim IWU eingesetzten Verfahren [6] ein Adaptionsfaktor k verwendet:

$$\tilde{E}_{real} = \tilde{E}_{theo} \cdot \left(-0.2 + \frac{1.3}{1 + \frac{\tilde{E}_{theo}}{500 \frac{kWh}{m^2 \cdot a}}} \right) = \tilde{E}_{theo} \cdot k \quad (1)$$

$\tilde{E}_{real}$ ist dabei der reale Energieverbrauch pro Fläche und Jahr, der aufgrund von Sparmaßnahmen der Bewohner niedriger ist als der theoretische Verbrauch $\tilde{E}_{theo}$ des Gebäudes. Für niedrige Verbrauchszahlen ist der Adaptionsfaktor k, welcher der Klammer entspricht, ungefähr $k = 1$. Für höhere theoretische Verbräuche nimmt k mit zunehmenden $\tilde{E}_{theo}$ immer weiter ab, wodurch der reale Verbrauch kleiner wird.

In Tabelle 4 und Tabelle 5 sind die ermittelten maximalen technischen Einsparpotentiale in Bezug auf den Endenergieverbrauch sowie die CO_2-Emissionen dargestellt. Insbesondere die Baualtersklassen 1979–1994, die nach der ersten Wärmeschutzverordnung erbaut wurden, weisen wegen ihres Mindestdämmstandards bei der Gebäudehülle verbunden mit größeren Fensterflächen als ältere Gebäude die höchsten Reduktionen auf.

Tabelle 4 Endenergieverbrauch der Fenster im Ist-Zustand und nach dem simulierten Austausch mit VIG+ in Abhängigkeit von der Baualtersklasse der Gebäude

Baujahr	Endenergieverbrauch $\tilde{E}_{real}$		Endenergieeinsparung	
	Ist-Zustand [TWh · a^{-1}]	Austausch mit VIG+ [TWh · a^{-1}]	[TWh · a^{-1}]	[%]
1859 und früher	14.1	13.9	0.2	1.3
1860–1918	77.8	74.0	3.8	4.9
1919–1948	73.1	69.8	3.3	4.5
1949–1957	63.2	60.7	2.6	4.1
1958–1968	103.7	98.0	5.7	5.5
1969–1978	99.8	92.6	7.2	7.2
1979–1983	35.6	32.3	3.3	9.3
1984–1994	64.3	58.0	6.3	9.9
1995–2001	47.3	43.5	3.9	8.2
2002–2009	25.4	23.9	1.5	5.9

Tabelle 5 CO_2-Emissionen durch den Energieverbrauch der Gebäude im Ist-Zustand und nach dem simulierten Austausch mit VIG+ in Abhängigkeit von der Baualtersklasse der Gebäude

Baujahr	CO_2-Emissionen		CO_2-Reduktion	
	Ist-Zustand [Mt · a^{-1}]	Austausch mit VIG+ [Mt · a^{-1}]	[Mt · a^{-1}]	[%]
1859 und früher	3.9	3.8	0.1	1.2
1860–1918	21.6	20.6	1.0	4.7
1919–1948	20.3	19.4	0.9	4.3
1949–1957	17.5	16.8	0.7	3.9
1958–1968	28.8	27.3	1.5	5.3
1969–1978	27.8	25.9	1.9	7.0
1979–1983	10.0	9.1	0.9	9.0
1984–1994	18.0	16.3	1.7	9.4
1995–2001	13.3	12.3	1.0	7.8
2002–2009	7.2	6.8	0.4	5.5

Das maximale technische Potential, das sich durch den großflächigen Einsatz von VIG+ im Gebäudebestand ergibt, beträgt pro Jahr ca. 38 TWh Endenergie- bzw. 10 Mio. t CO_2-Emissionseinsparung.

4 Thermomechanische Charakterisierung von VIG

4.1 Belastungsprüfungen

Die Belastungsprüfung für herkömmliches MIG (z.B. nach DIN EN 1279-2:2018-10) stellt für VIG keine extreme Beanspruchung dar, da hier kein Füllgas vorhanden ist, das sich ausdehnt. Ein realistischer Belastungstest für VIG induziert Temperaturdifferenzen zwischen Innen- und Außenscheibe durch einseitiges Aufheizen. Hierdurch dehnen sich die beiden Scheiben unterschiedlich aus und verursachen Spannungen im Randverbund; diese nehmen mit steigender Temperaturdifferenz zu. Bild 5 zeigt einen solchen Belastungsprüfstand. Das VIG wird auf Klötzen stehend eingebaut und durch einen mit Kunststofflippen ausgeführten Rahmen in aufrechter Position stabilisiert. Dabei wird ein Einspannen vermieden, um keine zusätzliche Belastung zu erzeugen.

Bei 3fach-Isolierverglasungen sind unter voller Sonnenstrahlung Temperaturen über 80 °C auf der isolierten Mittelscheibe möglich [7]. Sonnensimulatormessungen bei einer Bestrahlungsstärke von 1000 W/m^2 ergaben bei Langzeitexposition in Sättigung ebenfalls Maximaltemperaturen von 80 °C auf der Mittelscheibe des VIG+. Zur anwendungsnahen Prüfung der Dauerhaftigkeit wurden daher an einem VIG zunächst 50 Zyklen bei einer Temperatur von 90 °C und anschließend 114 Zyklen bei einer Temperatur von 120 °C durchgeführt. Zur besseren Lesbarkeit sind in Bild 6 exemplarisch 50 Zyklen bei 120 °C dargestellt. Das VIG bestand alle Zyklustests ohne Versagen oder Degradation.

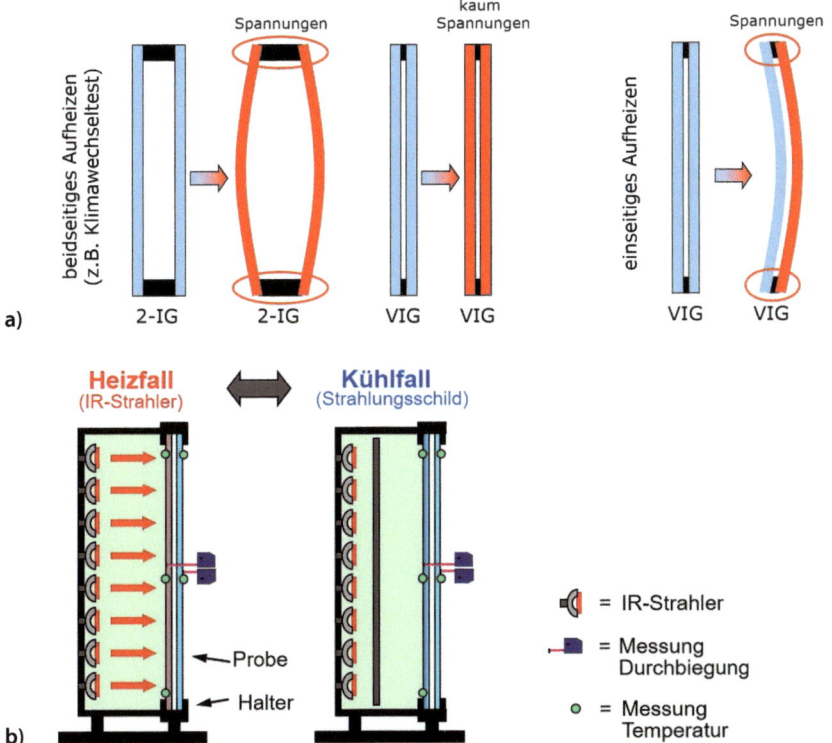

Bild 5 a) Reaktion von 2-IG und VIG auf beidseitiges und einseitiges Aufheizen; b) Schema des Belastungsprüfstandes zur Untersuchung der mechanischen Stabilität von VIG (© ZAE Bayern)

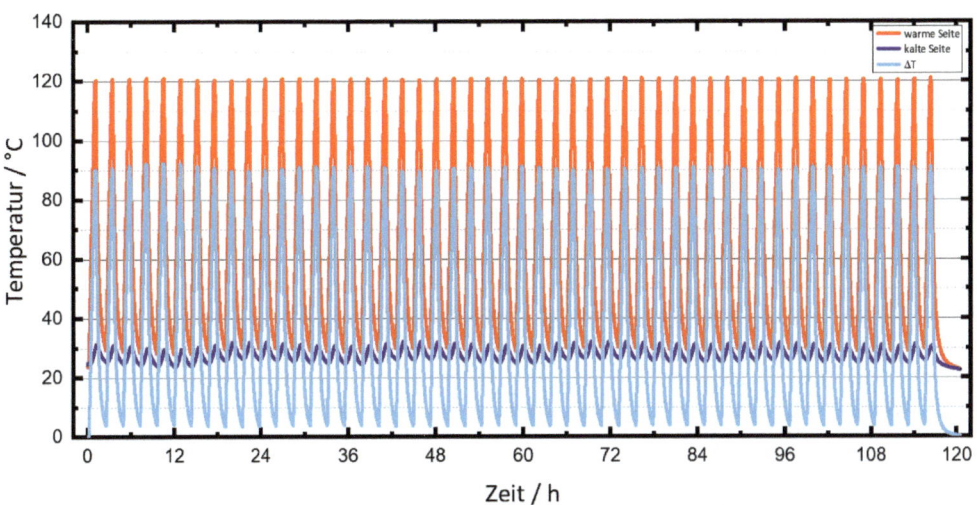

Bild 6 Dauerhaftigkeitsprüfung an VIG durch zyklischen Belastungstest mit 50 Zyklen bei 120 °C auf der warmen Seite bei einer Temperaturdifferenz *DT* von ca. 90 K (© ZAE Bayern)

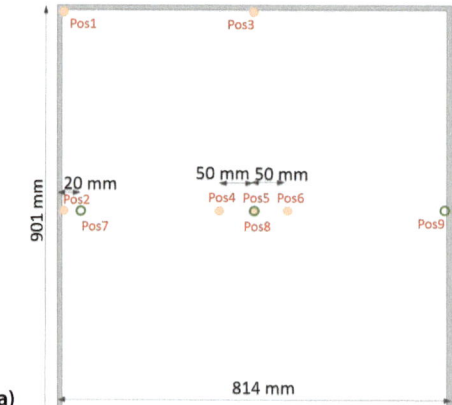 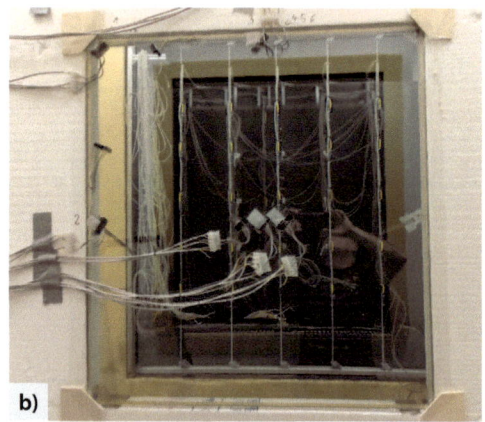

Bild 7 a) Position der Dehnungsmessstreifen auf der warmen (Pos 1–6, beige Kreise) und der kalten Seite (Pos 7–9, grüne Kringel) des VIG (© ZAE Bayern); b) in Hot-Box eingebautes VIG (© ZAE Bayern)

4.2 Hot-Box-Messungen zur Spannungsbelastung von VIG

Um die Spannungsbelastung von VIG unter thermischer Beanspruchung zu bestimmen, wurden Hot-Box-Messungen an einem VIG durchgeführt, welches mit Dehnungsmessstreifen (DMS) ausgerüstet war. Die DMS erfassen die Spannung der Glasoberfläche an den jeweiligen Messpunkten horizontal, vertikal und diagonal (45°). Die Position der DMS sowie ein Foto des eingebauten VIG mit DMS ist in Bild 7 dargestellt.

Die Messungen wurden mit unterschiedlichen Temperaturdifferenzen zwischen warmer und kalter Seite durchgeführt; diese betrugen 2,8 K, 4,6 K, 9,5 K, 14,3 K, 19,0 K und 23,8 K. Die Ergebnisse dienten zur Validierung eines thermomechanischen Simulationsmodells, das von der TU Darmstadt erstellt und in den folgenden Abschnitten beschrieben wird.

4.3 Grundlagen thermischer Belastung in einem VIG

Spannungen infolge Temperaturdifferenzen sind bei Vakuumisolierglas von entscheidender Bedeutung für ihre Bemessung und Dauerhaftigkeit. Die im Folgenden beschriebenen Spannungen entstehen unter der Annahme, dass sich das VIG frei in Plattenrichtung verformen kann. Temperaturdifferenzen zwischen den beiden Scheiben sowie zwischen dem Zentrum und dem Randbereich des VIGs verursachen Spannungen im VIG.

Die Temperaturdifferenz zwischen den beiden VIG-Scheiben führt zu einem Durchbiegen des VIG in Richtung der wärmeren Scheibe. Dies liegt daran, dass die wärmere Scheibe sich mehr ausdehnt als die kältere Scheibe und beide Scheiben am Rand steif miteinander verbunden sind. Das bedeutet, dass die Scheiben sich im Bereich des Randverbundes in Scheibenrichtung nicht relativ zueinander verschieben können. So entstehen entlang des Randverbundes infolge der Scherkräfte mit einem Hebelarm zur Scheibenmitte (in Plattenrichtung) Momente, welche die Durchbiegung in Richtung der warmen Scheibe verursachen. Unter der Annahme, dass das VIG sich frei in Plattenrichtung bewegen kann, entstehen aufgrund der Durchbiegung und der Steifigkeit des Randbereichs die maximalen Spannungen am Rand des VIG. Diese werden zusätzlich durch die Temperaturverteilung in Scheibenrichtung erhöht. Aufgrund der Wärmebrücke im Randbereich ist bei der warmen Scheibe der Rand deutlich kälter als der Durchschnitt der warmen Seite und bei der kalten Scheiben genau umgekehrt. Dies ist gut mit dem klassischen Problem des Thermobruchs bei 3fach-IG zu vergleichen. Dieser Effekt erhöht die Spannungen infolge einer Temperaturdifferenz im Randbereich, bei freier Lagerung in Plattenrichtung. Die Richtung dieser maximalen Spannungen verläuft parallel zum Rand. Aufgrund der biaxialen Durchbiegung des VIG entstehen in der Mitte des VIG isotrope Biegespannungen. Auf Grundlage solcher Überlegungen wurde in Sydney 1992 das analytische Modell zur Ermittlung von Spannungen infolge einer Temperaturdifferenz entwickelt [8]. Mit diesem Wissen wurden die DMS wie im vorherigen Abschnitt beschrieben, angebracht und der Testaufbau (gemäß ISO 19916-3) angepasst.

4.4 Datenauswertung und Vergleich mit Simulation

Der Versuchsaufbau in der Hot-Box wurde gewählt, da es gut möglich ist, die Temperaturen der beiden Hälften gut zu kontrollieren und konstant zu halten. Dadurch kann die Temperaturdifferenz ΔT und damit die thermische Last reguliert werden. Im Zuge des Versuches wurde die Temperaturlast über längere Zeit konstant gehalten, sodass die gemessenen Dehnungen für jeden Auswertungszeitraum nahezu konstant waren. Somit konnte ein numerisches Modell mithilfe der Software ANSYS Workbench erstellt werden und die Rechnung stationär ausgeführt werden. Das Mesh wurde so aufgebaut, dass in Bereichen hoher Spannungskonzentrationen bzw. Bereichen von Interesse die Vernetzung diskretisiert werden konnte.

Das Modell (Bild 8) umfasst ein Viertel des gesamten VIGs mit den jeweiligen Symmetriebedingungen in Scheibenrichtung. Es wurden die Glasscheiben mit Randverbund und Stützen modelliert. Die verwendeten Abmessungen und Materialien des Modells wurden entsprechend der bekannten Parameter der Testscheibe gewählt. Für den Randverbund wurden die gleichen Materialparameter wie für die Glasscheiben gewählt, da es sich in diesem Fall um ein Glaslot handelt. Das VIG-Modell wurde lediglich an einem Eckknoten in X- und Y-Richtung (Scheibenrichtung) fixiert. In Z-Richtung (Plattenrichtung) kann sich das Modell frei verformen. Das Eigengewicht

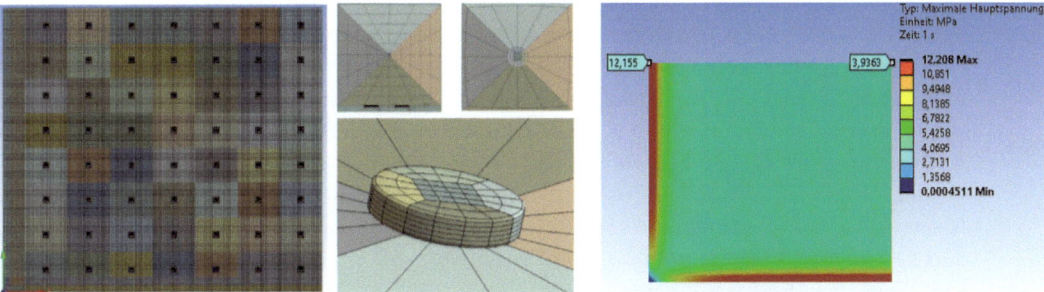

Bild 8 Vernetzung des FE-Modells des Vakuumisolierglases in steigendem Detailgrad sowie Darstellung der Hauptspannungen im Lastfall (© TU Darmstadt)

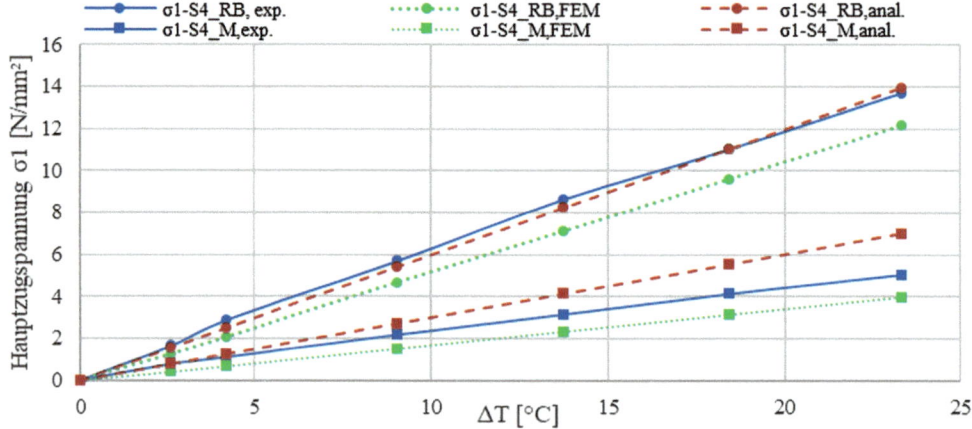

Bild 9 Vergleich von experimentellen, numerischen und analytischen Ergebnissen der resultierenden Spannungen am Rand und in der Mitte des VIG infolge einer Temperaturbelastung ΔT (© TU Darmstadt)

wurde nicht angesetzt, da die gemessenen Dehnungen nach dem Einbau und zu Beginn des Versuchs genullt wurden. Die Temperaturen wurden entsprechend den Messungen der Versuche in der Hot-Box angesetzt.

In Bild 9 wurden experimentelle, numerische und analytische Ergebnisse der resultierenden Spannungen aufgetragen. Alle drei Ansätze weisen eine gute Übereinstimmung auf. Das analytische Modell überschätzt die Spannungen im Zentrum der Oberflächen des VIG. Im Randbereich stimmt es gut mit den experimentellen Daten überein. Für höhere Temperaturlasten übersteigen die Werte des analytischen Modells die Messwerte. Das FE-Modell stimmt auch mit den beiden anderen Ansätzen gut überein, jedoch unterschätzt dieses die resultierenden Spannungen. Durch weitere Anpassung der entsprechenden Materialparameter könnte eine Verbesserung der Genauigkeit erreicht werden. Zudem können solch kleine Varianzen durch geringfügige Abweichungen im Versuchsaufbau und dem FE-Modell auftreten.

5 Zusammenfassung

VIG wird von einigen Herstellern mit sehr niedrigen U_g-Werten um die 0,4 W/(m²K) und hoher Produktqualität angeboten. Durch die Verwendung von thermisch vorgespanntem Glas ist die thermomechanische Belastbarkeit sehr gut. Nachteilig ist der starke Wärmebrückeneffekt des Randverbundes. Dieser kann durch einen hybriden Aufbau mit zusätzlicher Vorsatzscheibe (VIG+) deutlich entschärft werden. Mit VIG+ sind U_g-Werte um die 0,3 W/(m²K) realisierbar. Aufgrund des flexiblen und schlanken Aufbaus kann VIG+ sowohl im Neubau, als auch im Bestand in Fenstern, Dachfenstern und Fassaden eingesetzt werden. Hierdurch verspricht VIG+ ein enormes Energieeinspar- und CO_2-Reduktionspotential im deutschen Gebäudebestand.

Hemmnisse beim Einsatz von VIG stellen die noch fehlende Verfügbarkeit im europäischen Markt – alle Hersteller der hochwärmedämmenden VIG sitzen in Fernost –

sowie rechtliche Fragen dar, da VIG bzw. VIG+ bisher noch keine geregelten Bauprodukte sind und entsprechende Regularien gerade erst erarbeitet werden, so dass der Einsatz dieser innovativen Systeme in Bauvorhaben zur Zeit noch individuell geregelt werden muss.

6 Danksagung

Das Projekt FFS-VIG (FKZ 03EGB0021A-H) wird gefördert durch das Bundesministerium für Wirtschaft und Klimaschutz aufgrund eines Beschlusses des Deutschen Bundestages.

7 Literatur

[1] Isolar Gruppe (2022) https://www.isolar.de/service/kompass/d-waermedurchlasskoeffizient-u-wert-1761045130 [Zugriff am: 29.08.2022]

[2] Online-Fachartikel des Schweizerischen Instituts für Glas am Bau (SIGAB) (2021) *Sind Isoliergläser mit Krypton sinnvoll und nachhaltig?* https://www.sigab.ch/de/wissen/detail/isolierglas-krypton [Zugriff am: 29.08.2022]

[3] Diefenbach, N. (2013) *Basisdaten für Hochrechnungen mit der Deutschen Gebäudetypologie des IWU: Neufassung Oktober 2013*. Darmstadt: Institut Wohnen und Umwelt GmbH.

[4] BMWK, Gesamtausgabe der Energiedaten – Datensammlung des BMWK (2022) https://www.bmwk.de/Redaktion/DE/Artikel/Energie/energiedaten-gesamtausgabe.html [Zugriff am: 06.09.2022]

[5] Kornadt, O.; Carrigan, S.; Hartner, M.; Schöndube, T.; et al. (2021) *Analyse der Diskrepanz zwischen berechnetem Energiebedarf nach EnEV und tatsächlichem Energieverbrauch*. Abschlussbericht F 3217 im Rahmen der Forschungsinitiative »Zukunft Bau«, Fraunhofer IRB Verlag.

[6] Graf, A. (2016) *Analyse des Energieverbrauchs wärmetechnisch modernisierter Mehrfamilienhäuser – Entwicklung von Verbrauchsbenchmarks zur Beurteilung der Energieeffizienz* [Masterthesis]. Institut für Massivbau, Technische Universität Darmstadt, S. 62 ff.

[7] Ensslen, F. (2012) *3-fach-ISO als Dachverglasung* in: *Glaswelt*, Ausgabe 09-2012, 28–29.

[8] Collins, R. E. et al. (1992) *Transparent Evacuated Insulation* in: *Solar Energy, Vol. 49, Issue 5*, pp 33–350.

Ulrich Hartmann

Building Information Modeling – Grundlagen, Standards, Praxis

Digitales Denken im Ganzen

- breite Übersicht zum Building Information Modeling
- Einführung in alle relevanten Normen
- praktischer Start aus Sicht wichtiger Gewerke

Durchgängiges Informations-Management beim Planen, Bauen und Betreiben ist der Grundgedanke von BIM und Digitalisierung. Mit technischen Grundlagen, aktuellen Normen und einem praktischen Einstieg aus unterschiedlichen Perspektiven gelingt allen Akteuren das digitale Miteinander.

2022 · 584 Seiten · 161 Abbildungen · 15 Tabellen

Softcover
ISBN 978-3-433-03256-5   € 89*

eBundle (Softcover + ePDF)
ISBN 978-3-433-03302-9   € 115*

BESTELLEN
+49 (0)30 470 31-236
marketing@ernst-und-sohn.de
www.ernst-und-sohn.de/3256

* Der €-Preis gilt ausschließlich für Deutschland. Inkl. MwSt.

Photochromes Verbundglas – Haftverhalten von EVA mit integrierter Funktionsfolie

Elena Fleckenstein[1], Christiane Kothe[1], Felix Nicklisch[1], Bernhard Weller[1]

[1] Technische Universität Dresden, Institut für Baukonstruktion, August-Bebel-Straße 30, 01219 Dresden, Deutschland; elena.fleckenstein@tu-dresden.de; christiane.kothe@tu-dresden.de; felix.nicklisch@tu-dresden.de; bernhard.weller@tu-dresden.de

Abstract

Adaptive, photochrome Verglasungen verändern ihre Lichttransmission entsprechend der Sonneneinstrahlung und verringern dadurch Blendung. Für gewöhnlich werden photochrome Folien auf die innere Glasscheibe aufkaschiert. Dort sind sie chemischen und mechanischen Belastungen ausgesetzt, die die Funktionalität negativ beeinflussen. Zur Verbesserung der Dauerhaftigkeit wird die Funktionsfolie zwischen EVA-Folien in ein Verbundglas integriert. Dabei stellt sich die Frage, wie die Integration die Herstellung und Eigenschaften des Verbundglases beeinflusst. Dieser Beitrag beschreibt Kriterien zur Auswahl der EVA-Folie und der Laminationsparameter. Zudem werden Methoden zur Ermittlung der Haftung verglichen und der Einfluss der Parameter Vernetzung und Oberflächenvorbehandlung auf die Haftfestigkeit in experimentellen Untersuchungen ermittelt.

Laminated photochromic glass – Adhesion behaviour of EVA with integrated functional film. Adaptive, photochromic glazings change their light transmission according to the solar radiation and thus reduces glare. Usually, photochromic films are laminated onto the inner glass pane. They are exposed to chemical and mechanical stresses that negatively affect functionality. To improve durability, the functional film is integrated between EVA films in a laminated glass. The question arises as to how the integration influences the manufacture and properties of the laminated glass. This paper describes criteria for the selection of EVA film and lamination parameters. In addition, methods for determining adhesion are compared and the influence of the crosslinking and surface pretreatment parameters on adhesion strength is determined in experimental studies.

Schlagwörter: *EVA-Folie, Haftverhalten, Vernetzung, photochromes Verbundglas*

Keywords: *EVA film, adhesion, cross-linking, laminated photochromic glass*

Glasbau 2023. Herausgegeben von Bernhard Weller, Silke Tasche. https://doi.org/10.1002/9783433611739.ch16
© 2023 Ernst & Sohn GmbH. Published 2023 by Ernst & Sohn GmbH.

1 Ausgangssituation

Der Wunsch nach offenen, lichtdurchfluteten Räumen sorgt für hohe Anteile lichtdurchlässiger Bauteile. Mit der erhöhten Transparenz der Gebäudehülle steigen die solaren Energieeinträge in das Gebäude und damit der sommerliche Kühlbedarf. Zum Erreichen eines guten Nutzerkomforts ist neben der angenehmen Raumtemperatur und der natürlichen Beleuchtung die Blendfreiheit ein wichtiges Kriterium. Zum Erreichen dieser Ziele werden Gläser häufig mit Beschichtungen versehen, die konstante Transmissionseigenschaften aufweisen. Für veränderliche Einwirkungsgrößen wie die solare Strahlung sind adaptive Systeme, wie photochrome Gläser, eine sinnvolle Alternative. Diese reagieren auf solare Strahlung indem sie sich verdunkeln und dadurch ihre Transmissionseigenschaften verändern. Je größer die Bestrahlungsstärke, desto geringer wird der Transmissionsgrad. Photochrome Systeme sind für Fassadenanwendungen bislang nur in Form von Folien auf dem Markt verfügbar. Diese werden auf die zum Innenraum gerichtete Glasoberfläche der Isolierverglasungen aufkaschiert (Bild 1a). Dadurch dringt die Solarstrahlung zunächst durch den gesamten Glasaufbau hindurch, bevor sie die Funktionsfolie erreicht und zu einem großen Teil absorbiert wird. Die absorbierte solare Strahlung wird dann als Wärme überwiegend an den Gebäudeinnenraum abgegeben, was zu einer Erhöhung der Raumtemperatur führt. An dieser Stelle ist die photochrome Folie zudem chemischen und mechanischen Einwirkungen durch Reinigung und Nutzung ausgesetzt. Dies kann mit der Zeit zu optischen und funktionalen Einschränkungen bis hin zu vollständigem Funktionsverlust oder Ablösung der Folie führen. Ein Austausch der Folie ist dann schon nach einer kurzen Einsatzzeit erforderlich.

Die Integration der Funktionsfolie zwischen zwei EVA-Folien in einen Verbundglasaufbau bietet einen neuen Lösungsansatz, der die Dauerhaftigkeit erhöht, da die Funktionsfolie vor äußeren Einwirkungen geschützt wird (Bild 1b). Indem das Verbundglas mit integrierter Funktionsfolie als äußere Scheibe in das Mehrscheiben-Isolierglas eingebaut wird, verbessert sich die energetische Wirkung der Funktionsschicht, da die Transmission bereits dort verringert wird. Die Energie, der in der angeregten Folie absorbierten solaren Strahlung, wird mehrheitlich über das äußere Glas an die Umgebung abgegeben.

Die Integration einer photochromen Folie erfordert die Anpassung der Prozessparameter während des Laminationsvorgangs, da die thermische und mechanische Belas-

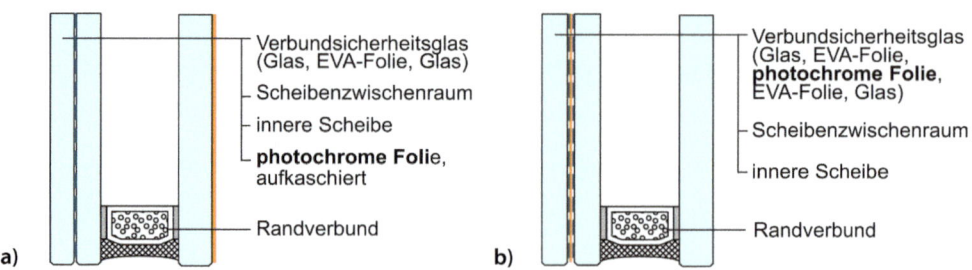

Bild 1 a) Standardaufbau mit aufkaschierter Funktionsfolie auf der Innenseite der inneren Scheibe; b) Optimierter Aufbau: Funktionsfolie in das Verbundglas integriert (© E. Fleckenstein, TU Dresden)

tung auf die Funktionsschicht möglichst geringgehalten werden soll. Die Laminationsparameter, wie Zeit und Temperatur, sind stark vom Zwischenschichtmaterial abhängig, weshalb es zunächst erforderlich ist, eine Verbundfolie zu identifizieren, die eine geringe Laminationstemperatur aufweist.

Für ein breiteres Einsatzfeld sollte die Verglasung den baukonstruktiven Anforderungen an Verbundsicherheitsglas genügen, die beispielsweise bei absturzsichernden Verglasungen oder bei Überkopfverglasungen gefordert sind. Im Falle eines Bruchs ist es Aufgabe der Verbundfolie, die Glasbruchstücke zusammenzuhalten und dadurch die Bruchsicherheit und Resttragfähigkeit sicherzustellen. Hierfür ist eine ausreichende Haftung zwischen der Glasoberfläche und der Verbundfolie (Adhäsion) sowie innerhalb der Verbundfolie (Kohäsion) erforderlich. Durch die Integration der photochromen Funktionsfolie entstehen weitere Schichtenübergänge zwischen Verbund- und Funktionsfolie, die adhäsiv versagen können. Mit jeder zusätzlichen Schicht wird der Aufbau komplexer und die Versagensmöglichkeiten nehmen zu. Inwieweit die Funktionsfolie das Verbundverhalten beeinflusst ist bisher nicht bekannt. Zur Abschätzung des Haftvermögens des Aufbaus und der Ermittlung der Versagensebene bieten sich Kleinteilversuche an. Bisher gibt es jedoch keine genormten Kleinteilversuche zur Ermittlung der Haftung oder des Verbundverhaltens von Verbundglasscheiben. Zur Qualitätskontrolle hat sich für Verbundsicherheitsglas mit PVB-Folie der Pummeltest etabliert. Dieser ist jedoch aufgrund seiner manuellen Durchführung und optischen Auswertung stark subjektiv. Weiterhin ist eine Vielzahl unterschiedlicher Versuchsmethoden bekannt. Zur Überprüfung der Sicherheitseigenschaften von Verbundsicherheitsglas sind weiterhin großformatige Pendelschlagversuche erforderlich.

Neben den sicherheitsrelevanten Anforderungen ist der Erhalt der Funktionalität der photochromen Folie bei der Integration in den Glasverbund entscheidend. Daher wurden die in diesem Beitrag beschriebenen Untersuchungen durch Lichttransmissionsmessungen begleitet. Zum einfacheren Vergleich wurde der Lichttransmissionsgrad nach DIN EN 410 [1] an der reinen Folie und im Verbund bestimmt und verglichen. Die Messung der Transmission erfolgte mit einem Spektrometer im Wellenlängenbereich von 245 nm bis 790 nm jeweils im ungetönten und im getönten Zustand. Durch die Integration in den Glasverbund wurde der Transmissionsgrad im ungetönten Zustand um 3 % verringert. Im getönten Zustand liegt der Unterschied bei 1 % (Tabelle 1).

Die Ergebnisse der Transmissionsmessung zeigen, dass die Funktionalität der Funktionsfolie durch die Integration in das Verbundglas nicht beeinträchtigt wird.

Tabelle 1 Transmissionsgrad der reinen Funktionsfolie, im Vergleich zum Glasverbund mit integrierter Funktionsfolie, jeweils im getönten und ungetöntem Zustand

Transmissionsgrad	reine Funktionsfolie	Glasverbund mit Funktionsfolie
ungetönt	71 %	68 %
getönt	42 %	41 %

2 Verbundsicherheitsglas

Verbundsicherheitsglas wird überall dort eingesetzt, wo erhöhte Sicherheitsanforderungen wie sicheres Bruchverhalten und Resttragfähigkeit an eine Verglasung gestellt werden. Nach DIN EN ISO 12543-2 [2] besteht Verbundsicherheitsglas aus mindestens zwei Glasscheiben, die durch eine Verbundfolie miteinander verbunden sind. Die Sicherheitseigenschaften werden durch einen Aufprall mit einem weichen Körper (Pendelschlag) klassifiziert.

Verbundsicherheitsglas wird zum größten Teil mit Verbundfolien aus Polyvinylbutyral (PVB) hergestellt. Bei PVB handelt es sich um einen teilkristallinen Thermoplast. Die Herstellung von VSG mit PVB erfolgt für gewöhnlich im Autoklav bei einer Temperatur von $T = 135-145\,°C$ und einem Druck von $P = 12$ bar [3].

Da die Temperatureinwirkung auf die Funktionsfolie während der Herstellung möglichst gering (< 120 °C) gehalten werden sollen, eignen sich PVB-Folien aufgrund der höheren Verarbeitungstemperaturen nur bedingt. Folien, die bei einer geringen Laminationstemperatur verwendet werden können, bestehen aus dem Copolymer Ethylenvinylacetat (EVA, Bild 2). Diese sind laut Verarbeitungshinweis bereits bei einer Temperatur von 90 °C verarbeitbar [4]. Verbundsicherheitsglas mit EVA-Folie wird im Vakuum-Laminationsverfahren hergestellt, wozu ein Vakuumsack und ein Ofen ausreichend sind. Die Investitionskosten zur Herstellung des Verbundglases sind daher gering. Im Unterschied zu PVB-Folien, die bei der Verarbeitung lediglich aufschmelzen, laufen bei EVA-Folien chemische Reaktionen ab, die zur Vernetzung der einzelnen Polymerketten führen und dadurch die Temperaturabhängigkeit der Foliensteifigkeit verringern. Diese chemische Reaktion wird durch aus Peroxiden gebildete Radikale gestartet (Bild 2). Die Bildung der Radikale startet, sobald die Temperatur ausreichend ist, um die Peroxide zu spalten. Die Temperatur ist ein entscheidender Parameter bei der Lamination. Der Vernetzungsgrad einer EVA-Folie soll laut [5, 6] nach der Lamination bei mindestens 70 % liegen, um die mechanischen Eigenschaften (Zugfestigkeit, Steifigkeit) und die Dauerhaftigkeit sicherzustellen. Das heißt, dass 70 % der möglichen Vernetzungen gebildet wurden. Hierbei ist anzumerken, dass sich die Literatur vor allem auf die Anwendung von EVA-Folien in Photovoltaikmodulen bezieht. An diese

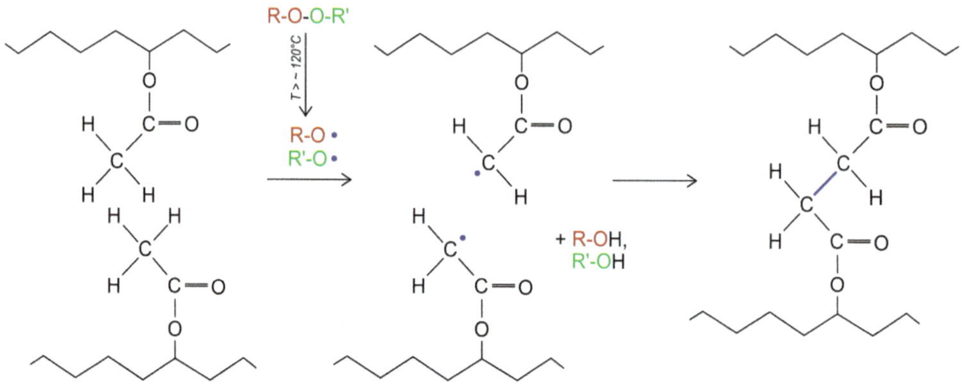

Bild 2 Chemischer Aufbau des Copolymers und Vernetzungsreaktion bei der Lamination, radikalische Peroxide sind in Rot und Grün dargestellt (nach [7])

EVA-Folien werden andere Anforderungen als an Folien für die Herstellung von Verbundsicherheitsglas gestellt. Daher weisen sie eine andere chemische Zusammensetzung auf. Der erforderliche Vernetzungsgrad kann abweichen.

3 Vorauswahl geeigneter EVA-Folien und Ermittlung des Vernetzungsgrades

3.1 Methode – Dynamische Differenzkalorimetrie (DSC)

Um geeignete EVA-Folien für eine Lamination bei niedrigen Temperaturen auszuwählen, wurden die Folien mit Hilfe der dynamischen Differenzkalorimetrie (DSC) untersucht. Die DSC ist ein thermisches Analyseverfahren, bei dem endotherme und exotherme Ereignisse erfasst werden. Hierfür wird die untersuchte Probe gemeinsam mit einer Referenzprobe erwärmt und währenddessen jeweils der Wärmestrom durch die Proben gemessen. Finden in der untersuchten Probe beispielsweise chemische Reaktionen statt, verändert sich der Wärmestrom im Vergleich zur Referenzprobe. Dies ermöglicht die Ermittlung der Temperaturen, bei denen bestimmte endotherme und exotherme Prozesse, wie Schmelzen oder chemisches Vernetzen, ablaufen (Bild 3). Dieses Verfahren wurde bereits in mehreren Veröffentlichungen [5, 7, 8] als geeignet zur Untersuchung des Vernetzungsprozesses beschrieben.

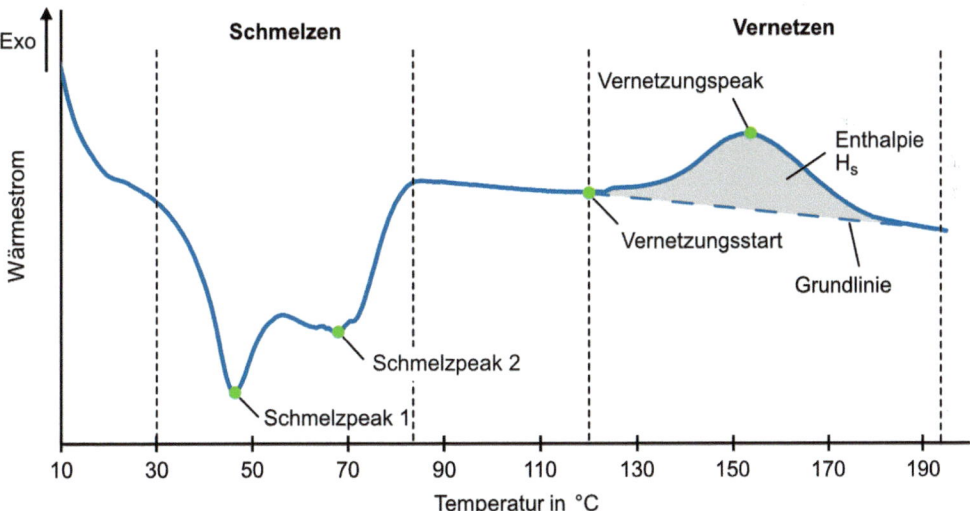

Bild 3 Beispielhafter Verlauf einer DSC-Kurve einer unvernetzten EVA-Folie Evalam 80/120 bei einer konstanten Heizrate von 10 K/min (© E. Fleckenstein, TU Dresden)

3.2 Durchführung

Für die Untersuchung des Vernetzungsprozesses und der Identifikation der EVA-Folie mit der geringsten Vernetzungstemperatur wurden fünf verschiedene EVA-Folien betrachtet. Die EVA-Folien EVAtekk (K & K ProVitrum GmbH), GSF EVA (GSF Glass

Europe SL) und Evalam 80/120 (Hornos Industriales Pujol S. A.) werden speziell als niedertemperaturvernetzende EVA-Folien angeboten. Bei den Folien Strato® (Satinal spa) und Evguard® (Folienwerk Wolfen GmbH) handelt es sich um Standard-EVA-Folien zur Herstellung von Verbundsicherheitsglas, die als Referenz hinzugezogen wurden.

Von jeder Folie wurden mindestens zwei Proben untersucht. Verwendet wurden runde Proben (Durchmesser 5 mm), die aus der unvernetzten EVA-Folie ausgestanzt, gewogen und in Messtiegel für die DSC eingelegt wurden. Aufgrund des gewählten Temperaturprogramms sind diese Proben nach der Untersuchung nahezu vollständig vernetzt. Die Messkurven dienen daher als Referenz für die Ermittlung des Vernetzungsgrades von möglicherweise unvollständig vernetzten Proben.

Damit Probenmaterial auch nach dem Laminationsprozess im teilweisen oder auch vollständig vernetzten Zustand für DSC-Untersuchungen gewonnen werden kann, erfolgt die Herstellung zwischen zwei Glasscheiben (Dicke jeweils 4 mm). Die Haftung zwischen EVA-Folie und dem Glas wird durch eine PTFE-Folie unterbunden. Zur Probengewinnung kann die EVA-Folie von der PTFE-Folie abgezogen werden. Diese Vorgehensweise garantiert auch, dass die gleichen Temperaturen in der EVA-Folie erreicht werden wie beim normalen Laminieren von Verbundgläsern.

Alle Proben (unvernetzte und laminierte Folie) wurden in der DSC mit einer konstanten Heizrate von 10 K/min von 0 °C auf 200 °C erwärmt. Dabei wurden der Wärmestrom, die Zeit und die Ofentemperatur aufgezeichnet.

3.3 Auswertung und Ergebnisse

Bild 3 zeigt eine typische DSC-Kurve am Beispiel der unvernetzten Folie Evalam 80/120. Dargestellt ist der Wärmestrom in Abhängigkeit der Temperatur im Bereich von 10 °C bis 200 °C. Typisch für EVA-Folien ist der endotherme Doppelpeak im Schmelzbereich bei einer Temperatur zwischen 30 °C und 85 °C. Anschließend startet ab etwa 120 °C (Starttemperatur) die exotherme Vernetzungsreaktion (Bild 2) der Folie. Dies ist der Punkt, an dem der Wärmestrom von der Grundlinie abweicht. Die Temperatur ist an diesem Punkt nur näherungsweise bestimmbar. Zusätzlich wurde der Vernetzungspeak ermittelt. Bei dieser Temperatur findet der größte Teil der Vernetzungsreaktionen statt. Für die Ermittlung des Vernetzungsgrades X_{Sx} wird die Fläche unter dem Thermogramm im Bereich des Vernetzungspeaks einer unvernetzten (S_0) und einer vernetzen (S_X) EVA-Folie bestimmt. Hierbei handelt es sich jeweils um die bei der Vernetzung freigewordene Wärmemenge (Enthalpie ΔH_{S0} bzw. ΔH_{Sx}). Anschließend erfolgt die Berechnung des Vernetzungsgrades anhand der Gl. (1).

$$X_{Sx} = \frac{\Delta H_{S0} - \Delta H_{Sx}}{\Delta H_{S0}} \qquad (1)$$

Für alle Folien wurden die in Bild 3 markierten Punkte ausgewertet und in Tabelle 2 in Form von Mittelwerten und Standardabweichungen zusammengestellt. Relevant für die Auswahl einer Folie mit geringer Vernetzungstemperatur ist der Vernetzungsstart.

Bei keiner der untersuchten Folie konnte ein Vernetzungsstart bei einer Temperatur von weniger als 120 °C festgestellt werden. Der Vergleich von Vernetzungsstart und Vernetzungspeak der untersuchten EVA-Folien zeigt, dass die Folie Evalam 80/120 von Pujol die niedrigste Vernetzungstemperatur im Untersuchungsrahmen hat. Deshalb wurde diese Folie für weitere Untersuchungen ausgewählt.

Im Idealfall sollte die Laminationstemperatur in etwa bei der Temperatur des Vernetzungspeaks liegen. Grundsätzlich kann die Vernetzung auch bei geringeren Temperaturen ablaufen, wobei als allgemeine Näherung gilt, dass eine Absenkung der Temperatur um 10 K mindestens eine Verdoppelung der Reaktionszeit, also der Laminationsdauer, mit sich zieht. Die Mindesttemperatur muss für den Zerfall der Radikalstarter mindestens kurzfristig überschritten werden. Trotz längerer Haltezeiten kann sonst keine ausreichende Vernetzung erzielt werden.

Tabelle 2 Mittelwert- und Standardabweichung der Schmelz- und Vernetzungstemperaturen

EVA-Folie / Hersteller	Anzahl Proben	Schmelz-peak 1 [°C]	Schmelz-peak 2 [°C]	Vernetzungs-start [°C]	Vernetzungs-peak [°C]
Evalam 80/120 / Pujol	2	46,50 ± 0,14	67,95 ± 0,07	120,00 ± 0,00	152,65 ± 0,64
GSF EVA / GSF Glass	3	48,37 ± 5,00	66,17 ± 0,42	123,33 ± 2,89	152,93 ± 2,56
Strato® / Satinal	3	45,77 ± 3,59	69,73 ± 1,17	135,00 ± 5,00	161,90 ± 1,48
Evguard® / Folienwerk Wolfen	2	47,65 ± 0,65	66,05 ± 2,95	145,00 ± 10,00	164,85 ± 3,45
EVAtekk / K&K ProVitrum	2	52,25 ± 0,35	67,95 ± 2,47	147,50 ± 3,54	178,20 ± 0,85

4 Experimentelle Untersuchung zur Ermittlung des Verbundverhaltens

4.1 Voruntersuchung zur Auswahl von geeigneten Haftungsversuchen

Die DSC ermöglicht keine Rückschlüsse auf die mechanischen Eigenschaften und das Haftverhalten im Verbundglas. In der Literatur ([9, 10]) sind unterschiedliche experimentelle Methoden zur Ermittlung der Haftung beziehungsweise des Verbundverhaltens angegeben. Nach aktuellem Stand gibt es keine genormte Methode, weshalb ebenfalls keine Mindesthaftwerte für die Verbundsicherheit bekannt sind. Die meisten Methoden beziehen sich hauptsächlich auf Verbundgläser mit PVB-Folie. Inwieweit diese für EVA-Folien geeignet sind, muss zunächst untersucht werden. Ziel der Haftversuche ist eine quantitative Bewertung des Verbundverhaltens zwischen den einzelnen Komponenten und die exakte Ermittlung der Versagensebene. Um den Vernetzungsgrad durch dickere Aufbauten oder zusätzliche Materialien nicht zu beeinflussen, ist ein Standard-VSG-Ausbau mit zwei Scheiben (Dicke jeweils 4 mm) wünschenswert. Insgesamt wurden fünf Versuchsmethoden getestet und bewertet (Bild 4).

Der Haftzugversuch wurde als geeignete Methode ausgewählt, da er alle geforderten Kriterien erfüllt. Die Versuchsdurchführung erfolgt in einer Universalprüfmaschine, wodurch eine quantitative Auswertung der Haftfestigkeit möglich ist. Die Prüfkörper bestehen aus einem typischen Verbundglas aus 2 × 4 mm Floatglas. Um eine schadensfreie Klemmung der Prüfkörper zu gewährleisten, wurden diese auf Vierkantstähle aufgeklebt, die dann in die Prüfmaschine eingespannt wurden (Bild 5) Durch die Zugbelastung tritt das Versagen in der Schicht auf, die die geringste Haftfestigkeit aufweist. Alle weiteren Untersuchungen wurden daher mit diesem Versuch durchgeführt. Die anderen Prüfmethoden erfüllten mindestens ein der vorgegebenes Kriterium nicht.

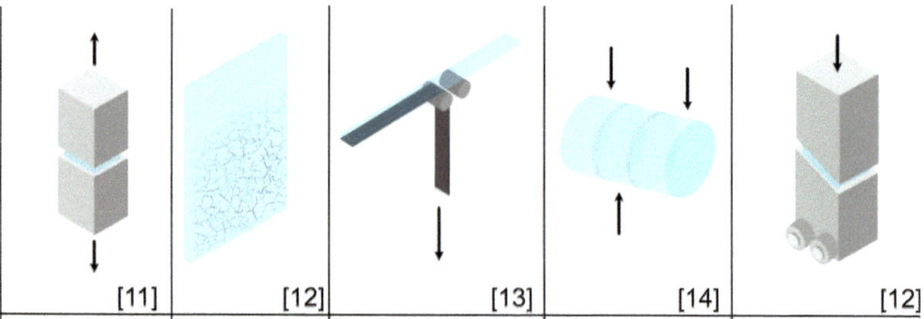

	Haftzug-versuch	Pummeltest	Rollenschäl-versuch	Scher-versuch	Druck-Scher-Versuch
	[11]	[12]	[13]	[14]	[12]
Quantitative Auswertung	✓	X	✓	✓	✓
Typischer VSG-Aufbau (2 x 4 mm)	✓	✓	X	X	✓
Exakte Ermittlung der Versagensebene	✓	X	X	✓	X

Bild 4 Übersicht der fünf untersuchten Methoden zur Ermittlung der Haftung zwischen Glas und Zwischenschichtmaterial: Erfüllte Kriterien sind jeweils mit einem Haken versehen (© E. Fleckenstein, TU Dresden, [11], [12], [13], [14])

Beim Pummeltest wird die Glasscheibe manuell mit Hammerschlägen beschädigt und das Bruchbild optisch bewertet. Dadurch ist das Ergebnis stark subjektiv und nur eine qualitative Auswertung möglich.

Der Rollenschälversuch wird vor allem zur Ermittlung des Abschälwiderstandes von Klebstoffen verwendet. Beim Rollenschälversuch wurde die EVA-Folie verstärkt durch ein Aluminiumblech mit einer konstanten Geschwindigkeit vom Glas abgezogen. Die Vernetzung der EVA-Folie wurde durch die höhere Wärmeleitfähigkeit des Aluminiums verändert. Bei der Versuchsdurchführung versagte die Haftung zwischen Aluminium und EVA-Folie, sodass keine Bestimmung der Festigkeit zwischen EVA-Folie und Glas möglich war.

Die Scherversuche wurden in der Universalprüfmaschine an Dreifachlaminaten aus zwei Außenscheiben mit 8 mm Dicke und einer mittleren Scheibe mit 12 mm Dicke durchgeführt. Aufgrund des dickeren Aufbaus war die Temperaturverteilung im Prüfkörper bei gleichem Laminationsprogramm deutlich anders als bei den Prüfkörpern der anderen Methoden. Der Vernetzungsgrad der EVA-Folie fiel hier entsprechend geringer aus.

Bei den Druck-Scher-Versuchen werden die Prüfkörper aus einem typischen VSG-Aufbau in der Universalprüfmaschine gleichzeitig auf Druck und Scherung belastet. Durch die Druckbelastung trat jedoch häufig Glasbruch auf, wodurch eine exakte Ermittlung der Versagensebene nicht möglich war.

4.2 Versuchsaufbau und Prüfkörper

Die Haftzugversuche (Pull-Test) wurden in Anlehnung an die in Z-70.3-253 [11] beschriebene Prüfmethode durchgeführt. Hierfür wurden aus einer Verbundglasscheibe durch Wasserstrahlschneiden 25 mm × 25 mm große Quadrate herausgeschnitten und auf beiden Seiten mit einem hochfesten 2K-Epoxidharz-Klebstoff auf Vierkantstähle aufgeklebt. Nach der Aushärtezeit wurden die Proben mit einer Prüfgeschwindigkeit von 0,5 mm/min in einer Universalprüfmaschine (Instron UPM 5881) auf Zug geprüft. Bild 5 zeigt den Prüfaufbau sowie die Abmessungen und den Aufbau der Prüfkörper. Insgesamt wurden acht Prüfreihen mit je fünf Prüfkörpern untersucht.

Ziel der Haftversuche ist es, den Einfluss der Laminationsparameter und damit der Vernetzung auf das Verbundverhalten zu untersuchen. Nachdem ein geeigneter Laminationsprozess entwickelt wurde, erfolgte die Integration der photochromen Funktionsfolie. Zur Untersuchung des Einflusses der Funktionsfolie auf die Haftung wurden jeweils Versuche mit und ohne Funktionsfolie sowie mit unterschiedlichen Vorbehandlungsmethoden durchgeführt.

Während der Versuchsdurchführung wurden Traversenweg, Kraft und Spannung aufgezeichnet. Im Anschluss wurde das Bruchbild der Prüfkörper untersucht und die Bruchebene bestimmt.

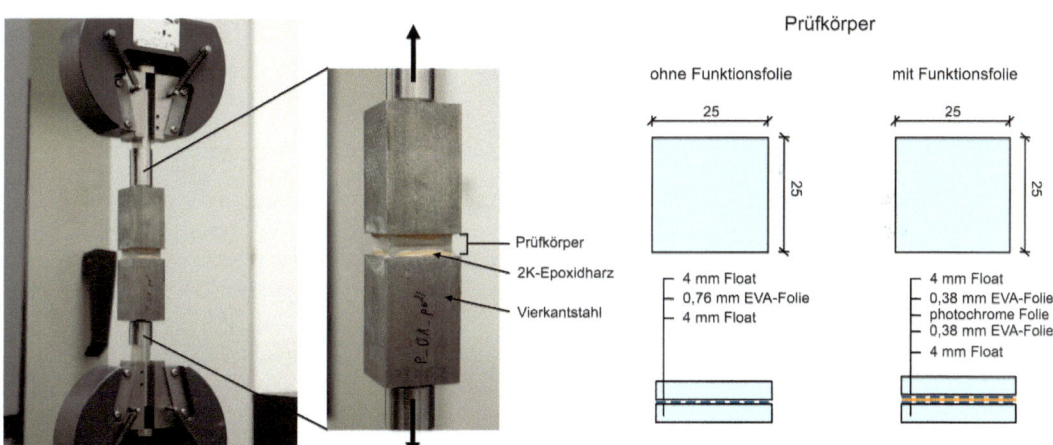

Bild 5 Versuchsaufbau und Prüfkörper Haftzugversuch (© E. Fleckenstein, TU Dresden)

Tabelle 3 Prüfreihen

Einfluss des Vernetzungsgrads	Einfluss der Funktionsfolie	
ohne Funktionsfolie	ohne Funktionsfolie	mit Funktionsfolie
geringe Vernetzung	Referenz	Referenz
hohe Vernetzung	Plasmavorbehandlung TJet	Plasmavorbehandlung TJet
	Plasmavorbehandlung Panel	Plasmavorbehandlung Panel

4.3 Ergebnisse

Das Spannungs-Dehnungsdiagramm der Haftzugversuche mit unterschiedlichen Vernetzungsgraden der EVA-Folie ohne Funktionsfolie ist in Bild 6a dargestellt. Das Diagramm zeigt beispielhaft den Spannungs-Dehnungs-Verlauf von einem Prüfkörper mit geringem Vernetzungsgrad (33 %) und einem Prüfkörper mit hohem Vernetzungsgrad (64 %). Die Prüfkörper mit hoher Vernetzung besitzen höhere Haftfestigkeiten als die Prüfkörper mit geringer Vernetzung. Die Streuung der Dehnung wird bei der Prüfreihe mit hoher Vernetzung vernachlässigt, da der Fokus auf dem Vergleich der Haftfestigkeit liegt und diese Werte nur gering streuen. Der Vergleich der mittleren Haftfestigkeit beider Prüfreihen (Bild 6b) zeigt, dass eine höhere Vernetzung zu einem besseren Verbund führt.

Um ein optimales Haftverhalten zu erzielen, wurden in einem iterativen Prozess die Zeit-Temperatur-Steuerung des Laminationsofens so lange verbessert, bis das ge-

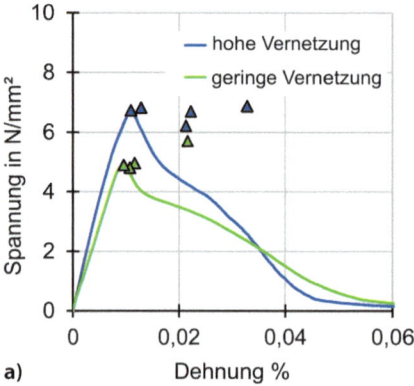
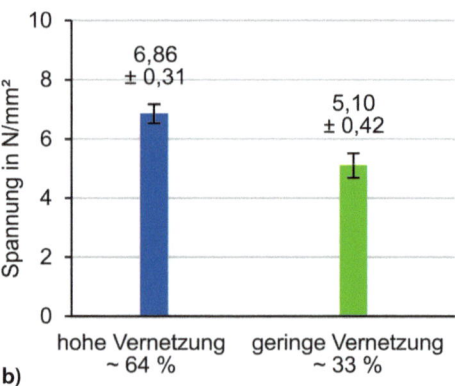

Bild 6 Einfluss der Vernetzung auf die Haftung von Verbundglas mit zwei Lagen EVA-Folie (ohne Funktionsfolie): a) Ausgewählter Kurvenverlauf des Spannungs-Dehnungsverhaltens; b) Mittelwerte und Standardabweichung der Haftfestigkeiten beider Prüfreihen (© E. Fleckenstein, TU Dresden)

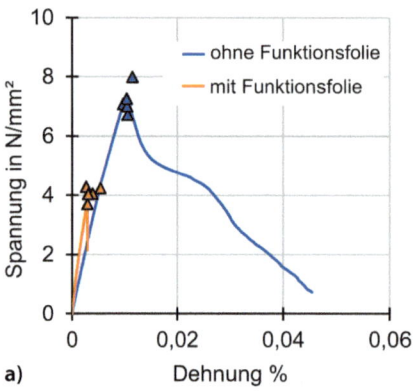
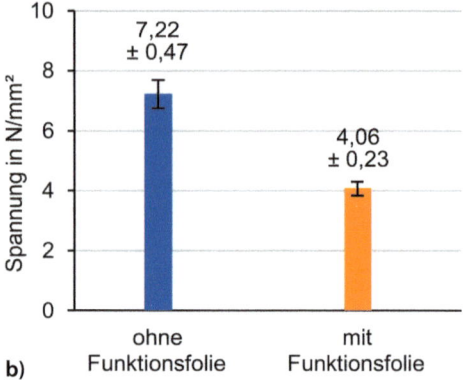

Bild 7 Einfluss der Funktionsfolie auf die Haftung (Referenzversuche): a) Beispielhafter Kurvenverlauf des Spannungs-Dehnungsverhaltens eines Prüfkörpers mit Funktionsfolie (orange) und ohne Funktionsfolie (blau); b) Mittelwerte von allen Prüfkörpern (© E. Fleckenstein, TU Dresden)

wünschte Erscheinungsbild und ein Vernetzungsgrad von mehr als 70% erzielt werden konnten. Erst danach wurden die Prüfkörper mit integrierter Funktionsfolie mit den optimierten Prozessparametern hergestellt. Um äußere Einflüsse gering zu halten, wurden die Proben mit Funktionsfolie und die Referenzproben ohne die photochrome Schicht jeweils im gleichen Laminationsdurchlauf hergestellt. Der Einfluss der Funktionsfolie auf das Spannungs-Dehnungsverhalten und die Haftfestigkeit ist in Bild 7 dargestellt.

Durch geringe Anpassungen der Temperaturkurve des Laminationsprozesses wurde die Streuung der Dehnungswerte der Prüfkörper ohne Funktionsfolie im Vergleich zu Bild 6 minimiert. Der Spannungs-Dehnungs-Verlauf zeigt unterschiedliche Versagensformen der Prüfkörper mit und ohne Funktionsfolie (Bild 7a). Die Prüfkörper ohne Funktionsfolie besitzen ein duktiles Versagensverhalten. Bei den Prüfkörpern mit Funktionsfolie zeigt sich nach Erreichen der Haftfestigkeit ein plötzlicher Spannungsabfall bis zum Bruch und damit ein sprödes Versagen. Die Mittelwerte der Spannungen für die Prüfreihen mit und ohne Funktionsfolie sind in Bild 7b dargestellt. Im Vergleich zu den Prüfkörpern wurde die Haftfestigkeit durch die Integration der Funktionsfolie um mehr als 40% reduziert.

Neben Spannungs-Dehnungs-Verläufen und Bruchspannungen sind die Bruchbilder der Prüfkörper von Interesse, weil diese die Schwachstelle des Verbundes aufzeigen. Bei den Prüfkörpern ohne Funktionsfolie entstehen zunächst große Dehnungen innerhalb der EVA-Folie, wodurch Blasen in der Folie entstehen. Durch die Dehnungen löst sich die Folie zunächst punktuell und im weiteren Verlauf großflächig von der Glasoberfläche, bis ein vollständiges adhäsives Versagen eintritt (Bild 8).

Im Unterschied dazu tritt bei den Prüfkörpern mit Funktionsfolie ein sprödes Versagen mit einer glatten Bruchfläche auf (Bild 8). Die Versagensebenen liegt zwischen EVA-Folie und Funktionsfolie. Eine detaillierte Betrachtung der Funktionsfolie zeigte, dass das Versagen immer auf der Folienseite auftrat, auf der sich die photochrome Schicht befindet.

Aufgrund der Versagensebene zwischen EVA-Folie und Funktionsfolie wurden zwei Plasmavorbehandlungen der Folienoberflächen und deren Einfluss auf die Haftung

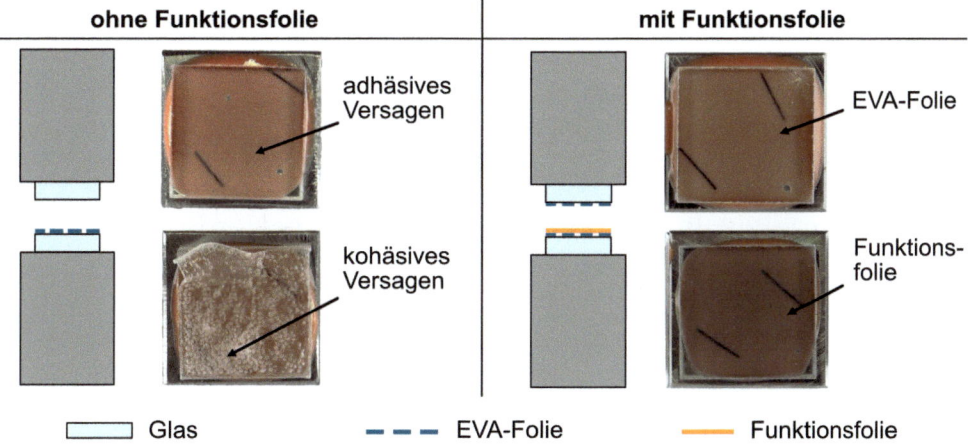

Bild 8 Bruchebene und Bruchbilder der Prüfkörper mit und ohne Funktionsfolie

untersucht. Die Plasmavorbehandlungen dienen der Feinreinigung und Oberflächenaktivierung der Funktions- und EVA-Folienoberflächen. Insgesamt wurden vier Prüfreihen (zwei Plasmavorbehandlungen, jeweils mit und ohne Funktionsfolie) untersucht. Die Ergebnisse können Tabelle 4 entnommen werden. Die Bruchfläche blieb unabhängig von der Vorbehandlungsart in der gleichen Ebene zwischen EVA-Folie und der Seite mit der funktionalen Schicht. Mit der Plasmavorbehandlung konnte keine signifikate Verbesserung der Spannung erreicht werden, weshalb weitere Untersuchungen mit Prüfkörpern ohne Plasmavorbehandlung durchgeführt werden.

Tabelle 4 Ergebnisse der Haftzugversuche nach zwei Plasmavorbehandlungsmethoden im Vergleich zur Referenz ohne Vorbehandlung

	Referenz	Plasmavorbehandlung	
	Spannung [N/mm^2]	Panel Treater Spannung [N/mm^2]	TJet Spannung [N/mm^2]
ohne Funktionsfolie	7,22 ± 0,47	7,24 ± 0,74	7,40 ± 0,48
mit Funktionsfolie	4,06 ± 0,23	4,36 ± 0,31	4,03 ± 0,32

4.4 Stoßversuche

Die Haftversuche zeigen, dass die Haftung zwischen der EVA-Folie und Funktionsfolie geringer ist, als zwischen EVA-Folie und Glas. Inwieweit diese Haftfestigkeit ausreicht, um die Eigenschaften von Verbundsicherheitsglas (Stoßsicherheit, Resttragfähigkeit) zu erreichen, kann durch die Kleinteilversuche nicht abgeschätzt werden.

Daher wurden Pendelschlagversuche nach DIN EN 12600 [15] an Prüfkörpern ohne und mit Funktionsfolie (Aufbau 44.2 aus Floatglas) durchgeführt. Die Versuche ohne Funktionsfolie dienen als Referenzwerte und als Nachweis einer ausreichenden Vernetzung. Die Versuche wurden mit einer Pendelhöhe von h = 450 mm durchgeführt. Mit Ausnahme von einem Prüfkörper mit Funktionsfolie erreichten alle Prüfkörper mit und ohne Funktionsfolie die Klasse 2(B)2, die in Deutschland für Verbundsicherheitsglas erforderlich ist. Bei den Versuchen wurde kein nennenswerter Splitterabgang beobachtet. Zusätzlich wurden Kugelfallversuche nach DIN EN 14449 [16] mit Prüfkörpern aus 2 × 4 mm Floatglas und zwei Lagen EVA-Folie bei einer Fallhöhe von h = 4 m durchgeführt, die ebenfalls alle Prüfkörper bestanden.

Die Ergebnisse der Stoßversuche zeigen, dass das Ziel, ein Verbundsicherheitsglas mit photochromer Zwischenschicht herzustellen, erreicht wurde. Die Haftung ist ausreichend, um ein sicheres Bruchverhalten zu erzielen.

5 Diskussion

Die DSC erwies sich als einfache und schnell durchzuführende Analysemethode zur Abschätzung des Vernetzungsgrades. Versuche mit derselben Folie zeigten größere Streuungen aufgrund der geringen Probengröße (Durchmesser 5 mm) und der vermutlich ungleichmäßigen Verteilung der Peroxide in der Folie. Für aussagekräftige

Ergebnisse wird deshalb empfohlen, mindestens drei Proben aus unterschiedlichen Bereichen der EVA-Folie zu entnehmen und zu prüfen.

Die Auswertung der Haftzugversuche zeigte, dass unterschiedliche Vernetzungsgrade mit diesen Versuchen feststellbar sind. Die Haftzugversuche sind zum Vergleich unterschiedlicher Aufbauten sowie zur produktionsbegleitenden Prozesskontrolle des Laminationsverfahren (Reinigung, Vernetzung) geeignet. Da für diese Versuche bisher keine genormte Durchführung existiert, unterscheiden sich die in der Literatur vorhandenen Haftfestigkeiten aufgrund unterschiedlicher Prüfmethoden und schwankender Versuchsparameter wie der Belastungsgeschwindigkeit sowie unterschiedlicher Größen und Formen der Prüfkörper. Bei der Untersuchung unterschiedlicher PVB-Folien mit Haftzugversuchen wurden mittlere Haftfestigkeiten zwischen 3,7 N/mm^2 und 9,6 N/mm^2 ermittelt [10]. Die in diesem Beitrag ermittelten Haftfestigkeiten mit EVA-Folie lagen bei 7,22 ± 0,47 N/mm^2 für Verbundglas ohne Funktionsfolie und 4,06 ± 0,23 N/mm^2 mit integrierter Funktionsfolie. Damit befinden sie sich zwischen den Werten aus der Literatur, womit prinzipiell ein tragfähiger Verbundglasaufbau möglich ist. Die Haftfähigkeit alleine erlaubt jedoch keine Aussage über das Versagensverhalten von Verbundglas, da die Bruchdehnung und Steifigkeit der Folie ebenfalls relevant ist [10]. Daher wurden zusätzlich Pendelschlag- und Kugelfallversuche durchgeführt. Bei den meisten Versuchen konnte mindestens die Kategorie 2(B)2 erreicht werden. Mit einer verbesserten Haftung zwischen EVA-Folie und Funktionsfolie kann der Verbund und damit die Pendelschlagkategorie möglicherweise noch gesteigert werden. Da die Versagensebene bei allen untersuchten Proben zwischen der photochromen Schicht und der EVA-Folie auftrat, sollte der Fokus weiterer Untersuchungen auf der Verbesserung der Haftung liegen.

6 Zusammenfassung und Ausblick

In diesem Beitrag wurde die Integration einer photochromen Funktionsfolie in Verbundgläser in Bezug auf die Herstellung des Glasverbundes und das Verbundverhalten untersucht.

Der erste Teil des Beitrags beschäftigt sich mit der Auswahl einer geeigneten EVA-Folie für eine Niedrigtemperaturlamination. Mit Hilfe der dynamischen Differenzkalorimetrie (DSC) wurden die Temperaturen des Vernetzungsstarts- und Vernetzungspeaks ermittelt. Die niedrigste Vernetzungstemperatur wies die Folie Evalam 80/120 von Pujol auf. Sie wurde daher für die weiteren Untersuchungen ausgewählt.

Anschließend wurde das Haftverhalten näher untersucht. Der zweite Teil des Beitrags widmet sich dafür zunächst der Auswahl einer geeigneten Prüfmethode. Haftzugversuche an kleinformatigen Laminationsmustern liefern hier Ergebnisse mit der größten Aussagekraft. Grundsätzlich konnte gezeigt werden, dass ein hoher Vernetzungsgrad der EVA-Folie die Haftfestigkeit des Verbundes verbessert. Die Integration der Funktionsfolie führt jedoch zu einer um mehr als 40 % reduzierten Haftfestigkeit im Vergleich zu einem reinen Verbundglas mit EVA-Folie und eher sprödem Versagen. Auf der Seite der Funktionsfolie, auf der die photochrome Schicht aufgebracht ist, versagt der Verbund adhäsiv. Erste Versuche, die Haftung durch Plasmavorbehandlung zu verbessern, waren nicht zielführend.

Pendelschlagversuche an Probekörpern mit einem Aufbau aus 2 × 4 mm Floatglas zeigen jedoch, dass sich auch mit einer integrierten Funktionsschicht die Anforderungen an ein sicheres Bruchverhalten erfüllen lassen. Die Haftung ist ausreichend, um nach DIN EN 12600 die Klasse 2(B)2 und damit die Anforderungen an VSG ohne ein Haftversagen und Splitterabgang zu erfüllen. Die Funktionalität der photochromen Schicht wurde durch die Integration in den Glasverbund ebenfalls nicht beeinflusst. Die bisherigen Untersuchungen zur Tragfähigkeit und Funktionalität des Verbundglases mit integrierter Funktionsfolie sind vielversprechend.

Bisher wurde das Verbundglas auf stoßartige Einwirkungen untersucht. Beim Einsatz in Isolierverglasung ist das Verbundglas vor allem Biegebelastungen ausgesetzt. Daher sollte im nächsten Schritt das Verbundverhalten, vor allem zwischen EVA- und Funktionsfolie, unter kurz- und langzeitiger Biegebelastung untersucht werden. Im Vergleich zu den Haftzugversuchen kann hierbei eine realitätsnähere Belastung betrachtet werden. Zusätzlich ist für einen Einsatz der Verbundsicherheitsgläser mit photochromer Folie die Entwicklung einer geeigneten Kantenversiegelung erforderlich, die das Eindringen von Feuchtigkeit verhindert. Damit lassen sich Delaminationen oder Verfärbungen vorbeugen.

7 Danksagung

Die vorliegenden Forschungsergebnisse resultieren aus dem im Rahmen des KLEB-TECH-Netzwerkes geförderten Forschungsprojekt „smartGLAM: Glasverbund mit einlaminierten thermo- und photochromen Zwischenschichten". Das Projekt wurde durch das Zentrale Innovationsprogramm Mittelstand (ZIM) durch das Bundesministerium für Wirtschaft und Energie (Förderkennzeichen 16KN086028) gefördert. Ein besonderer Dank gilt dem Projektpartner Flachglas Sachsen GmbH für die Herstellung der Prüfkörper und die gute Zusammenarbeit.

8 Literatur

[1] DIN EN 410:2011-04 (2011) *Glas im Bauwesen – Bestimmung der lichttechnischen und strahlungsphysikalischen Kenngrößen von Verglasungen.* (EN 410:2011). Berlin: Beuth.

[2] DIN EN ISO 12543-1:2022-03 (2022) *Glas im Bauwesen– Verbundglas und Verbundsicherheitsglas – Teil 1: Definitionen und Beschreibung von Bestandteilen* (ISO 12543-1:2021). Berlin: Beuth.

[3] Kuraray Europe GmbH (2022) *Architecture Technical Manuel.* 1st edition. Troisdorf.

[4] K & K International (o. D.) *EVAteKK Rezeptur Low temperature.*

[5] Oreski, G.; Rauschenbach, A.; Hirschl, C.; Kraft, M.; Eder, G.C.; Pinter, G. (2017) *Crosslinking and postcorss-linking of ethylene vinyl acetate in photovoltaic modules* in: Journal of Applied Polymer Science 135 (23). DOI:10.1002/app. 44912

[6] Xue, H.-Y.; Ruan, W.-H.; Zhang, M.-Q. et al. (2014) *Fast curing ethylene vinyl acetate films with dual curing agent towards application as encapsulation materials for photovoltaic modules* in: Polymer Letters 8 (2). S. 116–122.

[7] Hirschl, Ch.; Neumaier, L.; Mühleisen, W.; Zauner, M. et al. (2016) *In-line determination of the degree of crosslinking of ethylene vinyl acetate in PV modules by Raman spectro-*

scopy in: *Solar Energy Materials and Solar Cells 152*. S. 10–20. https://doi.org/10.1016/j.solmat.2016.03.019

[8] Stark, W.; Jaunich, M.; Bohmeyer, W.; Lange, K. (2012) *Investigation of the crosslinking behaviour of ethylene vinyl acetate (EVA) for solar cell encapsulation by rheology and ultrasound* in: *Polymer Testing 31*, S. 904–908.

[9] Ensslen, F. (2005) *Zum Tragverhalten von Verbund-Sicherheitsglas unter Berücksichtigung der Alterung der Polyvinlybutylral-Folie* [Dissertation]. Ruhr-Universität Bochum.

[10] Franz, J. (2015) *Untersuchungen zur Resttragfähigkeit von gebrochenen Verglasungen* [Dissertation]. Technische Universität Darmstadt.

[11] Z.-70.3-253 (2020) *Verglasungen aus Verbund-Sicherheitsglas mit der Zwischenschicht SentryGlas® SG5000*. Berlin: DiBt.

[12] Z.-70.3-256 (2020) *Verglasungen aus Verbund-Sicherheitsglas mit der PVB-Folie Trosifol® Extra Stiff B130*. Berlin: DiBt.

[13] DIN EN 1464:2010-06 (2010) *Klebstoffe – Bestimmung des Schälwiderstandes von Klebungen – Rollenschälversuch. (EN 1464:2010)*. Berlin: Beuth.

[14] Weimar, T. (2011) *Untersuchung zu Glas-Polycarbonat-Verbundtafeln* [Dissertation]. Technische Universität Dresden.

[15] DIN EN 12600:2003-04 (2003) *Glas im Bauwesen – Pendelschlagversuch – Verfahren für die Stoßprüfung und Klassifizierung von Flachglas. (EN 12600:2002)*. Berlin: Beuth.

[16] DIN EN 14449:2005-07 (2005) *Glas im Bauwesen – Verbundglas und Verbund-Sicherheitsglas – Konformitätsbewertung/Produktnorm. (EN 14449:2005)*. Berlin: Beuth.

nbau
NACHHALTIG BAUEN

Die neue Zeitschrift **nbau. Nachhaltig Bauen** bringt die Silos des sektoralen Denkens zum Tanzen. Denn für den Bausektor heißt Nachhaltigkeit ökologisch, sozial und ökonomisch ganzheitlich Planen, Bauen und Betreiben.

- Das Themenspektrum reicht von Stadt- und Raumplanung, Architektur und den Ingenieurdisziplinen bis hin zu Herstellung, Bauausführung und Facility Management mit all den unterschiedlichen Akteur:innen.
- Übergreifende Informationen aus Wissenschaft und angewandter Forschung, Best-Practice-Beispiele, neue Produkte, Methoden und Bewertungsverfahren sowie Anforderungen aus Politik und Verwaltung.
- Einzigartiges Netzwerk mit vielfältigem Beirat, Unterstützung durch zahlreiche Verbände, Kammern und Initiativen und Stimmen von Innovationstreibern.

Klimaschutz, Kreislaufwirtschaft und Ressourcenschutz erfordern die Transformation des Bausektors mit Lebenszyklusdenken, Digitalisierung oder CO2-Reduktion. Die **nbau** ist dafür die ganzheitliche Wissensbasis.

6 Ausgaben/Jahr
2. Jahrgang (2023)
Jahresabonnement

Print
ISSN 2750-8382
Online
www.nbau.org

ANGEBOTSPREIS
Online + Print
€ 139*

BESTELLEN
+49 (0)30 470 31-236
marketing@ernst-und-sohn.de   www.nbau.org

*Alle Preise exklusive MwSt., inklusive Versandkosten. €-Preis gültig bis 31. Dezember 2023

Untersuchungen der Zugluft bei gekippten Fenstern in Hamburger Schulräumen

Barbara Weese[1], Christian Grote[1], Frank Wellershoff[1]

[1] HafenCity Universität Hamburg, Professur für Fassadensysteme und Gebäudehüllen, Henning-Voscherau-Platz 1, 20457 Hamburg, Deutschland; barbara.weese@t-online.de; christian.grote@hcu-hamburg.de; frank.wellershoff@hcu-hamburg.de

Abstract

Die natürliche Belüftung von Klassenzimmern ist seit Jahren Thema der Forschung. Insbesondere im Winter wird häufig über Zugluft geklagt. Diese kann auftreten, wenn die Temperatur der in den Raum einströmenden Luft wesentlich geringer ist als die Raumlufttemperatur, was in der Nähe der Festeröffnungen oftmals als unangenehm empfunden wird und weiterhin zu Kältegefühlen und Nackenbeschwerden führen kann. Untersucht wurden Klassenzimmer in standardisierten Schulgebäuden nach der Bauart des „Hamburger Klassenhauses". Dieser für höchste Energieeffizienz geplanten Gebäudetyp soll in der folgenden Entwicklungsstufe hinsichtlich des Raumkomforts weiter optimiert werden. Ziel ist es, bei einer Beibehaltung der natürlichen Lüftung, Zugluftbeschwerden zu verringern. An zwei Gebäuden wurde das Phänomen Zugluft gemessen und quantifiziert, sowie Möglichkeiten erarbeitet, dieser Problematik entgegen zu wirken.

Studies of drafts in tilted windows in Hamburg's school rooms. Natural ventilation of classrooms has been a topic of research for decades. Draught is a frequent complaint, especially in winter. This occurs when the temperature of the air entering the room is significantly lower than the room air temperature, which is often perceived as unpleasant near the window openings and can lead to the feeling of coldness and neck discomfort. Classrooms in standardized school buildings according to the *"Hamburger Klassenhaus"* were investigated. This building type, designed for maximized energy efficiency, is to be further optimized in terms of indoor comfort in the upcoming development stage. Thereby the aim is to reduce draught complaints while maintaining natural ventilation. The phenomenon of draught was measured and quantified within two buildings, while ways of counteracting the problem were developed.

Schlagwörter: *einseitige Lüftung, Zugluft, winterlicher Wärmeschutz*

Keywords: *natural ventilation, draught rate, winter thermal protection*

1 Einleitung

In der Schule ist eine gute Lernatmosphäre sehr wichtig. Zu jener gehört insbesondere eine gute Belüftung der Klassenzimmer. Oftmals zeigt sich jedoch, dass bereits innerhalb einer Schulstunde der CO_2-Gehalt derart weit über die definierten Grenzwerte ansteigt, dass Stoßlüften in den Pausen eine ausreichend gute Luftqualität nicht gewährleisten kann. Bei kontinuierlicher natürlicher Lüftung ist ein Einhalten der Grenzwerte eher möglich, allerdings wird häufig über Zugluft in Fensterbereich geklagt. Dieses Dilemma ist auch bei den *Hamburger Klassenhäusern* bekannt. [1]

Zugluft kann infolge eines hohen Wärmegradienten zwischen Innenraumluft und Außenluft entstehen und beschreibt einen oftmals als unangenehm empfundenen, kühlen Luftstrom. Außerdem kann Zugluft neben einem Kältegefühl gesundheitliche Beschwerden wie Nackenschmerzen hervorrufen.

Die Zugluft in den *Hamburger Klassenhäusern* wird hier an zwei Beispielgebäuden bei Lüftung mit gekipptem Fenster eingehend untersucht und quantifiziert. Es werden Möglichkeiten aufgezeigt, mit denen die Zugluftproblematik während des Winters verringert werden kann.

2 Entstehung und Beschreibung von Luftströmungen

Bewegungen der Luft resultieren aus Druckdifferenzen. Diese entstehen in der Regel durch Temperaturunterschiede oder Hindernisse in Strömungsrichtung, die zu weiteren Druckdifferenzen führen. Im Außenbereich ist die hauptsächliche Ursache solcher Temperaturunterschiede die Erwärmung der Luftmassen durch die Sonne. Im Innenbereich wirken zusätzliche Energieeinträge durch Heizungen, elektrische Geräte und Raumnutzer, die zu dem Temperaturgradienten zwischen Innen- und Außenbereich beitragen. Druckdifferenzen auf der Gebäudeoberfläche resultieren aus der Umströmung des Gebäudes und dominieren die Gesamtdruckdifferenzen bei einer Querlüftung.

Die oft auftretenden Druckdifferenzen zwischen Innen- und Außenluft können genutzt werden, um Innenräume von Gebäuden zu belüften. Insbesondere in Bezug auf die Abfuhr von Luftschadstoffen, wie beispielsweise CO_2, ist eine effektive Lüftung von zentraler Bedeutung.

Die einfachste Form der Lüftung ist die freie Fensterlüftung, bei der generell zwischen einseitiger Lüftung und Querlüftung differenziert wird. Bei einseitiger Lüftung sind alle Lüftungsöffnungen in der gleichen Außenwand, sodass insbesondere Temperaturdifferenzen und Turbulenzen als Antriebskräfte für den Luftaustausch dienen. Bei der Querlüftung wirken zusätzlich dazu die Druckdifferenzen auf der Gebäudehülle als Antriebskräfte [2].

3 Lüftung und Zugluft in Schulgebäuden – normative Vorgaben

Die *Deutsche Gesetzliche Unfallversicherung* (DGUV) hat für Schulen die DGUV Regel 102-601 [3] herausgegeben, in der rechtliche Grundlagen für Klassenzimmer festgelegt werden. Für den Bereich Lüftung wird auf die *Technischen Regeln für Arbeitsstätten „Lüftung"* (ASR A3.6) [4] verwiesen. Die Anforderungen an die freie Lüftung lauten unter anderem wie folgt: Die Lüftungsquerschnitte müssen Mindestwerten entsprechen (siehe [4] Tabelle 3 der ASR A3.6). Außerdem sind Fensteröffnungen so anzuordnen, dass eine Durchlüftung der Arbeitsräume stattfinden kann, wobei Zugluft möglichst vermieden werden soll [4].

Um Zugluftrisiken zu verringern und den Fallluftstrom am Fenster abzufangen, sind Heizkörper in ausreichenden Abmessungen unmittelbar vor der Ebene (parallel zu dieser) mit einer etwa gleichen Länge des Fensters anzuordnen (vergleiche [5] S. 24). Zur Erfassung der Zugluft wird allgemein die DIN EN ISO 7730 als Grundlage herangezogen. Sie behandelt die Ergonomie der thermischen Umgebung und gibt analytische Möglichkeiten zur Bestimmung und Interpretation der thermischen Behaglichkeit [6].

Für die Quantifizierung der Zugluft kann ein vorausgesagter Prozentsatz an Personen bestimmt werden, welcher sich durch Zugluft voraussichtlich beeinträchtigt fühlt. Diese Rate, auch *Draught Rate* (*DR*) genannt, kann nach Gleichung (1) bestimmt werden ([6], S. 10):

$$DR = (34 - T_{a,l}) \cdot (\overline{v}_{a,l} - 0{,}05)^{0{,}62} \cdot (0{,}37 \cdot \overline{v}_{a,l} \cdot Tu + 3{,}14) \tag{1}$$

Dabei ist $T_{a,l}$ die lokale Lufttemperatur in Grad Celsius in einem Bereich vom 20 °C bis 26 °C. Die lokale, über die Messdauer gemittelte, Raumluftgeschwindigkeit ist $\overline{v}_{a,l}$, welche nicht größer als 0,5 m/s ausfallen darf. Zusätzlich wird für geringe mittlere Raumluftgeschwindigkeiten kleiner 0,05 m/s definiert, dass $\overline{v}_{a,l} = 0{,}05$ m/s ist. Der Turbulenzgrad Tu wird in Prozent angegeben, und muss in einem Bereich von 10 % bis 60 % liegen. Für Zugluftraten größer 100 % wird $DR = 100\%$ definiert.

Der Turbulenzgrad wird durch Gleichung (2) definiert ([7], S. 130):

$$Tu = \frac{\sqrt{\frac{1}{3} \cdot \left(\overline{(v'_x)^2} + \overline{(v'_y)^2} + \overline{(v'_z)^2} \right)}}{|\overline{\overline{v}}|} \tag{2}$$

Durch v'_x, v'_y und v'_z werden die Geschwindigkeitsanteile in einem kartesischen Koordinatensystem in x-, y- und z-Richtung repräsentiert, während $\overline{v}$ die vektorielle Geschwindigkeit darstellt. Im Anhang A der DIN EN ISO 7730 ist eine Bewertungsskala für die Zugluft angegeben. Hierbei gilt, dass bei $DR < 10\%$ Kategorie A des Umgebungsklimas erzielt wird, bei $< 20\%$ die Kategorie B und bei $< 30\%$ die Kategorie C [6].

4 Stand der Forschung

Das Zugluftrisiko wurde bereits in einigen Forschungsarbeiten untersucht, wobei der Fokus dieser vorherigen Arbeiten meist auf einseitiger Lüftung lag. In [8] wurde beispielsweise für ein Niedrigenergiehaus mit Heizkörper und einer Lüftung über Schlitze

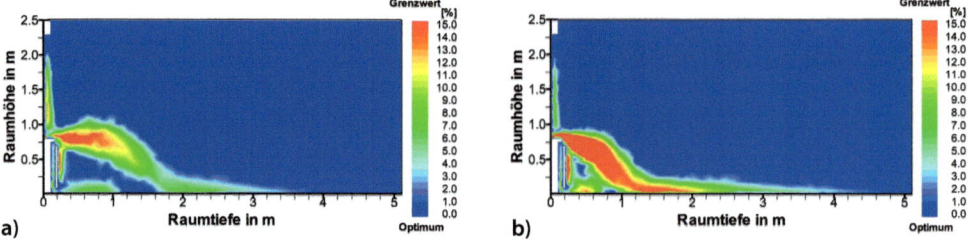

Bild 1 Schnittdarstellung der simulierten Zugluft in einem Raum mit Lüftungsschlitzen und Heizkörpern unterhalb der Fenster; a) Bei einem Luftwechsel von 0,25 h^{-1} und b) bei einem Luftwechsel von 0,50 h^{-1} [8]

unterhalb der Fenster das Zugluftrisiko in einem vertikalen Schnitt dargestellt (siehe Bild 1).

Für den in [8] untersuchten Raum zeigte sich ein Zugluftrisiko bis in eine Raumtiefe von ca. 2 m. In [9] wurden ähnliche Ergebnisse auch für mehrere geöffnete Fenster an einer Wand bestimmt. Übereinstimmend wurden große Unterschiede des Zugluftrisikos innerhalb eines Raumes festgestellt, mit dem größten Risiko im Bereich direkt vor dem Fenster.

Für freie Fensterlüftung mit einer einseitigen Lüftung sowie Querlüftung wurde der Einfluss des Windes und der Temperaturdifferenz auf den Luftwechsel in [10] und [11] untersucht. Dabei wurde herausgearbeitet, dass die Temperaturdifferenz besonders bei geringen Windgeschwindigkeiten den größten Einfluss auf den Luftwechsel hat. Ein ähnliches Bild wurde auch für die Zugluft erwartet und im Rahmen der Untersuchungen an Hamburger Schulräumen überprüft.

5 Das Hamburger Klassenhaus

Das *Hamburger Klassenhaus* beschreibt ein modulares Gebäudekonzept, welches nach einer einmaligen Planung an vielen Hamburger Schulen in einer gleichen Form gebaut wurde und wird. Es ist quaderförmig und setzt sich, wie in Bild 2 gezeigt, aus einem Erschließungskern und Raummodulen zusammen. Insgesamt gibt es sechs verschiedene Varianten mit 8 bis 24 Klassenzimmern. Für die Messungen wurden zwei Schulen des Gebäudetyps 1A ausgewählt; jene sind in Bild 3 dargestellt.

6 Aufbau und Ablauf der Messungen

6.1 Messdauer und Sensorik

Für die Messungen wurden Tage ausgewählt, an denen die Außenlufttemperatur deutlich unter der Innenraumlufttemperatur lagen. Gemessen wurde hierbei bei gekippten Fenstern. Jeder Klassenraum hat drei Fenster, von denen während der Messungen ein bis drei Fenster gekippt waren. Die Messungen wurden zunächst, für einen ersten Anhaltswert, mit einer Messdauer von 5 min aufgenommen. Genauere Messungen an den

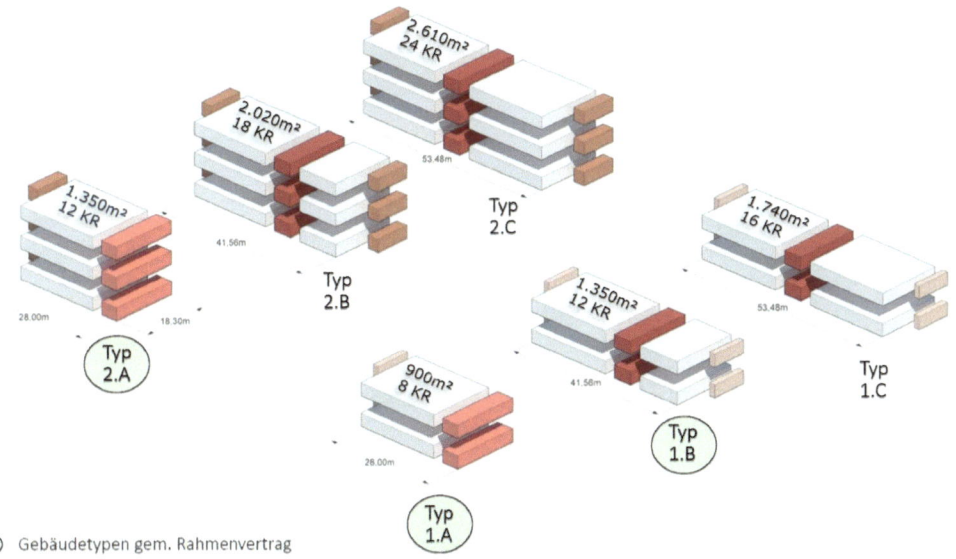

Bild 2 Übersicht der Varianten des *Hamburger Klassenhauses*; In dunkel- bzw. hellrot sind die Erschließungskerne mit Treppenhaus, Sanitärräumen und Fahrstuhl dargestellt, orange hinterlegt sind die zusätzlichen Fluchttreppen der Raummodule; Die Raummodule selbst sind weiß hinterlegt; Jedes der Raummodule hat hierbei in der Regel vier Klassenzimmer [12]

Bild 3 Außenansichten der für die Messungen exemplarisch ausgewählten Schulen des *Hamburger Klassenhauses*

für Zugluft kritischen Punkten wurden in einem zweiten Messdurchlauf mit einer Dauer von 30 min wiederholt.

Zur Bestimmung der Zugluft sind Messungen der lokalen Luftgeschwindigkeit und Temperatur an ausgewählten Messpunkten mit einer Frequenz von 1 Hz durchgeführt worden. Verwendet wurden omnidirektionale Luftgeschwindigkeitstransmitter *TSI 8475* [13] und Temperatursensoren *Pt 100* an den Messtellen im Raum und der Heizungsoberfläche sowie *Pt 1000* für die Außenlufttemperatur. Zur Aufzeichnung der Außenluftgeschwindigkeit vor der Fassade ist ein Windgeber der Firma *Thies Clima* [14]

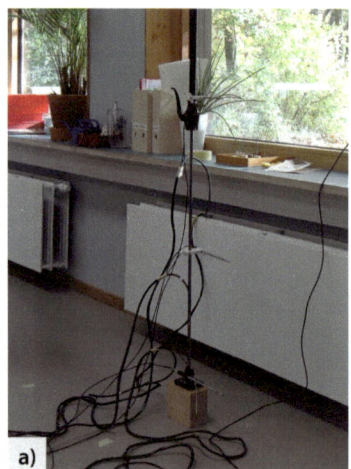 

Bild 4 a) Foto des Messaufbaus in einer der ausgewählten Schulen; b) Foto des Messkoffers, welcher zum Transport der Sensorik und der Geräte zur Datenaufzeichnung und -auswertung genutzt wurde

zum Einsatz gekommen. Als Messwertverstärker wurde ein *QuantumX MX 1601B* [15] und *ein QuantumX MX 840B* [16] der Firma *HBM* genutzt.

Der Messkoffer, welcher zum Transport der Sensorik verwendet wurde sowie der genutzte Messaufbau sind in Bild 4 dargestellt.

6.2 Sensorpositionen

Die Positionierung der Messpunkte in vertikaler Richtung erfolgte auf Basis der DIN EN ISO 7726. Hier werden drei Messpunkte auf Höhe des Kopfes, des Unterleibs und des Knöchels empfohlen. Für eine sitzende Person werden die folgenden Messpunkte empfohlen: Kopfhöhe 1,10 m, Unterleibshöhe 0,60 m und Knöchelhöhe 0,10 m [17].

In horizontaler Richtung, über den Raum verteilt, gibt es keine normativen Anhaltswerte zu der Positionierung der Messpunkte. Zur Konkretisierung der Zugluftproblematik wurden deshalb Messungen in einem Raster vorgenommen. Das Raster wurde basierend auf den Ergebnissen vergleichbarer Forschungsarbeiten, unter anderem aus [8] und [9], erstellt. Zusätzlich fand eine Berücksichtigung der möglichen Anordnungen von Tischen und Stühlen im Klassenzimmer statt, um den Aufenthaltsbereich von Personen im Raum möglichst gut mit Messpunkten abzubilden.

Ein Beispiel eines den Messungen zu Grunde gelegten Messrasters ist in Bild 5 gezeigt. Unten ist die Fensterfront ersichtlich, welche aus drei Fensterabschnitten besteht. Jeder Abschnitt enthält ein kleines öffenbares Fenster (in Bild 5 mit „1" bezeichnet, jeweils mit einem gestrichelten Öffnungsbereich dahinter) und einem nicht zu öffnenden Fensterbereich daneben (mit „2" markiert). Zwischen den drei Fensterabschnitten sind zwei opak eingezeichnete Wandabschnitte angeordnet („3"), welche auch durch Dämmung und Mauerwerk ersichtlich sind. Hinter den Fensterelementen ist jeweils ein Heizkörper angeordnet, welcher vereinfacht durch ein schwarz umrandetes Rechteck dargestellt ist („4"). In diesem Bereich ist zusätzlich eine Fensterbank vorhanden, sodass hier kein Aufenthalt möglich ist. Dieser Bereich wurde durch eine Linie vom Rest des Raumes abgetrennt („5"). Die Messpunkte wurden in einem regelmäßigen Raster neben den zu öffnenden Fenstern gewählt und sind durch Kreuze markiert. Der

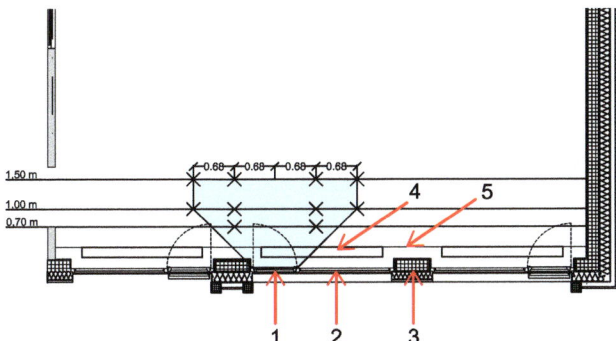

Bild 5 Beispieldarstellung eines Rasters der Schule 1 zur Bestimmung der Zugluftraten; Der untersuchte Messbereich ist blau markiert mit den Messpunkten als Kreuze, alle Abmessungen sind in [m] angegeben

erwartete Haupteinflussbereich der Zugluft ist blau hinterlegt. Weiterhin dargestellt sind die gewählten Raumtiefen, in denen Messungen stattfanden. Diese befinden sich in 0,70 m, 1,00 m und 1,50 m Raumtiefe. Die Außenlufttemperatur wurde in einem Abstand von 0,2 m zur Fassade gemessen, die Windrichtung und -geschwindigkeit in einem Abstand von 0,7 m.

Anhand des Rasters konnten zunächst die besonders kritischen Punkte im Raum bestimmt und die generelle Zugluftproblematik dargestellt werden. An den besonders kritischen Punkten wurden weitere Messungen durchgeführt, um die Einflussfaktoren auf die Zugluft zu ergründen.

7 Darstellung und Auswertung der Ergebnisse

7.1 Auswertung der Rastermessungen

Eine beispielhafte Verteilung der Zugluft ist in Bild 6 dargestellt. Im oberen Bereich sind die Windgeschwindigkeiten des *Deutschen Wetterdienstes* (DWD), die vor der Fassade gemessene Geschwindigkeit, die Windrichtung des DWD und die mittlere gemessene Außenlufttemperatur, sowie die mittlere Heizungstemperatur an der Oberfläche des Heizkörpers dargestellt. Der Vergleich „Windgeschwindigkeit DWD" und „Windgeschwindigkeit gemessen" zeigt die Differenzen zwischen den DWD-Messungen am Flughafen Fuhlsbüttel in 10 m Höhe über unbebauten Gelände zu den innerstädtischen Messungen vor den Fassaden im 1 OG. Die Windrichtung wird zudem in einer Kompassdarstellung verdeutlicht. In Bezug zur Außenwand des Messraumes (x-Achse) werden der Nordpfeil (schwarz) und die aufgezeichneten Windrichtungen während der Messzeit dargestellt.

Darunter sind die Verteilungen des Zugluftrisikos in einer Messhöhe von 0,10 m, 0,60 m und 1,10 m dargestellt. Die Innenseite der Fensterfront entspricht der x-Achse, die durch eine schwarze Linie markiert wird. Geöffnete Fenster werden durch eine Lücke in der Linie, geschlossene Fenster durch eine gestrichelte Linie dargestellt. Grau markiert ist ein Bereich bis 0,35 m Raumtiefe, in welchem sich die Fensterbank befindet. Auf der x-Achse ist die Raumbreite dargestellt, welche von der Innenwand nach außen gemessen wurde. Die y-Achse stellt die Raumtiefe dar. Alle Messpunkte sind durch blaue und rote Kreise markiert. Der rote Kreis zeigt dabei die Position der maximal gemessenen Zugluft. Zur Erzeugung der Abbildung wurde zwischen einzelnen

Messpunkten eine lineare Interpolation vorgenommen. Die Farbverteilung stellt das Zugluftrisiko zwischen 0 bis 50 % dar.

Die Auswertung der Rastermessungen zeigte, dass insbesondere die Punkte nahe des Fensters, welche nicht direkt vor der Heizung liegen, besonders von Zugluft betroffen sind. In Bild 6 liegen diese Punkte rechts des Fensters. Zusätzlich ist die Zugluft in einer Höhe von 1,10 m meist punktuell, nahe am Fenster, erhöht. In einer Höhe von 0,60 m über dem Boden breitet sich die Zugluft weiter in den Raum hinein aus. Zudem hat sich über alle Messungen gezeigt, dass in dieser Höhe zumeist die höchsten Zugluftwerte zu erwarten sind und auch das mittlere Zugluftrisiko in dieser Höhe meist am höchsten ist. In einer Höhe von 0,10 m ist das Zugluftrisiko durchschnittlich niedriger. Gleichzeitig ist an der Ausbreitung der Zugluftrisiken erkennbar, dass sich die

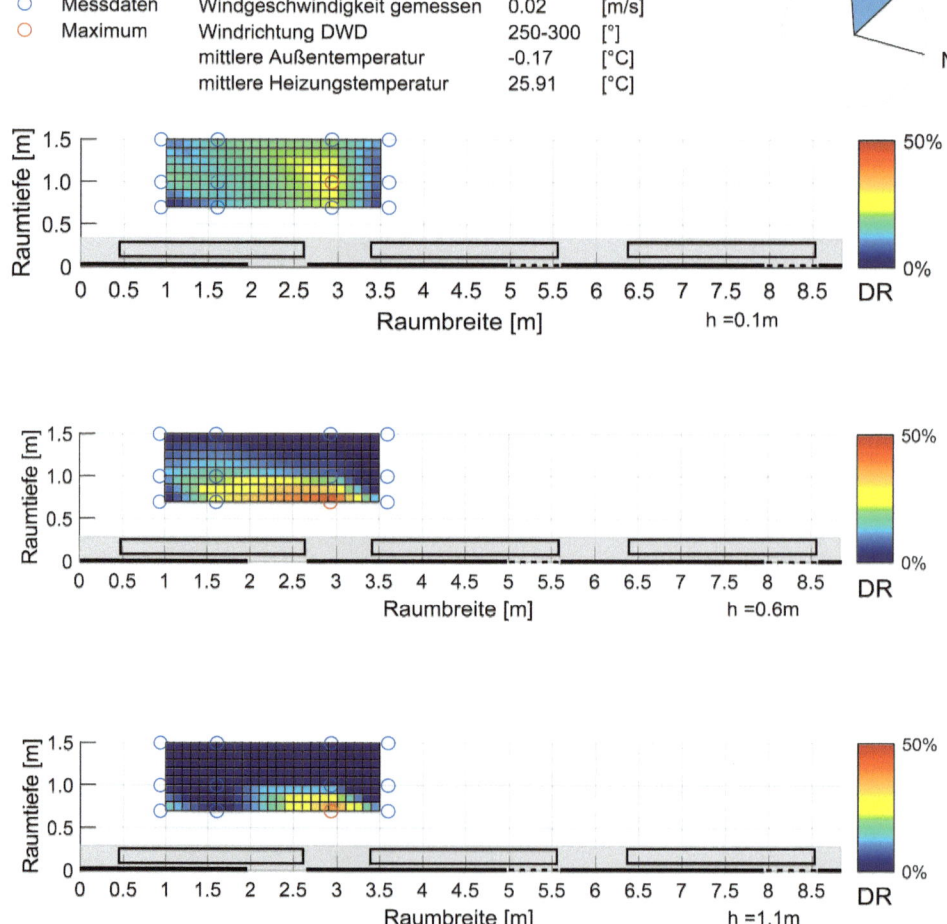

Bild 6 Beispieldarstellung der Zugluftverteilung für ein gekipptes Fenster bei einer mittleren Außentemperatur von −0,17 °C an der Schule 2; in einer Raumhöhe über dem Fußboden von oben 0,1 m, mittig 0,6 m und unten 1,1 m; innerhalb einer Raumhöhe ist der Punkt maximaler Zugluft rot markiert

kalte Luft in den Raum ausbreitet und das Zugluftrisiko somit über einen größeren Bereich erstreckt. Eine maximale Zugluft kann in der Regel in einer Raumtiefe von 0,70 m und einer Höhe von 0,60 m über dem Boden gemessen werden.

Weiterhin wird aus Bild 6 ersichtlich, dass auf der rechten Seite des Fensters ein deutlich höheres Zugluftrisiko vorliegt als links des Fensters. Hervorgerufen wird dies durch den Einfluss der Heizung, welche sich links des Fensters unter der grau hinterlegten Fensterbank befindet. Die einströmende, kalte Luft wird auf der linken Seite des Fensters durch die Heizung erwärmt, was das Zugluftrisiko sichtbar reduziert. Rechts des Fensters findet keine Erwärmung der Luft statt, wodurch das Zugluftrisiko dort erhöht ist.

Für alle drei Raumhöhen sind die Punkte direkt neben dem Fenster, in einer Raumtiefe von 0,70 m, welche nicht vor der Heizung liegen (hier rechts) dem höchsten Zugluftrisiko ausgesetzt und werden deshalb hier als die „kritischsten" Punkte bestimmt. Bei mehreren gekippten Fenstern zeichnete sich eine ähnliche Verteilung um die Fenster ab, sodass je nach Anzahl der geöffneten Fenster ein bis drei sehr kritische Punkte vorhanden sind.

7.2 Wichtige Einflussparameter auf die Zugluft

Als wichtigster Einflussparameter auf die Zugluft konnte die Temperaturdifferenz zwischen innen und außen herausgestellt werden. In Bild 7 ist der Zusammenhang zwischen der Temperaturdifferenz auf der x-Achse und der *Draught Rate* auf der y-Achse dargestellt. Der Messpunkt in 1,10 m Höhe (oben) ist blau markiert, in 0,60 m Höhe (mitte) orange und in 0,10 m Höhe (unten) violett. Die Korrelationskoeffizienten liegen bei: oben 0,79, mittig 0,48 und unten 0,61. Es wird deutlich, dass zwischen der Tem-

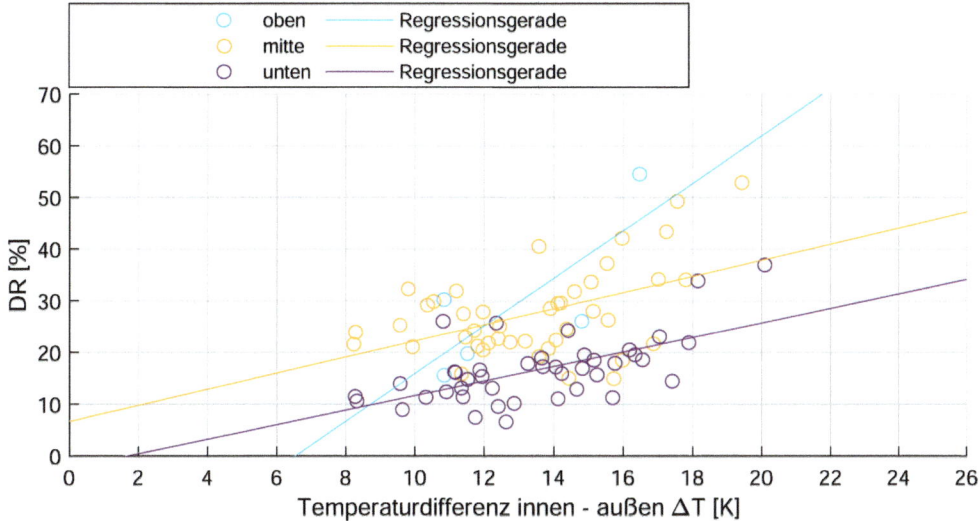

Bild 7 Auftragung des Zugluftrisikos gegen die Temperaturdifferenz für die Messhöhen 0,1 m (violett), 0,6 m (gelb), 1,1 m (blau); Als durchgezogene Linien sind lineare Regressionen zu den gleichfarbigen Punkten eingezeichnet.

peraturdifferenz zwischen innen und außen, getrennt nach Messhöhen, und der Zugluftrate eine direkte Korrelation besteht.

Nicht ersichtlich wurde bei den Messungen ein Zusammenhang zwischen Windgeschwindigkeit und Zugluft. Über den Zeitraum der Messungen zeigte sich, dass die Windgeschwindigkeit vor der Fassade meist unter 1,0 m/s lag.

Der gezeigte Zusammenhang zwischen der Außenlufttemperatur und der Zugluftrate, sowie der nicht erkennbare Zusammenhang zwischen der Windgeschwindigkeit vor dem Fenster und der Zugluftrate decken sich mit den Erkenntnissen aus vergleichbaren Forschungsprojekten [10, 11].

8 Quantifizierung des Raumkomforts hinsichtlich der Zuglufterscheinungen

8.1 Datengrundlage

Neben den gemessenen Zugluftrisiken und den Einflussfaktoren auf die Zugluft ist in einem weiteren Schritt von Interesse, wie oft und in welcher Intensität Zugluft über das Jahr auftritt. So kann, im Rahmen einer Kosten-Nutzen-Analyse, abgewogen werden, welche Maßnahmen zur Verbesserung der Zugluft geeignet sind.

Die Quantifizierung erfolgt hier anhand der Witterungsbedingungen des DWD. Mit dem *Testreferenzjahr* (TRY) für den Standort Hamburg Fuhlsbüttel liegt für jede Stunde des Jahres ein repräsentativer Datensatz für Außenlufttemperatur und Windrichtung bzw. -geschwindigkeit vor. Anhand dieses Datensatzes und der getätigten Messungen kann eine Prognose der Zugluft für das gesamte Jahr erarbeitet werden.

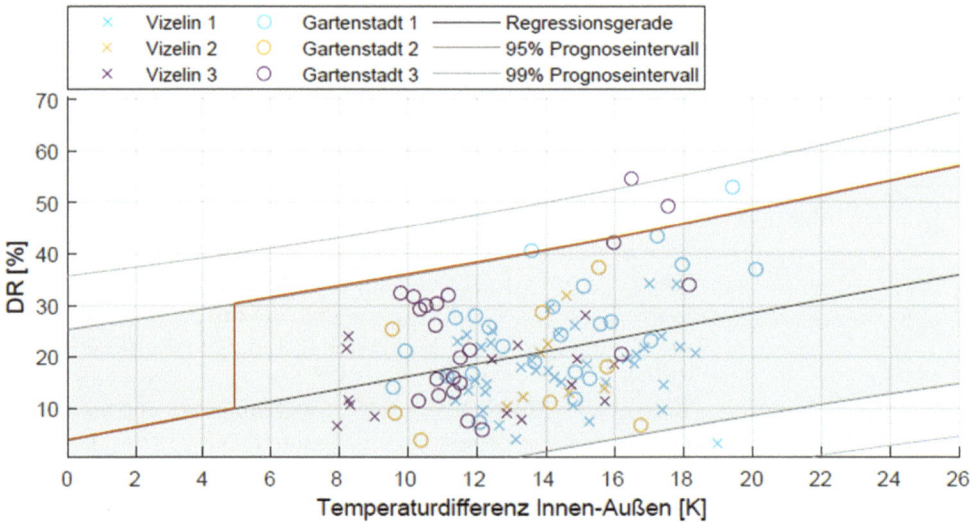

Bild 8 Darstellung der Zugluftrisiken an den kritischsten Punkten über die Temperaturdifferenz zwischen Innen und Außen, in Schwarz ist die Regressionsgerade eingezeichnet, dunkelgrau ist das 95%- und hellgrau das 99%-Prognoseintervall, dunkelrot ist die DR in Abhängigkeit der Temperaturdifferenz, welche zur Prognose herangezogen wurde, der Korrelationskoeffizient der Regressionsgraden beträgt 0,33

In Bild 8 ist die Zugluft an den kritischen Punkten über die Temperaturdifferenz zwischen Innen- und Außenlufttemperatur, dem leitenden Einflussparameter auf die Zugluft, dargestellt. Die Messpunkte der Schule 1 sind als Kreuze und die der Schule 2 als Kreise dargestellt. Die Farben blau, gelb und violett stehen für 1, 2 bzw. 3 geöffnete Fenster. Nicht betrachtet wurden Zugluftrisiken von 0 %, da diese aus den Bedingungen der Formel resultieren und durch eine lineare Regression nicht korrekt abgebildet werden. In Schwarz ist die Regressionsgerade dargestellt, der dunkelgraue Bereich repräsentiert das 95 %-Prognoseintervall. In hellgrau ist zudem das 99 %-Prognoseintervall dargestellt. Wie daraus ersichtlich wird, konnten Messungen insbesondere im Temperaturdifferenz-Bereich von 8–18 K stattfinden. Bei Temperaturdifferenzen kleiner 8 K ist zu erwarten, dass die gezeigten Prognoseintervalle das mögliche Zugluftrisiko deutlich überschätzen. Der Windeinfluss, wie in [11] gezeigt, nimmt zu und eine Prognose allein anhand der Temperaturdifferenz ist nicht mehr möglich. Auch Temperaturdifferenzen größer 18 K konnten während des Messzeitraums nicht erzielt werden. Für beide Bereiche sollten im weiteren Verlauf der Forschung zusätzliche Messungen vorgenommen werden.

8.2 Quantifizierung

Durch die nun erfolgende Quantifizierung soll ein Überblick über die Verteilung der prognostizierten Zugluftrisiken innerhalb eines Jahres gegeben werden.

Die Innenlufttemperatur wird im Rahmen dieser Quantifizierung zu 20 °C angenommen, sodass zusammen mit der zu erwartenden Außenlufttemperaturen des TRY die für die Quantifizierung nötige Temperaturdifferenz bestimmt werden kann. Bei Außenlufttemperaturen größer als 20 °C treten kaum Zuglufterscheinungen auf. Für die automatische statistische Auswertung wird vereinfachend angenommen, dass dann die Innenraumlufttemperatur gleich der Außenlufttemperatur ist.

Im Rahmen der Quantifizierung werden sowohl die Regressionsgerade als auch das 95 %–Prognoseintervall verwendet. In den Untersuchungen [10] und [11] zeigte sich, dass ab einer Temperaturdifferenz kleiner 5 K der Wind zunehmend der maßgebende Einfluss auf den Luftwechsel ist, während bei Differenzen größer 5 K die Temperaturdifferenz maßgebend ist. Aufgrund der Abhängigkeit von der Druckdifferenz kann angenommen werden, dass diese Grenze auch auf die Zugluft übertragen werden kann.

Für Temperaturdifferenzen größer 5 K wird somit das oben gezeigte Prognoseintervall basierend auf der Temperaturdifferenz angesetzt. Unter 5 K ist eine Prognose anhand des oben gezeigten Prognoseintervalls nicht möglich, da der Einfluss des Windes nach [10] und [11] zunehmend größer ist als jener der Temperaturdifferenz. Für diesen Bereich wird ein Anhaltswert für das Zugluftrisiko aus der Regressionsgerade gegeben (s. rote Linie in Bild 8). Betrachtet werden für die Quantifizierung weiterhin nur die in der Nutzungszeit der Schulen liegenden Wetterdaten. Die Nutzungszeit für Klassenräume wird hierbei nach DIN V 18599-10:2018-09 zwischen 8 bis 15 Uhr festgelegt. Im Rahmen dieser Betrachtung nicht eingeschlossen sind Samstage, Sonntage, gesetzliche Feiertage und Ferienzeiten.

In einem ersten Schritt wurde für jede Stunde anhand des 95 %-Prognoseintervalls (für $\Delta T > 5$ K) und der Regressionsgeraden (für $\Delta T < 5$ K) die zu erwartende Zugluft an den kritischsten Punkten (0,70 m Raumtiefe, direkt neben dem Fenster, kein direkter Einflussbereich der Heizung) berechnet. In einem zweiten Schritt wurde für jeden

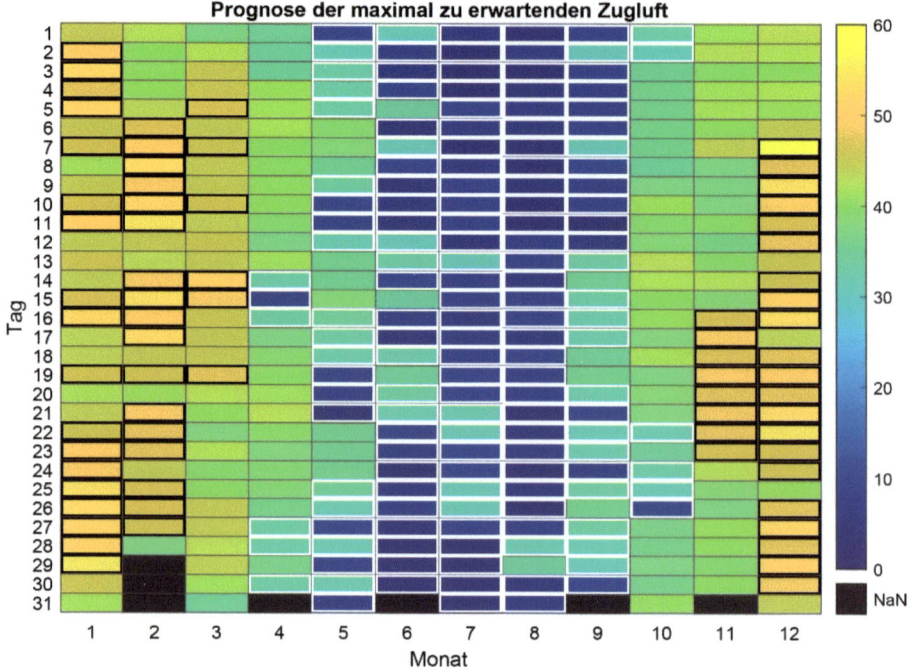

Bild 9 Kalendarische Darstellung der Zugluftprognose im Raum anhand des 95 %-Prognoseintervalls und der Regressionsgeraden über das Testreferenzjahr; die schwarze Umrandung markiert Temperaturdifferenzen größer 18 K, die weiße Umrandung Temperaturdifferenzen kleiner 8 K

Tag die maximale Zugluft an den kritischsten Punkten während der Nutzungszeit herausgearbeitet. Die kalendarische Darstellung der Zugluftprognose im Raum ist in Bild 9 dargestellt.

Auf der x-Achse sind die Monate Januar (1) bis Dezember (12) dargestellt, auf der y-Achse die Tage 1–31. Für jeden Tag ist die maximale Zugluft im Farbverlauf über den Kalender dargestellt. Alle Prognosen für Temperaturdifferenzen außerhalb des gemessenen Bereichs werden durch eine farbliche Umrandung gekennzeichnet (schwarz: Temperaturdifferenz größer 18 K, weiß: Temperaturdifferenz kleiner 8 K).

Wie aus der Abbildung hervorgeht, sind die Monate Januar, Februar, November und Dezember die kältesten Monate, welche am meisten zugluftbelastet sind. In diesen Monaten bewegt sich das Zugluftrisiko am kritischsten Punkt im Raum zwischen 35 und 60 %. Zusammen mit den Zugluftverteilungen über den Grundriss (siehe Bild 6) ließ sich für diese Monate ableiten, dass an vielen Tagen nicht nur an den kritischsten Punkten Zugluft in einem hohen Maße auftritt, sondern, je nach der Anzahl geöffneter Fenster, an nahezu der gesamten Fensterfront. In diesen Monaten kann die Zugluft somit als problematisch angesehen werden. In den Monaten März und Oktober ist es im Vergleich zu den vorherigen Monaten deutlich wärmer, wodurch das Zugluftrisiko stark abnimmt. Für diese Monate ist zu erwarten, dass Zugluft in vielen Fällen nur an den kritischsten Punkten eine Rolle spielt und der Rest der Fensterfront sowie die Tiefe des Raumes seltener von dieser betroffen ist. In den anderen Monaten ist die Zuglufterwartung sichtbar sehr gering.

9 Zusammenfassung und Empfehlungen

Untersucht wurde das Auftreten von Zugluft in Klassenzimmern des *Hamburger Klassenhauses* bei einer Lüftung mit gekipptem Fenster. Da Zugluft insbesondere durch kalte, in den Raum einströmende Luft erzeugt wird, wurden in den Monaten November bis Februar Messungen der Luftgeschwindigkeit, Raumluft-, Außenluft- und Heizkörperoberflächentemperatur, sowie Windgeschwindigkeit vor der Fassade aufgezeichnet. Die Untersuchungen haben gezeigt, dass Zugluft insbesondere direkt an den geöffneten Fenstern bei niedrigen Außenlufttemperaturen auftritt. In 0,70 m Raumtiefe sind die Messpunkte in 1,10 m und 0,60 m Höhe über dem Boden einem besonders ausgeprägten Zugluftrisiko ausgesetzt. In einer Höhe von 0,10 m hingegen sind zumeist niedrigere Zugluftrisiken zu erwarten. Aufgrund der Reproduzierbarkeit dieser Ergebnisse innerhalb beider untersuchter Gebäude ist zu erwarten, dass bei allen Hamburger Klassenhäusern vergleichbare Zugluftwerte auftreten.

Eine Quantifizierung des Zugluftrisikos hat ergeben, dass Zugluft in den Klassenzimmern insbesondere in den Wintermonaten Dezember, Januar und Februar problematisch ist. Aber auch die Monate Oktober, November und März enthalten nach weitergehender Betrachtung auf Grundlage der hier präsentierten Messdaten sowie Prognosen anhand der Referenzdaten des DWD vergleichsweise viele Tage, an denen mit einem erhöhten Zugluftrisiko zu rechnen ist. In der wärmeren Jahreshälfte ist Zugluft kaum problematisch.

Aufgrund der, besonders im Winter, teils problematischen Zugluft fällt eine Empfehlung ohne bauliche Maßnahmen schwer. Für eine deutliche Reduzierung an den kritischen Punkten ist zunächst eine durchlaufende Anordnung der Heizungskörper über die gesamte Außenfassade, nicht nur unterhalb der Fenster, empfehlenswert. Unter der Annahme, dass hierbei an den kritischen Punkten ohne direkten Einfluss der Heizung ein vergleichbares Zugluftrisiko wie an den Punkten vor der Heizung auftritt, sind Reduzierungen von 10–30 % an den kritischen Punkten wahrscheinlich. Es ist anzumerken, dass trotzdem lokal erhöhte Zugluftrisiken möglich sind, wenn die Heizkörper den Fallluftstrom am Fenster nicht hinreichend abfangen. Trotzdem würden diese baulichen Maßnahmen wahrscheinlich eine Einhaltung der Umgebungsklima-Kategorie 3 an vielen Tagen im Jahr ermöglichen. Denkbar wäre außerdem die Nutzung einer verteilten oder diffusen Decken- bzw. Fußbodenlüftung, um ein erhöhtes Zugluftrisiko innerhalb des Raumes zu reduzieren. Im Bereich einer abgehängten Decke müssten hierzu Lüftungsöffnungen in die Fassade integriert werden, durch welche die Luft zunächst in die abgehängte Decke und über Öffnungen in der Decke anschließend in den Raum strömt. In der abgehängten Decke und während des Absinkens würde hierbei die einströmende Luft gleichmäßiger erwärmt, wodurch das Zugluftrisiko voraussichtlich deutlich minimiert würde.

10 Literatur

[1] Umweltbundesamt (2018) *Anforderungen an Lüftungskonzeptionen in Gebäuden – Teil I: Bildungseinrichtungen*. Bundesgesundheitsbl. 61, S. 239–248. https://doi.org/10.1007/s00103-017-2682-y [Zugriff 26.10.2022]

[2] Willems, W. M.; Dinter, S.; Schild, K. (2006) *Vieweg Handbruch Bauphysik Teil 1: Wärme- und Feuchteschutz, Behaglichkeit, Lüftung*, Wiesbaden: Friedr. Vieweg & Sohn Verlag | GWV Fachverlage GmbH.

[3] DGUV Regel 102-601 (2019) *Branche Schule*, Berlin: Deutsche Gesetzliche Unfallversicherung e. V. (DGUV).

[4] Ausschuss für Arbeitsstätten (2019) *Arbeitsstättenverordnung, Technische Regeln für Arbeitsstätten, Lüftung*. 5. Aufl. Dortmund: Bundesanstalt für Arbeitsschutz und Arbeitsmedizin.

[5] VDI-Gesellschaft Technische Gebäudeausrüstung (2002) *VDI 6030 Blatt 1 Auslegung von freien Raumheizflächen – Grundlagen – Auslegung von Raumheizkörpern*, Berlin: Beuth.

[6] DIN EN ISO 7730:2006-05 (2006) *Ergonomie der thermischen Umgebung - Analytische Bestimmung und Interpretation der thermischen Behaglichkeit durch Berechnung des PMV- und des PPD-Indexes und Kriterien der lokalen thermischen Behaglichkeit (ISO 7730:2005)*, Berlin: Beuth.

[7] Oertel, H.; Böhle, M.; Reviol, T. (2015) *Strömungsmechanik*, Wiesbaden: Springer Fachmedien.

[8] Richter, W. (2003) *Handbuch der thermischen Behaglichkeit – Heizperiode*. Aufl. 991 der Schriftenreihe der Bundesanstalt für Arbeitsschutz und Arbeitsmedizin Forschung Arbeitsschutz, Bremerhaven: Wirtschaftsverl. NW Verl. Für neue Wissenschaft.

[9] Gritzki, R.; Perschk, A.; Rösler, M.; Richter, W. (2009) *Schulsanierung mit verbesserter thermischer Behaglichkeit*. In KI Kälte, Luft, Klimatechnik – Ingenieurwissenschaften in Forschung und Praxis, S. 20–23.

[10] Larsen, T. S. (2006) *Natural Ventilation Driven by Wind and Temperature Difference*. Aalborg: Department of Civil Engeineering, Aalborg Univerity, URL: https://vbn.aau.dk/ws/files/316407504/Thesis_Tine_Steen_Larsen.pdf [Zugriff 11.09.2022]

[11] Larsen, T. S.; Heiselberg P. (2007) *Single-sided Natural Ventilation Driven by a Combination of Wind Pressure and Temperature Difference*. In Proceedings III The 6th international Conference on Indoor Air Quality, Ventilation & Energy Conservation in Buildings: Sustainable Built Environment: Okt. 28–31, 2007, Sendai: Sendai International Centre, Japan (pp. 145). Sendai International Centre, Graduate School of Engineering, Tohoku University. https://vbn.aau.dk/ws/files/13402435/Single-sided_Natural_Ventilation_Driven_by_a_Combination_of_Wind_Pressure_and_Temperature_ [Zugriff 11.09.2022]

[12] Jordan, J. (2020) *Hamburger Klassenhaus Designhandbuch V.01*. Hamburger Klassenhaus SBH | Schulbau Hamburg.

[13] Driesen+Kern GmbH (n.d.) *Datenblatt TSI Luftgeschwindigkeits-Transmitter*. https://www.driesen-kern.de/downloads/tsi-8455_8475-sonden.pdf [Zugriff 16.09.2022]

[14] Adolf Thies GmbH & Co. KG (n.d.) *WIND Windgeber compact Technische Daten*. https://www.thiesclima.com/pdf/de/Produkte/Wind-Compact/?art=147 [Zugriff 16.09.2022]

[15] Hottinger Baldwin Messtechnik GmbH (n.d.) *QuantumX MX1601B Universalmessverstärker Datenblatt*.

[16] Hottinger Baldwin Messtechnik GmbH (n.d.) *QuantumX MX 840B Universalmessverstärker Datenblatt*.

[17] DIN ISO 7726:2021-03 (2021) *Umgebungsklima – Instrumente zur Messung physikalischer Größen (ISO 7726:1998)*, Berlin: Beuth.

Geklebte Glasscheiben als Aussteifungselement und Absturzsicherung

Johannes Giese-Hinz[1], Felix Nicklisch[1], Bernhard Weller[1], Mascha Baitinger[2], Jasmin Reichert[2], Henriette Hoffmann[2]

[1] Technische Universität Dresden, Institut für Baukonstruktion, August-Bebel-Straße 30, 01219 Dresden, Deutschland; johannes.giese-hinz@tu-dresden.de; felix.nicklisch@tu-dresden.de; bernhard.weller@tu-dresden.de

[2] VERROTEC GmbH, Im Niedergarten 12, 55124 Mainz, Deutschland; mascha.baitinger@verrotec.de; jasmin.reichert@verrotec.de; hoffmann@ibc-ing.de

Abstract

Im Forschungsprojekt GLASSBRACE untersuchte das Team die Anwendung von aussteifenden Glasscheiben als seitliche Absturzsicherung für auskragende Balkone. Die Lastweiterleitung vom Glas auf weitere Konstruktionsteile übernimmt dabei ein strukturelles Silikon. Dieser Beitrag fokussiert sich auf die konstruktive Umsetzung der Idee und die Versuche im Bauteilmaßstab. Neuartig ist dabei die Überlagerung von statischen Lasten aus Konstruktion und Nutzung mit der Stoßbeanspruchung sowohl auf die lastabtragende Klebung als auch auf das Glas. Die Versuchsdaten stimmen sehr gut mit der vorangegangenen numerischen Analyse überein, sodass ein anwendungsorientiertes Bemessungs- und Sicherheitskonzept aufgestellt werden konnte. Der Beitrag zeigt eine neue Anwendungsmöglichkeit von Glas in Verbindung mit strukturellen Silikonklebungen auf.

Bonded glass panes as bracing element and balustrade. In the GLASSBRACE research project, the team investigated the use of in-plane loaded glass panes as lateral fall protection for cantilevered balconies. The load transfer from the glass to other construction parts is taken over by a structural silicone joint. This article focuses on the constructive implementation of the idea and the tests on a component scale. The superimposition of static loads from construction and use with the impact load on both the load-bearing bond and the glass is innovative. The test data agree very well with the preceding numerical analysis, so that an application-oriented design and safety concept could be established. The article thus shows a new application possibility for glass in connection with structural silicones.

Schlagwörter: *Scheibenbeanspruchung, Silikonfuge, Absturzsicherung*

Keywords: *in-plane loading, silicone joint, balustrade*

Glasbau 2023. Herausgegeben von Bernhard Weller, Silke Tasche. https://doi.org/10.1002/9783433611739.ch18
© 2023 Ernst & Sohn GmbH. Published 2023 by Ernst & Sohn GmbH.

1 Motivation

Beim Neubau, insbesondere bei Stahlbetonbauten, können Balkone durch auskragende Platten mit unterschiedlichsten Brüstungen realisiert werden. Bei der Aufwertung von Bestandsgebäuden oder anderen Konstruktionen wie Holzbauten, die einen biegesteifen Anschluss einer Balkonplatte nicht zulassen, können Balkone jedoch häufig nur auf Stützen vor Gebäude gestellt werden. Architektonisch ansprechender sind stützenfreie Konstruktionen. Dann müssen Balkonplattformen am Gebäude gelenkig gelagert und zusätzlich mit diagonalen Zugstäben rückverankert werden. Bild 1 zeigt ein solches Sanierungsobjekt.

In Verbindung mit einer volltransparenten Glasbrüstung stören diese Zugstäbe jedoch das Erscheinungsbild, schränken die Grundfläche des Balkons ein und sind ein potenzielles Sicherheitsrisiko, da sie eine Klettermöglichkeit für Kinder bieten. Die Glas-brüstung übernimmt hier lediglich eine absturzsichernde Funktion. Vorhandene Tragreserven der Glasscheiben zur Aussteifung des Balkons und damit als Ersatz der Zugstäbe bleiben ungenutzt. Durch Ausnutzen der Glasscheiben als Konstruktionselement können Tragwerke optimiert und der Materialeinsatz minimiert werden.

Mit den heute verfügbaren Technologien und Bemessungstools ist es möglich, die Verglasung nicht nur als absturzsichernde Brüstung, sondern auch als primäres Tragelement des Balkons einzusetzen. Verschiedene Untersuchungen zeigen bereits das Potential von Gläsern, welche in Scheibenebene belastet werden [1, 2]. Weitere Forschungsarbeiten erarbeiteten Lösungen, wie geklebte Glasfassaden Gebäude aussteifen können [3, 4, 5].

Bild 1 Sanierung eines Bestandswohnhauses mit nachträglich angebrachten Balkonen in Prora (© J. Giese-Hinz, TU Dresden)

2 GLASSBRACE

2.1 Zielsetzung und Anforderung

Das Ziel des Forschungsprojektes GLASSBRACE bestand darin, auf bislang notwendige Zugstäbe bei auskragenden Balkonelementen zu verzichten, indem die seitlichen Glasscheiben als tragende Elemente genutzt werden. Diese werden nicht mehr nur absturzsichernd, sondern auch aussteifend angesetzt (Bild 2). So ist es möglich, ständige Lasten, wie das Eigengewicht der Balkonplattform und der Brüstung, sowie veränderliche Lasten aus Nutzung (Verkehrslasten) und Wind in das Gebäude abzuleiten. Da das Glas somit ein Teil des primären Tragwerkes des Balkons ist, muss durch die Wahl eines geeigneten Scheibenaufbaus auch eine ausreichende Resttragfähigkeit im Versagensfall einzelner Glasscheiben sichergestellt sein. Ein wichtiger Entwicklungspunkt des Aussteifungselementes liegt in der konstruktiven Durchbildung der Lasteinleitung. An den geklebten Anschlüssen des Glaselements zum Handlauf und zur Plattform würde ein harter Kontakt und hohe Spannungskonzentrationen zu frühzeitigem Versagen des Glases führen.

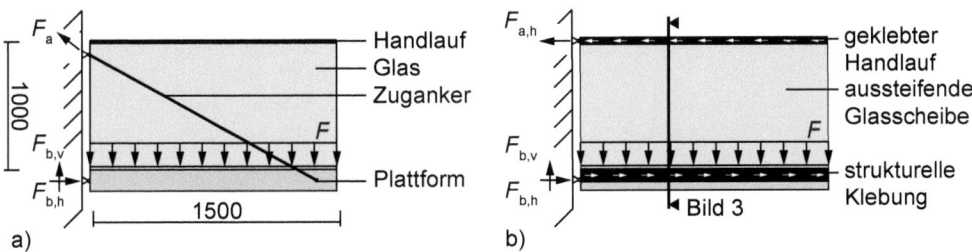

Bild 2 Vergleich der statischen Systeme a) eines konventionellen Balkons mit diagonalem Zugstab und b) eines Balkons mit neuartigem GLASSBRACE-Element (© J. Giese-Hinz, TU Dresden)

2.2 Konstruktion und Wirkungsprinzip

Das Tragprinzip basiert auf lastabtragenden Klebfugen zwischen Glasscheibe und Balkonplattform sowie zwischen Glasscheibe und U-förmigen Handlauf (Bild 3). Die Verbindung mit einem elastischen Klebstoff ermöglicht die sichere Lastübertragung ohne erhöhte Spannungsspitzen im Glas. Die Glasscheibe wirkt damit als Aussteifung der Balkonkonstruktion. Die Klebungen sind zwischen vier und sechs Millimeter dick. Die Länge entspricht nahezu der Balkontiefe.

Der statisch erforderliche Glasaufbau wurde rechnerisch unter Berücksichtigung von Ausfallszenarien bestimmt. Unterschieden wurde zwischen zwei Varianten: Zweifach-Verbundsicherheitsglas (VSG) (aus teilvorgespanntem Glas (TVG) 10/10 [mm]) unter Verwendung einer höhermoduligen Verbundfolie sowie alternativ Dreifach-Verbundsicherheitsglas (VSG aus TVG 10/10/6 [mm]) mit Standardfolie aus Polyvinylbutyral (PVB).

Der modulare Aufbau des Elements und die Verwendung eines Adapterprofils am Fußpunkt ermöglichen die serielle und halbautomatisierte Werksfertigung und somit eine gleichbleibend hohe und reproduzierbare Qualität der Klebung und Maßhaltigkeit

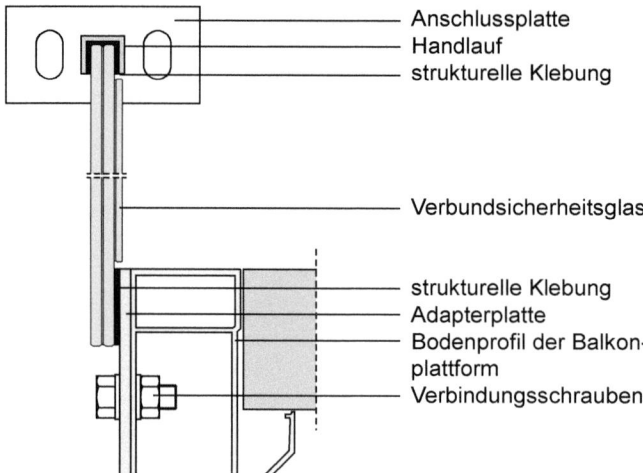

Bild 3 Vertikalschnitt durch das GLASSBRACE-Element (© J. Giese-Hinz, TU Dresden)

des Gesamtelements. Der hohe Vorfertigungsgrad führt zu einer schnellen Montage, ohne dass auf eine längere Aushärtungsdauer des Klebstoffes auf der Baustelle Rücksicht genommen werden muss. Das Verglasungselement kann durch das Adapterprofil mit der Bodenplattform und der Handlauf am hinteren Ende mit dem Gebäude verschraubt werden. Die Bodenplattform ist gelenkig auf einer Konsole gelagert und der Handlauf nur in horizontaler Richtung am Gebäude befestigt. Eine Übertragung von Vertikalkräften wird hier durch die Schraubverbindung mit Langlöchern unterbunden.

2.3 Materialien

Das Brüstungselement besteht aus Verbundsicherheitsglas aus teilvorgespanntem Kalk-Natron-Silikatglas. Als Verbundfolie wird SentryGlas SG5000 beziehungsweise eine Standardfolie aus Polyvinylbutyral (PVB) verwendet. Glas zeichnet sich durch ein ideal linear elastisches Materialverhalten aus und versagt schlagartig bei Überschreitung der Tragfähigkeit. Der Elastizitätsmodul beträgt $E = 70\,000$ MPa und die Querdehnzahl $\nu = 0{,}23$.

Für die tragenden Klebverbindungen wird ein zweikomponentiger Silikonklebstoff verwendet, für den eine Europäische Technische Bewertung (ETA) vorliegt und der damit die Anforderung nach ETAG 002 [6] erfüllt. Das Material haftet sehr gut auf Edelstahl, anodisiertem Aluminium sowie Glas. Vorangegangene Untersuchungen [7] zeugen von einer sehr guten Beständigkeit gegenüber den geforderten Umwelteinflüssen. Typischerweise verhält sich das Klebstoffmaterial hyperelastisch bei einem gleichzeitig geringen Elastizitätsmodul ($E < 5$ MPa) mit einer Querdehnzahl von $\nu = 0{,}49$.

Alle Metallprofile, abgesehen vom Handlauf, bestehen aus Aluminium EN AW 6060 T66 und sind pulverbeschichtet. Die Klebungen werden allerdings auf nicht pulverbeschichteten Oberflächen ausgeführt. In diesen Bereichen wird das Aluminium anodisiert, um einen definierten Haftgrund zu verwenden. Für eine bessere Haftung des Klebstoffes werden alle Metalloberflächen nach dem Reinigen mit einem Primer zusätzlich vorbehandelt. Das U-förmige Handlaufprofil besteht aus nichtrostendem Stahl 1.4301 (Festigkeitsklasse S235).

3 Untersuchungskonzept

Beim GLASSBRACE-Element handelt es sich um eine neue Bauweise, die nicht geregelt ist und für die es keine Technischen Baubestimmungen gibt. Für die erfolgreiche Entwicklung des lastabtragend geklebten Aussteifungselementes ist ein ausführliches Nachweiskonzept für die Klebung und das Glas notwendig. Dafür wurde ein umfassendes Versuchsprogramm (Bild 4) und umfangreiche numerische Berechnungen durchgeführt. Die Bauteilversuche fokussierten sich dabei auf die Beanspruchbarkeit des geklebten Glaselementes gegenüber kurzzeitigen und dynamischen Lasten (Stoßbeanspruchung) sowie das Bauteilverhalten unter der außergewöhnlichen Situation bei Glasbruch.

Bild 4 Übersicht zum Versuchsprogramm (© J. Giese-Hinz, TU Dresden)

4 Belastungsanalyse

4.1 Ständige und veränderliche Lasten

Zur Bewertung der Standsicherheit der Gesamtkonstruktion und des GLASSBRACE-Elements sind sämtliche Eigengewichtslasten aus der Konstruktion sowie alle Ausbaulasten als ständige Lasten zu berücksichtigen. Die Ausbaulasten können in Abhängigkeit des verwendeten Bodenbelags stark variieren. Nutzlasten, Windlasten und Schneelasten zählen zu den veränderlichen Einwirkungen, die gemäß den Vorgaben des Eurocodes 1 (DIN EN 1991) in seinen relevanten Teilen 1-1 [8], 1-3 [9] beziehungsweise 1-4 [10], in Verbindung mit den nationalen Anhängen, anzusetzen sind. Nutzlasten wirken dabei sowohl vertikal auf die Bodenplatte des Balkonelementes als auch horizontal in Höhe des Handlaufs (Holmlast) auf das Glasgeländer.

Im Folgenden sind die angesetzten Lasten für ein Balkonsystem mit den Abmessungen $B \times T = 3{,}0 \text{ m} \times 1{,}5 \text{ m}$ aufgelistet.

Eigengewicht der Konstruktion:	g_k	$= 0{,}3 \text{ kN/m}^2$
Ausbaulasten (ca.):	g_k	$= 0{,}2 \text{ kN/m}^2$ bis $0{,}5 \text{ kN/m}^2$
Nutzlast Balkon (Kat. Z):	q_k	$= 4{,}0 \text{ kN/m}^2$
Holmlast in Absturzrichtung:	$q_{k,in}$	$= 1{,}0 \text{ kN/m}^2$
Holmlast entgegen der Absturzrichtung:	$q_{k,aus}$	$= 0{,}5 \text{ kN/m}^2$

Die für die Bemessung des GLASSBRACE-Elements maßgebende Windrichtung kann Bild 5 entnommen werden. Schneelasten werden aufgrund des hohen Lastanteils aus vertikaler Nutzlast nicht maßgebend.

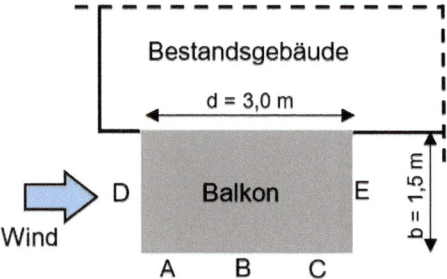

Bild 5 Maßgebende Windrichtung für die Bemessung des GLASSBRACE-Elements
(© Verrotec)

4.2 Lastfallkombinationen

Die Standsicherheit der Konstruktion und das Einhalten von Verformungsbegrenzungen wird unter den Einwirkungskombinationen nach DIN EN 1990 nachgewiesen.

Die Einwirkungskombination im Grenzzustand der Tragfähigkeit (GZT) wird wie folgt berechnet:

$$\sum_{j\geq 1}\gamma_{G,j}\cdot G_{k,j} \text{ „+" } \gamma_P \cdot P \text{ „+" } \gamma_{Q,1}\cdot Q_{k,1} \text{ „+" } \sum_{i>1}\gamma_{Q,i}\cdot \psi_{0,i}\cdot Q_{k,i} \qquad (1)$$

Für den Grenzzustand der Gebrauchstauglichkeit (GZG) wird folgende Kombination vorgesehen:

$$\sum_{j\geq 1} G_{k,j} \text{ „+" } P_k \text{ „+" } Q_{k,1} \text{ „+" } \sum_{i>1}\psi_{0,i}\cdot Q_{k,i} \qquad (2)$$

Die maßgebenden Lastfallkombinationen für statische Lasten sind in Tabelle 1 zusammengefasst.

Tabelle 1 Lastkombinationen (LFK) für die Glasbemessung

LFK	Bemessungs-situation	Leiteinwirkung	Berechnung
1	GZT	Wind	$1{,}35\,G$ „+" $1{,}5\,Q_{\text{Wind}}$ „+" $1{,}5 \cdot 0{,}7\,Q_{\text{Nutzlast}}$ „+" $1{,}5 \cdot 0{,}6\,Q_{\text{Temperatur}}$
2	GZT	Nutzlast (vertikale Flächenlast + Holmlast)	$1{,}35\,G$ „+" $1{,}5\,Q_{\text{Nutzlast}}$ „+" $1{,}5 \cdot 0{,}6\,Q_{\text{Wind}}$ „+" $1{,}5 \cdot 0{,}6\,Q_{\text{Temperatur}}$
3	GZG	Wind	$1{,}0\,G$ „+" $1{,}0\,Q_{\text{Wind}}$ „+" $1{,}0 \cdot 0{,}7\,Q_{\text{Nutzlast}}$ „+" $1{,}0 \cdot 0{,}6\,Q_{\text{Temperatur}}$
4	GZG	Nutzlast (vertikale Flächenlast + Holmlast)	$1{,}0\,G$ „+" $1{,}0\,Q_{\text{Nutzlast}}$ „+" $1{,}0 \cdot 0{,}6\,Q_{\text{Wind}}$ „+" $1{,}0 \cdot 0{,}6\,Q_{\text{Temperatur}}$

Da die Glasscheiben neben der aussteifenden Wirkung auch als absturzsicherndes Element vorgesehen sind, ist ergänzend auch der Nachweis unter Stoßbelastung zu führen. Hierfür wird die außergewöhnliche Bemessungssituation wie folgt bestimmt:

$$\sum_{j\geq 1} G_{k,j} \text{ „+"} P \text{ „+"} A_d \text{ „+"} (\psi_{1,1} \text{ oder } \psi_{2,1}) Q_{k,1} \text{ „+"} \sum_{i>1} \psi_{2,i} \cdot Q_{k,i} \quad (3)$$

Die Stoßbelastung wird hierbei als außergewöhnliche Belastung berücksichtigt. Für absturzsichernde Elemente muss die Stoßbelastung im Regelfall nicht mit anderen Einwirkungen überlagert werden. Da jedoch bei diesem primär lastabtragenden Element Eigengewicht und Nutzlast gleichzeitig mit der Stoßbelastung wirken, werden dynamische Anprallasten mit den ständigen und langfristigen statischen Einwirkungen unter Anwendung von Kombinationsbeiwerten für den außergewöhnlichen Beanspruchungsfall (Tabelle 2) überlagert.

Tabelle 2 Außergewöhnliche Lastkombinationen (LFK) für die Glasbemessung

LFK	Bemessungssituation	Leiteinwirkung	Berechnung
5	außergewöhnlich	Stoß	1,0 G „+" 1,0 A_d „+" 1,0 · 0,3 Q_{Nutzlast}

5 Kurzzeitversuche

5.1 Versuchsaufbau

Für die Bauteilversuche wird ein Balkon mit einer Auskragung von 1,5 m und einer Breite von 3,00 m angenommen. Im Versuch genügt es, nur eine der Seitenscheiben zu betrachten und die Lasten entsprechend des symmetrischen Balkonaufbaus aufzubringen. Der Versuchsstand (Bild 6) besteht aus einer starren Stütze, welche zusätzlich

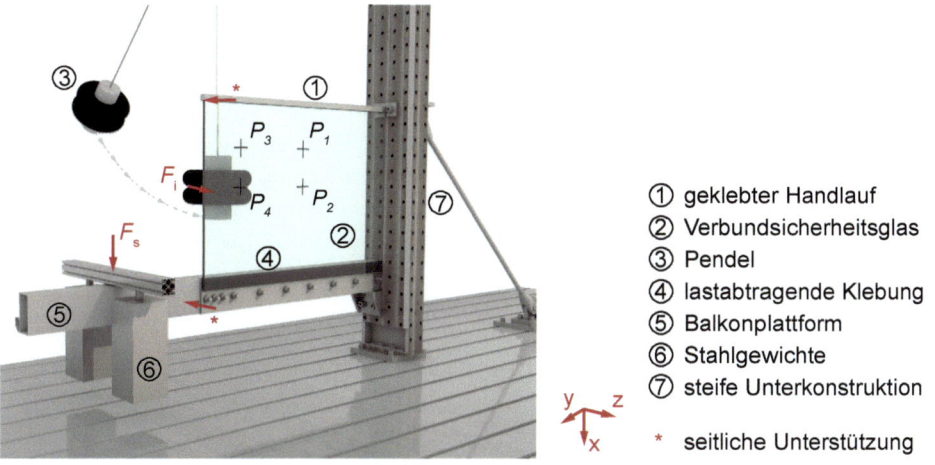

Bild 6 Versuchsaufbau für den Nachweis der Stoßsicherheit (© J. Giese-Hinz, TU Dresden)

abgespannt ist. Sie ersetzt das Tragwerk des Gebäudes. Das 1,5 m lange GLASSBRACE-Element ist unten an das Bodenprofil geschraubt. Das Profil ist 2,5 m lang und ermöglicht das Auflegen von Gewichten, um im Versuch statische und dynamische Lasten zu überlagern. Der Handlauf wird an seinem Ende an der Stütze befestigt. Für die Untersuchung der Stoßsicherheit ist das vordere Ende des Bodenprofils sowie der Handlauf zusätzlich in Querrichtung (z-Achse) gelagert.

Während der Versuche wird eine Vielzahl an Messwerten aufgezeichnet. Für den Nachweis der Stoßsicherheit und die numerische Berechnung sind dabei vor allem die Zugspannung der äußeren Glasscheibe auf der stoßabgewandten Seite sowie die Durchbiegung der Glasscheibe relevant.

5.2 Tragfähigkeit unter Stoßbeanspruchung

5.2.1 Randbedingungen

Der Stoßnachweis wird experimentell mit Pendelschlagversuchen mit einem weichen Stoßkörper (EN 12600) durchgeführt. In Deutschland gelten die Anforderungen der DIN 18008-4 [11]. Diese Norm regelt die relevanten Auftreffstellen sowie die Mindestfallhöhe des Stoßkörpers. Für den Nachweis einer einfachen Glasbrüstung (Kategorie B) ohne zusätzliche Last in Scheibenebene ist eine Fallhöhe von $h = 700$ mm an mindestens zwei Probekörpern zu prüfen. Für das neuartige Aussteifungselement, als Teil des Primärtragwerkes, haben sich die Projektpartner auf eine erhöhte Sicherheit verständigt. Die Versuche betrachten die maximale Fallhöhe von $h = 900$ mm. Zusätzlich wird der Prüfkörper sowohl mit der Nutzlast als auch dem Eigengewicht im Grenzzustand der Tragfähigkeit durch äquivalente Stahlgewichte belastet. Solange keine Schäden am Glas oder an der Klebung auftreten, können die Prüfkörper weiterverwendet werden, bis alle vier Auftreffstellen untersucht wurden.

5.2.2 Untersuchung von zweifachem Verbundsicherheitsglas

Die Versuche zur Stoßsicherheit an den Brüstungselementen aus einem zweischichtigen Verbundsicherheitsglas mit höhermoduliger Verbundfolie wurden an zwei Prüfkörpern durchgeführt. Die Versuche können als bestanden gewertet werden. Bei allen Trefferstellen versagten weder das Glas noch die Klebungen mit einem sichtbaren Bruch. Die gemessenen Zug- und Druckspannungen in x- und y-Richtung sind je Trefferstelle in Bild 7 zusammengestellt. Die Versuchsergebnisse zeigen immer den erwarteten schlagartigen Anstieg und Abfall der Spannungen im Glas. Danach ist das Aussteifungselement nur noch geringfügig zyklisch, vermutlich infolge von Schwingungen des Systems, belastet. Position 2 (P_2) kann mutmaßlich als bemessungsrelevante Stelle identifiziert werden. Da die Schubspannungen nicht erfasst werden konnten, ist eine exakte Berechnung der Hauptzugspannungen anhand der gemessenen Spannungen in x- und y-Richtung jedoch nicht zuverlässig möglich.

5.2.3 Untersuchung von dreifachem Verbundsicherheitsglas

Zusätzlich wurden zwei weitere Brüstungselemente geprüft, die aus Verbundsicherheitsglas aus drei Scheiben und PVB-Folie bestehen. Die Pendelschlagversuche können ebenfalls positiv bewertet werden, da kein Versagen in der Klebung oder der Verglasung festzustellen ist. Die Messungen zeigen, dass die Glasspannungen auf einem geringeren Niveau liegen als bei den vorherigen Versuchen, wobei die Position 2 (P_2) bemessungs-

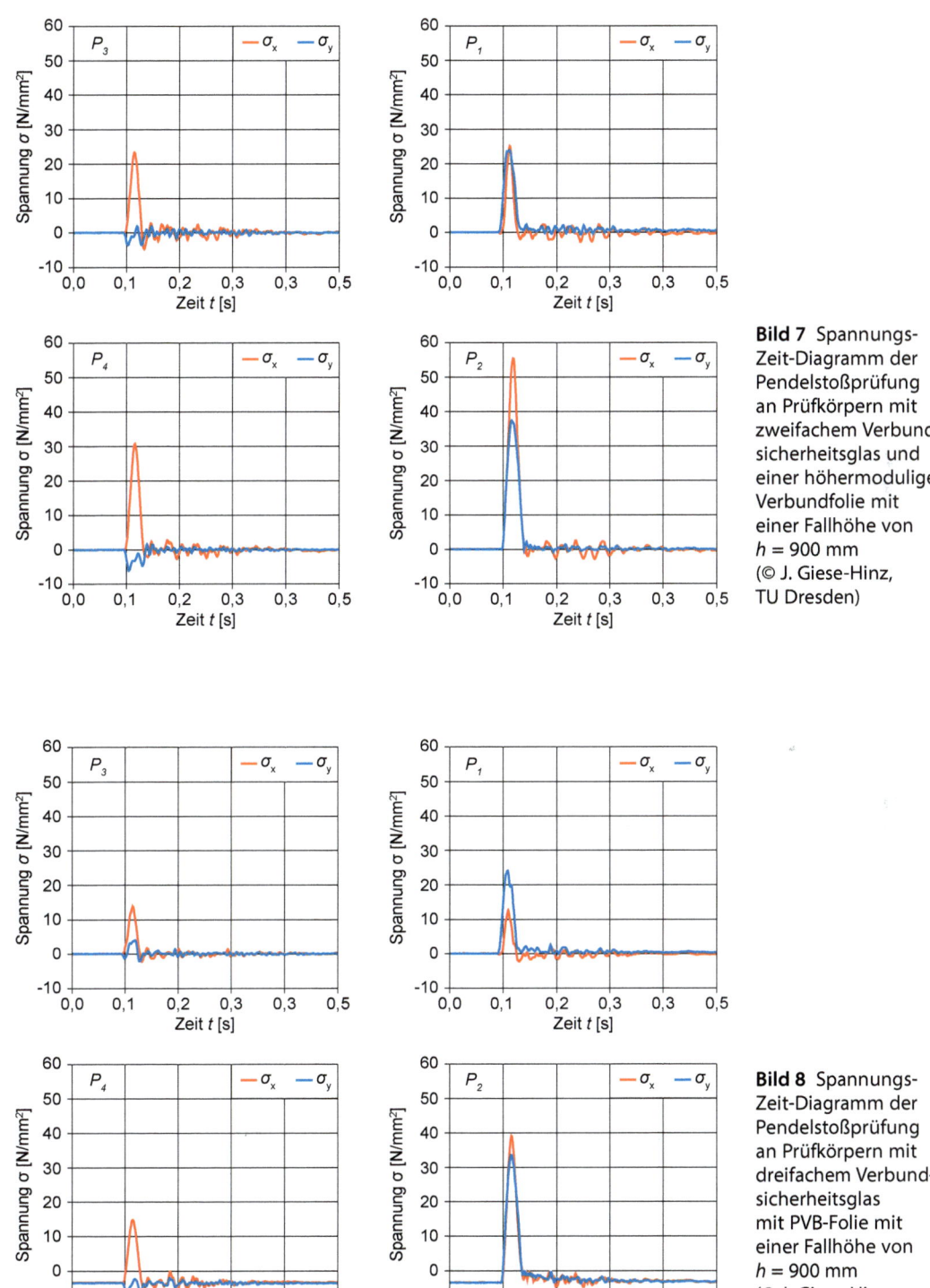

Bild 7 Spannungs-Zeit-Diagramm der Pendelstoßprüfung an Prüfkörpern mit zweifachem Verbundsicherheitsglas und einer höhermoduligen Verbundfolie mit einer Fallhöhe von $h = 900$ mm (© J. Giese-Hinz, TU Dresden)

Bild 8 Spannungs-Zeit-Diagramm der Pendelstoßprüfung an Prüfkörpern mit dreifachem Verbundsicherheitsglas mit PVB-Folie mit einer Fallhöhe von $h = 900$ mm (© J. Giese-Hinz, TU Dresden)

relevant bleibt (Bild 8). Der Glasaufbau hat daher nur einen geringen Einfluss auf die gemessenen Spannungen und Verformungen.

5.2.4 Einfluss der Balkonauskragung

Aufgrund des Steifigkeitseinflusses bei dynamischen Beanspruchungen ist für das GLASSBRACE-Element eine Grenzfallbetrachtung notwendig. Einerseits ist die Belastung aus Verkehrslast und Eigengewicht auf das in Scheibenebene tragende Element am größten, wenn der Balkon eine maximale Auskragung hat. Andererseits nimmt die Beanspruchung infolge eines Stoßes zu, wenn das Brüstungselement kürzer und damit steifer ist. Die Stoßenergie kann hier weniger durch Verformung dissipiert werden. Der Nachweis muss daher auch für ein kurzes und damit steiferes Brüstungselement erbracht werden. Nach einer Nutzenanalyse einigten sich die Projektpartner auf eine minimale Balkonauskragung von 1 m. Die Versuche zur Absturzsicherheit werden daher auch an einem nur 1 m breiten Element mit Dreifach-Verbundsicherheitsglas wiederholt. Die gemessenen Werte (Bild 9) bestätigen die prognostizierten höheren Spannungen im Glas. Nach den Stoßversuchen sind keine Beschädigungen sichtbar. Beide Prüfkörper mit dem gewählten Glasaufbau bestehen die Prüfungen.

5.3 Tragfähigkeit unter statischer Beanspruchung

Um die Tragfähigkeit des geklebten Aussteifungselementes bewerten zu können, wurden umfangreiche Belastungsversuche durchgeführt. Dabei wurde die vertikale Belastung auf den Balkon bis zum Versagen des Systems gesteigert. Eine ausführliche Be-

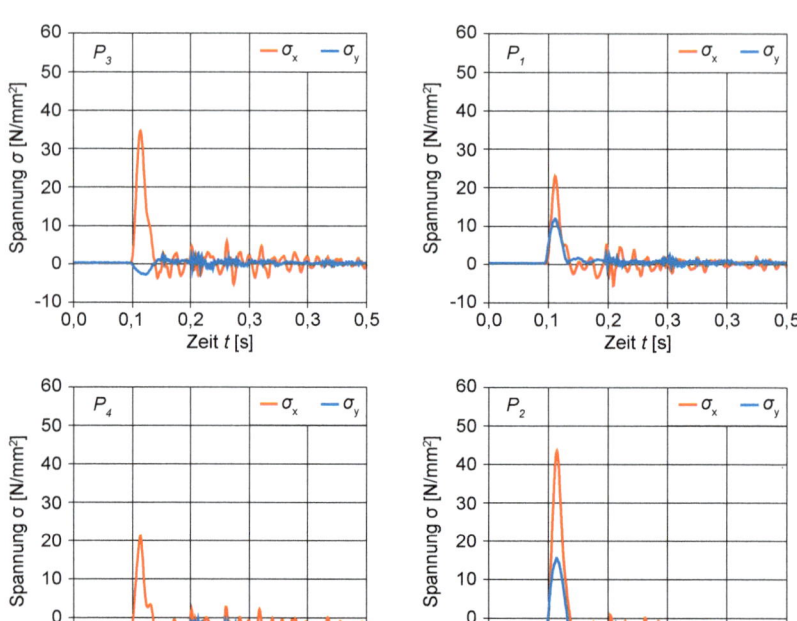

Bild 9 Spannungs-Zeit-Diagramm der Pendelstoßprüfung an schmalen Prüfkörpern mit dreifachem Verbundsicherheitsglas mit PVB-Folie mit einer Fallhöhe von $h = 900$ mm (© J. Giese-Hinz, TU Dresden)

schreibung der Versuche und Ergebnisse ist in [12] veröffentlicht. Die Versuche zeigen ein weitgehend lineares Verhalten sowohl der lastabtragenden Klebung als auch der vertikalen Verformung der Gesamtkonstruktion. Ausnahmslos versagten alle Prüfkörper infolge der Schubbelastung der Klebung. Die Auswertung der Bruchlasten ergab einen Methodenfaktor von rund $g = 3{,}0$. Die in den Verglasungen gemessenen Spannungen lagen deutlich unterhalb des Bemessungswiderstands.

6 Resttragfähigkeit

Für die vollständige Bewertung der Tragfähigkeit des geklebten Aussteifungselementes als Teil des primären Tragwerkes ist eine Betrachtung dessen Verhaltens nach der Beschädigung des Glases unter anhaltender Belastung notwendig. Dafür wurden die Prüfkörper, welche zuvor im Grenzzustand der Tragfähigkeit belastet wurden und bereits Stoßbelastungen (weicher Stoß) ausgesetzt waren, unter anhaltender Last (GZT) gezielt beschädigt. Dafür wurden sowohl die innere als auch die äußere Scheibe jeweils in den Eckpunkten sowie in Scheibenmitte angeschlagen.

Bild 10 zeigt relevante Messergebnisse als Mittelwertkurven aus fünf Versuchen über die Dauer von $t = 10$ h. Demnach bewegt sich die Balkonspritze insgesamt etwa $f_{1,\text{ges}} = 0{,}3$ mm nach unten. Die Bewegung resultiert vorrangig aus einer anhaltenden Schubverformung der unteren Klebung von $f_{1,\text{Kleb}} = 0{,}2$ mm. Dies ist auf die Kriechverformung des Klebstoffes zurückzuführen. Einen Anteil zur Gesamtverschiebung tragen die Verformungen der lastabtragenden Klebung zwischen Glas und Handlauf sowie vermutlich der Verbundfolie bei. Deren Erfassung war jedoch messtechnisch nicht möglich. Weitere Verformungsanteile ergeben sich aus der Gesamtkonstruktion.

Während der Versuchsdauer von $t = 10$ h konnte unter einer Dauerlast auf Niveau des Grenzzustandes der Tragfähigkeit kein vollständiges Versagen des Aussteifungselementes festgestellt werden. Die langsame kontinuierliche Zunahme der Gesamtverschiebung sowie das Ausbleiben relevanter sprunghafter Verformungszunahmen infolge fortschreitender Glasbrüche lassen die Annahme zu, dass ein zügiges Versagen des Elementes ausgeschlossen werden kann.

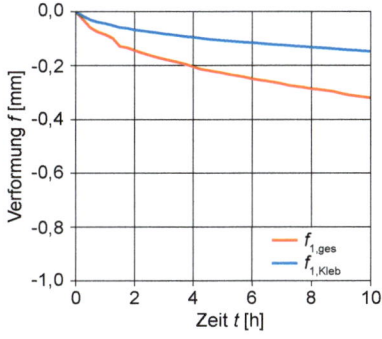 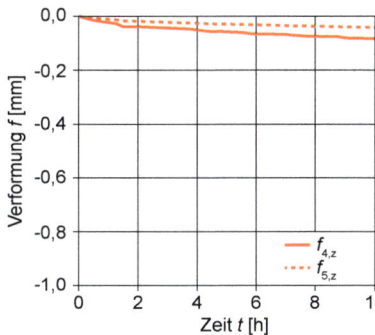

Bild 10 Verformung an der Balkonsvorderkante des Aussteifungselementes ($f_{1,\text{ges}}$) im teilzerstörten Zustand mit anhaltender Belastung im Grenzzustand der Tragfähigkeit (© J. Giese-Hinz, TU Dresden)

7 Numerische Simulation

7.1 Allgemeines

Das numerische Modell (Bild 11) wird mit dem Programm RFEM von Dlubal generiert. Anhand dessen können sowohl die Beanspruchungen unter statischer Belastung als auch unter stoßartiger Belastung ermittelt werden. Mithilfe des Modells können die Spannungen und Verformungen für die Glasscheiben, die Klebfugen, die Aluminium- und Stahlbauteile und die Anschlüsse an den Bestandsbau berechnet werden.

7.2 Berechnungsmodell

Die Glasscheiben werden mittels Flächenelementen modelliert, die Bauteile aus Aluminium beziehungsweise Stahl werden als Stabelemente mit ihren jeweiligen Querschnitts- und Materialeigenschaften abgebildet. Elementar für die korrekte theoretische Abbildung des Gesamttragverhaltens ist dabei die Modellierung der Klebfuge. Eine ausführliche Beschreibung der Modellierung der Klebfuge wurde bereits in [12] veröffentlicht.

Die maßgebliche Belastung für das System als Ganzes ist die außergewöhnliche Lastfallkombination nach Eurocode aus den Lasten des Eigengewichts des Balkonsystems G_k, aus einer Nutzlast Q_k = 4 kN/m² und einer Stoßbelastung A_d (maximal untersuchte Fallhöhe Δh = 900 mm): G_k „+" A_d „+" 0,3 Q_k (vgl. Abschnitt 4.2).

Zur Ermittlung der maximalen Spannungen und Verformungen der Glasscheibe infolge der außergewöhnlichen Lastfallkombination werden die Ergebnisse aus statischen und dynamischen Berechnungen an den maßgebenden Stellen überlagert. Die statische Belastung (infolge Eigengewicht und Nutzlast) erfolgt ohne den Ansatz der Verbundwirkung der Einzelscheiben des Verbundsicherheitsglases, während bei der dynamischen Belastung (infolge eines Stoßes) unter Berücksichtigung normativer Regelungen voller Verbund angesetzt wird.

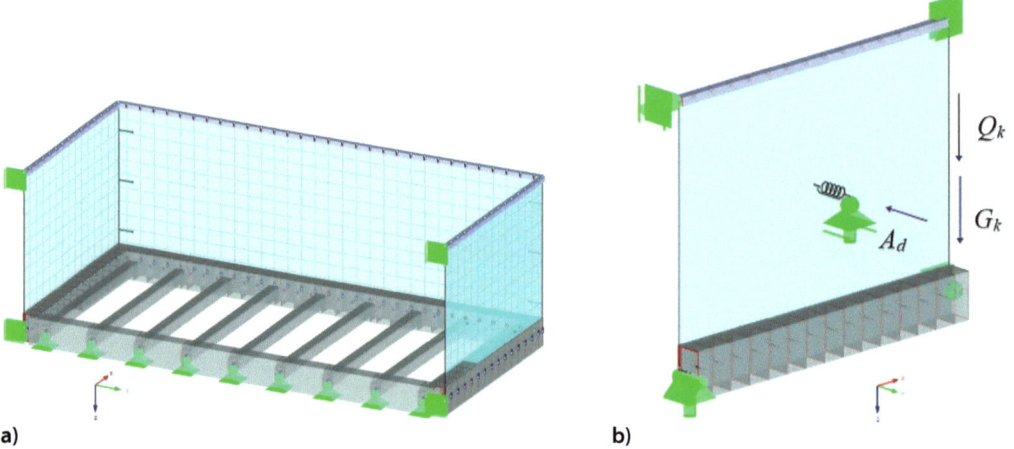

Bild 11 Modell RFEM: a) Balkonkonstruktion und Seitenverglasung; b) Lastangriff Eigengewicht, Nutzlast und Pendelstoß (© Verrotec)

Da am Lastabtrag des Balkonsystems nur die Seitenverglasungen beteiligt sind, ist für die numerische Berechnung vereinfacht eine Seitenverglasung unter Berücksichtigung der System-Randbedingungen modelliert. Der Stoßvorgang kann durch das Zusatzmodul DYNAM PRO mit guter Genauigkeit abgebildet und der Bewegungsverlauf des Pendels in einem Zeitverlaufsdiagramm wiedergegeben werden. Die Stoßbelastung ist mit einer horizontal einwirkenden Punktlast von A_d = 210,11 kN, äquivalent für die Fallhöhe von h = 900 mm und einer Einwirkungsdauer von t = 0,001 s, abgebildet.

7.3 Ergebnisse und Verifizierung

Die Berechnungen ergeben, dass die statischen Belastungen mit vertikaler Wirkungsrichtung aus Eigengewicht und Nutzlast das Glas nur gering beanspruchen. Die maßgebliche Beanspruchung der Glasscheiben erfolgt durch den Pendelstoß. Die Stoßtragfähigkeit der Glasscheiben konnte rechnerisch nachgewiesen werden. Eine Bestätigung erfolgte durch die zuvor beschriebenen Stoßlastversuche.

Um die theoretischen Berechnungsergebnisse zu verifizieren, wurden während der Bauteilversuche die Spannungen und Verformungen an den maßgebenden Stellen der Glasscheibe aufgezeichnet. Die Gegenüberstellung der mittleren Messwerte mit den Ergebnissen des FE-Modells liefert eine gute Übereinstimmung (Bild 12, Tabelle 3). Die

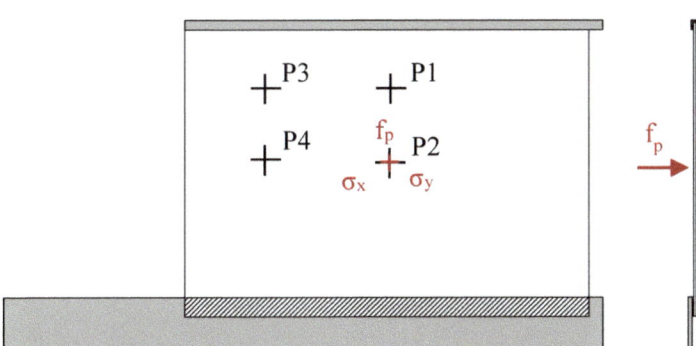

Bild 12 Lage der zu vergleichenden Stellen der Spannungen und Verformungen der Glasscheibe (© Verrotec)

Tabelle 3 Vergleich der Spannungen und Verformungen der Glasscheibe, Dreifachverglasung $B \times H$ = 1,5 m × 1,0 m, Stoßbelastung

		σ_x [N/mm²]	σ_y [N/mm²]	f_p [mm]
P_1	Versuch	13,2	20,8	7,7
	FE-Modell	24,5	32,8	9,3
P_2	Versuch	42,1	36,0	8,8
	FE-Modell	58,9	52,3	9,2
P_3	Versuch	13,5	10,1	6,2
	FE-Modell	17,5	7,0	5,3
P_4	Versuch	19,3	6,8	6,3
	FE-Modell	22,3	5,7	5,3

Verformungen des FE-Modells und der Versuche liegen in einer vergleichbaren Größenordnung. Bei dem Vergleich der Spannungen sind die Spannungen des FE-Modells etwas höher. Dies lässt sich auf einen vereinfacht modellierten Glättungsbereich im FE-Modell zurückführen.

8 Zusammenfassung und Ausblick

Die Versuche und die numerischen Berechnungen zeigen, dass es möglich ist, bislang notwendige Zuganker an Balkonen durch eine geklebte aussteifende Ganzglasbrüstung zu ersetzen und die Absturzsicherheit nachzuweisen. Für die Stoßsicherheit ist es dabei nicht relevant, ob eine Zweifachverglasung mit einer steiferen oder eine Dreifachverglasung mit einer weicheren Standardfolie verwendet wird.

Die Versuche zeigen eine gute Resttragfähigkeit, sowohl nach dem gezielten Beschädigen beider Scheiben der Zweifachverglasung mit der steifen Folie als auch bei der Dreifachverglasung mit gebrochenen äußeren Scheibenlaminaten und einer intakten inneren Scheibe mit einer weicheren Standardfolie (PVB-Folie). Im Hinblick auf ein Zulassungsverfahren der Bauart (Allgemeine Bauartgenehmigung) müssen weiterführende Untersuchungen zum Kriechverhalten der Klebung und zur Resttragfähigkeit über einen längeren Zeitraum in Betracht gezogen werden.

9 Danksagung

Die in diesem Beitrag enthaltenen Untersuchungen und Ergebnisse waren Teil des Forschungsprojektes „GLASSBRACE", das durch das zentrale Innovationsprogramm (ZIM) des Bundesministeriums für Wirtschaft und Energie (BMWi) finanziert wurde. Die Autoren danken den Projektpartnern und dem Klebstoffhersteller für Ihre kooperative und zielgerichtete Zusammenarbeit und Unterstützung.

10 Literatur

[1] Cruz, P. J.; Pequeno, J.; Lebet, J.-P.; Mocibob, D. (2010) *Mechanical Modelling of In-Plane Loaded Glass Panes* in: Bos, F.; Louter, C.; Veer, F. [Hrsg.] *Challenging Glass 2*, Delft, S. 309–318. https://doi.org/10.7480/cgc.2.2419

[2] Wellershoff, F. (2008) *Aussteifung von Gebäudehüllen durch randverklebte Glasscheiben* in: *Stahlbau 77*, H. 1, S. 5–16. https://doi.org/10.1002/stab.200810002

[3] Freitag, C.; Wörner, J.-D. (2011) *Verwendung von Glas zur Aussteifung von Gebäuden*, in: *Stahlbau 80*, H. 1, S. 45–51. https://doi.org/10.1002/stab.201120006

[4] Nicklisch, F.; Giese-Hinz, J.; Weller, B. (2016) *Experimental and Numerical Study on Glass Stresses and Shear Deformation of Long Adhesive Joints in Timber-Glass Composites* in: Belis, J.; Bos, F.; Louter, C. [Hrsg.] *Challenging Glass 5*, Ghent, S. 295–304. https://doi.org/10.7480/cgc.5.2254

[5] Winter, W.; Hochhauser, W.; Kreher, K. (2010) *Load bearing and stiffening Timber-Glass-Composites (TGC)* in: *World Conference on Timber Engineering 2010*, Turin, S. 147–155.

[6] ETAG 002-1 (1999) *Leitlinie für die Europäische Technische Zulassung für Geklebte Glaskonstruktionen Teil 1: Gestützte und ungestützte System.* Berlin: Deutsches Institut für Bautechnik.

[7] Giese-Hinz, J.; Kothe, C.; Louter, C.; Weller, B. (2022) *Mechanical and chemical analysis of structural silicone adhesives with the influence of artificial aging* in: International Journal of Adhesion and Adhesives, Volume 117, Part B. https://doi.org/10.1016/j.ijadhadh.2021.103019

[8] DIN EN 1991-1-1:2010-12 (2010) *Eurocode 1: Einwirkungen auf Tragwerke – Teil 1-1: Allgemeine Einwirkungen auf Tragwerke – Wichten, Eigengewicht und Nutzlasten im Hochbau; Deutsche Fassung EN 1991-1-1:2002 + AC:2009.* Berlin: Beuth.

[9] DIN EN 1991-1-3:2010-12 (2010) *Eurocode 1: Einwirkungen auf Tragwerke – Teil 1-3: Allgemeine Einwirkungen, Schneelasten; Deutsche Fassung EN 1991-1-3:2003 + AC:2009.* Berlin: Beuth.

[10] DIN EN 1991-1-4:2010-12 (2010) *Eurocode 1: Einwirkungen auf Tragwerke – Teil 1-4: Allgemeine Einwirkungen – Windlasten; Deutsche Fassung EN 1991-1-4:2005 + A1:2010 + AC:2010.* Berlin: Beuth.

[11] DIN 18008-4:2013-07 (2013) *Glas im Bauwesen – Bemessungs- und Konstruktionsregeln – Teil 4: Zusatzanforderungen an absturzsichernde Verglasungen.* Berlin: Beuth.

[12] Giese-Hinz, J., Nicklisch, F., Weller, B., Baitinger, M., Reichert, J. (2022) *Lastabtragende Klebungen für aussteifende Verglasungen mit Absturzsicherung* in: Weller, B., Nicklisch, F., Tasche, S. [Hrsg.] *Klebtechnik im Glasbau 2022*, S. 89–108, https://doi.org/10.1002/cepa.1867

Numerische Studien zur Glaskantentemperatur im verschatteten Bereich von Isoliergläsern

Gregor Schwind[1], Franz Paschke[1], Jens Schneider[1], Matthias Seel[1]

[1] Technische Universität Darmstadt, Institut für Statik und Konstruktion ISM+D, Franziska-Braun-Straße 3, 64287 Darmstadt, Deutschland; schwind@ismd.tu-darmstadt.de; paschke@ismd.tu-darmstadt.de; schneider@ismd.tu-darmstadt.de; matthias_martin.seel@tu-darmstadt.de

Abstract

Bei der Dimensionierung von Fassadenverglasungen werden verschiedene Einwirkungen wie Eigengewicht, Wind und klimatische Lasten (Druckunterschiede) berücksichtigt. In der Praxis werden jedoch oftmals Einwirkungen infolge direkter Sonneneinstrahlung vernachlässigt, wie viele Schadensfälle durch thermisch induzierte Glasbrüche („Thermobruch") belegen. Die durch Sonneneinstrahlung resultierenden Temperaturunterschiede innerhalb der Glasebene führen zu Spannungen an den Glaskanten, die aktuell, aufgrund fehlender Alternativen, mit Hilfe der französischen Norm NF DTU 39 P3 nachgewiesen werden. Innerhalb dieses Beitrags werden Glaskantentemperaturen zweidimensional mit Hilfe von FE-Software für verschiedene Verglasungen ermittelt und mit den Vorgaben der NF DTU 39 P3 verglichen. Es zeigt sich, dass die Temperaturvorgaben dieser Norm zu konservativen Ergebnissen führen.

Numerical studies on the glass edge temperature in the shaded area of insulating glasses. When dimensioning facade glazing, various influences such as dead weight, wind and climatic loads (pressure differences) are taken into account. In practice, however, effects due to direct solar irradiance are often neglected, as many cases of damage due to thermally induced glass breakage ("thermal breakage") prove. The temperature differences within the glass plane resulting from solar irradiance lead to stresses at the glass edges, which are currently verified with the help of the French standard NF DTU 39 P3 due to a lack of alternatives. In this article, glass edge temperatures are determined two-dimensionally with the help of FE software for various glazings and compared with the specifications of NF DTU 39 P3. It is shown that the temperature specifications of this standard lead to conservative results.

Schlagwörter: *thermisch induzierter Glasbruch, Thermobruch, Glaskantentemperatur, Zweifach-Isolierglas, Dreifach-Isolierglas, Abstandhalter, Fensterrahmen*

Keywords: *thermally induced fracture, thermal breakage, glass edge temperature, double insulating glass, triple insulating glass, edge spacer, window frames*

Glasbau 2023. Herausgegeben von Bernhard Weller, Silke Tasche. https://doi.org/10.1002/9783433611739.ch19
© 2023 Ernst & Sohn GmbH. Published 2023 by Ernst & Sohn GmbH.

1 Einführung

Fassadenverglasungen sind unterschiedlichen Einwirkungen wie Eigengewicht, Windlasten sowie sogenannten Klimalasten (äußere und innere Druckänderungen) ausgesetzt und müssen nach den einschlägigen Normen (z. B. DIN 18008-1 [1]) dimensioniert werden. Im Zusammenhang mit den Klimalasten wird jedoch häufig die Einwirkung infolge direkter Sonneneinstrahlung vernachlässigt, die für die Dimensionierung der Verglasung – insbesondere von Mehrscheiben-Isolierglas – relevant sein kann, wie viele Schadensfälle („Thermobruch") aus der Praxis zeigen.

Trifft die Sonneneinstrahlung auf unverschattete Bereiche der Verglasung, so erwärmen sich diese, während die verschatteten Bereiche (z. B. Glasrand im Fensterrahmen) kühl bleiben. Aufgrund dieser ungleichmäßigen Erwärmung der Glasscheibe in der Ebene dehnt sich der wärmere, zentrale Bereich der Glasscheibe stärker aus als die vergleichsweise kühlere Kante des Glases, was einer Einschränkung der Ausdehnung des wärmeren, zentralen Bereichs gleichkommt. Diese daraus resultierenden ungleichmäßig verteilten thermischen Dehnungen (in der Regel: positive Dehnung am Glasrand – Zugspannungen, negative Dehnung in der Glasmitte – Druckspannungen, siehe Bild 1a) können mit Hilfe des Elastizitätsgesetzes in sogenannte thermisch induzierte Spannungen überführt werden. Werden die Temperaturunterschiede zu groß, resultieren thermisch induzierte Brüche, welche beispielhaft in Bild 1b und Bild 1c zu

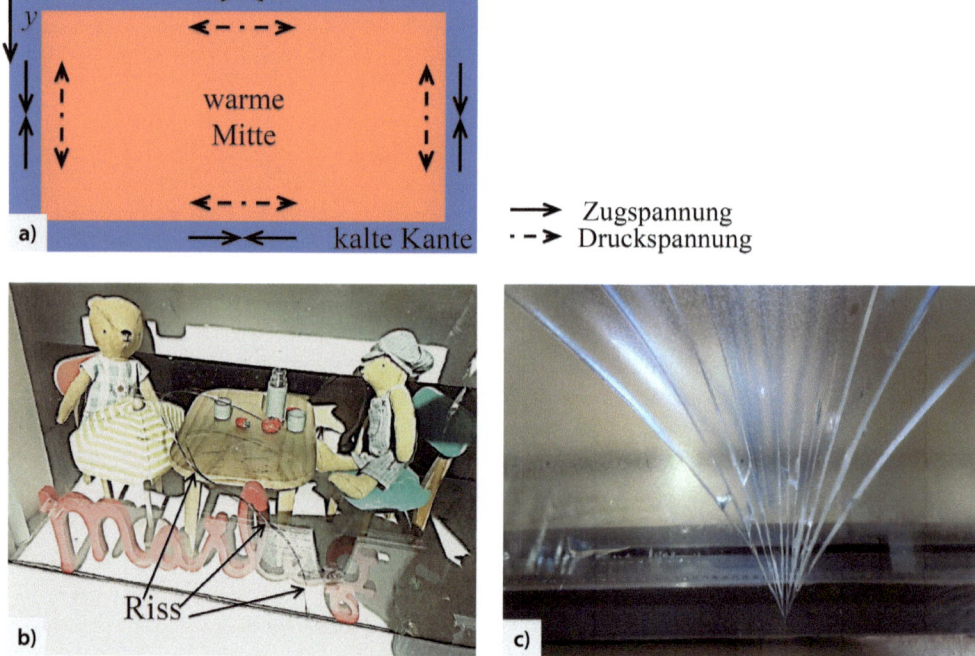

Bild 1 a) Phänomen des thermisch induzierten Glaskantenbruchs; b) und c) Beispiele für verschiedene Bruchbilder thermisch induzierter Brüche (© a) und b) G. Schwind, ISM+D; c) M. Heck, Fraunhofer ISE)

sehen sind. Diese Brüche können nicht nur durch Sonneneinstrahlung, sondern auch durch andere Wärmequellen, wie z. B. durch Feuer im Brandfall, verursacht werden. Es ist zu erwähnen, dass der Temperaturgradient über die Glasdicke nahezu vernachlässigbar ist [2].

Nach dem derzeitigen Stand der Normung existiert in Europa nur die französische Norm NF DTU 39 P3 [3], in welcher die Bemessung von Verglasungen im Hinblick auf thermisch induzierte Spannungen geregelt ist. Dort werden eindimensionale Berechnungsverfahren bereitgestellt, die dem Ingenieur eine vereinfachte Bemessung des Glases ermöglichen. Parallel dazu wird in der italienischen Richtlinie CNR DT 210 [4] ebenfalls ein eindimensionales Temperaturberechnungsverfahren für Zweifach-Isoliergläser zur Verfügung gestellt, was sich für die Berechnung thermisch induzierter Spannungen jedoch nicht eignet, wie die Praxis zeigt. In der DIN 18008-1 [1] werden Zwängungen infolge Temperatur zwar angesprochen, jedoch wird dort kein Berechnungsverfahren gegeben, welches für die Bemessung verwendet werden könnte. Verschiedene Merkblätter, wie z. B. Glass & Glazing Association of Australia AGGA [5], Flachglas Schweiz AG [6] und Verband Fenster + Fassade e.V. [7] beschreiben die Thematik des „Thermobruchs", geben jedoch ebenfalls weder Randbedingungen noch Methoden zur Berechnung der thermisch induzierten Spannungen an. In einigen älteren Publikationen wie [2, 8], aber auch in neueren Veröffentlichungen wie [9, 10, 11 und 12] wurde die Thematik und Problematik bereits angesprochen, wobei erst in [13] die aktuell verwendeten Berechnungsmethoden (weitere Betrachtungen hierzu sind auch in [14, 15, 16] zu finden), einschließlich des Ansatzes verschiedener meteorologischer Daten, ausführlicher diskutiert werden. Aus den oben genannten Gründen werden in einem Forschungsprojekt, das in [17] beschrieben wird, verschiedene meteorologische Bedingungen sowie Verglasungen nach dem aktuellen Stand der Technik fundiert untersucht. Erste relevante Ergebnisse aus diesem Forschungsprojekt werden in [18] vorgestellt.

1.1 Beschreibung der Vorgehensweise nach NF DTU 39 P3

Im Rahmen dieser Veröffentlichung wird der Fokus der Untersuchungen auf die NF DTU 39 P3 [3] gelegt, da dort die Randbedingungen zur thermischen Berechnung vergleichsweise gut dokumentiert sind. Für die Berechnung der thermisch induzierten Spannungen werden gemäß NF DTU 39 P3 [3] drei Temperaturzonen (Zone 1: Temperatur des Glases im Rahmen im Schlagschatten, diffus bestrahlt; Zone 2: Temperatur des zentralen, direkt bestrahlten Glasbereichs; Zone 3: Temperatur des zentralen, verschatteten und diffus bestrahlten Glasbereichs) definiert, welche in Bild 2 dargestellt sind.

Die thermisch induzierte Spannung wird schließlich über die maximale Temperaturdifferenz ΔT zwischen den einzelnen Zonen und über einen vereinfachten Ansatz aus dem Elastizitätsgesetz ($\sigma_{Th} = k_t E \alpha_T \Delta T$) inklusive Korrekturbeiwert k_t [3] ermittelt. Für die Zonen 2 und 3 können die Temperaturen des Glases durch die in [3] gegebenen Formeln, basierend auf der analytischen Lösung der Wärmebilanzgleichung der durch den Rahmen ungestörten Bereiche, eindimensional berechnet werden. Für Zone 1 hingegen wurden basierend auf den damals auf dem Markt verfügbaren Rahmen- und Abstandhalterkonstruktionen (U_f-Werte von 5,5 bis 7,0 W/(m²K), siehe [13]), transiente numerische Berechnungen zur Ermittlung der Glaskantentemperaturen durch-

Zone 1: Temperatur des Glases im Rahmen im Schlagschatten, diffus bestrahlt.

Zone 2: Temperatur des zentralen, bestrahlten Glasbereichs.

Zone 3: Temperatur des zentralen, verschatteten Glasbereichs, diffus bestrahlt.

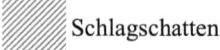 Schlagschatten

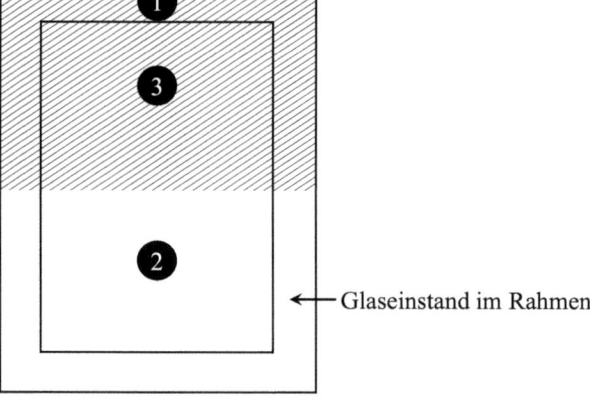

← Glaseinstand im Rahmen

Bild 2 Einteilung der Verglasung in Temperaturzonen gemäß [3] (© G. Schwind, ISM+D)

geführt [3]. Dabei wurden je Rahmen vier Tagestemperaturkurven mit einer Temperaturschwankung von 20 K am Tag (je Jahreszeit eine repräsentative Temperaturkurve, Bild 3) verwendet. Für die Rahmen wurde angenommen, dass diese eine helle Farbe und somit einen niedrigen solaren Absorptionsgrad haben. Für die im Rahmen befindliche Verglasung wurde, laut [3], von einem Zweifach-Isolierglas (2IG) mit metallischem Abstandhalter ausgegangen. Weitere und detailliertere Angaben zur Ermittlung der Glaskantentemperaturen (z. B. Absorptionen der Gläser, exakte Rahmengeometrie, Glaseinstand in den Rahmen, etc.) sind in [3] nicht dokumentiert.

Die aus diesen transienten Simulationen resultierenden Glaskantentemperaturen für die Außen- und Innenscheibe werden in [3] schließlich grafisch für fünf verschiedene Rahmenkonstruktionen angegeben (siehe exemplarisch Bild 4a und Bild 4b). Diese resultierenden Temperaturkurven seien laut [3] ebenfalls für Dreifach-Isoliergläser (3IG) anwendbar, wobei die Glaskantentemperatur der Mittelscheibe schließlich über den Mittelwert der Außen- und Innenscheibenkantentemperatur vereinfacht ermittelt werden kann. In [3] wird zusätzlich eine Vorgehensweise angegeben, um die angege-

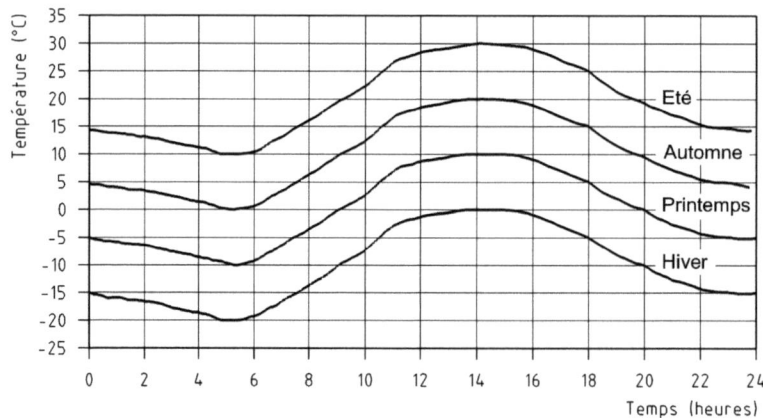

Bild 3 Repräsentative Tagestemperaturkurven für Frankreich je Jahreszeit (© NF DTU 39 P3, AFNOR [3])

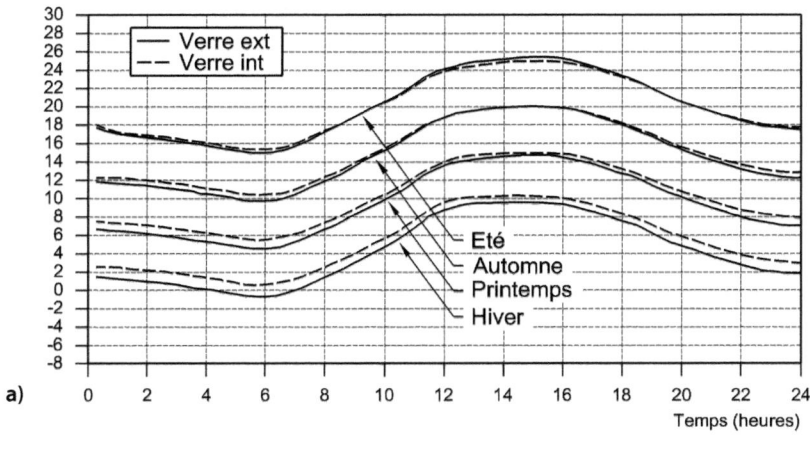

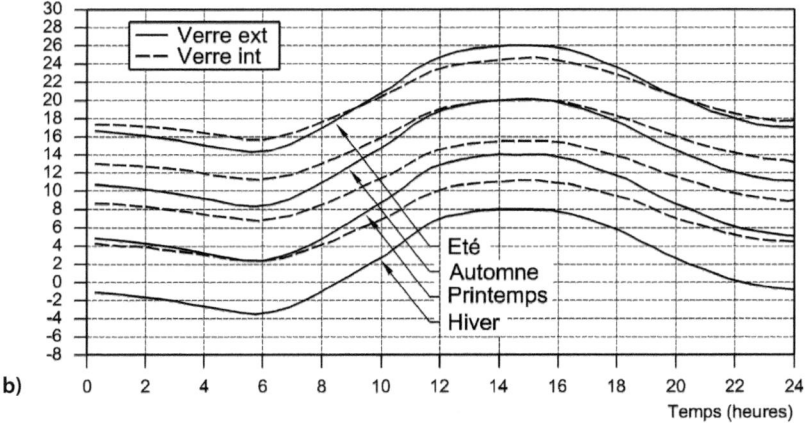

Bild 4 Numerisch ermittelte Glaskantentemperaturen eines Zweifach-Isolierglases für die Einbausituation a) Baustoffe mit höherer Wärmeleitung (z. B. metallische Rahmen) und b) Baustoffe mit niedrigerer Wärmeleitung (z. B. Holzrahmen) jeweils mit metallischem Abstandhalter (© NF DTU 39 P3, AFNOR, [3])

benen Glaskantentemperaturen auf andere meteorologische Situationen zu skalieren. Eine Anpassung auf aktuell verwendete Rahmen- und Abstandhalterkonstruktionen wird nicht gegeben.

1.2 Beschreibung der Vorgehensweise der numerischen Studien

Im Zuge der Energieeinsparung, wurden die Rahmen- und Abstandhalterkonstruktionen in den vergangenen Jahren derart weiterentwickelt, sodass diese nun wesentlich bessere wärmedämmenden Eigenschaften vorweisen (niedrigere U_f-Werte und niedrigere Wärmeleitung über die Abstandhalter; warme Kante [19]). Dadurch ergibt sich die Frage, ob die in [3] angegebenen Glaskantentemperaturen (Zone 1) für die aktuell eingesetzten Rahmen- und Abstandhalterkonstruktionen noch verwendet werden können. Aus diesem Grund werden in dieser Veröffentlichung Glaskantentemperaturen für verschiedene Konstruktionen numerisch mit Hilfe thermisch stationärer zweidimensionaler Simulationen in ANSYS [20] ermittelt.

Die folgende Liste gibt eine Übersicht über die Parameter, welche in den Simulationen untersucht werden:

- Zweifach-Isolierglas (2IG) und Dreifach-Isolierglas (3IG) als Wärmedämmgläser (low-ε-Beschichtungen),
- Holzrahmen und Aluminiumrahmen mit niedrigen U_f-Werten gemäß [21],
- Abstandhalterkonstruktionen: Aluminium, Edelstahl und Kunststoff.

Die numerisch ermittelten Temperaturen (Zone 1) werden im Anschluss mit den vorgegebenen Temperaturen aus [3] (siehe Bild 4a und Bild 4b) für zwei Zeitpunkte (im Winter um 05:00 Uhr, im Sommer um 14:00 Uhr; basierend auf den minimalen und maximalen Temperaturen in Bild 3) verglichen. Es wird bei den hier durchgeführten Berechnungen auf eine transiente Temperaturberechnung verzichtet, da bereits in der Vergangenheit [2] und durch eigene, hier nicht vorgestellte, Studien gezeigt werden konnte, dass stationäre Simulationen annähernd die gleichen Ergebnisse hinsichtlich der Temperaturverteilung im Glas liefern.

2 Beschreibung der untersuchten Konstruktionsbestandteile

2.1 Betrachteter Schnitt für zweidimensionale Simulationen

Für die zweidimensionalen Simulationen wird ein senkrechter Schnitt durch die betrachtete Vertikalverglasung gelegt (siehe Schnitt A-A in Bild 5), sodass alle drei Temperaturzonen abgedeckt werden. Für die Abmessungen der Verglasung wird angenommen, dass die Breite $B = 1$ m und die Höhe $H = 2$ m betrage (in [3] lassen sich hinsichtlich der Geometrie keine Angaben finden). Durch den mittig angeordneten Vertikalschnitt und die angenommenen Abmessungen kann, basierend auf einer ei-

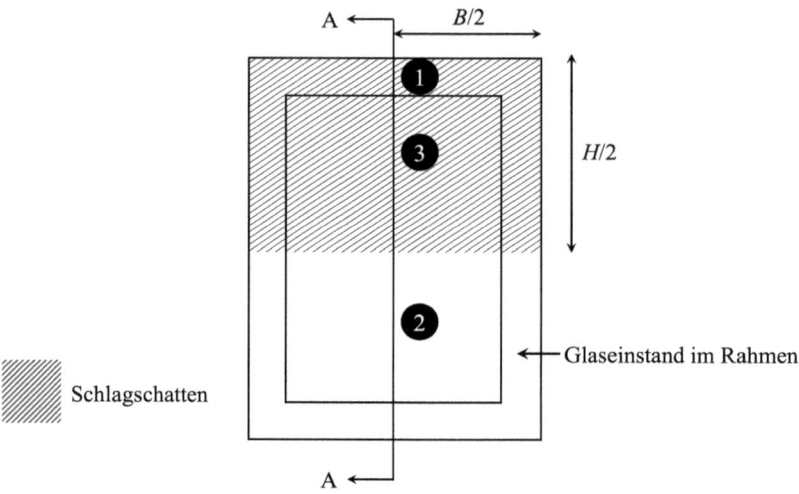

Bild 5 Schnittführung durch Vertikalverglasung für numerische Simulationen (© G. Schwind, ISM+D)

genen hier nicht vorgestellten Studie, davon ausgegangen werden, dass die Temperatur der Zone 2 die Temperatur in Zone 1 nicht beeinflusst (und umgekehrt). Aus diesem Grund wird in den numerischen Modellen in Abschnitt 3 lediglich der Rahmenbereich (Zone 1) und der verschattete Bereich (Zone 3) abgebildet.

2.2 Zweifach- und Dreifach-Isolierverglasung

Für die numerischen Simulationen werden eine Zweifach- und eine Dreifach-Isolierverglasung jeweils als Wärmedämmverglasung mit low-ε-Beschichtung betrachtet. Es wird angenommen, dass die Verglasungen jeweils einen Scheibenzwischenraum von 16 mm Nenndicke haben und dieser mit einem Argon-Luft-Gemisch (90 % Argon, 10 % Luft) befüllt ist. Die Gläser haben jeweils eine Nenndicke von 4 mm. Während die low-ε-Beschichtung (Annahme eines Emissionsgrades von $\varepsilon = 0{,}0352$) des Zweifach-Isolierglases auf Position 3 (Positionsnummerierung der Glasoberflächen von außen nach innen aufsteigend) angebracht sei, seien für das Dreifach-Isolierglas die low-ε-Beschichtungen auf den Positionen 2 und 5 angebracht. Für unbeschichtete Glasoberflächen wird ein Emissionsgrad von $\varepsilon_{Glas} = 0{,}837$ [22] angenommen. Um die in Abschnitt 5 auf das System aufgebrachte diffuse Einstrahlungsintensität (Einstrahlung im Schlagschatten) berücksichtigen zu können, werden die effektiven Absorptionsgrade je Glasscheibe mit Hilfe des Programms WinSLT der Sommer Informatik GmbH [23] ermittelt und in Tabelle 1 dokumentiert. Innerhalb der Berechnungen (WinSLT) werden die Mehrfachreflexionen der Sonnenstrahlen (Transmission und Reflexion) gemäß [24] berücksichtigt.

Tabelle 1 Effektive Absorptionsgrade der numerisch untersuchten Isoliergläser

	Außenscheibe [–]	Mittelscheibe [–]	Innenscheibe [–]
2IG	0,0709	–	0,0683
3IG	0,1290	0,0377	0,0466

2.3 Rahmen- und Abstandhalterkonstruktionen

Für die numerischen Simulationen werden ein zeitgemäßer Holz- (Bild 6) und Aluminiumrahmen (Bild 7) mit niedrigen U_f-Werten (laut [21]: Holzrahmen U_f ca. 1,3 – 1,4 W/(m²K), Aluminiumrahmen U_f ca. 1,6 W/(m²K)) betrachtet. Die in Bild 6 und Bild 7 angegebene Dicke des Dreifach-Isolierglases mit 36 mm wird entsprechend für die hier betrachteten Isolierglasaufbauten (2IG: 24 mm und 3IG: 44 mm) angepasst. Dabei wird die Abmessung des Holzes bzw. Aluminiumblechs in Richtung der Raumseite (in Bild 6: 29 mm; in Bild 7: 34 mm) reduziert, während die Abmessung in Richtung Außenseite (in Bild 6: 18 mm; in Bild 7: 10 mm) nicht verändert wird.

Für den Randverbund der Isoliergläser werden insgesamt drei unterschiedliche Abstandhalterkonstruktionen untersucht. Dabei wird ein veralteter Aluminiumabstandhalter mit hoher Wärmeleitfähigkeit („Kalte Kante" = KK), ein Edelstahlabstandhalter („Moderate Kante" = MK) mit niedriger Wärmeleitfähigkeit und ein moderner

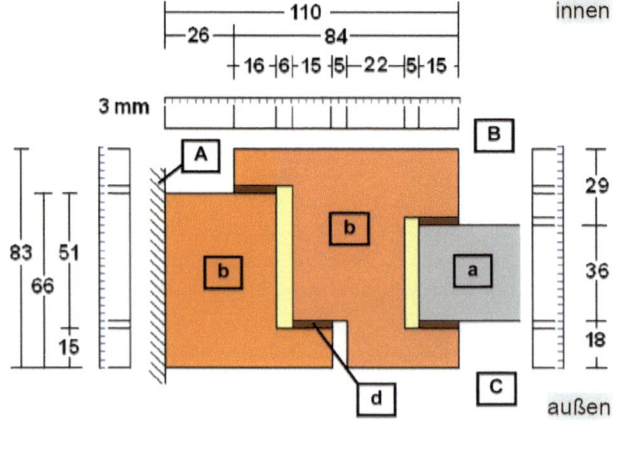

Bild 6 Aufbau des Holzrahmens aus [18] für 3IG ohne Isolierglas und Abstandhalter; Die Beschriftung A, B, C, a, b und d sind zu vernachlässigen; Maßangaben in [mm] (© ift Rosenheim)

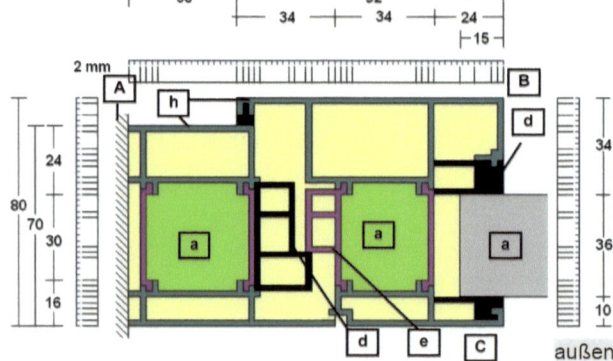

Bild 7 Aufbau des Aluminiumrahmens mit thermischer Trennung aus [18] für 3IG ohne Isolierglas und Abstandhalter; Die Beschriftungen A, B, C, a, d, e und h sind zu vernachlässigen; Maßangaben in [mm] (© ift Rosenheim)

Kunststoffabstandhalter („Warme Kante" = WK) mit einer sehr geringen Wärmeleitfähigkeit betrachtet. Die folgende Liste gibt zusammengefasst die Übersicht zu den in den Simulationen untersuchten Abstandhaltern:

- Aluminiumabstandhalter: „Kalte Kante" = KK,
- Edelstahlabstandhalter: „Moderate Kante" = MK,
- Kunststoffabstandhalter: „Warme Kante" = WK.

Für die Sekundärdichtung des Scheibenzwischenraums wird von Polysulfid ausgegangen. Die Abstandhalter inklusive Sekundärdichtung werden in den numerischen Modellen jeweils mit Hilfe eines 2-box-Modells [25] abgebildet, wobei für das Polysulfid eine Dicke von 3 mm und für die Abstandhalter eine Dicke von 7 mm verwendet wird. Der Glaseinstand der Isoliergläser in den Rahmen betrage jeweils 15 mm.

2.4 Wärmeleitfähigkeiten der Materialien

In Tabelle 2 sind die in den Simulationen verwendeten Wärmeleitfähigkeiten der einzelnen Materialien dargestellt. Für die Abstandhalter wird jeweils die äquivalente Wärmeleitfähigkeit gemäß 2-box-Modell [25] angesetzt.

Tabelle 2 Wärmeleitfähigkeiten der eingesetzten Materialien. Die Wärmeleitfähigkeiten wurden entnommen aus: a) EN 572-1 [22], b) ift-Richtlinie WA-08/1 [21], c) EN 673 [26] d) Bundesverband Flachglas e.V. [27] e) [28] und f) EN 10456 [29]

	Wärmeleitfähigkeit λ [W/(m K)]
Glas	1,0[a]
Weichholz	0,13[b]
Aluminium	160,0[b]
Luft (Hohlkammern im Rahmen)	0,025[c]
EPDM	0,25[b]
Polyamid 6.6	0,3[b]
Füllstoff/Dämmung	0,035[b]
Kunststoffabstandhalter	0,28[d]
Edelstahlabstandhalter	0,61[e]
Aluminiumabstandhalter	6,59[e]
Polysulfid (Sekundärdichtung)	0,40[f]

3 Numerische Modelle

Für die numerischen Simulationen werden jeweils die Rahmen- und Abstandhalterkonstruktion, sowie das jeweilige Isolierglas (2IG oder 3IG) innerhalb eines zweidimensionalen Modells abgebildet (vgl. Schnitt A-A in Bild 5). Die Verglasungsklötze werden in den Simulationen vernachlässigt, da die Klötze üblicherweise nur lokal an wenigen Stellen im Rahmen eingesetzt werden und somit keinen nennenswerten Einfluss auf die Temperaturverteilung im Glas haben.

Der Scheibenzwischenraum wird analog zur Vorgehensweise in [18] weder als Fluid, noch als Festkörper modelliert. Es werden wie in [18] beschrieben Konvektionsrandbedingungen mit kombinierten Wärmeübergangskoeffizienten (Superposition von Konvektion und Wärmestrahlung) aufgebracht, welche die korrekte Wärmeübertragung im Scheibenzwischenraum ermöglichen. Die Berücksichtigung der Temperaturabhängigkeit der Wärmeübergangskoeffizienten im Scheibenzwischenraum konnte durch die weitere Bearbeitung im Forschungsprojekt [17] ermöglicht werden und wird für die hier vorgestellten Berechnung ebenfalls angewandt. In [18] konnte bereits gezeigt werden, dass diese Vorgehensweise (dort noch mit temperaturunabhängigen Wärmeübergangskoeffizienten) valide Ergebnisse liefert. Es zeigte sich in [18] jedoch auch, dass für diese Art der Modellierung der Wärmeübertragung eine iterative Berechnung notwendig ist, um die korrekten Glastemperaturen zu erhalten.

Die Breite der Gläser in x-Richtung (Koordinatsystem in Bild 8 und Bild 9) und die damit betrachtete Ausdehnung in Zone 3 (Bild 5) wurde derart gewählt, dass bei der iterativen Ermittlung der Glasoberflächentemperaturen im Scheibenzwischenraum (Auswertung der Oberflächentemperaturen „weit entfernt" vom Rahmen, sprich $x \to \infty$) der Einfluss vom Rahmen und Abstandhalter abgeklungen ist (mindestens 3-mal die

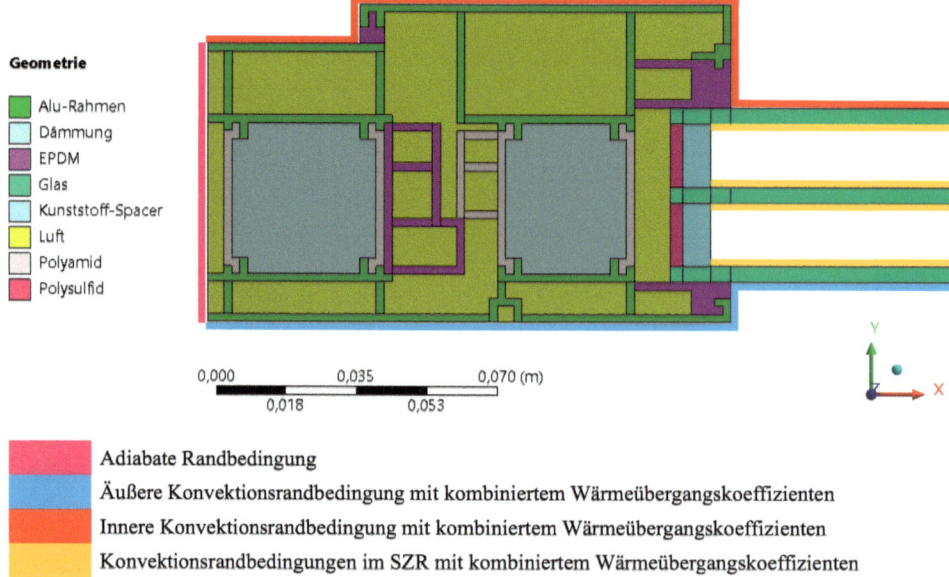

Bild 8 Konvektionsrandbedingungen mit kombinierten (Superposition von Konvektion und Strahlung) Wärmeübergangskoeffizienten, exemplarisch am Aluminiumrahmen mit 3IG und verkürzter Darstellung in *x*-Richtung (© G. Schwind, ISM+D)

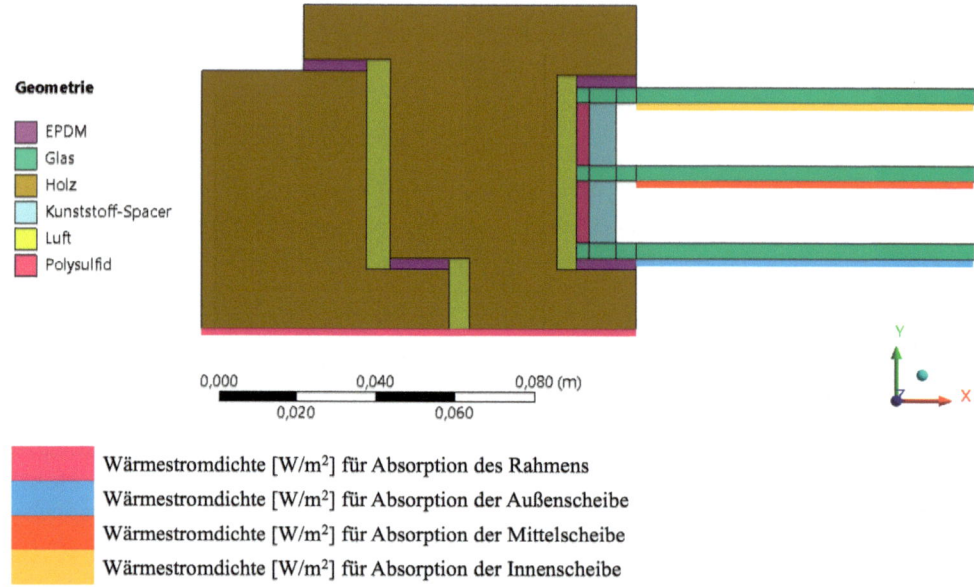

Bild 9 Wärmestromdichte-Randbedingungen für diffuse Einstrahlung, exemplarisch am Holzrahmen mit 3IG und verkürzter Darstellung in *x*-Richtung (© G. Schwind, ISM+D)

Rahmenbreite in x-Richtung). Es sei an dieser Stelle auch nochmals auf die Erläuterungen in [18] verwiesen, wo die iterative Berechnung der Wärmeübertragung im Scheibenzwischenraum detailliert erläutert wird.

In Bild 8 (Aluminiumrahmen) und Bild 9 (Holzrahmen) sind exemplarisch die Konvektions- und Wärmestromdichte-Randbedingungen am FE-Modell dargestellt, wobei für detaillierte Erklärungen auf [18] verwiesen wird. Die Elementgröße (verwendete Elementtypen: PLANE77; CONTA172; TARGE169; SURF151 [30]) wurde auf 1 mm Kantenlänge (ohne Vernetzungsstudie) festgelegt, wodurch gewährleistet wird, dass das dünnste Bauteil (hier Aluminiumblech mit 2 mm Dicke) mit mindestens zwei Elementen diskretisiert wird. Aufgrund der besseren Darstellung wird die Vernetzung nicht gezeigt.

4 Berechnung der minimalen Glaskantentemperaturen (Wintersituation)

4.1 Thermische Randbedingungen

Für die Simulation der minimalen Glaskantentemperaturen (Zone 1, Bild 2) wird, basierend auf den meteorologischen Eingangsdaten (Bild 3) der Zeitpunkt um 05:00 Uhr morgens vor Sonnenaufgang im Winter, wenn die Außentemperatur −20 °C erreicht, betrachtet. Da um diese Uhrzeit die Sonne noch nicht aufgegangen ist, wird in diesen Simulationen keine diffuse Einstrahlung auf das System aufgebracht. Der kombinierte Wärmeübergangskoeffizient auf der Außenseite wird zu 11 W/(m²K) und auf der Innenseite zu 9 W/(m²K) gemäß den Angaben in [3] angesetzt. Die Innenraumtemperatur wird mit +20 °C [3] angenommen. Der Wärmetransport im Scheibenzwischenraum wird, wie in Abschnitt 3 beschrieben, modelliert. Zusammengefasst werden die folgenden thermischen Randbedingungen auf das zweidimensionale numerische Modell aufgebracht:

- Alle äußeren Oberflächen/Kanten: Konvektionsrandbedingungen mit kombiniertem Wärmeübergangskoeffizient $h_{ext.}$ = 11 W/(m²K) und $T_{ext.}$ = −20 °C (Bild 8).
- Alle inneren Oberflächen/Kanten: Konvektionsrandbedingungen mit kombiniertem Wärmeübergangskoeffizient $h_{int.}$ = 9 W/(m²K) und $T_{int.}$ = +20 °C (Bild 8).
- Oberflächen/Kanten im Scheibenzwischenraum (ohne Abstandhalter [18]): iterative Berechnung des kombinierten Wärmeübergangskoeffizienten infolge seiner Temperaturabhängigkeit (Bild 8) und iterative Berechnung der Glasoberflächentemperaturen, getrennt für jeden Scheibenzwischenraum.

4.2 Ergebnisse der minimalen Glaskantentemperaturen

In Tabelle 3 sind die Ergebnisse für die unterschiedlichen Kombinationen aus Rahmen- und Abstandhalterkonstruktion für das Zweifach-Isolierglas dargestellt. Die Glaskantentemperaturen wurden im numerischen Modell über die jeweilige Glaskante ausgewertet und als Mittelwert in Tabelle 3 übertragen. Beim Vergleich der simulierten Glaskantentemperaturen mit den in [3] vorgegebenen Temperaturen zeigen sich große Unterschiede, welche sich für den Fall des Aluminiumrahmens in Kombination mit einer warmen Kante (WK) auf bis zu 8,2 K = −9 °C − (−0,8 °C) maximieren.

Tabelle 3 Ergebnisse der minimalen Glaskantentemperaturen (vor Sonnenaufgang) für das Zweifach-Isolierglas

	Abstandhalter	$T_\text{Glaskante, innen}$ [°C]	$T_\text{Glaskante, außen}$ [°C]
Simulation, Aluminiumrahmen	WK (Bild 10)	5,5	−9,0
	MK	3,6	−7,6
	KK	−0,6	−4,3
Vorgabe [2] Bild 4a, 5:00 Uhr	/	0,8	−0,8
Simulation, Holzrahmen	WK	4,7	−7,5
	MK	3,1	−6,0
	KK	−0,2	−3,0
Vorgabe [2] Bild 4b, 5:00 Uhr	/	2,6	−3,4

Gemäß den Untersuchungen aus [18] ergibt sich die maßgebende Bemessungssituation für die Innenscheibe am kalten Tag (größtmöglicher Temperaturgradient von Innenseite zu Außenseite der Verglasung). Wenn für die Berechnung der thermisch induzierten Spannungen die eindimensionale Spannungsberechnung ($\sigma_\text{Th} = k_t E \alpha_T \Delta T$ unter Vernachlässigung des Beiwerts k_t) mit den vorgegebenen Temperaturen aus [3] durchgeführt wird und die Annahme getroffen werde, dass die Temperatur in Zone 2 für die hier betrachtete Situation +20 °C betrage (Innenraumtemperatur), dann ergeben sich die folgenden Temperaturdifferenzen zwischen dem Glasmittenbereich (Zone 2) und der Glaskante (Zone 1):

- nach [3]: 20 °C − 0,8 °C = 19,2 K,
- nach Simulation (Tabelle 3, Aluminiumrahmen mit WK): 20 °C − 5,5 °C = 14,5 K.

Unter Verwendung der Materialkennwerte von Kalk-Natronsilicatglas [22] (E = 70 000 MPa; $\alpha_T = 9 \cdot 10^{-6}$ 1/K) resultieren dann die folgenden Spannungen:

- nach [3]: σ_th = 19,2 K · 9 · 10^{-6} 1/K · 70 000 MPa = 12,1 MPa,
- nach Simulation: σ_th = 14,5 K · 9 · 10^{-6} 1/K · 70 000 MPa = 9,1 MPa.

Wie sich zeigt, liegt die thermisch induzierte Spannung auf der sicheren Seite, wenn die Glaskantentemperatur nach [3] verwendet wird. Damit zeigt sich gleichzeitig auch, dass wenn die tatsächliche Konstruktion für die Berechnung der Glaskantentemperatur verwendet wird, niedrigere Spannungen resultieren. Dies bedeutet wiederum, dass der Einsatz der moderaten und warmen Kante als Abstandhalterkonstruktion dazu beiträgt thermisch induzierte Spannungen (für die Innenscheibe) zu reduzieren. Diese Schlussfolgerung gilt ebenfalls für den Holzrahmen, sowohl mit MK als auch mit WK. In Bild 10 ist exemplarisch die Temperaturverteilung im Aluminiumrahmenquerschnitt mit WK inklusive der Glaskantentemperaturen dargestellt.

In Tabelle 4 sind die Ergebnisse für das Dreifach-Isolierglas dargestellt. Auch hier zeigen sich beim Vergleich der simulierten Glaskantentemperaturen mit den in [3]

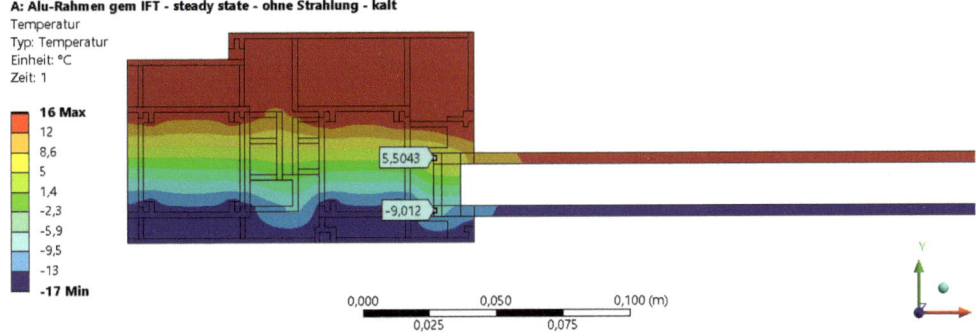

Bild 10 Exemplarische Temperaturergebnisse für den Aluminiumrahmen mit WK
(© G. Schwind, ISM+D)

Tabelle 4 Ergebnisse der minimalen Glaskantentemperaturen (vor Sonnenaufgang) für das Dreifach-Isolierglas

	Abstand-halter	$T_{Glaskante, innen}$ [°C]	$T_{Glaskante, mitte}$ [°C]	$T_{Glaskante, außen}$ [°C]
Simulation, Aluminiumrahmen	WK	11,0	−0,1	−11,5
	MK	9,1	−0,3	−10,0
	KK	3,3	−1,0	−5,2
Vorgabe [2] Bild 4a, 5:00 Uhr	/	0,8	(0,8 − 0,8) / 2 = 0	−0,8
Simulation, Holzrahmen	WK	9,6	−0,3	−10,3
	MK	7,7	−0,4	−8,6
	KK	2,7	−0,5	−3,8
Vorgabe [2] Bild 4b, 5:00 Uhr	/	2,6	(2,6 − 3,4) / 2 = −0,4	−3,4

vorgegebenen Temperaturen große Unterschiede, welche ebenfalls für den Fall des Aluminiumrahmens in Kombination mit einer warmen Kante (WK) auf bis zu 10,7 K = −9 °C − (−0,8 °C) ansteigen. Die Übereinstimmung der Ergebnisse für die Simulation von Holzrahmen mit KK scheint an dieser Stelle zufällig zu sein, da die Berechnungen in [3] schließlich anhand eines Zweifach-Isolierglases durchgeführt worden sind.

Für die Abschätzung der Glaskantentemperatur der Mittelscheibe ist jedoch der Ansatz aus [3] (Mittelwert der Glaskantentemperatur von Außen- und Innenscheibe) weitestgehend legitim, was sich darüber begründen lässt, dass sich die Mittelscheibe in der Mitte des Temperaturgefälles (von innen nach außen) befindet.

Bezüglich der thermisch induzierten Spannungen ergibt sich die gleiche Schlussfolgerung wie für das Zweifach-Isolierglas. Es ist anzumerken, dass beim Dreifach-Isolierglas die Glaskantentemperaturen der Innenscheibe im Vergleich zum Zweifach-Isolierglas höher sind, weswegen sich der Einsatz der warmen Kante hinsichtlich der

Reduktion der Spannungen ausgeprägter niederschlägt. Bei Betrachtung der Mittelscheibe sind die Auswirkungen kleiner. Weswegen der Einsatz verschiedener Abstandhalterkonstruktionen (KK, MK, WM) für die Mittelscheibe somit nur einen geringen Unterschied bei den thermisch induzierten Spannungen ausmacht.

5 Berechnung der maximalen Glaskantentemperaturen (Sommersituation)

5.1 Thermische Randbedingungen

Für die numerische Berechnung der maximalen Glaskantentemperaturen (Zone 1, Bild 2) wird, basierend auf den meteorologischen Daten (Bild 3), der Zeitpunkt um 14:00 Uhr nachmittags im Sommer, wenn die Außentemperatur +30 °C erreicht, betrachtet. Gemäß [3] wird die Annahme getroffen, dass im Schatten 10 % der solaren Einstrahlung als diffuse Einstrahlung auf die Verglasung (Zone 1 und 3, Bild 5) einwirken. Basierend auf den Angaben in [3] wird für die solare Einstrahlung ein Wert von 800 W/m² gewählt, wobei im Schatten (Zone 1 und 3) schließlich 80 W/m² als diffuse Einstrahlung eintreffen. Mit Hilfe der in Abschnitt 2.2 ermittelten effektiven Absorptionsgrade je Glasscheibe (Tabelle 1) können die einzugebenden Wärmestromdichten (Wärmequellen im FE-Modell, Bild 9) für die thermischen Randbedingungen im FE-Programm ermittelt werden. Für die jeweiligen Rahmen wird angenommen, dass deren Oberflächen in einer hellen Farbe vorliegen und einen solaren Absorptionsgrad von 30 % haben [3].

Der kombinierte Wärmeübergangskoeffizient wird gemäß den Angaben in [3] zu 13 W/(m²K) auf der Außenseite und zu 9 W/(m²K) auf der Innenseite gewählt. Die Innenraumtemperatur wird mit +25 °C [3] angenommen. Der Wärmetransport im Scheibenzwischenraum wird wie zuvor temperaturabhängig modelliert. Zusammengefasst werden die folgenden thermischen Randbedingungen auf das zweidimensionale numerische Modell aufgebracht:

- Alle äußeren Oberflächen/Kanten: Konvektionsrandbedingungen mit kombiniertem Wärmeübergangskoeffizient $h_{ext.}$ = 13 W/(m²K) und $T_{ext.}$ = +30 °C (Bild 8).
- Alle inneren Oberflächen/Kanten: Konvektionsrandbedingungen mit kombiniertem Wärmeübergangskoeffizient $h_{int.}$ = 9 W/(m²K) und $T_{int.}$ = +25 °C (Bild 8).
- Oberflächen/Kanten im Scheibenzwischenraum (ohne Abstandhalter, siehe [18]): iterative Berechnung des kombinierten Wärmeübergangskoeffizienten infolge seiner Temperaturabhängigkeit (Bild 8) und iterative Berechnung der Glasoberflächentemperaturen, getrennt für jeden Scheibenzwischenraum.
- Wärmestromdichten als Wärmequelle infolge absorbierter (Absorptionsgrade, Tabelle 1) diffuser Strahlung im Schlagschatten (Bild 9):
    - Zweifach-Isolierglas:
        ○ Außenscheibe: 0,0709 · 80 W/m² = 5,7 W/m²
        ○ Innenscheibe: 0,0683 · 80 W/m² = 5,5 W/m²

- Dreifach-Isolierglas:
  - Außenscheibe: $0{,}1290 \cdot 80 \text{ W/m}^2 = 10{,}3 \text{ W/m}^2$
  - Mittelscheibe: $0{,}0377 \cdot 80 \text{ W/m}^2 = 3{,}0 \text{ W/m}^2$
  - Innenscheibe: $0{,}0466 \cdot 80 \text{ W/m}^2 = 3{,}7 \text{ W/m}^2$
- Rahmen: $0{,}3 \cdot 80 \text{ W/m}^2 = 24 \text{ W/m}^2$

5.2 Ergebnisse der maximalen Glaskantentemperaturen

In Tabelle 5 sind die Ergebnisse für die unterschiedlichen Kombinationen aus Rahmen- und Abstandhalterkonstruktion für das Zweifach-Isolierglas dargestellt. Die Glaskantentemperaturen wurden analog zu Abschnitt 4.2 ausgewertet und in Tabelle 5 übertragen. Beim Vergleich der simulierten Glaskantentemperaturen mit den in [3] vorgegebenen Temperaturen zeigen sich für den warmen Sommernachmittag geringere Unterschiede, welche sich für den Fall des Aluminiumrahmens in Kombination mit einer warmen Kante (WK) auf bis zu 4,3 K = 29,8 °C – 25,5 °C maximieren. Bei den Ergebnissen für das Dreifach-Isolierglas in Tabelle 6 ergibt sich die maximale Abweichung zwischen simulierter und vorgegebener Glaskantentemperatur zu 4,8 K = 30,3 °C – 25,5 °C für die gleiche Kombination aus Rahmen und Abstandhalter.

Die Abweichungen sind am warmen Sommernachmittag für das Zweifach- und das Dreifach-Isolierglas im Vergleich zum kalten Wintermorgen (Abschnitt 4.2, Tabellen 3 und 4) kleiner, was sich über die verwendeten Randbedingungen und insbesondere der Außen- und Innentemperaturen begründen lässt und weniger über den Energieeintrag infolge der diffusen Strahlung, da dieser sehr gering ist. Bei Betrachtung der Außen- und Innenraumtemperaturen lässt sich feststellen, dass der resultierende Temperaturunterschied am kalten Wintermorgen 40 K = –20 °C – (+20 °C) und am warmen Sommernachmittag lediglich 5 K = +30 °C – (+25 °C) beträgt. Bedingt durch den geringeren Temperaturgradienten zwischen außen und innen, resultieren entsprechend kleinere

Tabelle 5 Ergebnisse der maximalen Glaskantentemperaturen (nachmittags mit diffuser Einstrahlung) für das Zweifach-Isolierglas

	Abstandhalter	$T_{\text{Glaskante, innen}}$ [°C]	$T_{\text{Glaskante, außen}}$ [°C]
Simulation, Aluminiumrahmen	WK	27,4	29,8
	MK	27,7	29,6
	KK	28,4	29,0
Vorgabe [2] Bild 4a, 14:00 Uhr	/	25,0	25,5
Simulation, Holzrahmen	WK	27,4	29,2
	MK	27,7	29,0
	KK	28,1	28,6
Vorgabe [2] Bild 4b, 14:00 Uhr	/	24,5	26,0

Tabelle 6 Ergebnisse der maximalen Glaskantentemperaturen (nachmittags mit diffuser Einstrahlung) für das Dreifach-Isolierglas

	Abstand-halter	$T_{\text{Glaskante, innen}}$ [°C]	$T_{\text{Glaskante, mitte}}$ [°C]	$T_{\text{Glaskante, außen}}$ [°C]
Simulation, Aluminiumrahmen	WK	27,0	28,6	30,3
	MK	27,0	28,6	30,1
	KK	28,0	28,7	29,3
Vorgabe [2] Bild 4a, 14:00 Uhr	/	25,0	(25,0 – 25,5) / 2 = 25,25	25,5
Simulation, Holzrahmen	WK	26,9	28,5	29,8
	MK	27,2	28,5	29,6
	KK	28,0	28,5	28,9
Vorgabe [2] Bild 4b, 14:00 Uhr	/	24,5	(24,5 – 26,0) / 2 = 25,25	26,0

Abweichungen zwischen den hier simulierten und den in [3] vorgegebenen Glaskantentemperaturen.

Für die Sommersituation soll im Folgenden ebenfalls die Abschätzung der thermisch induzierten Spannung wie in Abschnitt 4.2 getätigt werden. Gemäß den Untersuchungen aus [18] ergibt sich die maßgebende Bemessungssituation für die Außenscheibe am warmen Tag (größtmöglicher Temperaturgradient von Außenseite zu Innenseite der Verglasung). Die Vorgehensweise wird für die hier betrachtete Situation analog gewählt, wobei die Temperatur in Zone 2 für die hier betrachtete Situation +30 °C betrage (Außentemperatur). Es ergeben sich schließlich die folgenden Temperaturdifferenzen zwischen dem Glasmittenbereich (Zone 2) und der Glaskante (Zone 1):
- nach [3]: 30 °C – 25,5 °C = 4,5 K,
- nach Simulation (Tabelle 5, Aluminiumrahmen mit WK): 30 °C – 29,8 °C = 0,2 K.

Unter Verwendung der Materialkennwerte von Kalk-Natronsilicatglas [22] ($E = 70\,000$ MPa; $\alpha_T = 9 \cdot 10^{-6}$ 1/K) resultieren dann die folgenden Spannungen:
- nach [3]: $\sigma_{th} = 4,5$ K $\cdot\, 9 \cdot 10^{-6}$ 1/K $\cdot\, 70\,000$ MPa = 3 MPa,
- nach Simulation: $\sigma_{th} = 0,2$ K $\cdot\, 9 \cdot 10^{-6}$ 1/K $\cdot\, 70\,000$ MPa = 0,1 MPa.

Wie sich zeigt, liegt die thermisch induzierte Spannung auf der sicheren Seite, wenn die Glaskantentemperatur nach [3] verwendet wird. Damit zeigt sich gleichzeitig auch, dass wenn die tatsächliche Konstruktion für die Berechnung der Glaskantentemperatur verwendet wird, niedrigere Spannungen resultieren. Dies bedeutet wiederum, dass der Einsatz der moderaten und warmen Kante als Abstandhalterkonstruktion dazu beiträgt thermisch induzierte Spannungen (für die Außenscheibe) zu reduzieren. Diese Schlussfolgerung gilt ebenfalls für den Holzrahmen, sowohl mit MK, als auch mit WK. Bei Betrachtung der Ergebnisse in Tabelle 6 zeigt sich, dass diese Folgerungen ebenfalls für die Innen- und Außenscheibe des Dreifach-Isolierglases gelten. Für die Mittelscheibe scheint hier ebenfalls der Einsatz der WK die thermisch induzierten Spannungen zu reduzieren (höhere Glaskantentemperatur), jedoch ist anzumerken, dass der Temperaturgradient in der Sommersituation im Vergleich zu Wintersituation sehr klein ist. Wird der Temperaturgradient größer, so wird vermutet, dass für die Mittelscheibe die Schlussfolgerung aus Abschnitt 4.2 resultiert.

6 Überprüfung des Ansatzes von diffuser Strahlung im Schatten

Innerhalb dieses Abschnitts soll zum Abschluss überprüft werden, inwiefern sich der Ansatz der diffusen Einstrahlung in den Zonen 1 und 3 im Schlagschatten auf die Ergebnisse der Glaskantentemperaturen auswirkt. Dafür wird die Sommersituation aus Abschnitt 5 betrachtet, wobei in den Simulationen die diffuse Einstrahlung nicht mehr berücksichtigt wird. In Tabelle 7 (Zweifach-Isolierglas) und Tabelle 8 (Dreifach-Isolierglas) sind die Ergebnisse gegenübergestellt, wobei die Temperaturwerte die mit einem Asterisk gekennzeichnet sind, diejenigen darstellen, welche mit diffuser Einstrahlung berechnet wurden, während diejenigen Temperaturen ohne Asterisk aus den Simulationen stammen, in welchen die diffuse Einstrahlung vernachlässigt wurde.

Der Vergleich der Ergebnisse (jeweils innerhalb der Tabellen 7 und 8) zeigt, dass durch die Vernachlässigung der diffusen Einstrahlung in den Zonen 1 und 3 die Glas-

Tabelle 7 Ergebnisse der maximalen Glaskantentemperaturen (nachmittags mit und ohne diffuse Einstrahlung) für das Zweifach-Isolierglas; Die Werte, die mit einem Asterisk (*) gekennzeichnet sind stammen aus Tabelle 5 (Simulation mit diffuser Einstrahlung)

	Abstandhalter	$T_{Glaskante,\ innen}$ [°C]	$T_{Glaskante,\ außen}$ [°C]
Simulation, Aluminiumrahmen	WK	26,8 / 27,4*	28,7 / 29,8*
	MK	27,1 / 27,7*	28,5 / 29,6*
	KK	27,6 / 28,4*	28,1 / 29,0*
Simulation, Holzrahmen	WK	26,9 / 27,4*	28,5 / 29,2*
	MK	27,1 / 27,7*	28,3 / 29,0*
	KK	27,6 / 28,1*	28,0 / 28,6*

Tabelle 8 Ergebnisse der maximalen Glaskantentemperaturen (nachmittags mit und ohne diffuse Einstrahlung) für das Dreifach-Isolierglas; Die Werte, die mit einem Asterisk (*) gekennzeichnet sind stammen aus Tabelle 6 (Simulation mit diffuser Einstrahlung)

	Abstandhalter	$T_{Glaskante,\ innen}$ [°C]	$T_{Glaskante,\ mitte}$ [°C]	$T_{Glaskante,\ außen}$ [°C]
Simulation, Aluminiumrahmen	WK	26,1 / 27,0*	27,6 / 28,6*	29,0 / 30,3*
	MK	26,4 / 27,0*	27,6 / 28,6*	28,8 / 30,1*
	KK	27,1 / 28,0*	27,7 / 28,7*	28,2 / 29,3*
Simulation, Holzrahmen	WK	26,3 / 26,9*	27,6 / 28,5*	28,9 / 29,8*
	MK	26,5 / 27,2*	27,6 / 28,5*	28,6 / 29,6*
	KK	27,2 / 28,0*	27,6 / 28,5*	28,0 / 28,9*

kantentemperaturen lediglich um maximal 1,3 K = 30,3 °C – 29,0 °C (Tabelle 8, Aluminiumrahmen mit warmer Kante) sinken. Diese geringe Differenz bestätigt die These in Abschnitt 5.2 hinsichtlich des geringen Energieeintrages infolge der diffusen Einstrahlung. Selbst wenn große Temperaturdifferenzen (Außen-/Innentemperatur) vorliegen, ändert sich durch das Ansetzen der diffusen Strahlung die Glaskantentemperatur nur minimal, da sich lediglich das Temperaturniveau der Glaskantentemperaturen verschiebt, jedoch die durch die diffuse Einstrahlung eingetragene Energiemenge gleich niedrig bleibt. Um künftige Berechnungen zu vereinfachen, kann entsprechend der hier vorgestellten Ergebnisse auf den Ansatz der diffusen Einstrahlung im Schatten verzichtet werden, was insbesondere für ein eindimensionales Berechnungsverfahren vorteilhaft sein kann.

7 Zusammenfassung und Ausblick

Die vorliegenden numerischen Studien haben gezeigt, dass die in [3] vorgegebenen Glaskantentemperaturen zu thermisch induzierten Spannungen führen, die auf der sicheren Seite liegen. Gleichzeitig hat sich durch die Betrachtung der Temperaturdifferenzen zeigen lassen, dass aktuelle Rahmen- und Abstandhalterkonstruktionen zu einer Reduktion der thermisch induzierten Spannungen in Verglasungen führen. Diese Reduktion wird sowohl für die Innenscheibe, als auch für die Außenscheibe erreicht, während für die Mittelscheibe nur eine geringe Reduktion folgt.

Die numerisch ermittelten minimalen Glaskantentemperaturen (ohne diffuse Einstrahlung, 5:00 Uhr im Winter) zeigen im Vergleich zur Vorgabe aus [3] eine maximale Abweichung von 10,7 K für die Außenscheibe bei der Kombination von Aluminiumrahmen mit einer warmen Kante. Für diese Situation ergeben sich große Temperaturabweichungen, welche sich in einer anschließenden Berechnung der thermisch induzierten Spannungen (unter Berücksichtigung von solarer Einstrahlung an z. B. einer nord-östlich oder auch östlich orientierten Verglasung) direkt fortpflanzen, wie in Abschnitt 4.2 und 5.2 exemplarisch gezeigt wurde. Die numerisch ermittelten maximalen Glaskantentemperaturen (mit diffuser Einstrahlung, 14:00 Uhr im Sommer) zeigen im Vergleich zur Vorgabe aus [3] eine maximale Abweichung von 4,8 K. Der Grund für die unterschiedlichen Abweichungen lässt sich durch den Temperaturgradienten von Außenluft zu Innenraum begründen (kalte Winternacht: 40 K; warmer Sommernachmittag: 5 K). Für die sommerliche Situation sind die Abweichungen für den betrachteten Fall (Wärmedämmglas) zwar geringer, jedoch können die Abweichungen bei Betrachtung anderer Verglasungen (z. B. hoch absorbierende Sonnenschutzgläser oder dunkle Rahmen) oder auch bei Betrachtung größerer Temperaturgradienten (z. B. klimatisierter Innenraum) steigen.

Es konnte durch abschließende Simulationen in Abschnitt 6 gezeigt werden, dass der Ansatz der diffusen Strahlung im Schlagschatten (Zone 1 und 3) nur geringfügige Änderungen der Glaskantentemperatur hervorruft. Durch die Vernachlässigung der diffusen Einstrahlung können eindimensionale Berechnungen erleichtert werden.

Da die Kenntnis der Glaskantentemperatur für die Berechnung der thermisch induzierten Spannung (infolge ΔT in der Scheibenebene) eine entscheidende Rolle spielt, sollte diese Temperatur möglichst anhand der tatsächlich vorhandenen Verglasung (Rahmenkonstruktion, Rahmenfarbe, Abstandhalter, Isolierglas, ggf. mit asymmetrischem Aufbau) ermittelt werden, was durch die hier vorgestellten Studien und Ergebnisse aufgezeigt wird. Um die Glaskantentemperaturen für die tatsächliche Konstruktion zu berechnen, bietet es sich an, auf zweidimensionale (2D) Modelle zurückzugreifen. Zeitgleich lassen sich mit 2D-Modellen auch die Temperaturen in den anderen Bereichen der Verglasung (in Zone 2: unverschatteter Glasmittenbereich und in einer neu zu definierenden Zone 4: unverschatteter Rahmenbereich) berechnen. Ist die Temperatur in diesen vier Zonen bekannt, so kann mit Hilfe einfacher mechanischer 2D-Modelle die thermisch induzierte Spannung mit geringen Abweichungen zur 3D-Simulation berechnet werden, wie aktuelle Studien im Rahmen des Forschungsprojekts [17] zeigen. Durch diese Vorgehensweise können belastbare statische Berechnungen bezüglich thermisch induzierter Spannungen erzeugt werden.

Zur besseren Validierung der numerischen Berechnungsergebnisse sowie zur Feststellung der tatsächlichen Temperaturen und der resultierenden Spannungen im Kantenbereich sind Messungen (Temperatur T und Spannung σ) im Labor- sowie unter realen Bedingungen notwendig.

Neben der Ermittlung der Einwirkungen auf die Glaskanten sind für eine Bemessung dieser die Kantenfestigkeiten von thermisch entspannten Gläsern von Bedeutung. Erste Untersuchungen an geschnittenen Glaskanten (KG) [31, 32, 33] zeigen, dass die Kantenfestigkeit signifikant verbessert werden kann. Die Festigkeit der Glaskanten in Abhängigkeit anderer Kantenverarbeitungsqualitäten – wie KGN, KGS und KPO [34] – sind noch zu untersuchen, um statistisch aussagekräftige Widerstandswerte abzuleiten und die Bemessung von thermisch induzierten Glaskantenbrüchen zu verbessern.

8 Danksagung

Dieses Projekt wurde vom Bundesministerium für Wirtschaft und Energie im Rahmen des Verbundprojektes „Thermobruch: Normentwurf zur Ermittlung der thermischen Beanspruchung von Glas und Glas-PV-Modulen (BIPV) im Bauwesen" unter der Kennziffer 03TN0007 gefördert.

Gefördert durch:

aufgrund eines Beschlusses des Deutschen Bundestages

9 Literatur

[1] DIN 18008-1:2020-05 *Glass in building – Design and construction rules – Part 1: Terms and general bases* (DIN 18008-1:2010-12).

[2] Pilette, C. F.; Taylor, D. A. (1988) *Thermal stresses in double-glazed windows*. Canadian Journal of Civil Engineering. 15(5): S. 807–814. https://doi.org/10.1139/l88-105

[3] NF DTU 39 P3 (2006) *Travaux de bâtiment – Travaux de vitrerie-miroiterie – Partie 3: Mémento calculs des contraintes thermiques*.

[4] CNR-DT 210 (2013) *Guide for the Design, Construction and Control of Buildings with Structural Glass Elements*. NATIONAL RESEARCH COUNCIL OF ITALY. CNR – Advisory Committee on Technical Recommendations for Construction. https://www.cnr.it/en/node/3843 [Onlinezugriff]

[5] Glass & Glazing Association of Australia (2015) *AGGA Technical fact sheet, Thermal Stress Glass Breakage*. https://www.festivalglass.com.au/wp-content/uploads/2015/08/Thermal-Stress-Glass-Breakage-factsheet.pdf [Onlinezugriff]
[6] Flachglas Schweiz AG (2021) *Thermische Beanspruchung von Glas*.
[7] Verband Fenster + Fassade e. V. (VFF) (2012) *Thermische Beanspruchung von Gläsern in Fenstern und Fassaden*.
[8] Mai, Y. W.; Jacob, L. J. S. (1980) *Thermal fracture of building glass subjected to solar radiation* in: Miller, K. J. Smith, R. F. [eds.] *Mechanical Behaviour of Materials*, Pergamon, P. 57–65. https://doi.org/10.1016/B978-1-4832-8414-9.50099-7
[9] Chen, H.; Wang, Q.; Wang, Y.; Zhao, H.; Sun, J.; He, L. (2017) *Experimental and Numerical Study of Window Glass Breakage with Varying Shaded Widths under Thermal Loading*. Fire Technol 53, S. 43–64. https://doi.org/10.1007/s10694-016-0596-0
[10] Hildebrand, J.; Pankratz, M. (2013) *Experimentelle und numerische Analyse des thermisch-induzierten Glaskantenbruchs* in: *Stahlbau 82*. http://dx.doi.org/10.1002/stab.201390066
[11] Kozlowski, M.; Bedon, C.; Honfi, D. (2018) *Numerical Analysis and 1D/2D Sensitivity Study for Monolithic and Laminated Structural Glass Elements under Thermal Exposure*. Materials 2018, 11, 1447. https://doi.org/10.3390/ma11081447
[12] Montali, J.; Laffranchini, L.; Micono, C. (2020) *Early-Stage Temperature Gradients in Glazed Spandrels Due to Aesthetical Features to Support Design for Thermal Shock* in: *Buildings 2020*, 10, 80. https://doi.org/10.3390/buildings10050080
[13] Polakova, M.; Schäfer, S.; Elstner, M (2018) *Thermal Glass Stress Analysis – Design Considerations*, Vol. 6 (2018) in: *Challenging Glass 6*, https://doi.org/10.7480/cgc.6.2193
[14] Vandebroek, M. (2015) *Thermal Fracture of Glass* [Dissertation]. Ghent University.
[15] Fleckenstein, E. et. al (2021) Beitrag zur Ermittlung von Temperaturen in Dreischeiben-Isolierverglasungen infolge solarer Einstrahlung in: Tasche, S.; Weller, B. [Hrsg.] *Glasbau 2021*. https://doi.org/10.1002/cepa.1601
[16] Galuppi, L.; Maffeis, M.; Royer-Carfagni, G. (2021) *Enhanced engineered calculation of the temperature distribution in architectural glazing exposed to solar radiation* in: *Glass Structures and Engineering*, Vol. 6, pp. 425–448. https://doi.org/10.1007/s40940-021-00163-9
[17] Ensslen, F.; Schwind, G.; Schneider, J.; Beinert, A.; Mahfoudi, A.; Lorenz, E.; Herzberg, W.; Elstner, M.; Polakova, M.; Schäfer, S.; Erban, C.; Röhner, J.; Sommer, R. (2022) Joint research project (in progress): *Draft standard for determining the thermal stress of glass and glass-glass PV modules (BIPV) in the construction industry* in: Challenging Glass Conference Proceedings (Vol. 8). https://doi.org/10.47982/cgc.8.433
[18] Schwind, G.; Paschke, F.; & Schneider, J. (2022) *Case Studies on the Thermally Induced Stresses in Insulating Glass Units via Numerical Calculation* in: Challenging Glass Conference Proceedings (Vol. 8). https://doi.org/10.47982/cgc.8.388
[19] Bundesverband Flachglas e. V. (2022) *Kompass „Warme Kante" für Fenster und Fassaden, BF-Merkblatt 004 / 2008* – Änderungsindex 5. https://www.bundesverband-flachglas.de/index.php?eID=tx_securedownloads&p=470&u=0&g=0&t=1664528872&hash=abfb6fd755d2c190261752d2297aa0e7e7150546&file=fileadmin/user_upload/BF_Merkblatt_004-2008_-_AEI_5_-_05-2022_-_Warme_Kante.pdf [Onlinezugriff]
[20] Ansys® (2020) *Academic Research Mechanical*, Version 2020 R1.
[21] ift-Richtlinie WA-08/3 (2008) *Wärmetechnisch verbesserte Abstandhalter Teil 1, Ermittlung des repräsentativen psi-Wertes für Fensterrahmenprofile*, ift Rosenheim.

[22] EN 572-1:2016-06 *Glass in building – Basic soda-lime silicate glass products – Part 1: Definitions and general physical and mechanical properties* (EN 572-1:2012+A1:2016).
[23] Sommer Informatik GmbH, *SommerGlobal Version 7.2714*, WinSLT Version 7.4.
[24] EN 410:2011-04 *Glass in building – Determination of luminous and solar characteristics of glazing* (EN 410:2011).
[25] Svendsen, S.; Laustsen, J. B.; Kragh, J. (2005) *Linear thermal transmittance of the assembly of the glazing and the frame in windows* in: Proceedings of the 7th Symposium on Building Physics in the Nordic Countries, pp. 995–1002, Raykjavik, Iceland.
[26] EN 673:2011-04 *Glass in building – Determination of thermal transmittance (U value) – Calculation method* (EN 673:2011).
[27] Bundesverband Flachglas e. V. (2013) *Datenblatt Psi-Werte Fenster auf Basis messtechnischer Ermittlung der äquivalenten Wärmeleitfähigkeit der Abstandhalter*, Nr. W16 – Änderungsindex 4-06/2021. https://www.bundesverbandflachglas.de/index.php?eID=tx_securedownloads&p=230&u=0&g=0&t=1645874632&hash=19d2f538845ec07f132e7844e80e22925b13a2ce&file=fileadmin/user_upload/16-W-DE-Chromatech_Ultra_F1_4-06-21.pdf [Onlinezugriff]
[28] Van Den Bergh, S.; Hart, R.; Jelle, B. P.; Gustavsen, A. (2013) Window spacers and edge seals in insulating glass units: A state-of-the-art review and future perspectives. Energy and Buildings, 58, S. 263–280. https://doi.org/10.1016/j.enbuild.2012.10.006
[29] EN ISO 10456:2010-05, *Building materials and products – Hygrothermal properties – Tabulated design values and procedures for determining declared and design thermal values* (ISO 10456:2007 + Cor. 1:2009).
[30] ANSYS Mechanical APDL (2011) *Element Reference. Version 14.*
[31] Müller-Braun, S.; Seel, M.; König, M.; Hof, P.; Schneider, J.; Oechsner, M. (2020) *Cut edge of annealed float glass: crack system and possibilities to increase the edge strength by adjusting the cutting process* in: Glass Structures and Engineering 5, S. 3–25. https://doi.org/10.1007/s40940-019-00108-3
[32] Ensslen, F.; Müller-Braun, S. (2017) *Kantenfestigkeit von Floatglas in Abhängigkeit von wesentlichen Schneidprozessparametern.* ce/papers, 1, S. 189–202.
[33] Müller-Braun, S. (2022) *Risssystem und Festigkeit der geschnittenen Kante von Floatglas.* https://doi.org/10.1007/978-3-658-36791-6
[34] DIN 1249-11 (2017) *Flachglas im Bauwesen – Teil 11: Glaskanten – Begriffe, Kantenformen und Ausführung.*

Ernst & Sohn
A Wiley Brand

Dietmar Stypa
Arbeits- und Schutzgerüste

- enthält kommentierte Normen und Vorschriften
- praktische Hinweise und Beispiele für die Gerüstvorhaltung und Logistik, die Arbeitsvorbereitung, die Montageüberwachung und die Leistungsabrechnung
- Autor aus der Praxis

Das vorliegende Praxisbuch erschließt alle Aspekte des Einsatzes von Arbeits- und Schutzgerüsten: von der Entwicklung der Konstruktionen über die Fortschreibung des technischen Regelwerkes und die sicherheitstechnischen Anforderungen an moderne Systemgerüste bis hin zur statischen Bemessung.

2004 · 377 Seiten · 176 Abbildungen
Softcover
ISBN 978-3-433-01644-2   € 59*

BESTELLEN
+49 (0)30 470 31-236
marketing@ernst-und-sohn.de
www.ernst-und-sohn.de/1644

* Der €-Preis gilt ausschließlich für Deutschland, inkl. MwSt.

H.B. Fuller | KÖMMERLING

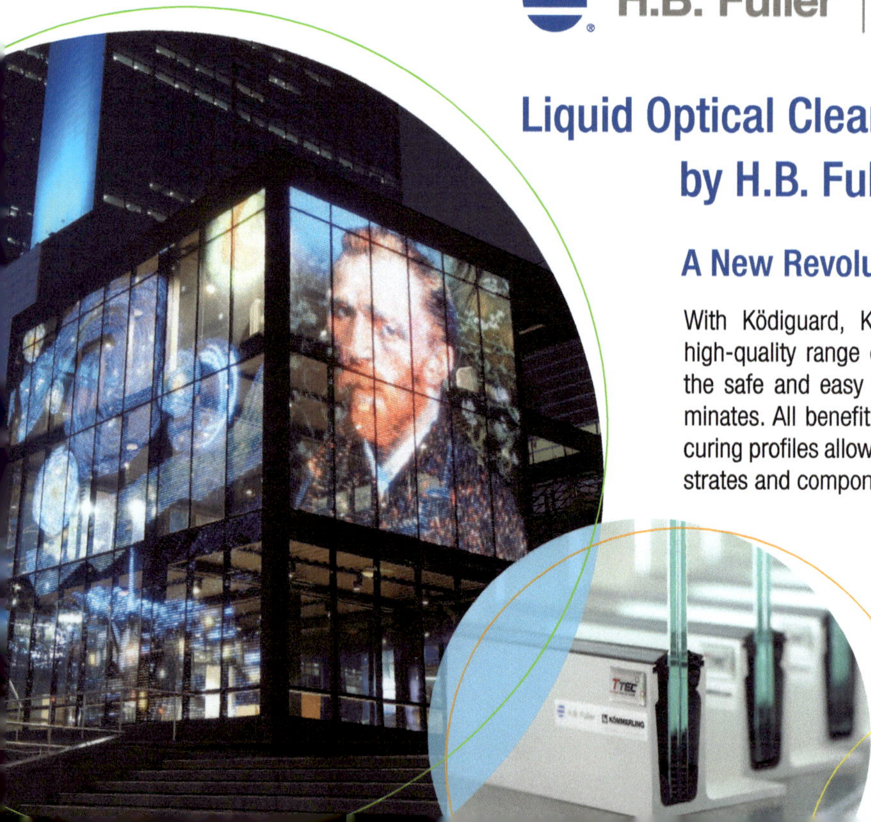

Liquid Optical Clear Adhesives (LOCA) by H.B. Fuller | KÖMMERLING

A New Revolution in Glass Lamination

With Ködiguard, Ködilan and Köraclear, we offer a high-quality range of transparent liquid composites for the safe and easy production of high-performance laminates. All benefiting from unique low energy passive curing profiles allowing the embedment of sensitive substrates and components.

Contact us to join the journey.
www.hbfuller.com
www.koe-chemie.com

Versuchsprogramm zur Klebstoffuntersuchung fluidgefüllter Isolierverglasungen

Alina Joachim[1], Felix Nicklisch[1], Bernhard Weller[1]

[1] Technische Universität Dresden, Institut für Baukonstruktion, August-Bebel-Straße 30, 01219 Dresden, Deutschland; alina.joachim@tu-dresden.de; felix.nicklisch@tu-dresden.de; bernhard.weller@tu-dresden.de

Abstract

Im Fassadenbau spielen Ästhetik und Energieeffizienz eine entscheidende Rolle. Um den Ansprüchen des Gebäudeenergiegesetzes gerecht zu werden, wurde in den letzten Jahren vermehrt der Einsatz von Flüssigkeiten im Scheibenzwischenraum untersucht. Mithilfe dieser lassen sich Fassaden in multifunktionale Gebäudehüllen verwandeln. Um auch dem ästhetischen Anspruch an moderne Glasfassaden zu genügen, wird ein rahmenlos geklebtes System angestrebt. Der vorherrschende hydrostatische Druck sowie der ständige Kontakt zur Flüssigkeit stellen jedoch eine starke Beanspruchung für die Klebung im Randverbund dar. Hierzu ist ein umfangreiches Versuchsprogramm zur Klebstoffauswahl erforderlich. Mithilfe verschiedener Klebstoffuntersuchungen soll sichergestellt werden, dass die eingesetzten Klebstoffe sowohl dauerhaft dichten als auch die Lasten abtragen können.

Load analysis and derivation of a test program for the adhesive testing of fluid-filled insulating glazings. Aesthetics and energy efficiency play a decisive role in facade construction. In recent years, the use of fluids in the cavity has been increasingly investigated. With the help of fluids, facades can be transformed into multifunctional building envelopes. The aim is to achieve a frameless bonded system. This also meets the aesthetic requirements of modern glass facades. However, the hydrostatic pressure as well as the constant contact to the fluid represent a high stress for a bonded edge seal. For this reason, an extensive test program is required for adhesive selection. The aim is to ensure that the adhesives used can both permanently seal and transfer the loads.

Schlagwörter: *Klebstoffuntersuchung, flüssigkeitsgefüllte Fassadenelemente, Versuchsprogramm, Beanspruchungsanalyse*

Keywords: *adhesive examination, fluid-filled facade elements, test program, stress analysis*

Glasbau 2023. Herausgegeben von Bernhard Weller, Silke Tasche. https://doi.org/10.1002/9783433611739.ch20
© 2023 Ernst & Sohn GmbH. Published 2023 by Ernst & Sohn GmbH.

1 Einleitung

Kaum ein anderer Gebäudeteil trägt die moderne Architektur besser nach außen als die Glasfassade. Insbesondere bei repräsentativen Büro- und Verwaltungsbauten wird eine maximale Transparenz und Tageslichtausnutzung angestrebt. Trotz optimierter Mehrscheibenisolierverglasungen geht mit großflächigen Verglasungen ein hoher Energieeintrag und -verlust einher. Das betrifft sowohl den durch die solare Strahlung entstehenden Energieeintrag im Sommer als auch den Energieverlust über Wärmeleitung, Wärmestrahlung und Konvektion bei kalten Außentemperaturen im Winter. Durch Verschattungselemente lässt sich der Energieeintrag im Sommer zwar vermindern, jedoch wird dadurch in der Regel auch die Durchsicht gestört. Aufgrund dessen entstanden in den vergangenen Jahren verschiedene Forschungsprojekte, die sich mit dem Einsatz von Flüssigkeiten in neuartigen Fassadenelementen beschäftigten. Die Flüssigkeit kann dabei verschiedene Funktionen übernehmen, wie beispielsweise Heizen und Kühlen [1], Verdunkelung durch magnetische Partikel [2] oder auch als Nährboden für die Kultivierung von Mikroalgen dienen [3]. Ziel aller Projekte ist die Schaffung von multifunktionalen Gebäudehüllen für den Bau von Niedrigstenergiehäusern. Eine Übersicht über die Forschungsvorhaben ist in [4] zu finden.

Um auch dem ästhetischen Anspruch an moderne Glasfassaden gerecht zu werden, wird für die flüssigkeitsgefüllten Fassadenelemente ein minimaler Rahmenanteil und maximaler Verglasungsgrad angestrebt. Deshalb arbeitet das Institut für Baukonstruktion der Technischen Universität Dresden gemeinsam mit ADCO Technik GmbH und Bollinger + Grohmann Ingenieure an der Entwicklung eines lastabtragend geklebten Randverbunds für solche neuartigen Fassadenelemente. Es soll ein zweistufiges System zum Einsatz kommen, das sich am herkömmlichen Randverbund einer gasgefüllten Isolierverglasung orientiert. So sollen die Funktionen „Dichten" und „Lastabtragen" auf unterschiedliche Klebstoffschichten aufgeteilt werden und eine höhere Leistungsfähigkeit erreicht werden. Die erste Funktionsschicht liegt zwischen dem Abstandhalter und Glas und steht in direktem Kontakt mit der Flüssigkeit. Sie dichtet den Scheibenzwi-

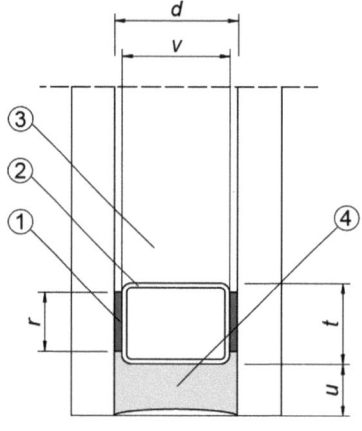

① Erste Funktionsschicht
② Edelstahlhohlprofil
③ Scheibenzwischenraum mit Flüssigkeit
④ Zweite Funktionsschicht
r mittlere Höhe der ersten Funktionsschicht auf der Glasoberfläche
t Höhe des Edelstahlhohlprofils
u mittlere effektive Rücküberdeckung (Höhe der zweiten Funktionsschicht auf der Rückseite des Edelstahlhohlprofils)
v Breite des Edelstahlhohlprofils
d Scheibenzwischenraum

Bild 1 Geplanter Randverbund für flüssigkeitsgefüllte Isolierverglasung (© A. Joachim, TU Dresden)

schenraum ab und bildet eine Grenze zur zweiten, lastabtragenden Funktionsschicht, die außerhalb des Abstandhalters liegt (Bild 1).

Die durch die Flüssigkeit hervorgerufenen Degradationsprozesse sowie der resultierende hydrostatische Druck stellen die jeweiligen Klebstoffe vor große Herausforderungen. Aufgrund dessen sind umfangreiche Klebstoffuntersuchungen erforderlich, mithilfe derer geeignete Klebstoffe ausgewählt und auf deren Funktionalität hin untersucht werden können.

2 Beispielkonstruktion

Um ein geeignetes Prüfprogramm zusammenstellen zu können, bedarf es der Festlegung geometrischer und konstruktiver Randbedingungen. Eine typische Geometrie und ein praxistauglicher Glasaufbau lassen sich vom Fassadenelement, das im Rahmen des EU-Forschungsvorhabens "InDeWaG – Industrial Development of Water Flow Glazing Systems" untersucht wurde, ableiten [1]. Dabei handelt es sich um ein raumhohes Fassadenelement mit einer Höhe von $h = 3000$ mm und einer Breite $b = 1350$ mm (Bild 2a). Im Scheibenzwischenraum, der circa $d = 24$ mm misst, befindet sich ein Flüssigkeitsgemisch aus Wasser und Ethylenglycol (Mischverhältnis 70:30), das zum Heizen und Kühlen genutzt wird.

Durch die Flüssigkeitsfüllung baut sich im Scheibenzwischenraum ein hydrostatischer Druck auf, der senkrecht zur Glasfläche wirkt und damit für eine Zugbeanspruchung im Randverbund sorgt. Die Höhe des Drucks ist von der Dichte der Flüssigkeit sowie der Höhe der Flüssigkeitssäule abhängig und ergibt ein dreieckförmiges Lastbild. Um die Zugbeanspruchung zu verringern und die Scheibenverformung zu begrenzen, wird technisch ein Unterdruck im Fassadenelement erzeugt [5]. In Untersuchungen zeigte sich eine optimale Lastverteilung, sofern die Drucknulllinie vom oberen Rand in die Elementmitte verschoben wird. Das Lastbild nimmt eine antisymmetrische Form an (Bild 2b).

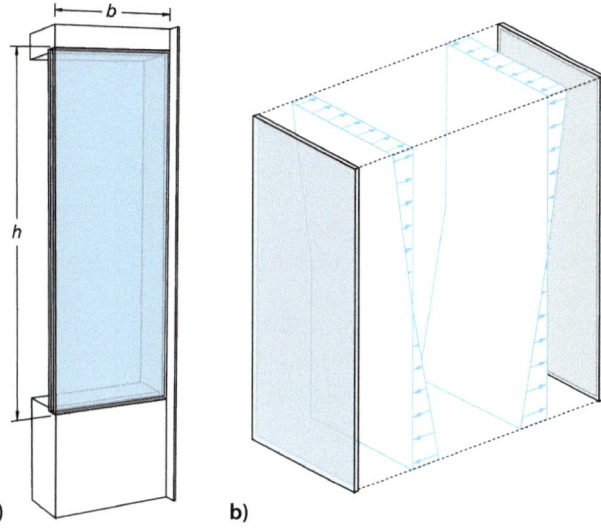

Bild 2 Untersuchte Beispielkonstruktion: a) Gesamtisometrie des Fassadenelements; b) Explosionszeichnung der Verglasung mit antisymmetrischer Last aus hydrostatischem Druck und technisch erzeugtem Unterdruck (© A. Joachim, TU Dresden)

Um die Verformungen weiter zu begrenzen, wird ein steifer Scheibenaufbau mit Verbundsicherheitsglas (VSG) aus 2 × 12 mm teilvorgespanntem Glas (TVG) gewählt. Eigenlasten werden nicht über die Klebung abgetragen, da alle Scheiben der flüssigkeitsgefüllten Isolierverglasung an der unteren Kante geklotzt werden sollen. Daher treten im Randverbund keine Schubbeanspruchungen auf.

3 Beanspruchungsanalyse

Die Einwirkungen auf den Randverbund lassen sich in physikalische, mechanische und chemische Beanspruchungen unterteilen (Tabelle 1). Mechanische Beanspruchungen sind eigentlich ein Teil der physikalischen Beanspruchungen. In Anbetracht des hohen Stellenwertes werden sie an dieser Stelle jedoch als eigene Kategorie aufgeführt.

Tabelle 1 Übersicht der Beanspruchungsarten

Physikalisch	Mechanisch	Chemisch
Temperatur	Hydrostatischer Druck	Wasser
Solare Strahlung	Windlast	Ethylenglycol
	Holmlast	

Die Beanspruchungsanalyse aus [5] wird nachfolgend verkürzt wiedergegeben. Eine ausführliche Beanspruchungsanalyse ist in [6] zu finden.

3.1 Physikalische Beanspruchung

Zu den physikalischen Beanspruchungen zählen die umgebungs- und nutzungsbedingten Temperaturänderungen, denen Bauteile ständig ausgesetzt sind, sowie das auf die Erdoberfläche auftreffende UV-Licht aus solarer Strahlung.

Alterungsprozesse von Klebstoffen sind stark temperaturabhängig. Deshalb spielt die Temperaturbeanspruchung eine entscheidende Rolle. Im Allgemeinen neigen Klebstoffe bei niedrigen Temperaturen zur Versprödung. Erhöhte Temperaturen beschleunigen hingegen die in einem Material ablaufenden chemischen Prozesse. Temperaturänderungen rufen demnach meist eine chemische Alterung im Klebstoff hervor, die zur Veränderung der physikalischen Eigenschaften führt. Kritische Temperaturgrenzen sind klebstoffspezifisch und meist fließend. Im Fassadenbau ist für gewöhnlich von einer Temperaturspanne von −20 °C bis +80 °C auszugehen [7]. Temperaturmessungen an nicht temperaturregulierten, flüssigkeitsgefüllten Fassadenelementen zeigten jedoch über eine Dauer von zwölf Monaten eine Temperaturspanne von −1 °C bis +34 °C [8]. Grund dafür ist die hohe spezifische Wärmekapazität von Wasser, die dafür sorgt, dass Wärme gut gespeichert wird. Trotz dessen, dass die Flüssigkeit im Scheibenzwischenraum thermisch reguliert werden soll, wird, auf der sicheren Seite liegend, eine Temperaturspanne von −5 °C bis +40 °C angenommen.

Doch auch UV-Strahlung bildet für Klebstoffe einen entscheidenden Alterungsfaktor. Ähnlich wie bei der Temperatur, gibt es auch bei solarer Strahlung einen spezifischen Schwellenwert. Wird dieser überschritten, kommt es zur Photodegradation. Chemische Bindungen werden gespalten. Infolgedessen kommt es bei den Polymerketten zu meist ungewollten Nachvernetzungsvorgängen. Die Festigkeit der Polymere nimmt zu, während sie an Elastizität verlieren. Die Alterungserscheinung wird als Versprödung bezeichnet. Glas ist als transparenter Baustoff für UV-Strahlen durchlässig. Die Durchlässigkeit (Transmission) hängt jedoch stark von der Dicke, Zusammensetzung und dem Aufbau der Glasscheibe ab. In der Beispielkonstruktion wurde ein Glasaufbau aus Verbundsicherheitsglas aus 2 × 12 mm teilvorgespanntem Glas gewählt. Dadurch ist davon auszugehen, dass nur noch ein geringer Anteil der Strahlung durch die Scheibe gelangt [9]. Aufgrund dessen und da sich die Klebstoffauswahl zudem auf Silikone beschränkt, kann auf die Untersuchung der Alterung unter UV-Strahlung verzichtet werden. Silikone weisen eine sehr hohe UV-Stabilität auf, so dass die durchdringende UV-Strahlung als unkritisch zu bewerten ist.

3.2 Mechanische Beanspruchungen

Die mechanische Beanspruchung rührt insbesondere aus dem hohen hydrostatischen Druck innerhalb des Fassadenelements. Darüber hinaus wirken jedoch auch Windlasten sowie Nutzlasten (Holmlast) auf das Fassadenelement.

Allgemein lässt sich sagen, dass es für die mechanischen Beanspruchungen von Klebstoffen spezifische Belastungsgrenzen gibt. Bei deren Überschreitung kommt es zur physikalischen Alterung und zwischenmolekulare Bindungen versagen. Die Folgen sind eine Änderung der mechanischen Kennwerte und eine Erschöpfung des Verformungsvermögens. Je nach Klebstoff kommt es schlussendlich zu einem plötzlichen oder einem stückweisen Versagen (Rissbildung). Die mechanische Belastbarkeit ist stark von der Temperatur abhängig. Außerdem spielt die Lastdauer eine entscheidende Rolle. Dauerlasten stellen im Vergleich zu kurzzeitigen Lasten für gewöhnlich die kritischere Beanspruchung dar. Unter mechanischen Lasten kann sich außerdem der Einfluss von Umwelteinwirkungen noch verstärken. Hierbei sei insbesondere auf die starken Wechselwirkungen zwischen hydrostatischem Druck und eindringender Feuchtigkeit hingewiesen. [10]

Die mechanischen Beanspruchungen sind in Tabelle 2 zusammengetragen.

Tabelle 2 Übersicht der mechanischen Beanspruchungen (auf die Klebung wirkende Drucklasten sind positiv gekennzeichnet, Zuglasten negativ)

Beanspruchungsart	Minimal- und Maximalwert	Lastbild
Hydrostatischer Druck	$p_h(h) \approx \pm15$ kN/m^2	flächenförmig, linear veränderlich, antisymmetrisch
Windlast	$w_d = +0{,}76$ kN/m^2 $w_s = -1{,}14$ kN/m^2	flächenförmig konstant
Holmlast	$q_k = +1{,}0$ kN/m	linienförmig konstant, $h_1 = 1$ m

Der hydrostatische Druck errechnet sich gemäß Gl. 1 mit einer temperaturabhängigen Mischdichte von $\rho_{m,\,20\,°C} = 1{,}03$ g/cm^3 und einer Wassersäule von $h = 3000$ mm zu einem hydrostatischen Druck von $p_h(h) \approx 30$ kN/m^2 am Fußpunkt.

$$p_h(h) = \rho \cdot g \cdot h \tag{1}$$

mit:
ρ Dichte der Flüssigkeit
g Erdbeschleunigung
h Höhe der Wassersäule

Um die Drucknulllinie in die Mitte des Elements zu verschieben, wird der technisch erzeugte Unterdruck zu $p_u \approx -15$ kN/m^2 gewählt, wodurch sich ein antisymmetrisches Lastbild mit einer doppelten Dreiecksverteilung ergibt. Die Lasthöhe liegt somit am Fuß- und am Kopfpunkt bei $p_h(h) \approx \pm 15$ kN/m^2. Im unteren Bereich des Fassadenelements drückt der hydrostatische Druck die Scheiben auseinander, im oberen Bereich zieht der Unterdruck die Scheiben zusammen. Als maßgebend wird die zugbelastete Seite betrachtet, da eine Drucklast die klebgerechtere Belastungsart darstellt [11].

Entsprechend wird auch der nach [12] ermittelte Windsog maßgebend, da dieser den hydrostatischen Druck, der den Randverbund auseinanderzieht, weiter verstärkt. Für die Beispielkonstruktion wird eine Gebäudeabmessung von 40 m × 20 m × 35 m in der Windlastzone 1, Binnenland und eine Lasteinzugsfläche von 4 m^2 angenommen.

Die Holmlast wird hingegen in die entgegengesetzte Richtung. Sie wirkt als linienförmige Drucklast in einer Höhe von $h_1 = 1$ m über der Oberkante Fußboden. Für öffentliche Gebäude sind $q_k = 1{,}0$ kN/m anzusetzen [13]. Da anzunehmen ist, dass eine Drucklast die auf Zug beanspruchte Verklebung des Randverbunds entlastet und zudem die Lasthöhe verhältnismäßig klein ist, wird die Holmlast als vernachlässigbar angesehen.

Bild 3 fasst die mechanischen Beanspruchungen auf das Fassadenelement in Form einer Explosionszeichnung zusammen.

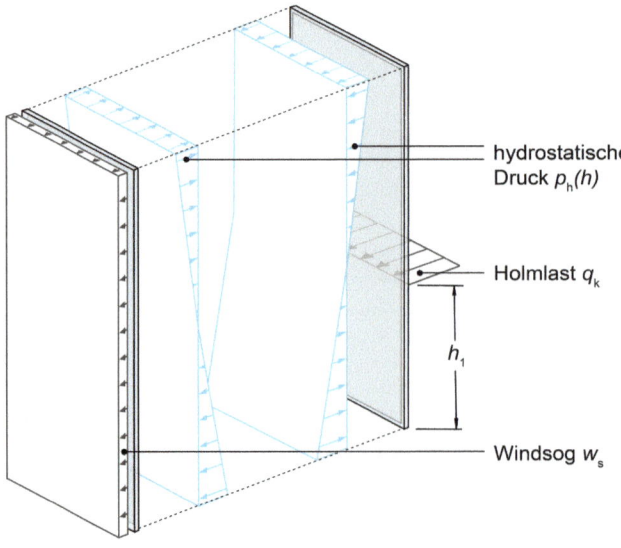

Bild 3 Übersicht der mechanischen Beanspruchungen auf die Außen- und Innenscheibe einer flüssigkeitsgefüllten Isolierverglasung (Explosionszeichnung) (© A. Joachim, TU Dresden)

3.3 Chemische Beanspruchungen

Die chemische Beanspruchung auf die Klebstoffe im Randverbund rührt von der Flüssigkeit im Scheibenzwischenraum. Diese setzt sich bei der Beispielkonstruktion aus 70 % Wasser und 30 % Ethylenglycol zusammen. Ethylenglycol ist eine farb- und geruchslose Flüssigkeit, die mit Wasser verdünnt häufig als Kühlflüssigkeit zum Einsatz kommt. In der Beispielkonstruktion soll die Zugabe von Ethylenglycol das Algenwachstum in Scheibenzwischenraum verhindern. Im Idealfall tritt ausschließlich die erste Funktionsschicht in Kontakt mit der Flüssigkeit, da diese die lastabtragende Funktionsschicht von der Flüssigkeit trennt. Zu erwartende Schädigungsmechanismen werden für Wasser und Ethylenglycol getrennt beschrieben.

In die Klebfuge eindringendes Wasser gilt gemeinhin als einer der bedeutendsten Schädigungsmechanismen für geklebte Verbindungen, zumal ausnahmslos alle Klebstoffe zur Wasseraufnahme neigen. Grund dafür ist die relative Kleinheit von Wassermolekülen, die zugleich ein großes Dipolmoment aufweisen. Die Feuchteaufnahme kann über Kapillarkräfte oder über Diffusion erfolgen. Die Art und Geschwindigkeit der Wasseraufnahme sind neben der Klebstoffart vor allem von der Umgebungstemperatur, der Geometrie der Klebverbindung und von mikromechanischen Vorschädigungen abhängig. Die durch Wasser hervorgerufene Alterung kann sowohl physikalischer als auch chemischer Natur sein. Lagert sich das Wasser in Mikrohohlräumen und -poren ein, quillt der Klebstoff auf. Bei den meisten Klebstoffen führt das zum sogenannten Weichmacher-Effekt, eine Form der physikalischen Alterung. Die intermolekularen Wechselwirkungen werden geschwächt, womit ein Abfall des Schub- und Elastizitätsmoduls einhergeht. Auch Änderungen in der Glasübergangstemperatur können die Folge sein. Durch Trocknung ist dieser Effekt jedoch weitestgehend reversibel. Nach Kolbe kann die Einlagerung von Wasser jedoch auch dazu führen, dass Klebstoffbestandteile ausgewaschen werden und der Klebstoff versprödet [14]. Dieser Effekt ist nicht reversibel. Die durch Feuchtigkeit hervorgerufene chemische Alterung nennt man Hydrolyse. Bei der Hydrolyse werden chemische Verbindungen im Klebstoff durch die Reaktion mit Wasser gespalten. Insbesondere in der Adhäsionszone hat ein Wasserangriff stark negative Auswirkungen. Es kommt zur Spaltung nebenvalenter Bindungen zwischen Polymer und Substrat. Auch eine sogenannte Konkurrenzadsorption von Wassermolekülen gegenüber polaren Molekülgruppierungen der Klebstoffschicht kann auftreten. Infolgedessen kommt es zum vollständigen Versagen der adhäsiven Verbindung.

Beim 30 %-igen Ethylenglycolanteil im Flüssigkeitsgemisch handelt es sich um eine organische Verbindung mit der Summenformel $C_2H_6O_2$. Durch die zwei Hydroxylgruppen ist ein Ethylenglycol ein zweiwertiger Alkohol, ein Diol mit polaren Eigenschaften. Dadurch löst sich Ethylenglycol gut in Wasser. Mit einem pH-Wert von 6–7,5 stellt Ethylenglycol eine nahezu neutrale Lösung dar. Untersuchungen zum Einfluss von Ethylenglycol auf Klebstoffe sind bisher nicht bekannt. Es ist jedoch davon auszugehen, dass die relative Kleinheit des Moleküls sowie deren Polarität ein Eindringen in den Klebstoff begünstigen. Ähnlich wie bei Wassermolekülen können dadurch die physikalischen Wechselwirkungen zwischen den Polymerketten geschwächt werden. Auch eine Konkurrenzadsorption in der Adhäsionszone kann auftreten. Vorangetrieben wird diese, wenn zeitgleich eine mechanische Beanspruchung auftritt, die die physikalischen Wechselwirkungen zwischen Klebstoff und Substrat schwächt.

4 Versuchsprogramm

Das auf Grundlage der Beanspruchungsanalyse entwickelte Versuchsprogramm gliedert sich in die drei Hauptstufen: *Klebstoffauswahl, Kleinteilversuche zur Prüfung der Funktionalität und Bauteilversuche* (Bild 4). Nachfolgend wird auf die drei Versuchsstufen eingegangen. Dazu werden die wichtigsten Ergebnisse zusammengefasst, mithilfe derer ein Randverbund für flüssigkeitsgefüllte Isolierverglasungen entwickelt werden konnte.

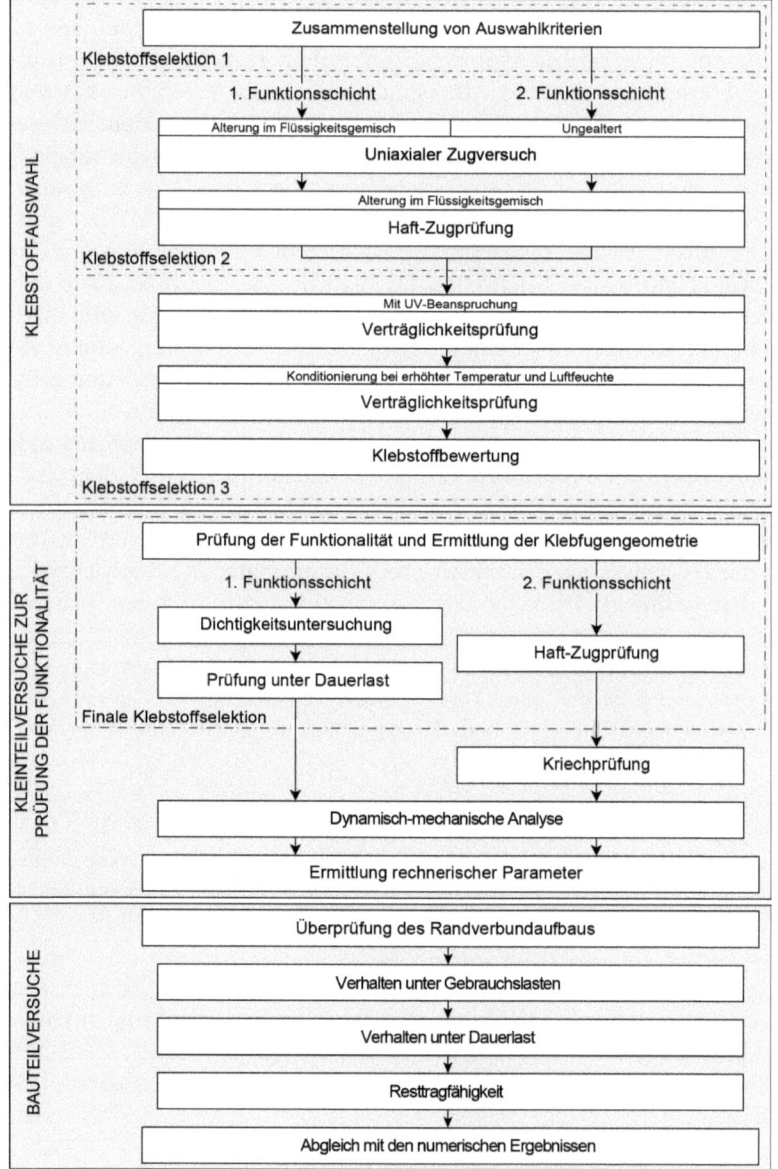

Bild 4 Entwickeltes Versuchsprogramm für die Auswahl und Eignungsprüfung von Klebstoffen für einen lastabtragend geklebten Randverbund einer flüssigkeitsgefüllten Isolierverglasung
(© A. Joachim, TU Dresden)

4.1 Klebstoffauswahl

In der ersten Selektionsstufe wird entsprechend der Auswahlkriterien in Rücksprache mit den Klebstoffherstellern eine Vorauswahl an Klebstoffen getroffen. Diese umfasst sieben Klebstoffe für die erste, dichtende Funktionsschicht und fünf Klebstoffe für die zweite, lastabtragende Funktionsschicht.

Die Versuche zur Klebstoffauswahl unterscheiden sich für beide Funktionsschichten nur geringfügig. Mithilfe des uniaxialen Zugversuchs kann die Klebstoffsteifigkeit zunächst eingeordnet werden sowie durch die Einlagerung im Wasser-Ethylenglycolgemisch der Alterungseinfluss des umgebenden Mediums auf die Klebstoffe der ersten Funktionsschicht bewertet werden. Es zeigte sich, dass alle Klebstoffe infolge der Alterung an Zugfestigkeit einbüßen, das 75%-Kriterium der ETAG 002-1 [7, Tab. 8.3] jedoch weiterhin erreichen, vgl. [4]. Darüber hinaus wurde in Haft-Zugprüfungen die Veränderung des Haftverhaltens infolge der künstlichen Alterung im Wasser-Ethylenglycolgemisch für die Klebstoffauswahl beider Funktionsschichten untersucht. Bei der Klebstoffauswahl der ersten Funktionsschicht wies nur der Sikasil® AS-785 von Sika mit und ohne Alterung ein rein kohäsives Bruchbild auf und entspricht damit auch als einziger der Forderung nach einem mindestens 90%-igen kohäsiven Bruchbildanteil [7, Tab. 8.3]. Die für den Einsatz in der zweiten Funktionsschicht angedachten Klebstoffe zeigten durchweg ein rein kohäsives Bruchbild. Mit Abschluss der Versuche wurde die Klebstoffauswahl auf drei Klebstoffe je Funktionsschicht eingegrenzt. Neben dem Kriterium der Haftfestigkeit war für die Auswahl der Klebstoffe der ersten Funktionsschicht eine hohe Alterungsbeständigkeit entscheidend. Für die zweite Funktionsschicht wurden die drei Klebstoffe mit der höchsten Steifigkeit ausgewählt.

Die anschließenden Versuche zur Klebstoffauswahl umfassten Verträglichkeitsprüfungen der Klebstoffe beider Funktionsschichten untereinander (Bild 5). Da keine unmittelbare Unverträglichkeit erkennbar war, wurde die Klebstoffauswahl mit Abschluss der Verträglichkeitsuntersuchung nicht weiter eingegrenzt [4]. Somit belief sich die Klebstoffauswahl auf drei Klebstoffen je Funktionsschicht, die in den *Kleinteilversuchen zur Prüfung der Funktionalität* näher untersucht wurden.

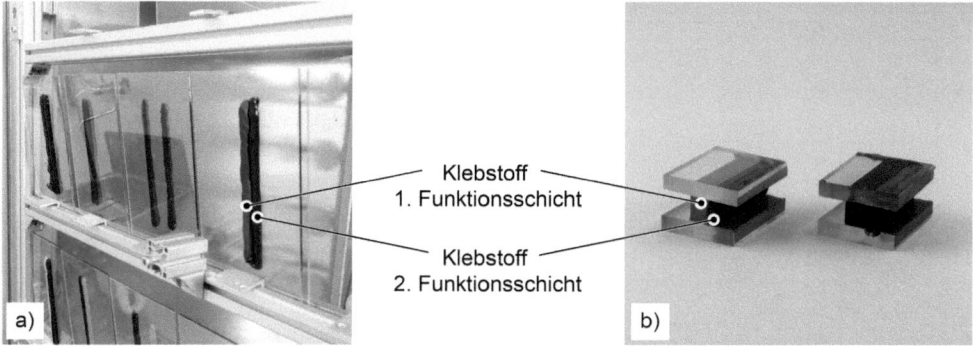

Bild 5 Versuche zur Klebstoffauswahl: Verträglichkeitsuntersuchungen der Klebstoffe untereinander a) mit UV-Beanspruchung und b) bei erhöhter Temperatur und Feuchtigkeit (© A. Joachim, TU Dresden)

4.2 Kleinteilversuche zur Prüfung der Funktionalität

In den *Kleinteilversuchen zur Prüfung der Funktionalität* werden die Funktionsschichten entsprechend ihrer geplanten Funktionalität weiter untersucht. Die erste Funktionsschicht soll das Flüssigkeitsgemisch im Scheibenzwischenraum abdichten und von der zweiten, der lastabtragenden Funktionsschicht trennen. Geometriebedingt ist jedoch auch die erste Funktionsschicht am Lastabtrag beteiligt und wird einer konstanten Zugspannung ausgesetzt. Aufgrund dessen werden die Klebstoffe der ersten Funktionsschicht Dichtigkeitsversuchen unterzogen sowie Versuche unter Dauerlast durchgeführt (Bild 6). Dichtigkeitsversuche für Flüssigkeiten gehören im Bauwesen nicht zu den Standardprüfverfahren, weshalb hierfür die Entwicklung neuartiger Prüfkörper sowie eines Prüfverfahrens erforderlich war, vgl. [15]. Im Ergebnis zeigte der Sikasil® AS-785 die geringste Flüssigkeitsdurchlässigkeit und zugleich auch nach Alterungsbeanspruchung noch das höchste Verformungsvermögen. Damit qualifizierte sich der Sikasil® AS-785 als Vorzugsklebstoff für die erste Funktionsschicht. Die Klebstoffe der zweiten Funktionsschicht wurden Haft-Zugversuchen mit verschiedenen Klebfugengeometrien unterzogen. Der Sikasil® SG-550 erreicht selbst bei einer Verdopplung der Klebfugenhöhe noch die im technischen Datenblatt angegebene Zugfestigkeit, während diese bei den anderen Klebstoffen um mindestens 15 % unterschritten wurde. Damit fällt die Wahl des Vorzugsklebstoffs für die zweite Funktionsschicht auf den Sikasil® SG-550.

An diesem wurden anschließend Kriechprüfungen durchgeführt, um das Langzeitverhalten unter hohen Lasten einschätzen zu können. Darüber hinaus wurden die Vorzugsklebstoffe beider Funktionsschichten in der dynamisch-mechanischen Analyse mit und ohne Alterung im Wasser-Ethylenglycolgemisch untersucht, mithilfe derer eine Änderung der thermomechanischen Eigenschaften detektiert werden kann. Die Klebstoffe zeigten keine Veränderung infolge der Flüssigkeitseinlagerung. Mit Abschluss der *Kleinteilversuche zur Prüfung der Funktionalität* und der Auswahl der Vorzugsklebstoffe können rechnerische Parameter sowie Klebfugenabmessungen bestimmt werden, die für die Realisierung des Randverbunds für die *Bauteilversuche* von Nöten sind. Der finale Randverbund ist in Abschnitt 5.1 beschrieben.

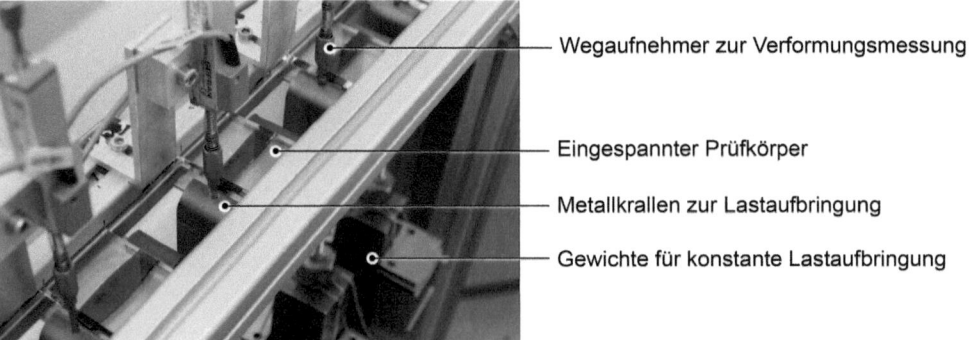

Bild 6 Kleinteilversuche: Prüfung unter Dauerlast der Klebstoffe der ersten Funktionsschicht
(© A. Joachim, TU Dresden)

4.3 Bauteilversuche

In den *Bauteilversuchen* wurde erstmals der Randverbundaufbau im geplanten Aufbau sowie in Originalmaßstab geprüft. Drei Bauteilprüfkörper wurden untersucht (Bild 7). Die Prüfung erfolgte in der Fassadenprüfwand, die die Aufbringung von Windlasten ermöglicht. Durch die Flüssigkeitsfüllung im Scheibenzwischenraum kann der geklebte Randverbund in den Bauteilversuchen realitätsgetreu geprüft werden. Bedingt durch den hydrostatischen Druck, sind die Lasten maßgebend, die den geklebten Randverbund weiter unter Zugspannung setzen. Druckbeanspruchungen sind bei gleichem Lastniveau im Vergleich zu Zugbeanspruchungen stets als weniger kritisch einzustufen [15]. Demnach wurde die Windbeanspruchung in Form des ohnehin betragsmäßig größeren Windsogs untersucht. Daraus ergibt sich die maßgebende Lastkombination aus dem hydrostatischen Druck, sowohl unter Normalzustand als auch im Ausnahmezustand unter Annahme des Versagens der Unterdrucktechnik, und Windsog. Darüber hinaus wurde die Resttragfähigkeit bei Glasbruch untersucht. Für die Prüfung werden die Lasten stufenweise erhöht. Nach der Befüllung der Prüfkörper folgt die Aufbringung der Windsoglast, anschließend des Unterdruckversagens, das durch eine zusätzliche Wassersäule simuliert wird, und im letzten Schritt die erneute Aufbringung der Windsoglast auf die unter erhöhtem hydrostatischem Druck stehenden Bauteilprüfkörper. An jedem Prüfkörper wurde die Verformung kontinuierlich an sechs verschiedenen Messpositionen gemessen. Mithilfe der *Bauteilversuche* ließ sich neben der realitätsnahen Überprüfung des Randverbunds insbesondere auch das numerische Berechnungsmodell validieren. Eine detaillierte Versuchsbeschreibung sowie die Ergebnisse sind in [16] zu finden.

Zuletzt erfolgten Versuche zum Resttragfähigkeitsverhalten. Durch das Anschlagen der äußeren Glasscheibe, verliert diese an Tragvermögen, sodass die innere Glasscheibe die Lasten alleine trägt. Nach einer Standzeit von 24 h wurde erneut der hydrostatische Druck erhöht und so ein Unterdruckversagen simuliert. Unter erhöhtem hydrostatischem Druck versagte die innere Glasscheibe nach einer Standzeit von 2 h. Da sich keine größeren Glasbruchstücke lösten und sich das Versagen primär durch den Verlust der Flüssigkeit bemerkbar machte, wurden die Resttragfähigkeitsversuche dennoch als bestanden bewertet.

Bild 7 Bauteilversuche in der Fassadenprüfwand (© A. Joachim, TU Dresden)

5 Zusammenfassung und Ausblick

5.1 Randverbund für flüssigkeitsgefüllte Isolierverglasungen

Im Rahmen des dargelegten Versuchsprogramms konnte der Randverbundaufbau im Hinblick auf die eingesetzten Materialien und Abmessungen finalisiert werden (Bild 8). Für die erste Funktionsschicht, die zwischen dem Edelstahlhohlprofil und der Glasscheibe angeordnet ist, wird der Sikasil® AS-785 verwendet. Er zeichnet sich durch eine hohe Alterungsbeständigkeit, hohe Dichtigkeit sowie ein ausreichend hohes Verformungsvermögen bei gleichzeitig hoher Tragfähigkeit aus. Die zweite, lastabtragende Funktionsschicht, die außerhalb des Abstandhalters positioniert ist, wird mit dem Sikasil® SG-550 realisiert. Hierbei handelt es sich um ein hochmoduliges Structural-Glazing-Silikon, das sich durch seine hohe Dauerhaftigkeit und Tragfähigkeit bewährt hat. Im Rahmen der experimentellen Klebstoffuntersuchungen setzte sich dieses aufgrund seiner hohen Kriechbeständigkeit von den anderen Klebstoffen ab und überzeugte durch konstante mechanische Materialeigenschaften, auch bei variablen Klebfugenabmessungen.

Für den Scheibenzwischenraum wird eine Breite von $d = 24$ mm ± 2 mm angestrebt. Für den Sikasil® AS-785 zeigte sich das beste Verhältnis aus Steifigkeit zu Verformungsvermögen bei einer Breite von $b = 4$ mm. Um den Abstandhalter aus einem standardisierten Edelstahlhohlprofil fertigen zu können, wird ein Profil mit einer Breite von $v = 15$ mm und einer Höhe $t = 10$ mm gewählt. Da Edelstahl selbst bei geringer Dicke eine ausreichende Stabilität aufweist, wird die Wandungsdicke zu $w = 1$ mm. Daraus ergibt sich ein Scheibenzwischenraum von $d = 23$ mm, der zugleich der Klebfugenbreite der zweiten Funktionsschicht (Sikasil® SG-550) entspricht. Abzüglich der gebogenen Ecken des Rechteckhohlprofils ergibt sich die Klebfugenhöhe der ersten Funktionsschicht zu $r = 7–8$ mm. Die Klebfugenhöhe der zweiten, lastabtragenden Funktionsschicht wurde rechnerisch zu $u = 53$ mm ermittelt.

Als Scheibenaufbau wird ein Verbundsicherheitsglas (VSG) aus 2 × 12 mm teilvorgespanntem Glas (TVG) gewählt. Durch den starken Glasaufbau kann die durch den vorherrschenden hydrostatischen Druck auftretende Glasverformung begrenzt und infolgedessen auch der geklebte Randverbund entlastet werden.

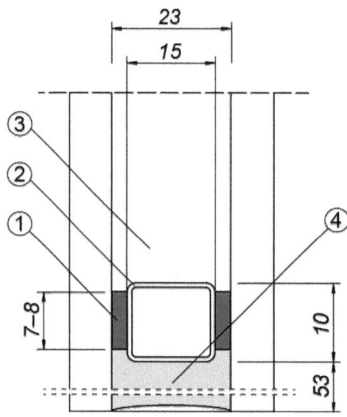

① Sikasil® AS-785
② Edelstahlhohlprofil mit Wandungsstärke $w = 1$ mm
③ Scheibenzwischenraum mit Wasser-Ethylenglycolgemisch
④ Sikasil® SG-550

Bild 8 Finalisierter Randverbund für flüssigkeitsgefüllte Mehrscheiben-Isolierverglasungen
(© A. Joachim, TU Dresden)

5.2 Zusammenfassung

Zusammenfassend lässt sich sagen, dass mithilfe des entwickelten Untersuchungsprogramms eine Klebstoffauswahl getroffen sowie ein möglicher Randverbundaufbau für flüssigkeitsgefüllte Isolierverglasungen festgelegt werden konnte. Es sei jedoch gesagt, dass obgleich die Klebstoffvorauswahl mit höchster Gründlichkeit getroffen wurde, an dieser Stelle kein Anspruch auf Vollständigkeit erhoben wird und womöglich andere, nicht untersuchte Klebstoffe auch in Frage kämen. Zugleich lässt sich die gründliche Vorauswahl der Klebstoffe im Untersuchungsprogramm wiedererkennen: nicht alle Versuche führten zu aussagekräftigen Ergebnissen, wodurch manche Versuche das erhoffte Ziel (Klebstoffauswahl oder Definition der geometrischen Bedingungen) nicht näherbringen konnten. Will heißen, durch die gründliche Vorauswahl der Klebstoffe, stellten sich alle untersuchten Klebstoffe als grundsätzlich geeignet heraus. Aufgrund dieser Annahme wird das Untersuchungsprogramm für ähnliche Problemstellungen uneingeschränkt weiterempfohlen.

Weiterhin ist anzumerken, dass aufgrund des speziellen Anwendungsfalls besondere Beanspruchungen herrschen, für die teils keinerlei standardisierte Versuchsverfahren existieren. Ein Beispiel hierfür sind die Dichtigkeitsuntersuchungen. Die Entwicklung neuer Prüfverfahren birgt neben dem damit einhergehenden Aufwand auch die Schwierigkeit, dass keinerlei Orientierungswerte bestehen. Weder gibt es einen Leitfaden, der besondere Achtungspunkte für die Versuchsdurchführung festlegt, noch gibt es Referenzwerte, die eine triviale Einordnung der Ergebnisse zulassen.

Zuletzt sei noch darauf hingewiesen, dass im Rahmen des dargelegten Versuchsprogramms nur in wenigen Fällen eine kombinierte Beanspruchung, insbesondere aus der Alterung im Wasser-Ethylenglycolgemisch bei gleichzeitiger mechanischer Beanspruchung, möglich war. Im Großteil der Versuche wurden die Prüfkörper im Flüssigkeitsgemisch gealtert, bevor die mechanische Beanspruchung aufgebracht würde. Bei der Prüfung unter Dauerlast wurden beide Beanspruchungsarten zwar zeitgleich aufgebracht, was hatte aber wiederum zur Folge hatte, dass aufgrund des flüssigen Milieus keine direkte Messung der Spannung oder Verformung möglich war. Einzig in den Bauteilversuchen konnten die mechanischen Beanspruchungen aufgebracht werden, während die Klebstoffe in Kontakt mit dem Wasser-Ethylenglycolgemisch standen. Neben dem hohen Aufwand, den die Prüfkörperherstellung sowie der Prüfaufbau der Bauteilversuche bedeuten, ist hier jedoch auch die Messgenauigkeit sowie die komplexe Beanspruchungssituation, sowohl an äußeren als auch inneren Beanspruchungen, anzumerken. Demnach ist und bleibt es unklar, ob sich die einzelnen Beanspruchungsarten gegenseitig verstärken und ob die Prüfung jener Beanspruchungsarten zu repräsentativen Ergebnissen führt.

5.3 Ausblick

Das vorgestellte Versuchsprogramm und die daraus hervorgegangenen Ergebnisse lassen darauf schließen, dass in Zukunft flüssigkeitsgefüllte Isolierverglasungen mit einem rahmenlosen, geklebten Randverbund realisierbar werden könnten. Der neu entwickelte, zweistufige Randverbundaufbau hat sich in den experimentellen Versuchen bewährt. Durch versuchsbegleitende, numerische Berechnungen kann eine hinreichend genaue Voraussage des Verformungsverhaltens sowie der Bemessung weiterer Fassadenelemente sichergestellt werden [16].

Da die beschriebenen Bauteilversuche lediglich an Bauteilprüfkörpern im 1:2-Maßstab realisiert wurden, stellt die Prüfung an Prüfkörpern im Bauteilmaßstab eine sinnvolle Ergänzung des Versuchsprogramms dar. Insbesondere die Untersuchung des Langzeitverhaltens sowie die Prüfung der Resttragfähigkeit (im Originalmaßstab) werden angestrebt. Mithilfe der Bauteilprüfungen ist darüber hinaus auch eine Bewertung des hier vorgestellten Prüfaufbaus möglich. Bei erfolgreicher Verifizierung, kann der Prüfaufwand zukünftiger Prüfungen eingedämmt werden, ohne an Verlässlichkeit zu verlieren.

6 Literatur

[1] FuE-Projekt InDeWaG (2020) *Industrial Development of Water Flow Glazing* (Koordiniert durch die Universität Bayreuth) 2015–2020, http://www.indewag.eu/

[2] Stopper, J. (2018) *FLUIDGLASS – Flüssigkeitsdurchströmte Fassadenelemente* [Dissertation]. TU München.

[3] Aßmus, E.; Weller, B.; Walter, F.; Kerner, M. (2018) *Fassadenelemente einer Bioenergiefassade – Entwicklung eines Prototyps* in: Weller, B.; Tasche, S. [Hrsg.] *Glasbau 2018*. Berlin: Ernst & Sohn. S. 211–220. https://doi.org/10.1002/cepa.643

[4] Joachim, A.; Nicklisch, F.; Wettlaufer, M.; Weller, B. (2021) *Klebstoffauswahl zur Realisierung eines geklebten Randverbunds für flüssigkeitsgefüllte Isolierverglasungen* in: Weller, B., Tasche, S. [Hrsg.] *Glasbau 2021*. Berlin: Ernst & Sohn. S. 197–214. https://doi.org/10.1002/cepa.1606

[5] InDeWaG (2019) *Facade Manual*. https://www.indewag.eu/manuals.php [Zugriff am 06.08.2022]

[6] Joachim, A.; Weller, B. (2022) *Load analysis for the development of a bonded edge seal for fluid-filled insulating glazing*. In: *The eighth international conference on structural engineering, mechanics and computation*. Kapstadt, Südafrika.

[7] ETAG 002-1 (1999) Teil 1: *Gestützte und ungestützte Systeme Leitlinie für die Europäische Technische Zulassung für Geklebte Glaskonstruktionen* (Structural Sealant Glazing Systems – SSGS).

[8] Aßmus, E. (2019) *Klebverbindungen in flüssigen Medien für den konstruktiven Glasbau*. [Dissertation]. Dresden: Technische Universität Dresden.

[9] Weller, B.; Kothe, C.; Wünsch, J. (2011) *Determination of Curing for Transparent Epoxy Resin Adhesives*. Tampere: Glass Performance Days.

[10] Brockmann, W. et al. (2005) *Klebtechnik: Klebstoffe, Anwendungen und Verfahren*. Weinheim: Wiley-VCH Verlag GmbH & Co. KGaA.

[11] Pröbster, M. (2013) *Elastisch kleben: aus der Praxis für die Praxis*. Wiesbaden: Springer Vieweg.

[12] DIN EN 1991-1-4:2010-12 (2010) *Eurocode 1: Einwirkungen auf Tragwerke – Teil 1-4: Allgemeine Einwirkungen – Windlasten*; Deutsche Fassung EN 1991-1-4:2005+ A1:2010 + AC:2010. https://dx.doi.org/10.31030/1625598

[13] DIN 18008-4: 2013-07 (2013) *Glas im Bauwesen – Bemessungs- und Konstruktionsregeln – Teil 4: Zusatzanforderungen an absturzsichernde Verglasungen*. Berlin: Beuth.

[14] Kolbe, J. (2017) *Die Alterung von Klebungen – ein Überblick* in: *adhäsion KLEBEN & DICHTEN*. Springer. S. 26–29. https://doi.org/10.1007/s35145-017-0010-1

[15] Joachim, A.; Glogowski, M.; Kothe, C.; Nicklisch, F.; Weller, B. (2021) *Leak test for the material selection of a bonded edge seal for fluid-filled façade elements* in: *International Journal of Adhesion and Adhesives (IJAA)*. Volume 113. https://doi.org/10.1016/j.ijadhadh.2021.103082

[16] Joachim, A.; Nicklisch, F.; Freund, A.; Weller, B. (2022) *Examination of the Load-Bearing Behavior of a Bonded Edge Seal for Fluid-Filled Insulating Glass Units* in: *Challenging Glass Conference Proceedings, Volume 8*. Ghent University.

Ein Verfahren zum Nachweis von thermisch vorgespannten Vakuumisolierglas-Hybriden

Isabell Schulz[1], Mascha Baitinger[2], Tommaso Baudone[2], Franz Paschke[1], Miriam Schuster[1], Matthias Seel[1]

[1] TU Darmstadt, Fachbereich Bau- und Umweltingenieurwesen, Institut für Statik und Konstruktion (ISM+D), Glaskompetenzzentrum (GCC), Franziska-Braun-Straße 3, 64287 Darmstadt, Deutschland; schulz@ismd.tu-darmstadt.de; paschke@ismd.tu-darmstadt.de; schuster@ismd.tu-darmstadt.de; matthias_martin.seel@tu-darmstadt.de
[2] Verrotec GmbH, Im Niedergarten 12, 55124 Mainz, Deutschland; mascha.baitinger@verrotec.de; baudone@verrotec.de

Abstract

Vakuumisolierglas (VIG) verknüpft einen schlanken Fensteraufbau mit hoher Energieeffizienz. Integriert in ein Mehrscheiben-Isolierglas lassen sich U_g-Werte von bis zu 0,3 W/(m²K) erreichen. Obwohl bereits in den 1990ern die ersten VIG-Gläser produziert wurden, existieren weder anerkannte Produktregelungen, noch wurden allgemeingültige Berechnungs- und Bemessungsverfahren aufgestellt. Um ihren Einsatz im Bauwesen dennoch zu ermöglichen, wurde im Rahmen des Forschungsprojektes ‚*Fenster- und Fassadensysteme mit Vakuumisolierglas*' ein Nachweiskonzept zur Erwirkung einer Zustimmung im Einzelfall (ZiE)/vorhabenbezogenen Bauartgenehmigung (vBg) erarbeitet, welches den Verbau einer knapp 200 m² großen VIG-Hybridfassade ermöglichen soll. Im folgenden Artikel wird dieses und die daraus gewonnenen Erkenntnisse beleuchtet.

A design procedure for tempered hybrid vacuum insulating glass (VIG+) units. Vacuum insulating glass (VIG) combines a slim window structure with high energy efficiency. Integrated into a multi-pane insulating glass, U_g-values as low as 0.3 W/(m²K) can be achieved. Although the first VIGs were produced as early as the 1990 s, no accepted product regulations nor universally applicable design procedures have been developed. In order to enable their use, however, a design concept for achieving a project related approval was developed within the framework of the research project '*Window and Façade Systems with Vacuum Insulating Glass*', which shall enable the installation of a VIG hybrid facade measuring approx. 200 m². In this paper, the concept and the insights gained from it will be dealt with.

Glasbau 2023. Herausgegeben von Bernhard Weller, Silke Tasche. https://doi.org/10.1002/9783433611739.ch21
© 2023 Ernst & Sohn GmbH. Published 2023 by Ernst & Sohn GmbH.

Schlagwörter: *Vakuumisolierglas (VIG), Hybridsysteme, Mehrscheiben-Isolierglas (MIG), Bemessungskonzept, Zustimmung im Einzelfall (ZiE), vorhabenbezogene Bauartgenehmigung (vBg)*

Keywords: *vacuum insulating glass (VIG), hybrid systems, insulated glazing units (IGU), design concept, project-related approval, project-related construction permit*

1 Einleitung

Transparente Fassaden und Fenster gehören zu den wichtigsten Bauelementen in der Architektur, mit denen Energie eingespart und Sonnenenergie genutzt werden kann. Zentraler Bestandteil der Fenster und Fassaden ist mit einem Flächenanteil von bis zu ca. 90 % Glas. Benötigt werden „schlanke" Rahmen, die trotzdem einen U_w-Wert von möglichst 0,6 W/(m²K) sicherstellen, und hochwärmedämmende und gleichzeitig „schlanke" Gläser mit einem U_g-Wert von 0,3 W/(m²K). Das seit November 2020 geltende Gebäudeenergiegesetz (GEG) führt dazu, dass im Neubau die Anforderungen an Fenster- und Fassadesysteme nur noch mit Vierfach-Isoliergläsern realisiert werden können. Mit dem jetzigen Standard von Dreifach-Isoliergläsern müssten die transparenten Gebäudeflächen reduziert werden, damit die Vorgaben des GEG eingehalten werden können [11]. Das entspricht nicht den Vorstellungen von Architekten, Planern und Nutzern, insbesondere unter Berücksichtigung der Tageslichtnutzung. Um den Einsatz dicker und gleichzeitig schwerer Vierfach-Isoliergläser zu vermeiden, bieten sogenannte Vakuumisolierglas-Hybridsysteme (VIG+) eine Alternative. Sie integrieren die Vakuumisolierglas-Technologie in typische Mehrscheiben-Isoliergläser, was die Energieeffizienz steigert, ohne gleichzeitig einen schlanken Fensteraufbau einzubüßen. So entstehen energetisch optimierte Glasaufbauten, welche neue Energiestandards ermöglichen.

Die Vakuumisolierglas-Technologie beruht auf der Idee, durch Erzeugung eines ausreichend hohen Unterdrucks (annähernd ein Vakuum) den Wärmetransport (Wärmeleitung und Konvektion) durch die Verglasung zu minimieren [4]. Der zusätzliche Einsatz von low-*e*-Beschichtungen, welche auf den dem vakuumierten Scheibenzwischenraum (SZR) zugewandten Oberflächen angeordnet sind, hemmt außerdem den Energietransport durch Strahlung [4].

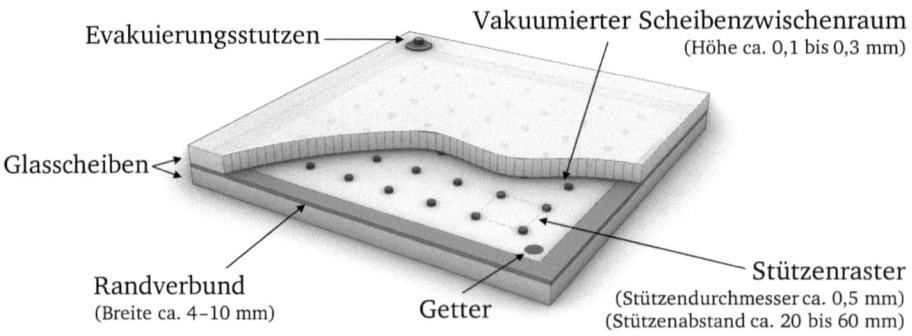

Bild 1 Schematischer Aufbau einer VIG-Scheibe (© Schulz, ISM+D [12])

Ein typischer Aufbau eines VIGs ist in Bild 1 illustriert. In der Regel besteht das VIG aus zwei (oder mehr) Einzelgläsern, zwischen denen der vakuumierter SZR erzeugt wird. Zur dauerhaften Sicherstellung eines Unterdrucks von ca. 10^{-3} Torr (~0,13 Pa) wird ein hermetisch abdichtender Randverbund verbaut, der in der Regel flexibel als metallischer Randverbund oder starr mithilfe eines Glaslotes ausgeführt wird [12]. Zusätzlich wird in einem regelmäßigen Abstand ein Stützenraster im SZR positioniert, das einen gegenseitigen Kontakt der Einzelgläser dauerhaft unterbindet. Die Stützen (im Englischen: pillars) sind typischerweise aus Metall oder Keramik und weisen i. d. R einen Durchmesser von etwa 0,5 mm auf. Die Erzeugung des Unterdrucks wird typischerweise über einen Evakuierungsstutzen ermöglicht [10] (Bild 1). Eine weitere Komponente bildet der sogenannte Getter, welcher der Adsorption flüchtiger Gase im SZR dient und somit zur Aufrechterhaltung eines gasfreien SZRs und damit eines langfristig energieeffizienten Systems beiträgt.

Die Idee der Vakuum-Isolierverglasung (VIG) reicht zurück an den Anfang des 20. Jahrhunderts, als Zoller in der Patentliteratur erstmals über das Evakuieren einer Isolierverglasung schrieb [13]. Seit den 90er Jahren wurde sowohl die Forschung intensiviert als auch erste VIGs industriell produziert. Bis heute existieren für das alternative Isolierglas jedoch keine Bemessungskonzepte und Produktnormen, die den baurechtlich geregelten Einsatz und die Bemessung für Gebäude in Deutschland ermöglichen. Um die Potentiale von VIG in der Praxis zu demonstrieren, wurde im Rahmen des Forschungsprojektes *Fenster- und Fassadensysteme mit Vakuumisolierglas (FFS-VIG)* [11] ein Demonstratorgebäude geplant, dessen Genehmigung derzeit im Rahmen einer Zustimmung im Einzelfall (ZiE) für VIG und VIG+ und einer vorhabenbezogenen Bauartgenehmigung (vBg) für den Einsatz als absturzsichernde Verglasung (Stand September 2022) erarbeitet wird. Das Gesamtziel des Forschungsvorhabens besteht darin, hochwärmedämmende und schlanke Fenster- und Fassadensysteme mit einer hybriden Verglasung bestehend aus Vakuumisolierglas und Vorsatzscheibe (VIG+) zu optimierten Systemen zu entwickeln, diese zu testen und im praktischen Einsatz zu erproben. In Hinblick auf das neue Gebäude-Energie-Gesetz (GEG) schafft FFS-VIG die Voraussetzung, dass im Neubau die Fensterflächen gleichbleiben oder sogar größer ausfallen können [11].

Der vorliegende Artikel thematisiert die Anforderungen und Herausforderungen dieses Verfahrens. Nach einer kurzen Darstellung des Projektes werden die normativen Anforderungen an die untersuchten VIG+-Einheiten und die derzeit existierenden Grenzen aufgeführt, die die Grundlage des im anschließenden Abschnitt vorgestellten Nachweiskonzeptes bildeten. In den darauffolgenden Abschnitten werden auszugsweise die im Verfahren aufgetretenen Herausforderungen und erzielten Versuchsergebnisse vorgestellt. Abschließend folgen eine Zusammenfassung und ein Ausblick.

2 Das Projekt

Das Demonstratorgebäude (Bild 2), für das das hier vorgestellte Nachweisverfahren entwickelt wurde, entstand im Rahmen des oben genannten Forschungsprojektes FFS-VIG (s. [11]).

Bei dem Bauprojekt handelt es sich um ein zweistöckiges Bürogebäude (vgl. Bild 2). Um einen direkten Vergleich der Wärmedämmleistung zu ermöglichen, werden im

Bild 2 Demonstratorgebäude, in Rot markiert: Position der eingesetzten VIG+-Fassade
(© Dipl.-Ing. Hölscher GmbH & Co. KG)

Erdgeschoss (EG) Dreifach-Isolierverglasungen verbaut. Im 1. Obergeschoss (OG) kommen VIG+-Einheiten in Form von Fest- und Flügelverglasungen zum Einsatz. Gekrümmte Sonderelemente werden auch im 1. OG als Standardisolierverglasung ausgeführt und waren nicht Bestandteil der Betrachtung. Um im gesamten Gebäude (EG und OG) einheitliche Fassadenprofile zu verwenden, wurde im Rahmen des Projektes entgegen des bestehenden Potentials entsprechend schlanker Glasaufbauten bei den VIG+-Einheiten ein vergleichsweise tiefer gasgefüllter SZR von 24 mm gewählt. Bei dem verwendeten Pfosten-Riegel-System handelt es sich um ein Standardsystem aus Aluminium. Im Rahmen des Forschungsprojektes werden parallel thermisch und mechanisch optimierte Rahmen entwickelt, welche das Energieeinsparpotential bestmöglich auszureizen versuchen.

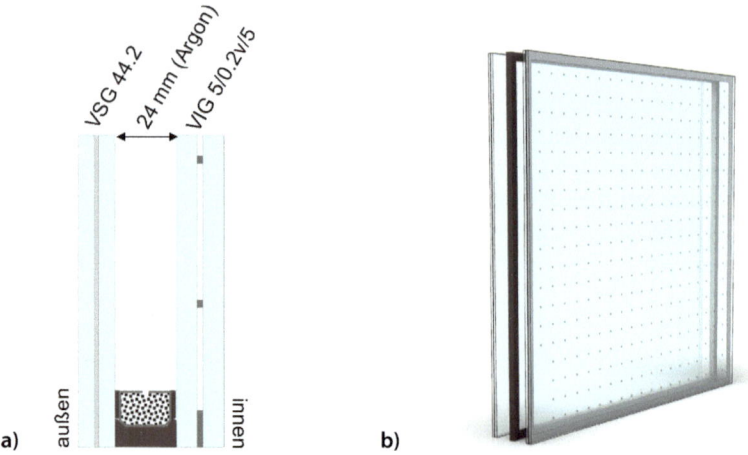

Bild 3 Scheibenaufbau der VIG+-Einheit (© Schulz, ISM+D)

Der Scheibenaufbau (Bild 3) der VIG-Hybrideinheiten resultiert auf der einen Seite aus dem auf Basis einer Marktrecherche im Projekt gewählten VIG-Produzenten sowie aus den Anforderungen, die das Gebäude im Bereich des Arbeitsschutzes (Arbeitsstättenrichtlinie, A1.6, i. V. m. bauordnungsrechtlichen Anforderungen) und der Absturzsicherheit (DIN 18008-4:2013-07 [7]) erfüllen muss. Um den Anforderungen an den Arbeitsschutz sowie aus der relevanten Landesbauordnung gerecht zu werden, wurde ein thermisch vorgespanntes VIG-Produkt gewählt. Es besteht aus zwei 5 mm dicken ESG-Scheiben, zwischen denen ein etwa 0,2 mm großer vakuumierter SZR vorhanden ist. Die Verwendung von thermisch vorgespanntem Glas sowie der relativ dicke Aufbau ermöglichen einen Rasterabstand der Stützen von 55 mm, was in einem U$_g$-Wert des VIGs von 0,4 W/(m2K) resultiert. Zur Sicherstellung der Absturzsicherheit wurde die verwendete Vorsatzschale als Verbundsicherheitsglas aus zwei 4 mm dicken thermisch entspannten Floatglasscheiben und einer 0,76 mm dicken Polyvinylbutyral-Folie (PVB-Folie) ausgeführt. Der Scheibenaufbau ist in Bild 3 schematisch dargestellt. Der Isolierglas-SZR wird mit Argon befüllt. Der so erreichte U_g-Wert der Verglasung liegt bei 0,3 W/(m^{2}K), also etwa halb so hoch wie bei typischen Dreifach-Isolierverglasungen. Die Scheibenaufbauten reichen im Projekt von min. 1,23 m × 0,36 m bis max. 1,23 m × 2,46 m.

3 Normative Anforderungen und Grenzen

Für Vakuum-Isolierglaseinheiten existiert eine ISO-Norm (ISO 19916, Teile 1 [14] & 3 [15]) welche sich jedoch auf die Ermittlung thermischer Kenngrößen (z. B. U-Wert) und der Schallschutzeigenschaften fokussiert. Teil 2, welcher die mechanische Performance von VIG beleuchten soll, ist derzeit noch nicht verfügbar. Derzeit existiert außerdem keine europäisch harmonisierte Produktnorm. Auch liegen für das zur Anwendung kommende VIG und VIG+-System bisher keine Europäische Technische Bewertung (ETA) oder Allgemeine bauaufsichtliche Zulassungen (abZ) vor. Damit handelt es sich bei den im Projekt zur Anwendung kommenden VIG und VIG+ um nicht geregelte Bauprodukte. Die Verwendung ist in Deutschland derzeit erst dann zulässig, wenn eine Produktregelung in Form einer objektbezogenen Zustimmung im Einzelfall (ZiE) erwirkt wird.

Hinzu kommt, dass sowohl Berechnungs- als auch Bemessungsverfahren sowie der Nachweis der ausreichenden Absturzsicherung bisher nicht allgemeingültig erarbeitet und aufgestellt wurden und entsprechende Anwendungsnormen nicht vorliegen. Daraus resultiert, dass für die Anwendung jeweils eine vorhabenbezogene Bauartgenehmigung (vBg) bei der zuständigen Obersten Bauaufsicht zu erwirken ist.

Für die Erwirkung der vorgenannten Verwendbarkeits- bzw. Anwendbarkeitsnachweise gibt es bisher keine Verfahrensanweisungen, auf deren Grundlagen die Konzepte für die Produktnachweise und die Nachweise der Standsicherheit aufgestellt werden können. Daher wurden beim hier beinhalteten Objekt vorerst Nachweiskonzepte erstellt, die im Rahmen der Erwirkung der Verwendbarkeitsnachweise in enger Zusammenarbeit mit der zuständigen Obersten Bauaufsichtsbehörde entwickelt wurden. Das Ziel bestand darin, die Produktanforderungen und Qualitätsprüfungen, bestehend aus Erstprüfung des Produkts sowie werkseigener Produktionskontrolle während der Herstellung, festzulegen. Die Herausforderung bestand unter anderem darin, dass die

Produktion der VIG-Einheiten in einem anderen Werk erfolgte als das spätere Zusammenfügen zu Mehrscheiben-Isolierglaseinheiten (VIG+). Für beide Produkte (VIG und VIG+) war deshalb ein isoliertes Produktnachweisverfahren zu entwickeln, das sich so nah wie möglich an bekannten technischen Regelwerken orientierte.

Für die VIG-Einheiten waren dabei hinsichtlich der Standsicherheit in erster Linie die wesentlichen Produktmerkmale i) Festigkeit des Glases und ii) Bruchbildeigenschaften zu ermitteln, wofür nur sehr bedingt technische Grundlagen vorliegen und vergleichbare Produktnormen nicht existent sind. Zwar wurde zum Zeitpunkt der Projektbearbeitung ein European Assessment Document (EAD) gerade aufgestellt, die Bearbeitung war jedoch zum relevanten Zeitpunkt noch nicht fertiggestellt. Dort, wo technisch möglich, wurden Verfahren in Anlehnung an vorgenanntes EAD (Nr. 300021-00-0404 [16]) konzipiert. Für sämtliche produktspezifischen Eigenschaften waren aufgrund der umfänglichen Anforderungen (u.a. Absturzsicherheit und Arbeitssicherheit) vollständige Nachweisverfahren und Produktanforderungen zu entwickeln. Insbesondere die Erfassung des Einflusses der Stützen auf das Tragverhalten der VIG-Einheit ist komplex. Hinzu kommt, dass eine etwaige Änderung der Festigkeitseigenschaften der Glaseinheiten aus ESG infolge des Vakuumierens bisher nicht allgemeingültig erfasst ist. Die für die Bewertung der Standsicherheit notwendigen Materialeigenschaften waren somit weitgehend unbekannt.

Bei der Formulierung der Produktanforderungen für VIG+ konnte sich vergleichsweise nah an der Produktnorm für Mehrscheiben-Isoliergläser (DIN EN 1279, Teile 1–6) [10] orientiert werden, sodass hierauf im vorliegenden Artikel nicht näher eingegangen wird.

Umfassender wird hingegen auf Berechnungs- und Bemessungsverfahren sowie den Stoßnachweis von VIG bzw. VIG+-Gläser eingegangen. Wie eingangs bereits erwähnt, liegen weder Berechnungs- noch Bemessungsverfahren und Nachweisverfahren zur Bewertung der Absturzsicherheit vor, so dass auf der Grundlage bereits vorhandener Literatur und Normen sowie neuer wissenschaftlicher Erkenntnisse vollständig neue Nachweisverfahren zu erarbeiten waren. Dies betrifft beim statischen Nachweis die Beanspruchung der Glaseinheiten infolge äußerer Einwirkungen (Wind, Holmlast), aber insbesondere auch der aus der VIG+-Einheit zu berücksichtigenden Druckänderungen im Scheibenzwischenraum (sogenannte Klimalasten), die von den Steifigkeitsverhältnissen der beiden Glaspakete (innere VIG-Einheit und äußere VSG-Einheit) abhängig sind. Die Steifigkeit einer VIG-Einheit ist nicht bekannt, so dass auch hierfür umfangreiche Untersuchungen erfolgen mussten und ingenieurtechnische Ansätze abzuleiten waren. Die Beanspruchung der VIG-Einheit bestimmte sich dabei zu einem überwiegenden Anteil aus dem atmosphärischen Druck infolge des vakuumierten SZR.

Für den Nachweis der ausreichenden Absturzsicherung konnte zur Festlegung der Prüfverfahren die Anwendungsnorm DIN 18008-4:2013-07 [7] herangezogen werden.

4 Das Nachweiskonzept

Für den objektspezifischen Einsatz der vorab beschriebenen VIG+ wurde ein auf der sicheren Seite liegendes Nachweiskonzept erarbeitet, bei dem den in Kapitel 3 aufgeführten Fragestellungen hinsichtlich Produkt- und Anwendungsnachweis Rechnung getragen wurde. Der Verwendbarkeitsnachweis gliedert sich in zwei Zustimmungen im

4 Das Nachweiskonzept | 283

Einzelfall (ZiE) für die nicht geregelten Vakuum-Isoliergläser VIG und die daraus gefertigten Hybride (VIG+) sowie eine vorhabenbezogene Bauartgenehmigung (vBg) für die Bemessung und den Nachweis der Absturzsicherheit.

Das erstellte Nachweiskonzept umfasst verfahrensbedingt zwei grundsätzliche Ansätze:

1. Feststellung der Produkteigenschaften und Sicherstellung der Produktqualitäten während der Herstellung (VIG und VIG+) sowie
2. Entwicklung von Anwendungsregeln, die sowohl die Berechnung, die Bemessung und den Nachweis der Stoßsicherheit (Absturzsicherung) umfassen.

4.1 Konzept Produktnachweis von VIG und VIG+

Wie bereits erläutert, handelt es sich bei VIG und VIG+-Gläsern um nicht geregelte Bauprodukte. Es existiert ein europäisches Bewertungsdokument (EAD) im Entwurf, dieses beinhaltet Nachweisformate, die für ein VIG-Produkt aus thermisch entspanntem Floatglas mit einem Glaslot als Randverbund konzipiert wurden. Es kann deshalb nur bedingt auf die hier betrachteten VIGs übertragen werden. VIG+ sind nicht Teil des EADs. Das Nachweisprozedere für das Produkt VIG wird in Anlehnung an das vorgenannte EAD festgelegt und hinsichtlich der zu bewertenden wesentlichen Leistungsmerkmale deutlich erweitert. Das Nachweisprozedere setzt sich primär zusammen aus der Feststellung und Sicherstellung der Produkteigenschaften sowie der Festsetzung der Produktionskontrolle während des laufenden Herstellverfahrens.

Folgende Vorgaben sind in Bezug auf Produktions- und Produktkontrolle zu beachten:

- Der Hersteller hat eine Erstprüfung des Produktes bezogen auf die wesentlichen Leistungsmerkmale durchzuführen (Vakuum im Zwischenraum, Positionierung der Stützen, mechanische Festigkeit, Bruchbildbestimmung).
- Der Hersteller muss eine werkseigene Produktionskontrolle einrichten.
- Alle Prüf- und Überwachungsaufgaben sind im Rahmen der Erstprüfung sowie der werkseigenen Produktionskontrolle sorgfältig und vollständig zu dokumentieren und auszuwerten.

4.2 Bemessungskonzept von VIG und VIG+

Um das wesentliche Merkmal Nutzungssicherheit (Standsicherheit) nachzuweisen, wurden im Rahmen der objektbezogenen Statik der VIG+-Einheiten theoretische Untersuchungen als Kombination numerischer und analytischer Methoden durchgeführt. Die Berechnungen erfolgten dabei unter Heranziehen von Grenzfallbetrachtungen, die im Projektverlauf über Bauteilversuche verifiziert wurden, wobei sowohl a) das Mehrscheiben-Isolierglas als Gesamtpaket als auch b) die VIG-Einheit isoliert betrachtet wurde. Auf die untersuchten Gebrauchstauglichkeitskriterien wird im vorliegenden Artikel nicht eingegangen, da sie für die vorliegenden Randbedingungen eine untergeordnete Rolle spielen.

Die unter a) genannte Modellierung des Mehrscheiben-Isolierglases diente für den Nachweis der äußeren VSG-Einheit. Die äußeren Einwirkungen aus Wind und Holm wurden dabei gemäß den Vorgaben des Eurocodes (DIN EN 1990:2010 [5]) und unter

Berücksichtigung der Klimalasten nach DIN 18008-1:2010 [6] überlagert. Die maßgebenden Lastanteile auf die VSG-Einheit wurden für die beiden Grenzfälle hohe Steifigkeit der Glaspakete („voller Verbund" des VSG bzw. Gesamtdicke des VIG) und geringe Steifigkeit der Glaspakete („ohne Verbund" des VSGs und „Ansatz einer Schicht" des VIG) in allen Steifigkeitskombinationen ermittelt.

Für den unter b) genannten isoliert geführten Nachweis der VIG-Einheit wurde als (rechnerisch bestätigte) maßgebende Beanspruchung der atmosphärische Druck angesetzt, der infolge des Vakuums im Zwischenraum auf die beiden Glasscheiben wirkt, und der mit den äußeren Einwirkungen aus Wind und Holm zu überlagern ist (vgl. [12]). Die Lastanteile, die sich aus dem Kopplungseffekt der Mehrscheiben-Isolierglasscheibe (VIG+) ergeben, wurden für die ungünstigsten Steifigkeitskombinationen der Scheibenpakete abgeleitet (vgl. Abs. 5). In Anlehnung an das Konzept bei der Bemessung von VSG-Scheiben wurde auch für VIG der Ansatz einer Ersatzplattendicke für die Bemessung verfolgt. Da die Bauteilversuche zur Validierung der theoretischen Annahmen parallel zu den Berechnungen stattfanden, wurde zunächst eine Grenzfallbetrachtung vorgenommen: Zur Ermittlung der auf das VIG wirkenden Klimalasten wurde der Grenzfall ‚Ansatz der Gesamtdicke' (Abbildung des VIG als ‚Monoglas' mit $t = 10$ mm) betrachtet, für die Verformungs- und Spannungsermittlung der Grenzfall ‚Ansatz einer Schicht'. Bereits diese konservativen Annahmen führten im vorliegenden Fall zum erfolgreichen Nachweis des Systems (vgl. Abs. 5).

Belastungen von Isoliergläsern (außer Klimalast) infolge ungleichmäßiger Temperaturdifferenzen in Platten- und Scheibenrichtung sind nicht normiert und wurden deshalb einer separaten, ausführlichen Betrachtung unterzogen [4]. Ein Ablaufdiagramm zur Verdeutlichung des objektbezogen angewendeten Nachweisprozederes kann Bild 4 entnommen werden.

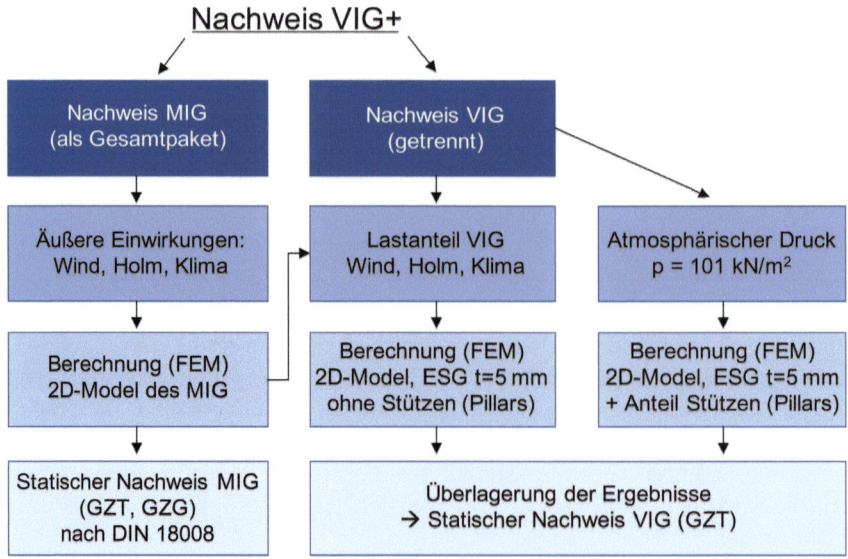

Bild 4 Statischer Nachweis der VIG+-Einheiten als Ablaufdiagramm (© Verrotec)

5 Statische Berechnungen

Für die statische Berechnung der VIG+-Systeme wurde das System in die Komponenten VIG und VIG+ aufgeteilt.

Das Mehrscheiben-Isolierglas mit dem in Bild 3 dargestellten Aufbau wurde wie bereits in Abs. 4.2. beschrieben einer Grenzfallbetrachtung unterzogen und gemäß den relevanten technischen Baubestimmungen statisch untersucht. Die außenliegende VSG-Scheibe (44.2) wird im Isolierglasverbund als objektbezogene vergleichsweise konservative Lösung auf der sicheren Seite liegend mit der Annahme einer nur 5 mm dicken VIG-Scheibe als inneres Scheibenpaket und ohne Ansatz des Verbunds bemessen. Die maßgebenden Ergebnisse der Bemessung sind in Tabelle 1 gegeben. Im Rahmen von genaueren Untersuchungen kann eine deutlich höhere Tragfähigkeit nachgewiesen werden als dies im vorliegenden Projekt erfolgte. Die umgesetzte ingenieurtechnische Lösung genügte im betrachteten Fall allen Projektbeteiligten und führte zu einem erfolgreichen Nachweis.

Tabelle 1 Statischer Nachweis der VSG-Vorsatzschale (maßgebender Fall)

Betrachtete Glasschicht [mm]	Schubverbund	LFK	σ_{Ed} [N/mm²]	σ_{Rd} [N/mm²]	η [-]	NW
außen: VSG 44.2 Float	ohne Verbund	1,05 H 1,50 W_{Sog} 0,90 K_{Sommer}	16,82	34,65	0,49	≤ 1,0 ü

Das VIG wurde mittels detaillierter FE-Modelle für die Beanspruchung aus atmosphärischem Druck und vereinfachten Bemessungsansätzen zur Bewertung der äußeren Einwirkungen bemessen. Dabei wurden die FE-Modelle mittels vorhandener Daten und analytischen Lösungen validiert bzw. verifiziert. Wie in Kapitel 1 beschrieben, wird im SZR des VIGs annähernd ein Vakuum erzeugt. Die Differenz zum Atmosphärendruck ist damit 101 kN/m², was dem charakteristischem Wert der Einwirkung $p_{atm,c}$ entspricht. Diese Einwirkung wurde auf ein detailliertes, in Ansys Workbench erstelltes FE-Modell des VIGs aufgebracht. Um die Sicherheit des Konzeptes und eventuelle Abweichungen der Stützen zu berücksichtigen, wurde im FE-Modell ein Stützenraster von 65 mm statt den planmäßigen 55 mm modelliert. Die Sicherstellung der max. tolerierbaren Stützenabstände war vom Produzenten im Rahmen der prozessbegleitenden Produktionskontrolle sicherzustellen. Die daraus resultierenden Hauptzugspannungen an der Außenfläche des VIGs betragen 31,2 N/mm² (vgl. Tabelle 1), welche mit Ergebnissen aus der Literatur gut übereinstimmen (vgl. [3]). Für die Modellunsicherheit wurde zusätzlich ein Sicherheitsfaktor $\gamma_{atm} = 1,1$ angenommen.

Zu überlagern ist, im Rahmen des gewählten, objektbezogenen Nachweisverfahrens, die maximale Hauptzugspannungen aus atmosphärischem Druck mit der aus den äußeren Einwirkungen aus Wind-, Holm- und Klimalastanteil. Der aus den äußeren Lasten errechnete Designwert der maximalen Hauptzugspannung beträgt $\sigma_{1,W,H,K} = 27,4$ N/mm² (s. Bild 5).

Tabelle 2 Statischer Nachweis der VIG-Einheit (konservativer Ansatz)

Berechneter Glasaufbau [mm]	Einwirkung	σ_{Ed} [N/mm^2]	*$\sigma_{Ed,tot}$ [N/mm^2]	σ_{Rd} [N/mm^2]	η [–]	NW
Mono 5 ESG	Anteil W+H+K aus VIG+	27,40	61,30	80,00	0,77	≤ 1,0 ✓
	atmosphärischer Druck	31,20				

* Im vorliegenden Fall wurde für die Einwirkung des atmosphärischen Drucks ein Sicherheitsfaktor von 1,1 angewendet: $\sigma_{EdW+H+K} + 1{,}1\, \sigma_{Ed,atm}$

Der Bemessungs-Tragwiderstand der thermisch vorgespannten VIG-Scheiben wurde auf der Grundlage der im Rahmen des Forschungsprojektes durchgeführten Untersuchungen objektbezogen mit $\sigma_{Rd} = 80$ N/mm^2 angenommen. Die Annahmen des Tragwiderstandes für thermisch vorgespanntes Glas des untersuchten VIGs und dessen Verifizierung wurde, wie im folgenden Kapitel 6 erläutert, versuchstechnisch durch Biegezugprüfung nach Vierschneiden-Verfahren in Anlehnung an DIN 1288-3:2000-09 näherungsweise ermittelt. Dabei sollte sichergestellt werden, dass der Vorspanngrad der verwendeten thermisch vorgespannten Basisgläser durch den Herstellprozess der VIGs (bei ca. 270 °C) nicht negativ beeinflusst wird. Der 5 %-Quantilwert der charakteristischen Bruchfestigkeit bei einer durchgeführten Testserie mit 7 VIG-Einheiten lag

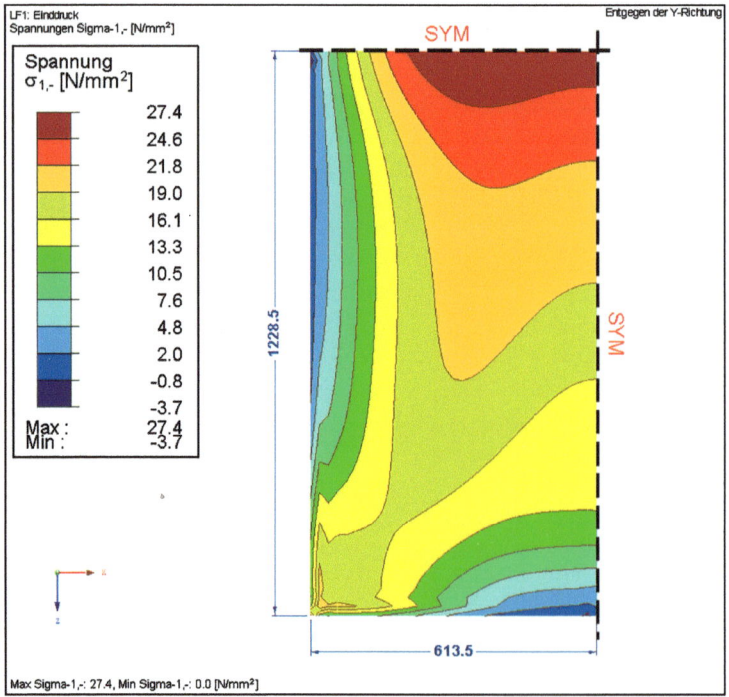

Bild 5 Plot der resultierenden Hauptzugspannungen in einer Scheibe der VIG-Einheit (RFEM) infolge Wind-, Holm- und Klimalast (© Verrotec)

bei 136 N/mm². Auf der sicheren Seite liegend wurde dieser Wert zusätzlich auf den für thermisch vorgespannte Gläser typischen Wert von 120 N/mm² herabgesetzt.

Unter diesen Annahmen ergab sich eine Ausnutzung des VIGs von 0,77 bei kombinierter Einwirkung aus atmosphärischem Druck, Wind-, Holm- und Klimalast und der Nachweis der Tragfähigkeit wurde somit erfolgreich erbracht (Tabelle 2).

An dieser Stelle sei angemerkt, dass die ausschließliche Ermittlung der Bemessungsfestigkeit auf Basis von Vierschneidebiegeversuchen für VIG-Scheiben nur bedingt geeignet ist. Da es sich bei VIGs um komplex zusammenwirkende Verbundaufbauten handelt (insbesondere durch Interaktion im Kontaktbereich zw. Glas und Stützen sowie durch die Schubkopplung über den Randverbund) werden von der Geometrie abhängige Wechselwirkungen (z. B. die Relativverschiebung der Scheiben unter Biegebeanspruchung, die wiederum zu Spannungskonzentrationen im Bereich der Stützen und damit zu einem möglichen früheren Versagen der VIGs führen kann als durch die Vierschneidebiegeprüfung ermittelt) nicht erfasst. Das Risiko dafür wurde für das vorgestellte Projekt jedoch als ausreichend unwahrscheinlich angenommen, da, wie im nachfolgenden Kapitel erläutert, in Flächenbelastungstests für Probekörper in der maßgebenden Originalabmessung deutlich über die im Projekt anzusetzenden Bemessungslasten erreicht werden konnten, ohne dass Versagen auftrat (Faktor > 4, vgl. Abs. 6).

6 Versuchstechnische Nachweise

Für die Ermittlung von Ersatzsteifigkeiten der VIG-Systeme und der Verifizierung der Belastbarkeit wurden Flächenbelastungstests an den VIGs sowie dem gesamten Bauteil (VIG+-System inklusive Rahmenkonstruktion) durchgeführt. Der eigens konstruierte Versuchsstand ist in Bild 6 dargestellt. Zur Ermittlung der ansetzbaren Steifigkeit wurden Dehnungs- und vertikale Verformungsmessungen durchgeführt. Aus Messungen an einer VIG und vier VIG+-Scheiben (Abmessung 1376 × 2476 [mm]) wurde ermittelt, dass sich die VIG im VIG+-System über eine monolithische Glasscheibe mit folgender Ersatzdicke abbilden lässt: 90–95 % der gesamten Dicke t_{VIG} des VIGs (hier t_{VIG}= 5 +

Bild 6 Flächenbelastungsbox mit eingebautem VIG+-System (© Schulz, ISM+D)

Bild 7 Exemplarisches Bruchbild bei Prüfung der VIG in Anlehnung an DIN EN 12150-1:2000-11 [8] (© Paschke, ISM+D)

0,2 + 5 = 10,2 mm) bei Betrachtung der Verformung und >95 % t_{VIG} bei Betrachtung der Spannungen. Die Berechnung beruht auf der Annahme eines vergleichbaren Verformungsverhalten von VIG im Vergleich zu einer monolithischen Glasscheibe.

Außerdem wurde mithilfe des Versuchsstandes, wie bereits in Abs. 5 erwähnt, die Belastbarkeit des VIGs bzw. des VIG+-Systems überprüft. Dazu wurden VIG und VIG+ weit über die maximal anzusetzende Flächenlast belastet. Dabei wurden die Scheiben jeweils mit stufenweiser Steigerung der Last geprüft. Alle Scheiben wurden deutlich über die in der Bemessung anzusetzenden Lasten hinaus bis ca. 8 kPa getestet, wobei bei keiner Scheibe Versagen auftrat.

Weiterhin wurden Bruchbildbestimmungen in Anlehnung an DIN EN 12150-1:2000-11 [8] und wie in Abs. 5 erwähnt die Bestimmung der Biegezugfestigkeit mittels Vierschneiden-Verfahren in Anlehnung an DIN EN 1288-3:2000-09 [9] durchgeführt. Alle getesteten Scheiben wiesen eine Bruchstruktur auf, die den Anforderungen nach DIN EN 12150-1:2000-11 [9] entsprechen (vgl. Bild 7). Die maximale Bruchkraft wurde für alle Proben im Vierschneiden-Verfahren gemittelt und die Biegezugfestigkeit gemäß des in DIN EN 1288-3:2000-09 [8] beschriebenen Verfahrens ausgewertet (vgl. Abs. 5).

7 Nachweis der absturzsichernden Wirkung

Zur Bewertung der absturzsichernden Wirkung der Verglasung wurden die maßgebenden VIG+-Systeme mit Originalunterkonstruktion untersucht. Die Pendelschlagversuche wurden gemäß den Anforderungen der DIN 18008-4:2013-07 [7] durchgeführt. Die zu erzielende Pendelfallhöhe Δh betrug 900 mm, welche für den Nachweis von Verglasungen der Kategorie A nach DIN 18008-4:2013-07 [7] erforderlich ist.

Es wurden alle maßgebenden Pendelanprallstellen gemäß DIN 18008-4 geprüft. Die untersuchten Prüfformate wurden unter Berücksichtigung der im Bauvorhaben angewendeten Scheibenformate festgelegt und umfassten projektablaufbedingt und unter Berücksichtigung vorhandener Flügelelemente die Abmessungen: 400 × 600 [mm^2], 1000 × 1500 [mm^2] und 1376 × 2476 [mm^2].

Bild 8 zeigt exemplarisch das Bruchbild einer der Prüfscheiben (1376 × 2476 [mm^2]). Bei einer Pendelfallhöhe von 900 mm sind beide Einzelscheiben des VIGs gebrochen.

 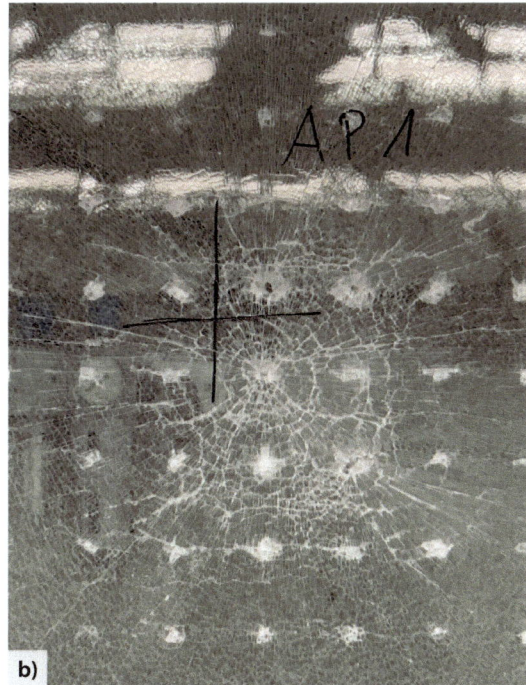

Bild 8 Ergebnis des Pendelschlagversuchs der max. getesteten Abmessung von 1376 × 2476 [mm²], Bruch beider ESG-Scheiben der VIG-Einheit; a) Gesamtansicht; b) Bruchbild im Bereich der Auftreffstelle des Pendelkörpers (© Schulz, ISM+D)

Es stellte sich ein Bruchbild ein, das dem für ESG typischen Bruchbild entspricht. Die Einheiten können normgerecht als Glas mit sicherem Bruchverhalten gewertet werden. Aus dem Bruchbild, Bild 8b, ist deutlich erkennbar, dass der Versagensursprung im Bereich der Abstandhalter lag.

Die äußeren VSG-Einheiten gingen bei der überwiegenden Anzahl der Stoßversuche nicht durch Pendelanprall auf die innere VIG-Einheit zu Bruch. Vereinzelt kam es zum Bruch (mit sicherem Bruchverhalten) der äußeren VSG-Einheit. Der Pendelanprall direkt auf die äußere VSG-Einheit (mit einer Fallhöhe von Δh = 450 mm und zum Teil darüber hinaus mit einer Fallhöhe von Δh = 900 mm), der nach Bruch der inneren VIG-Einheit durchgeführt wurde, bestätigte eine ausreichende Absturzsicherung des Verglasungselementes.

8 Zusammenfassung und Ausblick

Für die Umsetzung der in ein zweistöckiges Bürogebäude integrierten Vakuumisolierglas-Hybrid (VIG+)-Einheiten wurden die bauaufsichtlichen Anforderungen sowie der Stand der Technik der VIG-Technologie studiert, auf ihrer Grundlage ein Bemessungskonzept zur Erwirkung einer ZiE und vBg entwickelt und anhand von numerischen und experimentellen Untersuchungen wertvolle Erkenntnisse im Bereich der Vakuum-

Isolierglastechnologie gesammelt. Die geführten Versuche belegen das Potential der derzeit bereits verfügbaren Produkte. Die konservativ angesetzten Annahmen in der Berechnung demonstrieren, dass weitere Optimierungen möglich sind.

Weitere Untersuchungen zum mechanischen und zum thermomechanischen Verhalten von Vakuumisolierglas werden derzeit im Glass Competence Center (GCC) der TU Darmstadt durchgeführt. Die erzielten Erkenntnisse sollen zum Verständnis der vorhandenen physikalischen Prozesse im VIG beitragen, weitere Optimierungen ermöglichen und letztendlich eine Grundlage für die Integration von VIG-Bemessungsformeln in deutsche und internationale Normen bilden.

9   Danksagung

Das Forschungsprojekt *FFS-VIG*, in dessen Rahmen die thematisierten VIG-Hybridgläser untersucht wurden, wird mit Mitteln aus dem Energieforschungsprogramm "Innovationen für die Energiewende" (BMWK) gefördert. Die Autoren danken für die finanzielle Unterstützung des Forschungsprojekts.

Die gutachterliche Begleitung zur Erwirkung der Zustimmungen im Einzelfall sowie der vorhabenbezogenen Bauartgenehmigung erfolgte durch die Verrotec GmbH, Dr. Mascha Baitinger.

10   Literatur

[1] ASR A1.6 (2012) *Technische Regeln für Arbeitsstätten – Fenster, Oberlichter, lichtdurchlässige Wände, Bundesanstalt für Arbeitsschutz und Arbeitsmedizin.* https://www.baua.de/DE/Angebote/Rechtstexte-und-Technische-Regeln/Regelwerk/ASR/ASR-A1-6.html [Onlinezugriff]

[2] Büttner, B.; Paschke, F.; Stark, C.; Wolfrath, E.; Weinläder, H. (2023) *Hybrides Vakuumisolierglas – Thermische und thermomechanische Charakterisierung* in: Weller, B.; Tasche, S. [Hrsg.] *Glasbau 2023.* Berlin: Ernst und Sohn.

[3] Collins, R.; Fischer-Cripps, A. (1991) *Design of support pillar arrays in flat evacuated windows* in: *Australian Journal of Physics*, 44(5), pp. 545–564.

[4] Collins, R.; Fischer-Cripps, A.; Tang, J. Z. (1992) *Transparent evacuated insulation.* Solar Energy, 49(5), pp. 333–350.

[5] DIN EN 1990 (2010-12-00) *Eurocode – Grundlagen der Tragwerksplanung*; Deutsche Fassung. Berlin: Beuth.

[6] DIN 18008-1 (2010-12-00) *Glas im Bauwesen – Bemessungs- und Konstruktions- regeln – Teil 1: Begriffe und allgemeine Grundlagen.* Berlin: Beuth.

[7] DIN 18008-4 (2013-07-00) *Glas im Bauwesen – Bemessungs- und Konstruktions- regeln – Teil 4: Zusatzanforderungen an Absturzsichernde Verglasungen.* Berlin: Beuth.

[8] DIN EN 12150-1 (2000-11-00) *Glas im Bauwesen – Thermisch vorgespanntes Kalknatron-Einscheiben-Sicherheitsglas – Teil 1: Definition und Beschreibung.* Berlin: Beuth.

[9] DIN EN 1288-3 (2000-09-00) *Glas im Bauwesen – Bestimmung der Biegefestigkeit von Glas – Teil 3: Prüfung von Proben bei zweiseitiger Auflagerung (Vierschneiden-Verfahren);* Berlin: Beuth.

[10] DIN EN 1279-1 bis -6 *Glas im Bauwesen – Mehrscheiben-Isolierglas* – Teil 1–6. Berlin: Beuth.
[11] Glaser, S. et al. (2019) *Fenster- und Fassadensysteme mit Vakuumisolierglas, Vorhabenbeschreibung BMWi Projekt*, Projektträger Jülich, Energieforschungsprogramm der Bundesregierung.
[12] Schulz, I. et al. (2022) *Das mechanische Verhalten von Vakuumisoliergläsern unter Windbelastung*..in: Weller, B.; Tasche, S. [Hrsg.] *Glasbau 2022*. Berlin: Ernst und Sohn, S. 308–321.
[13] Zoller, F. (1924) *Hollow pane of glass*. German patent n. 387655.
[14] ISO 19916-1 (2018) *International Organisation for Standardization, Glass in building – Vacuum Insulating Glass Part 1*: Basic Specification of Products and Evaluation Methods for Thermal and Sound Insulating Performance.
[15] ISO 19916-3 (2021) *International Organisation for Standardization, Glass in building – Vacuum Insulating Glass Part 3:* Test methods for evaluation of performance under temperature differences.
[16] European Assessment Document (EAD) n° 300021-00-0404 Vacuum Insulated Glass units (Pending for citation), Stand 25.10.2022

evguard®

**Die EVA-Laminierfolie
für Sicherheitsglas und dekoratives Verbundglas „Made in Germany"**

- international zertifiziert
  nach relevanten Sicherheitsstandards

- weltweit einzige EVA-Laminierfolie
  mit der deutschen Bauzulassung vom DIBt

- kundenspezifisch mit Spezialfoliendicken,
  Breiten und Farben

a product made by
Folienwerk Wolfen GmbH

Guardianstraße 4
06766 Bitterfeld-Wolfen
Germany

Tel. +49 (0)3494 6979 0
info@folienwerk-wolfen.de
www.evguard.de

DESIGNED,
DEVELOPED
AND MADE
IN GERMANY

Bauphysik

Ernst & Sohn
A Wiley Brand

Seit 40 Jahren ist Bauphysik die einzige deutsche Fachzeitschrift, die alle Einzelgebiete der Bauphysik bündelt. Hier werden jährlich ca. 35 wissenschaftliche Aufsätze und Projektberichte mit interdisziplinärem Hintergrund veröffentlicht und aktuelle technische Entwicklungen vorgestellt. Damit ist die Zeitschrift Spiegel der Forschung in Wissenschaft und Industrie und der Normung, mit starken Impulsen aus der Planungspraxis.

25% RABATT FÜR NEUKUNDEN

6 Ausgaben/Jahr
44. Jahrgang (2023)

Print   ISSN 0171-5445
Online   ISSN 1437-0980

NORMALPREIS
Online + Print   € 504*

ANGEBOTSPREIS
Online + Print   € 378*

BESTELLEN
+49 (0)30 470 31-236
marketing@ernst-und-sohn.de
www.ernst-und-sohn.de/bapi

*alle Preise sind Nettoinlandspreise, zzgl. MwSt., inkl. Versandkosten.

Effekte der Zusatzstoffe auf die Trübung und Alterung von Verbundsicherheitsgläsern

Anton Mordvinkin[1], Sven Henning[2], Michael Wendt[1], Robert Heidrich[1], Nishanth Thavayogarajah[3], Jasmin Weiß[3], Kristin Riedel[3], Steffen Bornemann[3]

[1] Fraunhofer-Center für Silizium-Photovoltaik CSP, Otto-Eißfeldt-Straße 12, 06120 Halle, Germany; anton.mordvinkin@csp.fraunhofer.de; michael.wendt@csp.fraunhofer.de; robert.heidrich@csp.fraunhofer.de

[2] Fraunhofer-Institut für Mikrostruktur von Werkstoffen und Systemen, Walter-Hülse-Straße 1, 06120 Halle, Germany; sven.henning@imws.fraunhofer.de

[3] Folienwerk Wolfen GmbH, Guardianstraße 4, 06766 Bitterfeld-Wolfen; 7nishanth@googlemail.com; jasmin.weiss@folienwerk-wolfen.de; kristin.riedel@folienwerk-wolfen.de; steffen.bornemann@folienwerk-wolfen.de

Abstract

Verbundfolien-Zusatzstoffe werden zur Verlängerung der Lebensdauer daraus hergestellter Verbundsicherheitsgläser (VSG) eingesetzt. Dabei können die Zusatzstoffe die für die Anwendung relevanten Eigenschaften wie Mikrostruktur und Trübung negativ beeinflussen. Um den Einfluss der Zusatzstoffe auf Alterungsverhalten und Produkteigenschaften zu untersuchen, wurde eine Serie von VSG hergestellt, bewittert und charakterisiert. Dafür wurden kommerzielle Folien und selbstextrudierte Folien mit definierter Rezeptur verwendet. Die gewonnenen Ergebnisse zeigen, dass UV-schützende Zusatzstoffe das Kristallisationsverhalten der Folien modifizieren und als Streuungszentren agieren können, was eine Auswirkung auf die Morphologie und Trübung haben kann.

The effect of additives on the haze and aging of laminated safety glasses. Additives for polymer films are employed to extend the lifetime of laminated safety glasses. Increasing the longevity of laminated safety glasses, on the one side, polymer additives can at the same time negatively affect their properties relevant for application such as microstructure and haze. To study the effect of additives on the aging behaviour and product properties in detail, a series of laminated safety glasses was produced, weathered, and characterized. To this end, both commercial and self-extruded films with defined formulations were used. The obtained results point out that UV-light-protecting additives can modify the crystallization behaviour of polymer films and at the same time act as scattering centres, which can affect the morphology and haze.

Schlagwörter: *EVA-Folie, Verbundsicherheitsglas, Zusatzstoffe, Alterung*

Keywords: *EVA film, laminated safety glass, additives, aging*

Glasbau 2023. Herausgegeben von Bernhard Weller, Silke Tasche. https://doi.org/10.1002/9783433611739.ch22
© 2023 Ernst & Sohn GmbH. Published 2023 by Ernst & Sohn GmbH.

1 Einführung

Verbundsicherheitsgläser (VSG) sind weitverbreitet im Bau- und Fahrzeugbereich. Dabei stehen die optischen Eigenschaften (insbesondere Trübung und Transmission) im Vordergrund. Die hochwertigen VSG weisen äußerst niedrige Trübungs- (< 1 %) und hohe Transmissionswerte (> 90 %) auf. Für die Anwendung spielen sowohl die initialen Eigenschaften als auch deren Stabilität im Laufe des Lebenszyklus eine wesentliche Rolle. Die beiden Aspekte lassen sich durch die Wahl einer geeigneten Verbundfolie steuern. Die Folien auf der Basis von Ethylen-Vinyl-Acetat-Copolymer (EVA) haben sich als zuverlässige Kandidaten für VSG erwiesen [1]. Die optischen Eigenschaften werden durch verschiedene Faktoren beeinflusst, welche in Bild 1 zusammengefasst sind. Fast alle gezeigten Faktoren stammen aus der Polymermikrostruktur wie Vinylacetat(VA)-Anteil und Molmasse sowie aus den für die Folienrezeptur verwendeten Zusatzstoffen. Diese beiden Einflussgrößen bestimmen sowohl die strukturellen Eigenschaften der Folie wie die Morphologie und Kristallinität als auch die Folienzuverlässigkeit (chemischer Abbau, Delamination). Da sich der VA-Anteil in modernen EVA-Folien normalerweise in einem schmalen Bereich von 28–33 % bewegt [2, 3, 4], und die Polymermolmasse erwartungsgemäß mehrfach über der Molmasse einer Kettenverschlaufung liegt, wird auf den Einfluss der Polymermikrostruktur hier nicht näher eingegangen. Vielmehr wird der Einfluss der Verbundfolien-Zusatzstoffe auf die optischen Eigenschaften erläutert.

Die Zusatzstoffe werden zur Verbesserung der Polymereigenschaften eingesetzt. Für EVA werden üblicherweise Vernetzer und Vernetzungsbeschleuniger zum Verleihen mechanischer Stabilität, Haftvermittler zum Erhöhen der Haftung am Glas sowie UV-Absorber, UV-Stabilisatoren und Antioxidantien zur Verbesserung der Witterungsstabilität eingesetzt [5]. Die benannten Eigenschaften mögen zwar verbessert, die optischen Eigenschaften können aber beeinträchtigt werden. Wie auch aus Bild 1 ersichtlich ist, ist die Etablierung eines Zusammenhangs zwischen den Zusatzstoffen und den optischen Eigenschaften keine triviale Aufgabe. Die Zusatzstoffe können entweder direkt die optischen Eigenschaften beeinflussen, indem sie als Streuzentren agieren,

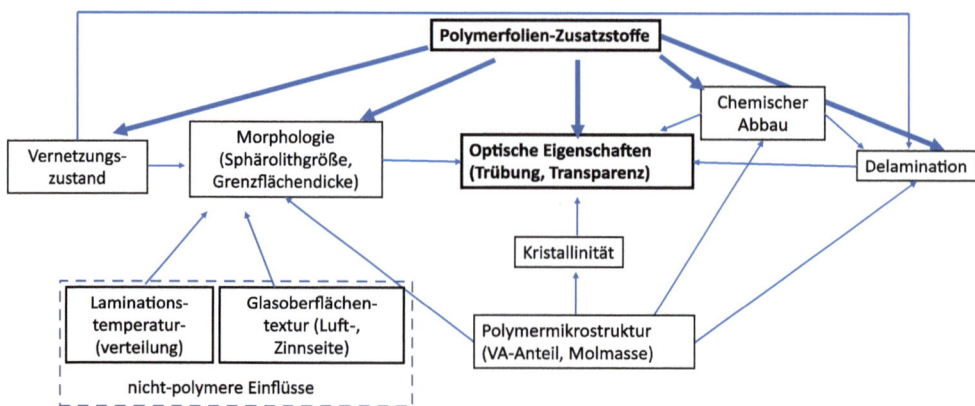

Bild 1 Einflussfaktoren auf die optischen Eigenschaften eines Verbundsicherheitsglases (© Anton Mordvinkin)

oder indirekt, indem sie die Morphologie modifizieren. Letzteres geschieht teilweise über die Änderung des Vernetzungszustandes. Wenn noch die Alterung des VSG zusätzlich betrachtet wird, wird das ganze Bild noch komplizierter, da je nach verwendeten Zusatzstoffen die (Mikro)Delamination und die chemischen Abbauprozesse unterschiedlich ausfallen können.

Um die verschiedenen Einflüsse voneinander getrennt zu untersuchen, wurden vielfältige analytische Methoden herangezogen wie z. B. Pyrolyse-Gaschromatographie-Massenspektrometrie (Py-GC-MS) zur Bestimmung der einzelnen Zusatzstoffe und deren Degradation als Folge von Bewitterung. Rasterelektronmikroskopie (REM) und differenzielle Wärmekalorimetrie (DSC) wurde für die Untersuchung der Morphologie bzw. Kristallisation eingesetzt, während die abgeschwächte Totalreflexion-Fouriertransformation-Infrarot-Spektroskopie (ATR-FT-IR) zur Verfolgung der chemischen Veränderungen in EVA nach Bewitterung diente. Die makroskopischen Eigenschaften wie Vergilbung (in Form des Farbparameters b^*) und Trübung wurden mittels UV-vis-Spektroskopie ermittelt.

Außerdem wurden VSG mit selbstextrudierten Folien mit definierter Rezeptur hergestellt, um den Einfluss einzelner Zusatzstoffe auf die Trübung einschätzen zu können. Dies wird im Abschnitt 2 beschrieben. Im Abschnitt 3 werden anschließend an VSG ermittelte Ergebnisse vorgestellt. Die Prüfkörper wurden auf der Basis verschiedener kommerzieller EVA-Folien gefertigt. Die Ergebnisse stellen sowohl den initialen Zustand als auch den Zustand nach 6000 h Bewitterung gemäß der Norm ANSI Z97 1 dar.

2 Mikrostrukturuntersuchungen der Referenz-Verbundsicherheitsgläser

Es wurden vier Referenz-VSG aus den selbstextrudierten Folien mit bekannten Rezepturen hergestellt. Die Folien in den Laminaten wurden bei 140 °C vollständig vernetzt. Der Aufbau war immer konstant gehalten, sodass die Folien und Glasdicken in allen Fällen gleich waren. Die Rezeptur wurde konstant gehalten, abgesehen von Variation der UV-schützenden Zusatzstoffe (UV-Absorber und UV-Stabilisator). Es wurde entschieden, den Einfluss der UV-schützenden Zusatzstoffe auf die optischen Eigenschaften zu prüfen, weil die Zusatzstoffe mit Schmelzpunkten > 70 °C als feste Partikel in den Folien erscheinen und daher potenziell als Streuzentren agieren können. Die Probenübersicht zeigt Tabelle 1.

Tabelle 1 Übersicht der Referenzglaslaminate mit Angaben zur Rezeptur und Eigenschaften

Referenz-laminat	UV-Absorber	UV-Stabilisator	Trübung T (%)	Mittlerer Sphärolith-durchmesser SD (µm)
R1	+	+	1,30 ± 0,40	3,13
R2	+	−	0,80 ± 0,05	4,79
R3	−	+	1,00 ± 0,07	3,06
R4	−	−	0,90 ± 0,04	4,65

2.1 Trübung und Morphologie

Die Referenz-VSG wurden auf Trübung und Morphologie geprüft. Die Trübung wurde mit einem Hazemeter BYK Haze-gar plus ermittelt. Die Morphologie wurde mittels REM-Mikroskopie und nachfolgend beschriebener Probenvorbereitung untersucht.

Zur Freilegung der im Glaslaminat befindlichen Folienstrukturen wurden bei tiefen Temperaturen Gewaltbrüche erzeugt. Dazu wurden die zu untersuchenden Verbundglas-Abschnitte in flüssigen Stickstoff eingetaucht und fünf Minuten dort belassen, wodurch die im Laminat befindliche Folie unter die Glasübergangstemperatur abgekühlt wurde. Bei anschließend erfolgter Krafteinwirkung konnte so ein Sprödbruch über den gesamten Verbundquerschnitt erreicht werden. Die erzeugten Bruchflächen wurden auf REM-Objektträgern fixiert, mittels leitfähigem Klebstoff (Leit-C) kontaktiert und mit einer leitfähigen Platin-Schicht (5 bis 10 nm) bedampft.

Die Abbildung der Querschnittspräparate erfolgte in einem REM JEOL Quanta 650 ESEM-FEG bei einer Beschleunigungsspannung von 15 kV unter Nutzung des Sekundärelektronensignals. Es wurden Übersichtsaufnahmen über den gesamten Querschnitt des Verbundes sowie Detailaufnahmen bei höheren Vergrößerungen an verschiedenen Positionen (Mitte der Folie, Grenzflächen zum Glas) erstellt. Dabei wurde der Effekt der elektronenstrahlinduzierten Kontrastverstärkung genutzt: Die kugelförmigen, kristallinen Strukturen, sogenannte Sphärolithe, traten nach Elektronenbestrahlung der beobachteten Region deutlicher hervor. Dieser Effekt ist auf die stärkere Schädigung der amorphen Phase des teilkristallinen Gefüges und die dadurch hervorgerufene Ausbildung einer die Struktur des teilkristallinen Gefüges repräsentierenden Topographie zurückzuführen.

Die Bestimmung der mittleren Sphärolithdurchmesser (SD) im jeweilgen Untersuchungsgebiet erfolgte durch manuelle Vermessung aller in der Aufnahme deutlich erkennbaren Sphärolithe (Bildverarbeitungsprogramm Gwyddion 2.61, 10 bis 50 Mes-

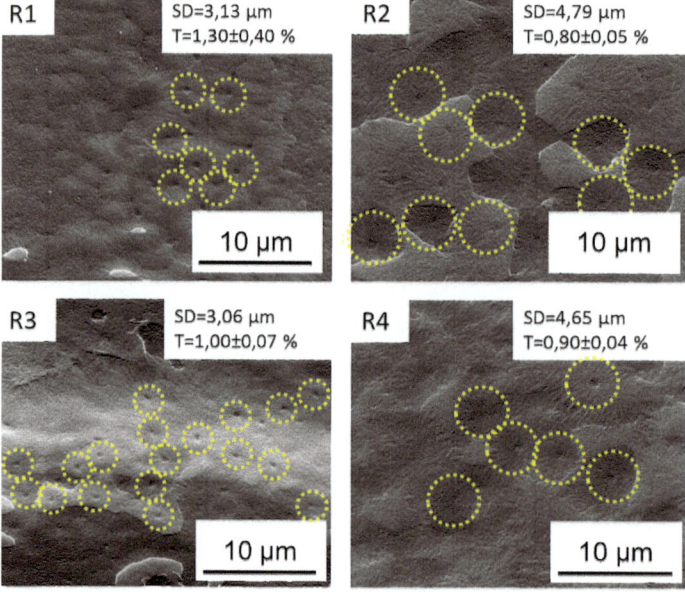

Bild 2 REM-Aufnahmen von den Referenz-VSG mit definierter Rezeptur. Sphärolithe sind mit den gelben Kreisen beispielhaft gekennzeichnet (© Sven Henning)

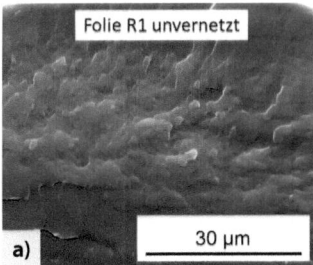 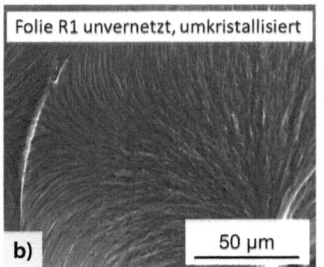 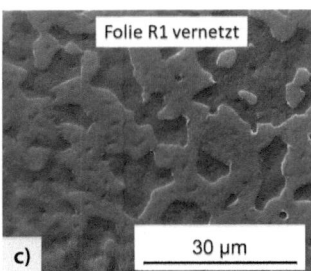

Bild 3 REM-Aufnahmen der Querschnitt der Folie, verwendet für das Referenzglaslaminat R1. a) im unvernetzten Zustand; b) unvernetzt, aufgeschmolzen und abgekühlt; c) im vernetzten Zustand (© Sven Henning)

sungen pro REM-Aufnahme). Die auf solche Weise gewonnenen REM-Aufnahmen sind in Bild 2 zu finden. Man sieht Nukleierungszentren in der Mitte der Sphärolithe (insbesondere in den Proben R1–R3), welche zur heterogenen Nukleierung bei der Kristallisation beitragen können.

Die ermittelten Werte der Trübung und Sphärolithgröße sind ebenfalls in Tabelle 1 zu finden. Es ist auffällig, dass die Trübung in VSG mit UV-Stabilisator erhöht ist. Außerdem ist es ersichtlich, dass die Sphärolithe in diesen Folien (mit UV-Stabilisator) tendenziell kleiner sind. Dies schlägt sich in einer größeren Sphärolithanzahl und unterschiedlichen Sphärolithorientierungen per Folienquerschnitt nieder. Daraus resultiert mehr Lichtstreuung, was zur beobachteten erhöhten Trübung in den Proben R1 und R3 führt. Um mehr Einblicke in das Wachstum der Sphärolithe zu erhalten, wird im Abschnitt 2.2 das Kristallisationsverhalten eruiert.

Der Einfluss des Vernetzungszustandes auf die Morphologie wurde ebenfalls untersucht (Bild 3). Hierfür wurden die REM-Aufnahmen einer Folie von Rezeptur R1 im unvernetzten und vernetzen Zustand gemacht. Für eine vergleichbare thermische Vorgeschichte wurde die unvernetzte Folie bei 90 °C aufgeschmolzen und dann bei Raumtemperatur abgekühlt. Auf den Aufnahmen ist zu sehen, dass sich die charakteristischen sphärolitischen Strukturen nur im vernetzten Zustand bilden.

Des Weiteren ist es wichtig zu erwähnen, dass die Struktur der Folien in allen untersuchten VSG deutliche Heterogenitäten aufweisen kann. Dies kann aus den Heterogenitäten der Glasoberflächentextur und Temperaturgradienten über die Laminatsfläche und -dicke während der Lamination herrühren. Die beobachteten Heterogenitäten sind in Bild 4 schematisch dargestellt und nachfolgend aufgeführt:

1) Modifizierte Struktur des teilkristallinen Gefüges an einer oder an beiden Grenzflächen: Teilweise wird ein von den Glasoberflächen ausgehendes, gerichtetes Wachstum der Kristallite beobachtet. Diese Grenzschichten können einige µm dick sein. Zum Folieninneren erfolgt ein abrupter oder allmählicher Übergang zum regulären sphärolithischen Gefüge. Das Auftreten solcher Schichten mit gerichteter Kristallisation und deren Dicke kann innerhalb eines Präparates variieren.

2) Es werden Variationen der Sphärolithgröße über den Querschnitt beobachtet (Gradienten). In einigen Präparaten wurde zudem eine deutliche Variation der Sphärolithgrößen in verschiedenen Bereichen eines Präparates festgestellt.

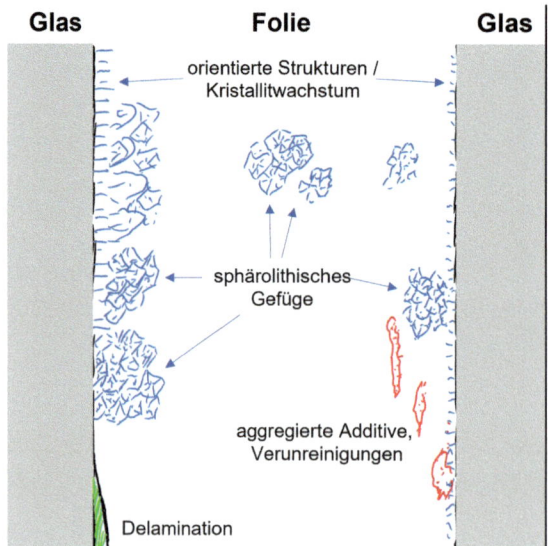

Bild 4 Schematische Darstellung der heterogenen VSG-Morphologie über den Folienquerschnitt eines typischen VSG (© Sven Henning)

3) Es werden innerhalb eines Präparates Bereiche mit höheren und geringeren Konzentrationen an Additiven festgestellt. In einigen Fällen traten größere, schlierenförmige Agglomerate auf. In einigen Fällen wurden Verunreinigungen in den Grenzflächen gefunden.

4) Bei einigen Präparaten bzw. in begrenzten Abschnitten bestimmter Präparate wurde eine wahrscheinlich durch den Sprödbruch bei tiefen Temperaturen herbeigeführte Delamination zwischen Glas und Folie beobachtet.

5) An den Grenzflächen zwischen Glas und Folie wurden vereinzelt Poren mit bis zu 1 µm Durchmesser beobachtet.

2.2 Korrelation zwischen Kristallisationsverhalten, Morphologie und Trübung

Das Kristallisationsverhalten von Folien, verwendet für R1–R4, wurde mittels DSC untersucht. Die Messungen wurden am NETZSCH DSC 204 F1 PHOENIX durchgeführt. Die Proben wurden zuerst bis auf 210 °C aufgeheizt und dann bis zu −20 °C abgekühlt. Die Heiz- und Kühlraten betrugen 20 K/min. Die Kristallinität, ermittelt aus den Schmelzkurven beim Heizlauf, betrug ca. 15 % für alle Folien. Bild 5 zeigt den Kristallisationsvorgang für alle Folien. Die Kristallisation erfolgt zwischen 45 und 7,5 °C mit dem Peak bei ca. 38 °C. Auf den ersten Blick können aus den Daten keine großen Unterschiede zwischen den Proben erkannt werden. Daher wurde eine vertiefte Datenanalyse durchgeführt.

Die Kristallisationspeaks wurden integriert und normiert, während die Temperatur in die Zeit-Achse umgewandelt wurde. Daraus resultiert ein zeitlicher Verlauf der sogenannten relativen Kristallinität, mit welcher die Untersuchung der Kristallisationskinetik möglich wird (Bild 6a). Die Linearisierung der kinetischen Daten in der Form eines Avrami-Plots bringt ebenfalls neue Erkenntnisse mit sich (Bild 6b). Die Steigungen (n_1, n_2) der linearisierten Daten geben Auskunft über den Kristallisations-

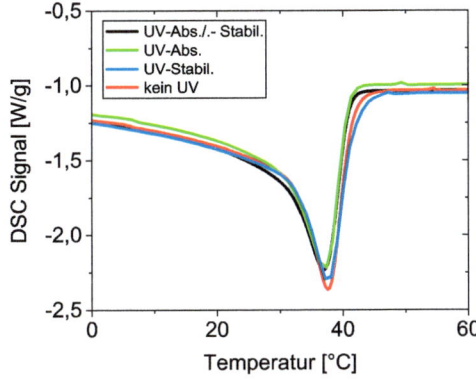

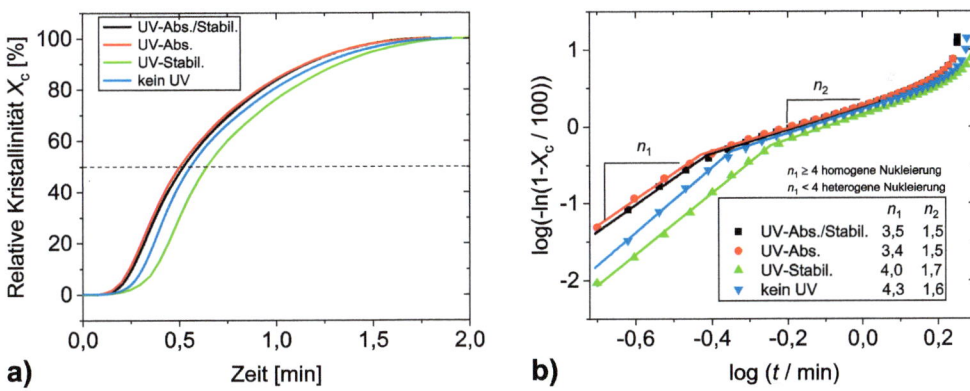

Bild 5 Mit DSC verfolgter Kristallisationsvorgang von Folien mit definierter Rezeptur, wie gezeigt in der Legende (© Anton Mordvinkin)

Bild 6 a) Kristallisationskinetik der Folien mit definierter Rezeptur aus den Referenzglaslaminaten R1–R4; b) Avrami-Plot der Daten, gezeigt in (a) (© Anton Mordvinkin)

mechanismus. Die erste Steigung n_1 entspricht der Kristallisation im freien Raum, wenn wachsende Sphärolithe unbeschränkt wachsen können. Die zweite Steigung n_2 wiederum entspricht der Kristallisation unter den beschränkten Bedingungen, nachdem die benachbarten Sphärolithe zusammengestoßen sind. Höhere Steigungen bedeuten entweder, dass die Kristallisation über die homogene Nukleierung ohne fremde Partikel stattfindet oder dass das Sphätolithenwachstum mehr Freiheitsgrade aufweist (z. B. n = 2, 3, 4 für 1D-, 2D- bzw. 3D-Wachstum mit homogener Nukleierung und 1, 2, 3 für die entsprechenden Wachstumsgeometrien mit heterogener Nukleierung). Da in diesem Fall alle Folien ähnliche Rezepturen haben (UV-Zusatzstoffe haben weniger als 1 % Massenanteil), welche die Wachstumsfreiheitsgrade nicht beeinflussen sollten, werden die Unterschiede den unterschiedlichen Nukleierungsarten zugeschrieben [6, 7, 8].

Die vertiefte Analyse zeigt, dass die Folien mit UV-Absorber etwas schneller kristallisieren als die Folien ohne UV-Zusatzstoffe oder nur mit UV-Stabilisator, jedoch scheint der Unterschied nicht signifikant zu sein. Außerdem sieht man, dass die Kristallisation, welche anfangs im 3D- und ab ca. 0,5 min im 1D-/2D-Modus verläuft, von den Folien mit UV-Absorber über heterogene Nukleierung initiiert wird. Die Folie mit

UV-Stabilisator zeigt ebenfalls Merkmale heterogener Nukleierung im Vergleich zur Folie ohne UV-Zusatzstoffe. Somit kann man schlussfolgern, dass die UV-Zusatzstoffe die Kristallisation modifizieren, indem sie als Nukleationskeime agieren können.

Wenn man nun die Daten der Trübung, Morphologie und Kristallisation miteinander korreliert, wird ersichtlich, dass die Streuung durch den UV-Stabilisator einen größeren Einfluss auf die Trübung hat als dessen Einfluss auf die Kristallisation (sowohl Kinetik als auch Mechanismus).

3 Mikrostrukturuntersuchungen der Verbundsicherheitsgläser mit kommerziellen Folien

3.1 Ermittlung der Zusatzstoff-Zusammensetzung

Es wurden fünf VSG auf der Basis verschiedener kommerzieller Folien gefertigt (L1–L5). Die Folien in den Laminaten wurden bei 140 °C vollständig vernetzt. Der Aufbau wurde immer konstant gehalten, so dass die Folien und Glasdicken in allen Fällen gleich

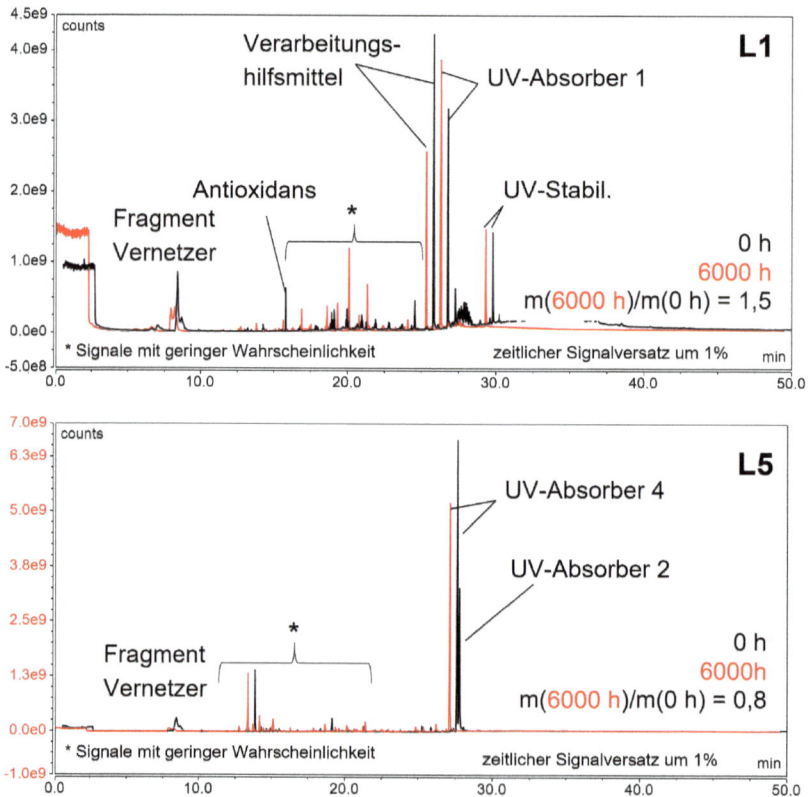

Bild 7 Gaschromatogramme von den Glaslaminaten L1 und L5; die schwarze Kurve zeigt die Daten vor der Bewitterung, während die rote Kurve die Daten nach 6000 h Bewitterung zeigt; für eine bessere Vergleichbarkeit der Intensitäten ist das Verhältnis der verwendeten Probenmassen unten rechts angegeben

waren. Wie im Abschnitt 2.2 gezeigt wurde, können kleine Konzentrationen an Zusatzstoffen das Kristallisationsverhalten modifizieren und die Trübung beeinflussen. Daher ist das Wissen um die Zusatzstoff-Zusammensetzung von primärer Bedeutung. Die Zusatzstoff-Zusammensetzung wurde in allen Folien mittels Py-GC-MS ermittelt. Die thermische Desorption bei 300 °C ermöglichte, alle relevanten Zusatzstoffe zu extrahieren. Die repräsentativen Chromatogramme sind in Bild 7 und die Übersicht aller ermittelten Zusammensetzungen von den Glaslaminaten L1 bis L5 in Tabelle 2 zu sehen. Man sieht, dass vier unterschiedliche UV-Absorber in den untersuchten Folien verwendet wurden. Außerdem enthalten zwei Folien kein Antioxidans und/oder keinen UV-Stabilisator. Weitere Informationen zu den Folgen der Alterung werden im Abschnitt 3.3 diskutiert.

Tabelle 2 Ermittelte Zusatzstoff-Zusammensetzungen in den Folien der Glaslaminate L1–L5 vor und nach der Bewitterung.

Zusatzstoff Laminat	L1	L2	L3	L4	L5
Alterungseffekt	–	b^* ↑	b^* ↑ T ↑↑	T ↑↑	b^* ↑↑ T ↑↑
UV-Abs. 1 Nach Bewitterung	+ ↓	+ ↓	– –	– –	– –
UV-Abs. 2 Nach Bewitterung	– –	– –	+ –	– –	+ –
UV-Abs. 3 Nach Bewitterung	– –	– –	+ ↓	– –	– –
UV-Abs. 4 Nach Bewitterung	– –	– –	– –	+ +	+ +
UV-Stabil. Nach Bewitterung	+ ↓	+ ↓	+ ↓	– –	– –
Antioxidans Nach Bewitterung	+ –	+ –	– –	+ –	– –

+: vorhanden, –: nicht vorhanden, ↓: Zusatzstoffkonzentration sinkt; ↑: Parameter steigt, ↑↑: Parameter steigt signifikant. b^* ist ein Gelbfarbparameter, T ist Trübung.

3.2 Morphologie und Trübung

Die Morphologie der Verbundfolie in den VSG L1–L5 wurde mittels REM ermittelt (Bild 8a). Es ist zu sehen, dass die Sphärolithdurchmesser (SD) für die gezeigten VSG L1, L3 und L5 unterschiedliche Werte annehmen, welche allein allerdings die unterschiedlichen Trübungswerte nicht erklären können. Somit sollten auch andere Effekte wie z. B. Lichtstreuung an den Zusatzstoffen eine wichtige Rolle spielen. Wegen des Zusammenspiels zwischen der durch die Zusatzstoffe modifizierten Morphologie und der Lichtstreuung an den Zusatzstoffen sollte dabei das gesamte Zusatzstoffpaket betrachtet werden.

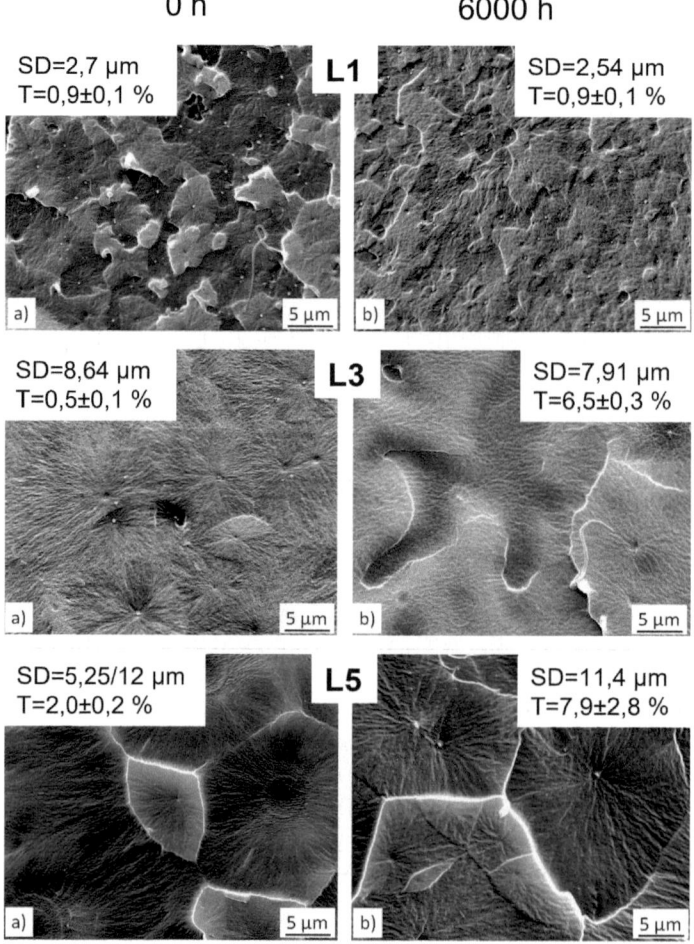

Bild 8 REM-Aufnahmen von den Verbundsicherheitsgläsern L1 (oben), L3 (mittig) und L5 (unten); a) im initialen Zustand, b) nach 6000 h Bewitterung; die gemessenen Werte der Sphärolithgröße (SD) und Trübung (T) sind angegeben (© Sven Henning)

3.3 Untersuchung des Alterungsverhaltens

Die VSG L1–L5 wurden beschleunigt gealtert, um die Haltbarkeit der optischen Eigenschaften gegenüber Umgebungsfaktoren (erhöhte Temperatur, UV-Bestrahlung, Feuchtigkeit, Beregnung) zu prüfen. Die Bewitterung erfolgte in einem UV-Weatherometer Atlas Xenotest 440 nach der Norm ANSI Z97 1-2009E unter folgenden Bedingungen:

- Xenon-Bestrahlung nach ASTM G155: $41,5 \pm 2,5$ W/m² (300–400 nm)
- Zyklus: 102 Min UV-Bestrahlung, 18 Min UV-Bestrahlung + Beregnung
- Schwarztafeltemperatur: $63 \pm 2\,°C$
- Relative Feuchtigkeit: $50 \pm 5\,\%$
- Dauer: 6000 h (= 2 Jahre Südflorida)

Visuelle Veränderungen umfassten Trübung, Folienverfärbung und -delamination (Bild 9). Die initialen und bewitterten Proben wurden mittels REM, Py-GC-MS und ATR-FT-IR untersucht, um die Änderungen der Morphologie bzw. chemische Abbau-

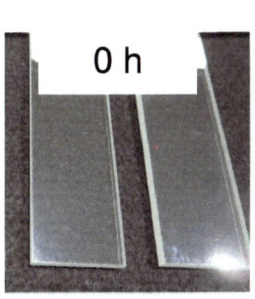 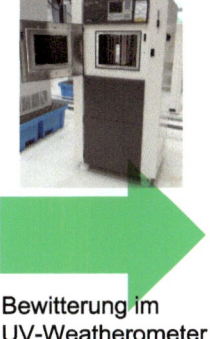 

Bild 9 Visuelle Veränderungen nach 6000 h Bewitterung im UV-Weatherometer (© Steffen Bornemann, Anton Mordvinkin)

prozesse in Zusatzstoffen und EVA zu verfolgen. Die Vergilbung wurde in Form vom Farbparameter b^* am Konica Minolta Spectrophotometer CM-700D gemessen. Übersicht der Alterungseffekte ist in Tabelle 2 angeführt.

3.3.1 Verfolgung der Morphologie und Trübung

Die REM-Aufnahmen der bewitterten VSG, verglichen mit den entsprechenden VSG im initialen Zustand, sind in Bild 8 zu sehen. Auf den Aufnahmen sind keine Veränderungen der Sphärolithgrößen zu sehen. Die Dicke der kristallinen Schicht auf der Grenzfläche zwischen der Folie und Glas wurde auch unverändert gefunden. Dass keine Korrelation zwischen der Trübungsveränderung und morphologischen Struktur gefunden werden kann, sollte zum Teil an der oben genannten, strukturellen Heterogenität der VSG liegen. Die Trübung wird über eine relativ große Fläche ermittelt, sodass verschiedene Effekte gemittelt erfasst werden. Die REM- und DSC-Analyse wiederum können nur einen Teil der Probe lokal abdecken. Deswegen können manche Korrelationen verloren gehen. Darüber hinaus kann die erhöhte Trübung durch Nachkristallisation zwischen den sphärolithischen Bereichen und Mikrodelamination der Folie erklärt werden. Das Tempern einer vernetzten EVA-Folie bei 40 °C für eine Woche hat nachweislich zur Erhöhung der Kristallinität geführt.

3.3.2 Verfolgung der Folienverfärbungen

Die Folienverfärbungen entstehen durch chemische Veränderungen innerhalb des EVAs und der Zusatzstoffe unter dem kombinierten Einfluss von Wärme, Feuchte, Sauerstoff und UV-Bestrahlung. Unter anderem werden die Folienverfärbungen durch Zusatzstoffe beeinflusst, bei deren Abbau (UV-Absorber) hochreaktive freie Radikale entstehen [2]. Die Radikale beschleunigen Abbauprozesse in Polymerketten, welche zur Bildung sogenannter Chromophore führen (in der Form von Carbonylgruppen und/oder konjugierten Doppelbindungen = Polyene). Die Chromophore können das sichtbare Licht im blauen spektralen Bereich absorbieren, was die gelbe Farbe erklärt.

Der Abbau der Zusatzstoffe wurde mittels Py-GC-MS verfolgt (Tabelle 2). In den VSG L3 und L5 wird UV-Absorber 2 nach der Bewitterung vollkommen abgebaut. Dessen Degradation kann daher zur Verfärbung führen. L5 enthält außerdem keinen UV-Stabilisator, der die Abbauprodukte neutralisieren kann, was zur schwerwiegenden Degradation beiträgt. L5 hat tatsächlich die intensivste Verfärbung aufgezeigt (Bild 10).

304 | *Effekte der Zusatzstoffe auf die Trübung und Alterung von Verbundsicherheitsgläsern*

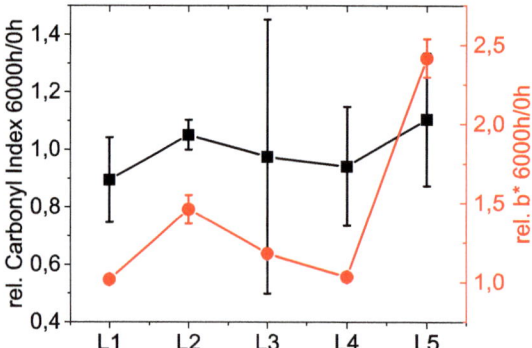

Bild 10 Korrelation von Veränderungen im Carbonylindex CI mit Veränderungen im Farbparameter b* (© Anton Mordvinkin)

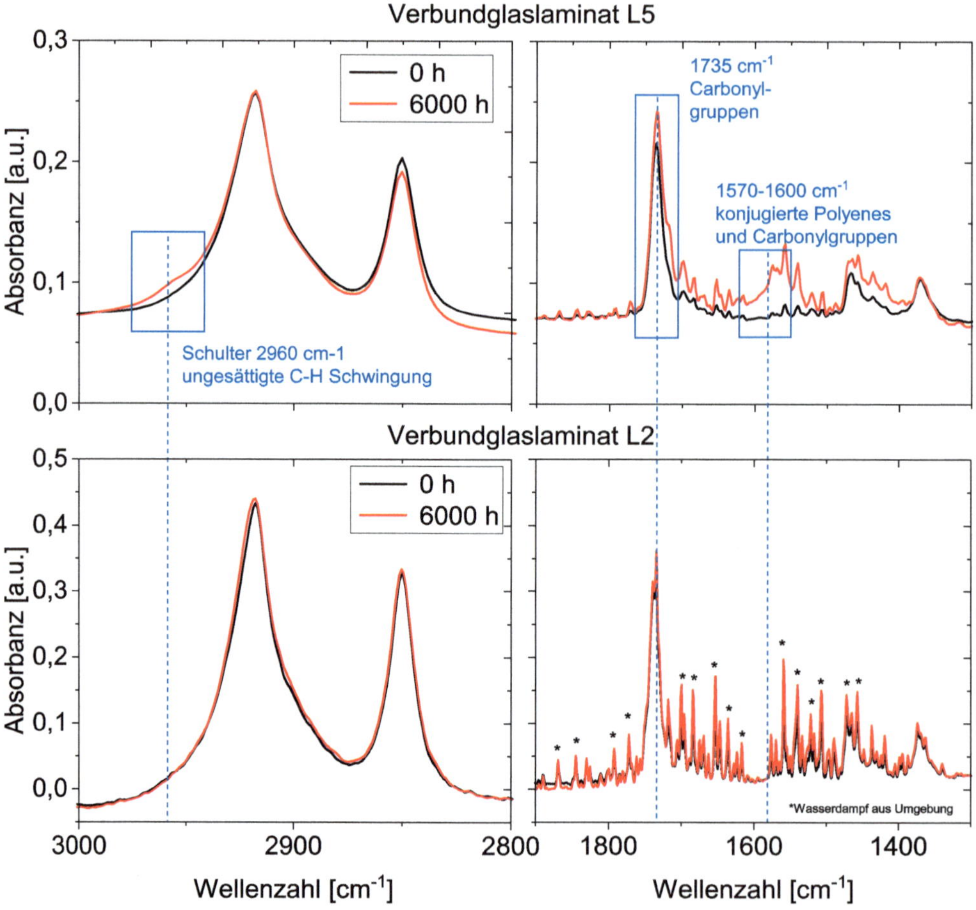

Bild 11 ATR-FT-IR-Spektren vom Glaslaminat L5 (oben) und L2 (unten) (© Anton Mordvinkin)

Darüber hinaus bieten die VSG L1 und L2 einen bemerkenswerten Vergleich. Die VSG verfügen einerseits über die gleiche Zusatzstoff-Zusammensetzung, andererseits vergilbt nur L2 nach der Bewitterung. Der Grund für die beobachtete Vergilbung von L2 ist, dass L2 eine zusätzliche Folie ohne UV-schützende Zusatzstoffe enthält, was zum beschleunigten Abbau in Polymerketten führt.

Die chemischen Folgen der Degradation der Polymerketten wurden mittels ATR-FT-IR untersucht. Der Degradationszustand wird durch Signale der Carbonylgruppen eingeschätzt, welche sich im Laufe der Degradation bilden können. Dafür wird oft in der Literatur der Carbonyl-Index (CI) verwendet [10]. Der CI wird als Signalintegral in Bereich um 1735 cm^{-1} (Streckschwingung der Carbonylgruppe) bezogen auf das Integral im Bereich um 2850 cm^{-1} (symmetrische Streckschwingung der CH_2-Gruppe) definiert. Das letztere Signal dient als interner Standard, um die Intensitätsveränderungen, verursacht durch unterschiedlich starken Kontakt vom ATR-Kristall mit der Probe, zu normieren. In Bild 10 sind die CI nach 6000 h Bewitterung, normiert auf die Werte bei 0 h, gemeinsam mit den entsprechenden Farbparametern b^* dargestellt. Obwohl die Messfehler wegen der heterogenen Zusatzstoff-Verteilung die Korrelation etwas erschweren, ist klar zu erkennen, dass die VSG L2 und L5 mit den höchsten Gelbwerten die größten CI-Werte aufweisen.

Die Ursache für die intensivste Verfärbung der Probe L5 kann in Bild 11 gesehen werden. Dort wird L5 mit L2 verglichen. Man kann sehen, dass L5 Signale im spektralen Bereich 1570–1600 cm^{-1} sowie eine Peakschulter bei ca. 2960 cm^{-1} zeigt, während bei L2 (und auch allen anderen Proben) diese Signale nicht detektiert werden. Die Signale entsprechen konjugierten Polyenen und Carbonylgruppen bzw. ungesättigten C-H-Schwingungen [9]. Diese Chromophore können mehr Licht bei längeren Wellenlängen, im sichtbaren blauen spektralen Bereich, im Vergleich zu Carbonylgruppen absorbieren, was die intensivere Verfärbung von L5 erklärt.

4 Zusammenfassung

Hervorragende optische Eigenschaften (Trübung und Transmission) sind essenziell für die Anwendung der hochwertigen Verbundsicherheitsgläser. Dabei werden sie durch einen nicht-trivialen Zusammenhang zwischen Morphologie, Kristallisation und Zusatzstoff-Zusammensetzung in den Verbundfolien beeinflusst. Um den Zusammenhang besser zu verstehen und den Einfluss verschiedener Faktoren zu entkoppeln, wurden unterschiedliche Verbundsicherheitsgläser auf der Basis von selbstextrudierten und kommerziellen EVA-Verbundfolien mittels umfangreicher analytischer Methoden charakterisiert. Es wurde nachgewiesen, dass die verwendeten Zusatzstoffe eine primäre Rolle für Design und Haltbarkeit optischer Eigenschaften spielen. Für die Prüfung der Haltbarkeit der optischen Eigenschaften wurden die Verbundsicherheitsgläser 6000 h beschleunigter Alterung ausgesetzt.

Somit empfiehlt es sich, Verbundfolien, verwendet als Kern der Verbundsicherheitsgläser, bei jeder Formulierungsanpassung ausführlichen Zuverlässigkeitsprüfungen zu unterziehen. Selbst geringe Änderungen in UV-schützenden Zusatzstoffen können schwerwiegende Folgen für die optischen Eigenschaften und deren Haltbarkeit nach sich ziehen.

5 Danksagung

Das Forschungsprojekt wurde von EU-EFRE (Europäischer Fonds für die regionale Entwicklung) Sachsen-Anhalt (Zuwendungsbescheid Nr. 1904/00064/00065) unterstützt. Die Autoren danken für die Förderung.

6 Literatur

[1] Bornemann, S. et al. (2020) *Verwendbarkeit von Verbundfolien auf Basis von Ethylen-Vinylacetat-Copolymeren (EVA) für die Produktion von Verbundgläsern mittels moderner Laminationstechnologien* in: Weller, B.; Tasche, S. [Hrsg.] Glasbau 2020, Berlin: Ernst & Sohn, S. 377–385.

[2] Pern, F. J. (1997) *Ethylene-Vinyl Acetate (EVA) encapsulants for photovoltaic modules: degradation and discoloration mechanisms and formulation modifications for improved photostability* in: Angewandte Makromolekulare Chemie 252, S. 195–216 (4523).

[3] Sharma, B. K. et al. (2020) *Effect of vinyl acetate content on the photovoltaic-encapsulation performance of ethylene vinyl acetate under accelerated ultra-violet aging* in: J. APPL. POLYM. SCI., DOI: 10.1002/APP.48268.

[4] de Oliveira, M. C. C. et al. (2018) *The causes and effects of degradation of encapsulant ethylene vinyl acetate copolymer (EVA) in crystalline silicon photovoltaic modules: A review* in: Renew. Sustain. Energy Rev. 81, S. 2299–2317.

[5] Czanderna, A. W., Pern, F. J. (1996) *Encapsulation of PV modules using ethylene vinyl-acetate copolymer as a pottant: A critical review* in: Solar Energy Materials and Solar Cells, 43, S. 101–181.

[6] Ma, Y.-l. et al. (2007) *Non-isothermal crystallization kinetics and melting behaviors of nylon 11/tetrapod-shaped ZnO whisker (T-ZnOw) composites* in: Materials Science and Engineering A, S. 460–461, S. 611–618.

[7] Shi, X. M. et al. (2008) *Non-isothermal crystallization and melting of ethylene-vinyl acetate copolymers with different vinyl acetate contents* in: eXPRESS Polymer Letters Vol. 2, No. 9 , S. 623–629.

[8] Jin, J. et al. (2010) *Non-isothermal crystallization kinetics of partially miscible ethylene-vinyl acetate copolymer/low density polyethylene blends* in: eXPRESS Polymer Letters Vol. 4, No. 3, S. 141–152.

[9] Rodriguez-Vasquez, M. et al. (2006) *Degradation and stabilisation of poly(ethylene-stat-vinyl acetate): 1 – Spectroscopic and rheological examination of thermal and thermo-oxidative degradation mechanisms* in: Polymer Degradation and Stability 91, S. 154–164.

[10] Barretta, C. et al. (2021) *Comparison of Degradation Behavior of Newly Developed Encapsulation Materials for Photovoltaic Applications under Different Artificial Ageing Tests* in: Polymers, 13, S. 271–291.

Oberflächendefekte bei Dünnglas unter zyklischer Beanspruchung

Jürgen Neugebauer[1], Katharina Schachner[1]

[1] FH JOANNEUM GmbH, Alte Poststraße 149, 8020 Graz, Österreich; juergen.neugebauer@fh-joanneum.at; katharina.schachner3@fh-joanneum.at

Abstract

Die hohe Flexibilität auf Grund der geringen Dicken von Dünnglas eröffnet neue Möglichkeiten für Öffnungssysteme von zum Beispiel Glashäusern. Das Glas kann im Gegensatz zu einer Starrkörperbewegung beim Öffnen beziehungsweise Schließen verformt werden. Hier stellt sich die Frage einer Festigkeitsminderung durch zyklische Beanspruchungen. Zudem spielt der Einfluss von Oberflächendefekten bei zyklischer Beanspruchung unter dem Ansatz großer Verformungen eine große Rolle. Es gibt eine Vielzahl von Gründen für Glasdefekte, die beginnend bei der Produktion und Montage sowie während der Lebensdauer eines Glaselements auftreten können.

Surface defects in thin glass under cyclic loading. The high flexibility due to the low thickness of thin glass allows new possibilities for opening systems of example greenhouses. In contrast to a rigid-body movement, the glass can be deformed while opening or closing. This raises the question of strength reduction due to cyclic stresses. In addition, the influence of surface defects has an increasing impact in cyclic loading under the approach of large deformations. There are a multitude of reasons for glass defects, which can occur starting with production and assembly as well as during the service life of a glass element.

Schlagwörter: *Dünnglas, Oberflächendefekte, zyklische Beanspruchung*

Keywords: *thin glass, surface defects, cyclic loading*

1 Einführung

Die Belüftung von zum Beispiel Glashäusern beschränkte sich bisher auf herkömmliche Öffnungssysteme mit Starrkörperbewegungen wie etwa Schiebe-, Dreh- und Kippmechanismen. Mit Dünnglas können diese Standardlösungen durch flexiblere Lösungen ersetzt werden. Unter Dünnglas ist ein sehr dünnes Glas mit Dicken kleiner als 2 mm zu verstehen. In Bild 1 sind drei Möglichkeiten für eine Öffnung, wie z. B.

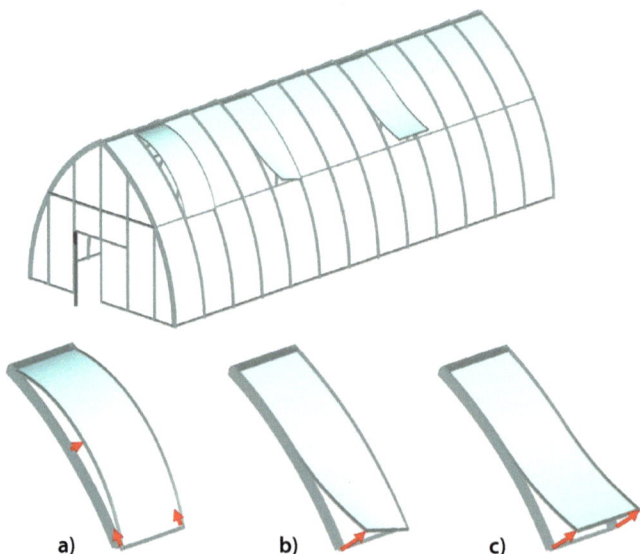

Bild 1 Übersicht möglicher Öffnungssysteme (© J. Neugebauer, FH JOANNEUM)

a) durch Verschieben der Unterkante in der Glasfläche, b) Biegung durch Verdrehen der Unterkante oder c) Biegung durch Verschieben der Unterkante aus der Glasfläche, abgebildet.

Dieses Öffnen und Schließen bedeutet eine zyklische, sich wechselnde Beanspruchung für das Glas. Zudem gibt es auch festigkeitsmindernde Effekte durch Defekte an der Glasoberfläche. Somit stellt sich die Frage einer Festigkeitsminderung von Gläsern mit Oberflächendefekten und einer zyklischen Beanspruchung.

Um diesen Einfluss zu analysieren, wurden Versuchsserien mit chemisch vorgespannten Gläsern im Labor durchgeführt. Für die Versuche wurden Oberflächendefekte reproduzierbar nachgebildet und das Ausmaß der Vorschädigung festgehalten. Der Einfluss der zyklischen Beanspruchung wurde mit einer unterschiedlichen Anzahl von Zyklen untersucht. Um die Auswirkung auf die Festigkeit bestimmen zu können, wird die Biegezugfestigkeit von Glas mit dem Vierschneiden-Biegeversuch ermittelt.

2 Oberflächendefekte

Unter Oberflächendefekten ist eine Schädigung in der Glasoberfläche zu verstehen. Grundsätzlich wird bei Oberflächenbeschädigungen zwischen optischen und mechanisch relevanten Defekten unterschieden.

Diese können durch eine Vielzahl an Möglichkeiten entstehen. Glasdefekte können bereits bei der Produktion, bei der Montage sowie während der Nutzungsphase auftreten. Bei der Betrachtung der gesamten Lebensdauer von den Glaselementen werden für die Versuche drei häufige Arten von Oberflächendefekten näher betrachtet. Als erstes wurden Kratzer, welche durch unsachgemäßes Reinigen in der Glasoberfläche entstehen können, untersucht. Als zweiten Defekt sind Kratzer, die durch ein scharfes und hartes Material entstehen, ausgewählt worden. Ein weiteres Spezialthema für Glashäuser ist die Einwirkung vom Abrieb durch äolischen Transport.

2 Oberflächendefekte

Tabelle 1 Arten und Herstellungsmethoden der Oberflächendefekte

Chemisch vorgespannte Gläser mit Vorschädigung durch Scheuerspuren (4 kg)

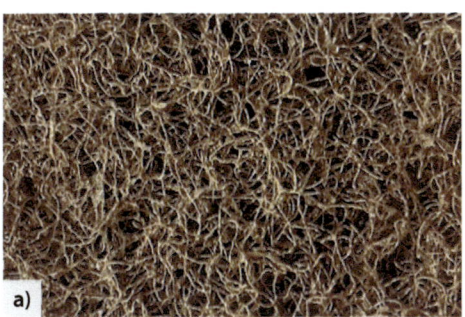 

Bild 2 a) Schwammunterseite; b) Oberflächendefekt durch Scheuerspuren
(© K. Schachner, FH JOANNEUM)

Chemisch vorgespannte Gläser mit Vorschädigung durch Glasschneider (4 kg)

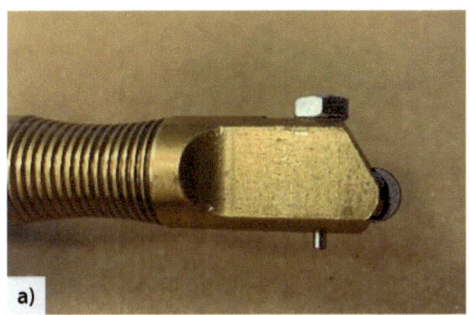 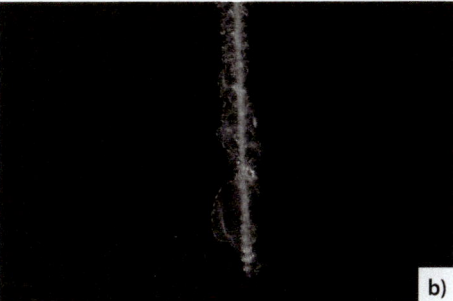

Bild 3 a) Glasschneider; b) Oberflächendefekt durch Glasschneider
(© K. Schachner, FH JOANNEUM)

Chemisch vorgespanntes Glas mit Vorschädigung durch Berieselung mit 3 kg Fein- und Mittelsand aus 3 m Höhe

Bild 4 a) Probemittel Fein- und Mittelsand (0,063–0,63 mm); b) Oberflächendefekte durch Berieselung (© K. Schachner, FH JOANNEUM)

Um möglichst gleichwertige Ergebnisse in den Versuchen erzielen zu können, wird beim Nachbilden der Oberflächendefekte auf die Reproduzierbarkeit geachtet. In der Tabelle 1 werden die Herstellungsmethoden für die Defekte definiert. Zudem werden in Bild 2 bis Bild 4 die Vorschädigungsmittel mit dem zugehörigen Oberflächendefekt dargestellt. Von diesen drei Arten der Oberflächendefekte wurde nur der Einfluss vom Abrieb durch äolischen Transport im Labor mit Hilfe des Sandrieselverfahrens getestet.

3 Versuchsdurchführung

In den nachfolgenden Kapiteln wird der Versuchsablauf, die Nomenklatur und Beschaffenheit der Prüfkörper erläutert. Im Weiteren werden die Prüfverfahren näher beschrieben und die Ergebnisse zusammengefasst.

3.1 Versuchsablauf

Mit den Versuchen wird der Einfluss der zyklischen Beanspruchung mit der Berücksichtigung von Oberflächendefekten auf die Biegefestigkeit von Glas analysiert. Dabei wurden die Versuche an chemisch vorgespannten Gläsern mit 100 mm Breite und 300 mm Länge und einer Glasdicke von 3 mm und 4 mm durchgeführt. Das Ablaufschema wird in Bild 5 erklärt.

Bei der Untersuchung von Glasproben mit Oberflächendefekten sind Alterungseffekte bei der Untersuchung der Biegezugfestigkeit nicht vernachlässigbar. Daher wurden jeweils nach der Vorschädigung und nach dem Zyklentest die Probekörper über einen Zeitraum von sechs Tagen bei einer Temperatur von 24 ± 2 °C und einer relativen Luftfeuchte von 50 ± 10% spannungsfrei gelagert. In Hilcken [1] werden Festigkeitszunahmen bei zunehmender Lagerungsdauer von 20% bis 50% erwähnt. Bei einer spannungsfreien Lagerung und anschließender Wiederbelastung kann es zu einer Änderung der Rissausbreitungsrichtung kommen und somit das Risswachstum verzögern.

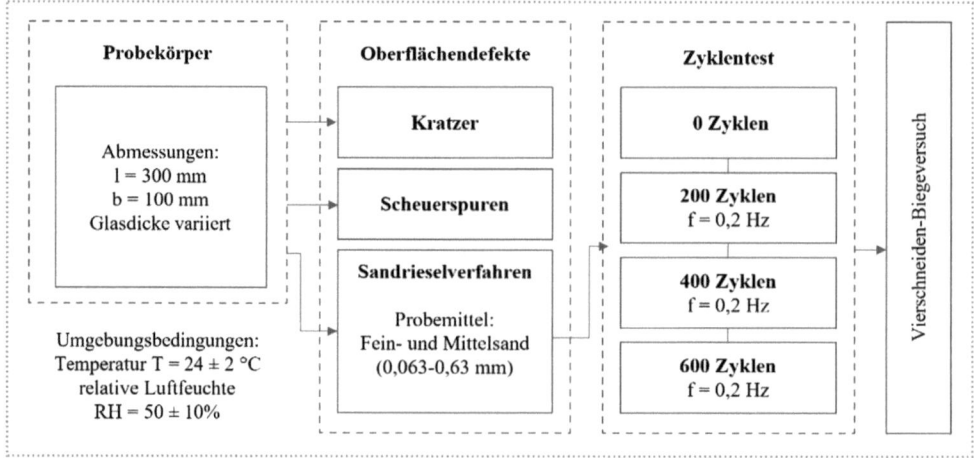

Bild 5 Versuchsablaufschema (© K. Schachner, FH JOANNEUM)

Als Basis für die Untersuchung der Wechselbeanspruchung diente das Öffnen und Schließen der Lüftungselemente. Für die Versuche wurden für einen Zeitraum von zehn Jahren etwa 50 Öffnungs- und Schließzyklen jährlich angenommen. In den Versuchsreihen wurde eine Frequenz von 0,2 Hz definiert.

Für Vergleiche wurde eine Basisversuchsreihe ohne zyklische Beanspruchung getestet. Für die zyklische Beanspruchung wurde die Zyklenanzahl zu 200, 400 und 600 festgelegt. Damit aussagekräftige Ergebnisse erzielt werden können, wurden insgesamt je Zyklenanzahl mindestens fünf Gläser getestet.

3.2 Prüfkörper

Für die Zuordnung der Versuchsergebnisse wird eine Beschriftung der Probekörper definiert. Die Nomenklatur der Probekörper ergibt sich wie beispielsweise in Bild 6 aus fünf aufeinanderfolgenden und durch einen Unterstrich getrennte Zeichen:

- C   chemisch vorgespanntes Glas
- 3   3 mm dickes Glas
-    4   4 mm dickes Glas
- 1   Sandrieselverfahren mit Fein- und Mittelsand
- 0   0 Zyklen
-    1   200 Zyklen
-    2   400 Zyklen
-    3   600 Zyklen
- 01-   fortlaufende Nummerierung

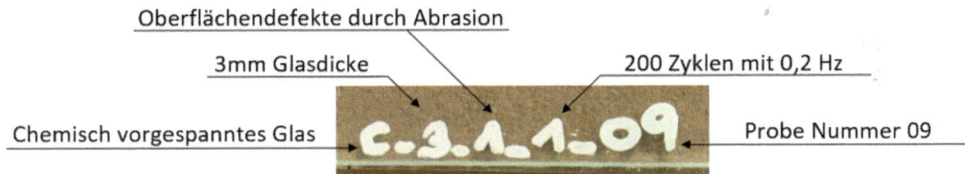

Bild 6 Beispiel einer Probenbeschriftung (© K. Schachner, FH JOANNEUM)

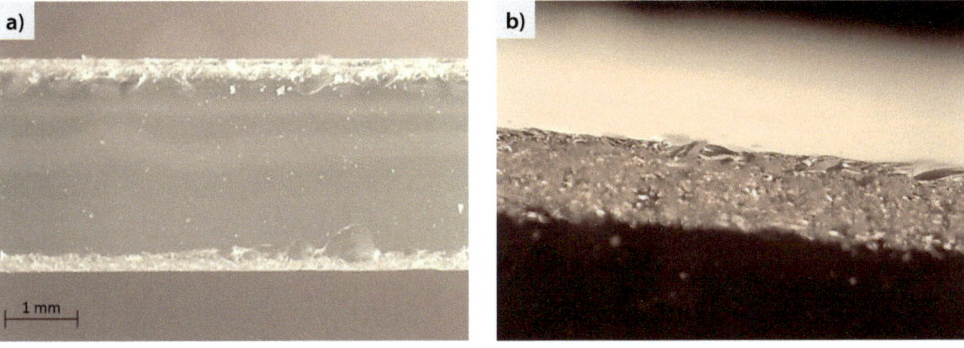

Bild 7 a) Kantensäumung Stirnseite; b) Schrägansicht Kantensäumung (M 250:1)
(© K. Schachner, FH JOANNEUM)

Vor dem Sandrieselverfahren sind von den Glasproben der Zustand der Kantensäumung aufgenommen worden. In Bild 7 ist in den Nahaufnahmen exemplarisch die Beschaffenheit der Glaskanten zu erkennen. Die Glaskanten wurden mit Fasen versehen und nicht geschliffen.

3.3 Sandrieselverfahren

Um die Abrasion im Labor reproduzieren zu können, wird das Sandrieselverfahren in Anlehnung an die Norm DIN 52348 *Prüfung von Glas und Kunststoff – Verschleißprüfung – Sandrieselverfahren* durchgeführt. Mit diesem Verfahren können Gläser kontrolliert mit Sand geschädigt werden.

In Bild 8 ist die Prüfeinrichtung sowie das Prinzip des Sandrieselverfahrens und das Prüfmittel abgebildet. Bei der Prüfeinrichtung wird das Prüfmaterial in einen Trichter gefüllt. Sobald die Umdrehungsgeschwindigkeit erreicht ist, wird mit Hilfe einer Auslaufdüse ein kontrolliertes nach unten Rieseln durch ein Fallrohr erzielt. Am unteren Ende des Fallrohres befindet sich auf einer 45° geneigten Drehscheibe der befestigte Prüfkörper. Diese dreht sich mit einer Geschwindigkeit von 250 Umdrehungen pro Minute. Das entspricht einer Frequenz von circa 4 Hz. Für die Berieselung der Gläser wird als Prüfmittel 3 kg Fein- und Mittelsand mit der Korngröße von 0,063 mm bis 0,63 mm verwendet [2]. Nach jeder Berieselung wird das Gewicht des Prüfmittels überprüft, sodass die zulässigen Toleranzen von ± 30 g gewährleistet werden können [3].

Nach dem Sandrieselverfahren wird die Vorschädigung optisch mittels der Dunkelfeldmethode analysiert. In einer Dunkelkammer wird Licht seitlich in den Probekörper eingestrahlt. Mit dem Prinzip der Lichtbrechung kann auf Oberflächendefekte rückgeschlossen werden. Beim Auftreffen des Lichtstrahls auf einen Defekt wechselt der Lichtstrahl auf das weniger dichte Medium Luft. Aufgrund des Wechsels erfolgt eine Ablenkung des Lichtstrahls und der Oberflächendefekt wird für das freie Auge sichtbar. In Bild 9 werden im analysierten Bereich erkennbare Oberflächendefekte und deren mikroskopische Aufnahmen dargestellt.

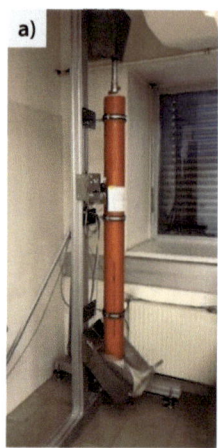
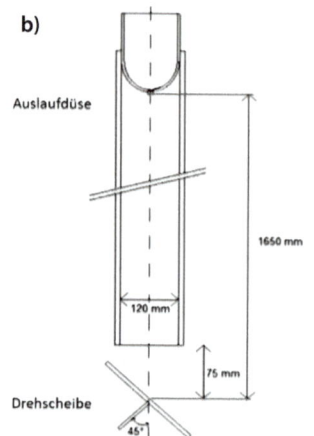
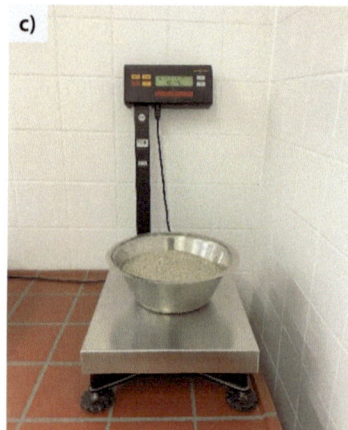

Bild 8 a) Prüfeinrichtung; b) Prinzip Sandrieselverfahren; c) Prüfmittel Fein- und Mittelsand (0,063 mm bis 0,63 mm) (© J. Neugebauer, FH JOANNEUM)

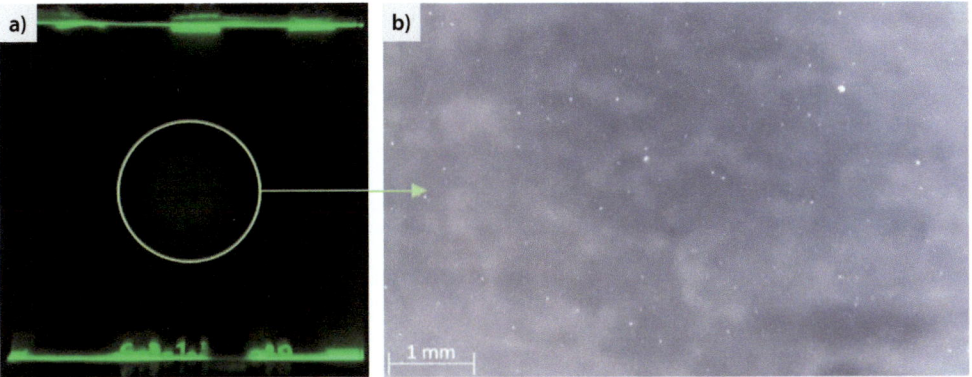

Bild 9 a) Oberflächendefekte mittels Dunkelfeldmethode und b) als mikroskopische Aufnahme
(© K. Schachner, FH JOANNEUM)

In der mikroskopischen Aufnahme ist keine gleichmäßige Oberflächenbeschädigung zu sehen. Für das Verfahren können Randbedingungen für die Reproduzierbarkeit festgelegt werden, dennoch sind unvorhersehbare Parameter zu berücksichtigen. Faktoren, wie zum Beispiel die Kornform, die Aneinanderreihung des Aufpralls oder ob das Korn mit der spitzen oder flachen Seite auf die Glasoberfläche trifft, können nicht beeinflusst werden. Im Vergleich zu Oberflächendefekten mittels Abrasion wurden in Shahryar et. al. [4] beispielsweise Oberflächendefekte mittels Laser hergestellt. Durch die exakte Bestimmbarkeit der Parameter wie Intensität oder Dauer kann eine Vielzahl an Oberflächendefekten reproduziert werden.

Weiterhin ist bei chemisch vorgespannten Gläsern die Tiefe der Oberflächendefekte maßgebend. Durch die chemische Vorspannung werden Druckspannungen im Allgemeinen bis zu 100 µm Tiefe erzeugt. Das Ausmaß der untersuchten Defekte zeigt, dass die Defekte tiefer reichen als die Druckspannungen und diese bis in die Zone der Zugspannungen durchstoßen. Dabei wurde angenommen, dass die Oberflächendefekte halb so tief sind wie deren Durchmesser. Eine Festigkeitsminderung durch Abrasion ist deshalb zu erwarten [5].

In Neugebauer et. al. [2] wurde der Einfluss auf die Biegezugfestigkeit von chemisch vorgespannten Dünngläsern durch Abrasion ohne eine zyklische Beanspruchung gezeigt. Dabei wurde unter anderem auch die Auswirkung unterschiedlicher Korngrößen auf die Biegezugfestigkeit geprüft. Auch hier zeigen die Untersuchungen mit unterschiedlichen Korngrößen, dass die Oberflächendefekte sich unregelmäßig ausbilden. Darüber hinaus zeigen die Versuchsergebnisse, dass bei Dünngläsern eine mittlere Festigkeitsminderung bei einer Vorschädigung von Fein- und Mittelsand (0,063 mm bis 0,63 mm) von bis zu 50 % zu erwarten ist. Bei Oberflächendefekten durch Abrasion mittels Grobsand (0,63 bis 2,0 mm) ist sogar eine mittlere Festigkeitsabnahme von bis zu 74 % festgestellt worden.

3.4 Zyklentest

Durch die hohe Flexibilität von Dünnglas können große Verformungen während des Öffnens und Schließens aufgenommen werden. Um die zyklische Beanspruchung si-

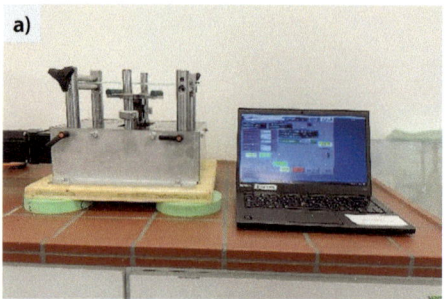 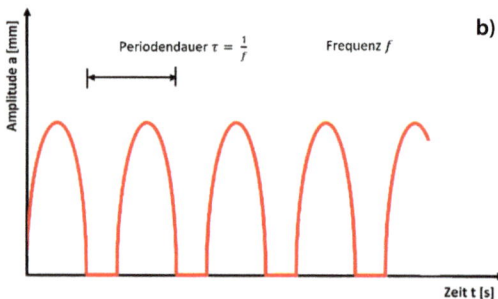

Bild 10 a) Zyklentestgerät; b) Belastungsfunktion Zyklentest (© J. Neugebauer, FH JOANNEUM)

mulieren zu können, wurde ein Zyklentestgerät an der FH JOANNEUM entwickelt und gebaut. In Bild 10 ist die Vorrichtung mit der Belastungsfunktion abgebildet.

Die Maschine besteht aus zwei parallelen Auflagerrollen in einem bestimmten Abstand zueinander, in der die Glasproben eingespannt werden. Mit der Höhe der Auflagerrollen wird die Amplitude eingestellt. In der Mitte der Glasprobe wird mit dem Hebelarm die zyklische Beanspruchung auf einer Glasseite simuliert. Um einen Bruchursprung dokumentieren zu können, sind die Glasproben auf der druckbeanspruchten Seite mit einer Folie beklebt. Bei dem Zyklentest werden die Frequenz, die Amplitude und die erreichte Anzahl der Zyklen dokumentiert.

Die Amplitude wurde über die Herleitung des Mindestradius vom Glas nach Gleichung (1) definiert:

$$r_{min} = \frac{E \cdot t}{2 \cdot f_k} \tag{1}$$

mit:
E Elastizitätsmodul
t Glasdicke
f_k charakteristische Biegezugfestigkeit

Zu Beginn wurde im Labor die Biegezugfestigkeit der Basisversuchsreihe ermittelt. Für die Berechnung des Mindestradius wurden für f_k 50 % der Biegezugfestigkeit der Basisversuchsreihe angesetzt. Demzufolge entspricht die Amplitude bei 3 mm dicken Gläsern 2,2 mm und bei 4 mm dicken Gläsern erhöht sich die Amplitude auf 2,5 mm.

3.5 Vierschneiden-Biegeversuch

Nach der Vorschädigung der Gläser durch Abrasion bzw. nach der zyklischen Beanspruchung wird mittels dem Vierschneiden-Biegeversuch in Bild 11 die Biegezugfestigkeit der Probekörper unter Berücksichtigung der Kanteneinflüsse ermittelt.

Dabei werden die Glasproben auf zwei parallele Auflagerrollen in einem bestimmten Abstand zueinander aufgelegt. Mittig werden in einem geringeren Abstand die Glasproben mit zwei parallelen Biegerollen kontinuierlich belastet [6].

Bei dem Versuch wird die Glasprobe mit konstanter Geschwindigkeit bis zum Versagen der Glasprobe belastet. Für die Dokumentation des Bruchursprunges werden die Gläser auf der druckbeanspruchten Seite mit einer Klebefolie beklebt. Bei der Aus-

3 Versuchsdurchführung | 315

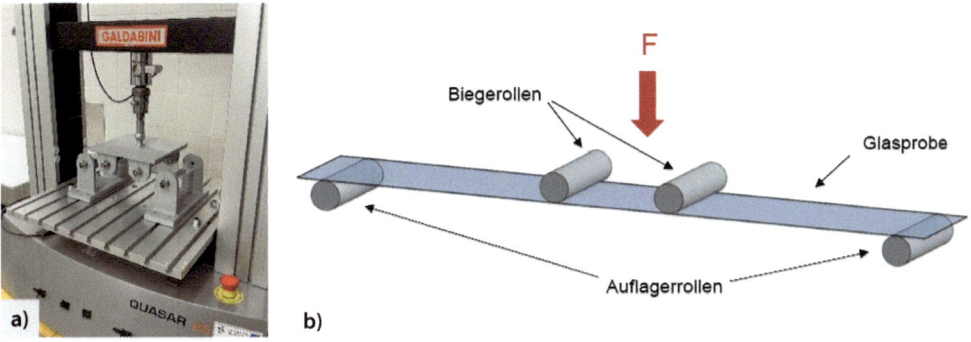

Bild 11 a) Prüfeinrichtung Vierschneiden-Biegeversuch; b) Schema Prüfeinrichtung
(© I. Blazevic, FH JOANNEUM)

wertung werden nur Proben herangezogen, die innerhalb der Biegerollen ihren Bruchursprung haben. Während des Versuches werden die Zeit bis zum Versagen der Glasprobe und die Höchstbelastung aufgezeichnet.

Während der zyklischen Beanspruchung sind nur vier Glasproben nach spätestens 164 Zyklen gebrochen und nur bei einem der Probekörper befindet sich der Bruchursprung in der Glasfläche. Bei den anderen Glasproben ist der Glasbruch, wie in Bild 12 zu sehen, auf einen Defekt am Glasrand zurückzuführen.

Nach dem Vierschneiden-Biegeversuch wurden die Bruchbilder analysiert. Der Bruchursprung befindet sich bei den Probekörpern vorwiegend innerhalb der Biegerollen in der Glasfläche (Bild 13). Grundsätzlich würde der Bruchursprung auf der Schnittkante der Glasproben liegen, da diese eine Schwachstelle des Glases darstellt. Das Sandrieselverfahren hat eine größere Vorschädigung verursacht, sodass der Bruch-

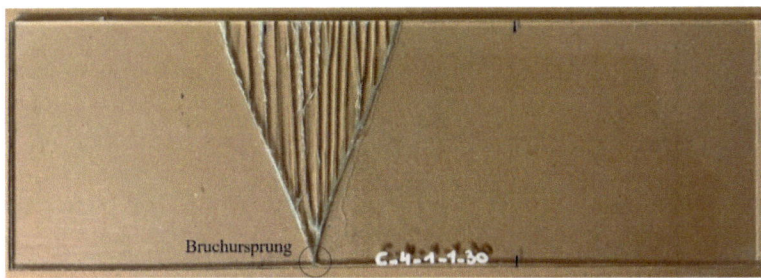

Bild 12 Bruchursprung bei zyklischer Beanspruchung
(© K. Schachner, FH JOANNEUM)

Bild 13 Bruchursprung
(© K. Schachner, FH JOANNEUM)

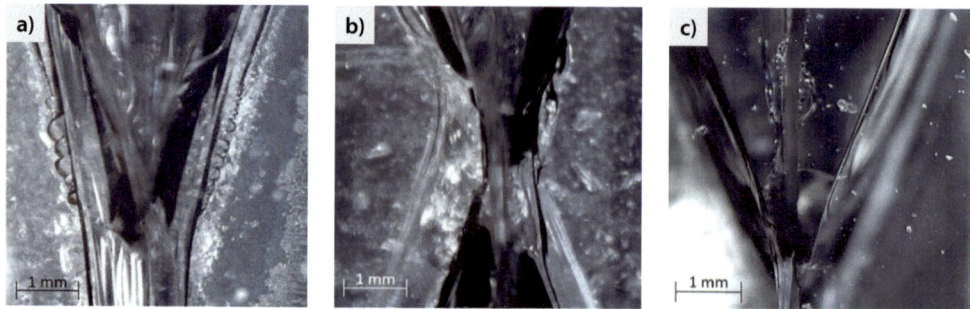

Bild 14 Nahaufnahmen vom Bruchursprung der Glasproben a) C_3_1_1_06; b) C_3_1_3_17; c) C_4_1_2_31 (© K. Schachner, FH JOANNEUM)

ursprung in der Glasfläche zu erwarten ist. In Bild 14 werden die Bruchursprünge verschiedener Glasproben abgebildet.

4 Ergebnisse der Versuchsreihe

Die Ergebnisse der Biegezugfestigkeit in Abhängigkeit von der Anzahl der Zyklen wird in Bild 15 dargestellt. Die Untersuchungen haben gezeigt, dass die Versuchsreihe ohne eine zyklische Beanspruchung die Biegezugfestigkeit von dem in Hilcken [1] erwähnten Einfluss des Alterungseffektes beeinflusst wird. Die Glasproben mit 3 und 4 mm haben eine mittlere Biegezugfestigkeit von f_k = 67 N/mm² erreicht und im Vergleich die 4 mm Glasproben mit einer Entspannungsphase von sechs Tagen haben eine mittlere Biegezugfestigkeit von f_k = 89 N/mm² erreicht.

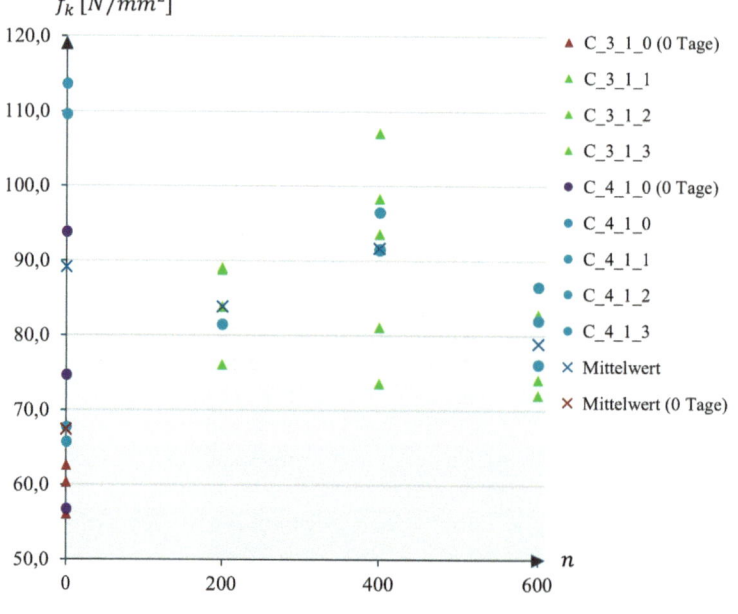

Bild 15 Ergebnisse der Biegezugfestigkeit f_k in Abhängigkeit der Zyklenanzahl n (© J. Neugebauer, FH JOANNEUM)

Bei einer zyklischen Beanspruchung mit 200 und 400 Zyklen hat sich gezeigt, dass die mittlere Biegezugfestigkeit sich nur geringfügig ändert. Diese Abweichung kann aber noch im Streubereich der Messergebnisse liegen. Erst bei 600 Zyklen wurde eine reduzierte mittlere Biegezugfestigkeit von f_k = 79 N/mm² erkennbar.

5 Schlussfolgerungen aus der Versuchsserie

Aufgrund der hohen Flexibilität des Dünnglases werden neue Möglichkeiten für Öffnungssysteme geschaffen. Das Glas kann, während des Öffnens und Schließens größere Verformungen aufnehmen. Durch die Einbindung von Oberflächendefekten von Abrieb durch äolischen Transport wurde der Einfluss auf die Biegezugfestigkeit von Glas untersucht.

Die Ergebnisse der Basisversuchsreihe zeigen eine Festigkeitsminderung von 40 % der mittleren Biegezugfestigkeit von unbeschädigten Gläsern. Bei Glasproben mit Oberflächendefekten und einer zyklischen Beanspruchung ist eine Festigkeitsreduktion im Vergleich zur Basisversuchsreihe bei 600 Zyklen dokumentiert worden.

Diese Versuche bestätigen die Tendenz einer Festigkeitsabnahme bei zyklischer Beanspruchung von Glasproben. Diese Versuchsserie soll mit einer größeren Anzahl von Glasproben wiederholt werden. Damit kann die statistische Standardabweichung genauer bestimmt und die Aussagewahrscheinlichkeit erhöht werden. Um die Tendenz der Reduktion der Biegezugfestigkeit zu bestätigen, sollte diese Versuchsreihe ebenso mit einer höheren Anzahl der Zyklen weiter untersucht werden.

Die Versuche haben auch gezeigt, dass der Alterungseffekt einen nicht vernachlässigbaren Einfluss auf die Biegezugfestigkeit hat. Bei diesen Versuchen kann gesagt werden, dass die doppelte Lagerungsdauer zu einer Festigkeitszunahme geführt hat.

6 Literatur

[1] Hilcken, J. (2015) *Zyklische Ermüdung von thermisch entspannten und thermisch vorgespannten Kalk-Natron-Silikatglas*, in: U. Knaack, J. Schneider, J.-D. Wörner, S. Kolling [Hrsg.] *Mechanik, Werkstoffe und Konstruktion im Bauwesen*. Band 44 Darmstadt: Springer-Verlag, S. 48–50.

[2] Neugebauer, J.; Hribernig, M. (2022) *Auswirkung von Abrasion auf die Biegezugfestigkeit von Glas*, in: Weller, B.; Tasche, S. [Hrsg.]: *Glasbau 2022. Bauten und Projekte – Bemessung und Konstruktion – Forschung und Entwicklung – Bauprojekte und Bauarten*, Berlin: Ernst & Sohn, S. 137–147.

[3] DIN 52348: 1985-02 (1985) *Prüfung von Glas und Kunststoff – Verschleißprüfung – Sandriesel-Verfahren*.

[4] Shahryar, N. *Experimental Strength Characterisation of Thin Chemically Pre-Stressed Glass Based on Laser-Induced Flaws*, Challenging Glass 8, 23 & 24 June 2022 Ghent University, Ghent, Belgium.

[5] EN 12337-1:200-11 (2000) *Glas im Bauwesen – Chemisch vorgespanntes Kalknatronglas – Teil 1: Definition und Beschreibung*.

[6] EN 1288-3: 2000-12-01 (2000) *Glas im Bauwesen – Bestimmung der Biegefestigkeit von Glas – Teil 3: Prüfung von Proben bei zweiseitiger Auflagerung (Vierschneiden-Verfahren)*, Berlin: Beuth.

Vogelfreundlich und wunderschön gemacht

Verhindern Sie mit Saflex® FlySafe™ 3D-PVB-Folien Vogelkollisionen.

Überall auf der Welt erfordern städtische Vorgaben für neu zu errichtende Gebäude vogelfreundliches Glas. Schützen Sie mit Saflex® FlySafe™ 3D-PVB-Folien, einer überaus leistungsfähigen Lösung für Verbundsicherheitsglas die Vögel bei nahezu unbeeinträchtigter Aussicht.

FlySafe ist mit unauffälligen Pailletten ausgestattet, die die Vögel davon abhalten, gegen das Glas zu fliegen. Anders als Siebdruck, Ätzmakierungen, Beschichtungen oder Aufkleber behindern optimal platzierte Pailletten weder den Ausblick noch beeinträchtigen sie die optische Attraktivität des Glases. Und da FlySafe mit anderen Saflex-Produkten kompatibel ist, müssen Sie keine Kompromisse im Hinblick auf Sicherheit, Akustik, Sonnen- oder UV-Schutz eingehen.

Zudem können Saflex FlySafe 3D-Folien, die laut Ornithologen zu den effektivsten Lösungen zählen, Bauherren und Architekten dabei helfen, die LEED® SSpc55-Zertifizierung „Abschreckung von Vogelkollisionen" zu erreichen.

Weitere Informationen über unsere vogelfreundlichen Lösungen finden Sie auf **saflex.com/flysafe**.

Perfekt geeignet für:
Vorhöfe und Vorhallen | Balustraden | Fassadenverkleidungen | Vorhangfassaden Außentüren | Fassaden | Verbindungsbrücken | Fenster | Oberlichter

Scan for more information on Saflex® FlySafe™ 3D PVB interlayer

© 2022 Eastman Chemical Company. In diesem Dokument genannte Marken von Eastman sind Marken von Eastman oder einer seiner Tochtergesellschaften. Die Verwendung des Symbols ® bezeichnet den Status als eingetragenes Warenzeichen in den USA. Marken- oder Warenzeichen können auch international eingetragen sein. Hier erwähnte Marken, die keine Eastman-Marken sind, sind Warenzeichen ihrer jeweiligen Inhaber. AI-GER-ARCH-094 12/22

EASTMAN

Vogelschutz und funktionale Glasbeschichtungen im Verbundsicherheitsglas

Wim Stevels[1], Alex Caestecker[2], Matthias Haller[3]

[1] Eastman Chemical b.v., Watermanweg 70, 3067 GG Rotterdam, the Netherlands; wimstevels@eastman.com
[2] Solutia bvba, Ottergemsesteenweg-Zuid 707, 9000, Gent, Belgium; alex.caestecker@eastman.com
[3] Solutia Deutschland GmbH, Katzbergstrasse 1a, Langenfeld, D-40764, Deutschland; mmhall@eastman.com

Abstract

Vogelschlag an Glasflächen von Gebäuden ist ein globales Problem. Mehrere hundert Millionen Vögel werden durch Kollisionen mit Glas in Gebäuden getötet. Kollisionen treten sowohl in dauerhaften Lebensräumen als auch während des Vogelzugs auf, wenn Vögel gegen Glasfenster, Verbindungsbrücken und vorgehängte Glasfassaden fliegen, die den freien Himmel und die Vegetation reflektieren. Häufig beeinträchtigen vogelabweisende Elemente die Sonnenschutz- oder low-*e*-Glasbeschichtungen, die für die licht- und solartechnischen Werte der Verglasung erforderlich sind. In diesem Beitrag werden PVB-Folien für hochwirksames und vogelfreundliches Verbundsicherheitsglas mit geringer Flächenabdeckung beschrieben. Insbesondere wird gezeigt, wie diese mit Glasbeschichtungen kombiniert werden können, ohne dass es zu Leistungseinbußen kommt.

Combining bird protection with functional glass coatings in laminated safety glass.
Several hundred million birds of birds are killed as a result of collisions with glass in buildings. Collisions occur both in longer term habitats and during migration by flying into glass windows, link bridges, and curtain walls that reflect the open sky and vegetation. In some cases, bird-deterrent elements are interfering with solar or low-*e*-glass coatings needed to ensure the performance of the glazing. In addition, some bird-deterrent solutions may affect design intent or user experience. In this contribution, PVB interlayers for highly effective and low-surface-coverage bird-friendly laminated safety glass will be described. In particular, it will be shown how these can be combined with conventional glass coatings without loss of performance for e.g. solar factor or *U*-value, while effectiveness as a bird deterrent solution is maintained.

Schlagwörter: *Vogelschlag, PVB-Folien, Glasbeschichtung*

Keywords: *bird collision, PVB interlayer, glass coating*

1 Einführung

Vogelschlag an Glasflächen von Gebäuden ist ein globales Problem. Zu Kollisionen kommt es vorwiegend aufgrund von zwei unterschiedlichen Situationen:

- Vögel halten die Reflexionen der Vegetation oder der Umgebung auf dem Glas für echt (Reflextionsfehlwahrnehmung).
- Vögel erkennen transparentes Glas überhaupt nicht (Transmissionsfehlwahrnehmung).

Die beiden Situationen sind in Bild 1 dargestellt. Während für Menschen in Gebäuden die Wahrnehmung von Glas in Transmission vorherrscht, sind es bei Vögeln eher auf die Glasoberfläche reflektierte Bilder.

In vielen Städten und Ländern weltweit werden und wurden Vorschriften erlassen, die vorschreiben, dass neue Gebäude vogelfreundliches Glas enthalten müssen. Nach wie vor wird für eine Fassade eine hohe Transparenz gefordert. Maßnahmen zum Vogelschutz im Glas stehen von daher in direkter Konkurrenz zur Transparenz und Ästhetik. Die verwendeten Techniken basieren z. B. auf geätztem Glas, Glas mit Siebdruck, Glas mit beschichteten UV-Markern und neuerdings auch auf PVB-Folien.

Um die Kompromisse beim Glasdesign mit vogelfreundlichen Verglasungen besser zu verstehen, ist es wichtig zu wissen, wie die Wirksamkeit von vogelabweisenden Verglasungen getestet und bewertet wird. Sowohl in Europa als auch in den USA wird die Wirksamkeit mithilfe von (Flug)-Tunnelprüfungen getestet. Vogeltunneltests für transparente Produkte sind eine nicht verletzende, standardisierte binomische Auswahltechnik, bei der wilde Singvögel eingesetzt werden, um die relative Wirksamkeit von Mustern zur Verhinderung von Vogelkollisionen zu ermitteln. Wild lebende Zug- und Singvögel werden gefangen und nach der Beringung in einem Flugtunnel freigelassen. Dabei haben sie die Wahl, entweder zu dem zu testenden Produkt oder zu einem unmarkierten Kontrollglas zu fliegen, das sich am anderen Ende eines dunklen, geschlossenen Raums befindet. Sowohl das Testmuster als auch das unmarkierte Kontrollglas sind durch Netze geschützt, sodass keine Vögel verletzt werden. Die Wirksamkeit ist definiert durch die Anzahl der Vögel, die auf die Testverglasung zufliegen, geteilt durch die Gesamtzahl der in die Bewertung eingehenden Vögel. Letztere sollte natürlich ausreichend groß sein, um aussagekräftige Ergebnisse zu erzielen. Weitere Details sind in

Bild 1 a) Visuelle Wahrnehmung der auf das Glas reflektierten Vegetation und b) Glas in der Durchsicht (© M. Haller)

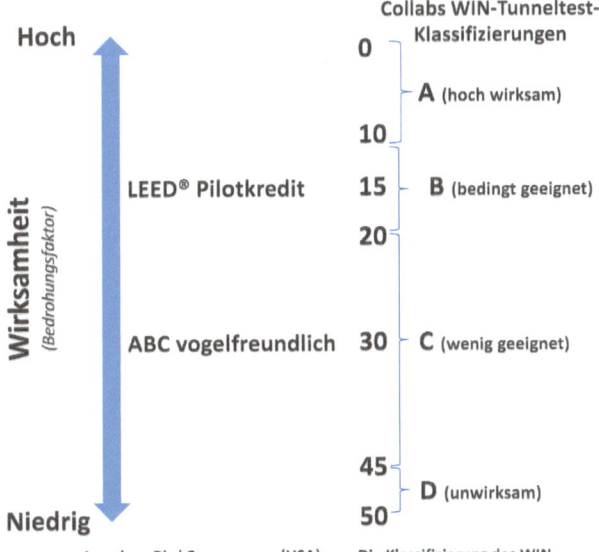

Bild 2 Vergleich der Bewertungen der Wirksamkeit des Vogelschutzes (© Eastman)

einem der folgenden Abschnitte enthalten. In Europa basieren die Empfehlungen auf dem Klassifizierungsschema von Collabs der Biologischen Station Hohenau-Ringelsdorf (entspricht dem ONR-Klassifizierungsschema 191040 für nicht reflektierende, durchsichtige Situationen), das nur solche Markierungen als hochwirksam („Kategorie A" in Bild 2) bezeichnet, die ein Gesamtergebnis von nicht mehr als 10 % der Richtungsflüge gegen die Testscheibe erzielen [1]. In den USA bezeichnet die American Bird Society die Wirksamkeit als „Bedrohungsfaktor (threadfactor)" und definiert vogelfreundliche Verglasungen als solche mit einem Bedrohungsfaktor von TF 30 oder weniger [2]. Lösungen mit einem Bedrohungsfaktor von 15 oder weniger können für eine LEED®-Zertifizierung in diesem Programm zur Bewertung nachhaltiger Gebäude infrage kommen. Einen Überblick über die Wirksamkeit von Verglasungen zur Vogelabweisung und die unterschiedlichen Klassifizierungen gibt Bild 2.

Eine gängige Designstrategie bei vogelfreundlichen Verglasungen ist die Anbringung von Mustern (z. B. Streifen, Punkten) im oder auf dem Glas, die für Vögel in Transmission sichtbar sind und das Erscheinungsbild von z. B. klarem Himmel oder Vegetation, die hinter dem Glas sichtbar sein könnte, stören. Bei der Reflexion ist dies weniger offensichtlich, da das Reflexionsvermögen von Glas vom Betrachtungswinkel, der Beschaffenheit des Glases und anderen Verglasungselementen, z. B. Glasbeschichtungen, abhängt, die von Natur aus stark reflektierend sein können. Es ist zu beachten, dass Glasscheiben bei schrägem Anflug (Betrachtungswinkel) die höchste Reflexion aufweisen und die Gefahr eines Zusammenstoßes dadurch geringer ist als bei nahezu orthogonalen Anflügen. Der Abdeckungsbereich des aufgebrachten Musters ist eine Schlüsselvariable bei vogelfreundlichen Verglasungen. Neben dem prozentualen Abdeckungsgrad gibt es möglicherweise noch viele weitere Variablen, die für die Wirksamkeit einer Lösung ausschlaggebend sind, z. B. das Muster selbst, die Position des Musters in/auf der Verglasung, die Transparenz, die Farbe oder der Kontrast und das

Reflexionsvermögen des Musters. All diese Einflüsse sorgen dafür, dass weiterhin Vogelflugtests erforderlich sind. Da jedoch die primäre Funktion von Verglasungen darin besteht, Tageslicht für die Bewohner eines Gebäudes bereitzustellen bei gleichzeitig möglichst geringer Sichtbeeinträchtigung, sind Lösungen und Produkte, die einen großen Bereich der Glasoberfläche bedecken, im Allgemeinen nicht wünschenswert. Dies zeigt, dass der Grad der Abdeckung der Glasfläche und die Wirksamkeit typische Kompromisse bei der Gestaltung von vogelfreundlichen Verglasungen sind.

Eine weitere Einschränkung bei der Gestaltung vogelfreundlicher Verglasungen ist die große Vielfalt an Verglasungskonfigurationen, die hergestellt und verwendet werden – im Verhältnis zur Anzahl der Prüfungen mithilfe von Flugtunneln, die in angemessener Zeit durchgeführt werden können. Zum Zeitpunkt der Erstellung dieses Berichts gibt es weltweit nur wenige anerkannte Testeinrichtungen. Die Tests sind auf die spezifische Zugzeit der Singvögel beschränkt und es viele sind Vögel erforderlich, die in die Bewertung eingehen, um die Wirksamkeit sinnvoll zu ermitteln. Dies bedeutet, dass nur ein Bruchteil der tatsächlich installierten Konfigurationen in genau derselben Konfiguration getestet werden kann, selbst wenn Größen- und Rahmeneffekte ausgeschlossen werden. Daher beschränkt man sich in vielen Fällen z. B. auf eine Beschichtung oder einen Siebdruck eines Anbieters, der auf ein bestimmtes Glasprodukt des Anbieters aufgetragen wird, möglicherweise in Kombination mit funktionellen Beschichtungen, die für die vollständige Leistungsfähigkeit der Verglasung erforderlich sind. Das vogelfreundliche Glasdesign ist also keine „Zusatzoption", sondern Teil eines Gesamtpakets, bei dem die Anforderungen an die Wärme- und Sonnenleistung des Gebäudes, die Tageslicht- und Sichtbedürfnisse der Gebäudenutzer, die architektonischen Gestaltungsideen und die Wirksamkeit des Vogelschutzes miteinander kombiniert werden müssen. Dies kann eine sehr große Herausforderung sein, wenn die Auswahl der einzelnen Verglasungselemente durch getestete Konfigurationen hinsichtlich der Wirksamkeit des Vogelschutzes eingeschränkt ist.

Eine mögliche Lösung wäre die Bewertung von Konfigurationen auf Basis spezifischer Merkmale, wie etwa der Durchlässigkeit für sichtbares Licht und der Reflexion von sichtbarem Licht, die zwischen geprüften Konfigurationen mit demselben Muster liegen. Ein solcher Ansatz wird durch die Tatsache begünstigt, dass die meisten Vögel (tetrachromatisches Sehen) eine größere spektrale Empfindlichkeit haben als Menschen (trichromatisches Sehen). Die Kartierung von Konfigurationen nach ihren optischen Merkmalen ermöglicht auch einen Dialog mit den Ornithologen, die die Tunnelversuche durchführen. Viele Begriffe und Elemente, die für Personen, die in der Glasindustrie arbeiten, gut definiert und bedeutsam sind, wie Klarglas, Verbundglas, low-*e*-Beschichtung und Sonnenschutzbeschichtung, haben für Personen, die nicht in der Branche arbeiten, wenig Bedeutung. Viele Menschen, die sich mit Glas und Glasprodukten befassen, haben umgekehrt auch nur ein begrenztes Wissen über die Belange von Vögeln und die Details von Flugtunnel- und anderen Formen von Prüfungen zur Ermittlung der Wirksamkeit.

In diesem Beitrag wird eine Übersicht über die aktuellen Ansätze für vogelfreundliche Verglasungen in Bezug auf Wirksamkeit und Erfassungsbereich gegeben. Darüber hinaus wird gezeigt, wie die Kartierung der Verglasungseigenschaften für eine bestimmte vogelabweisende Lösung die Ausweitung von Tunneltestergebnissen und Bewertungen auf eine Reihe von Glaskomponenten ermöglicht hat, sodass das Glasdesign mit Vogelschutz kombiniert werden kann.

2 Kartierung der aktuellen Lösungen

Um unterschiedliche vogelfreundliche Verglasungslösungen einordnen zu können, wurden unterschiedliche Technologien in Bezug auf den prozentualen Anteil der abgedeckten Fläche und den prozentualen Anflug kartiert. Da das Angebot in diesem Marktsegment in den letzten Jahren rasant gewachsen ist, kann es sich hierbei nur um eine Momentaufnahme handeln. Die Daten sind nicht als umfassend oder aktuell zum Zeitpunkt der Veröffentlichung zu verstehen. Bei der Durchführung dieser Arbeiten wurden veröffentlichte Daten von Dritten berücksichtigt, wobei davon ausgegangen wurde, dass diese in gutem Glauben erhoben wurden, ohne dass eine unabhängige Überprüfung ihrer Zuverlässigkeit möglich war. Trotz der unterschiedlichen Methodik wurden Testdaten aus den USA und Europa berücksichtigt. Die Ergebnisse sind in Bild 3 dargestellt.

Bei der Interpretation von Bild 3 ist es wichtig zu wissen, dass ein möglichst geringer Prozentsatz von Anflügen (Bedrohungsfaktor) wünschenswert ist, ebenso wie – allgemein gesprochen – ein geringer Bedeckungsbereich der Glasfläche. Diese verschiedenen Lösungen sind in der unteren Hälfte des Diagramms zusammengefasst. Der mit den blauen gestrichelten Linien markierte Bereich ist jener Bereich, in dem eine Bewertung als hochwirksamer Vogelschutz in Kombination mit einem Bedeckungsgrad von weniger als 1 % erzielt wird. Alle Anflugwerte liegen unter dem von der American Bird Society als „vogelfreundlich" eingestuften Schwellenwert (Bedrohungsfaktor – Threadfactor TF 30) [2] oder dem Schwellenwert des New York City Local Law 15, 2020

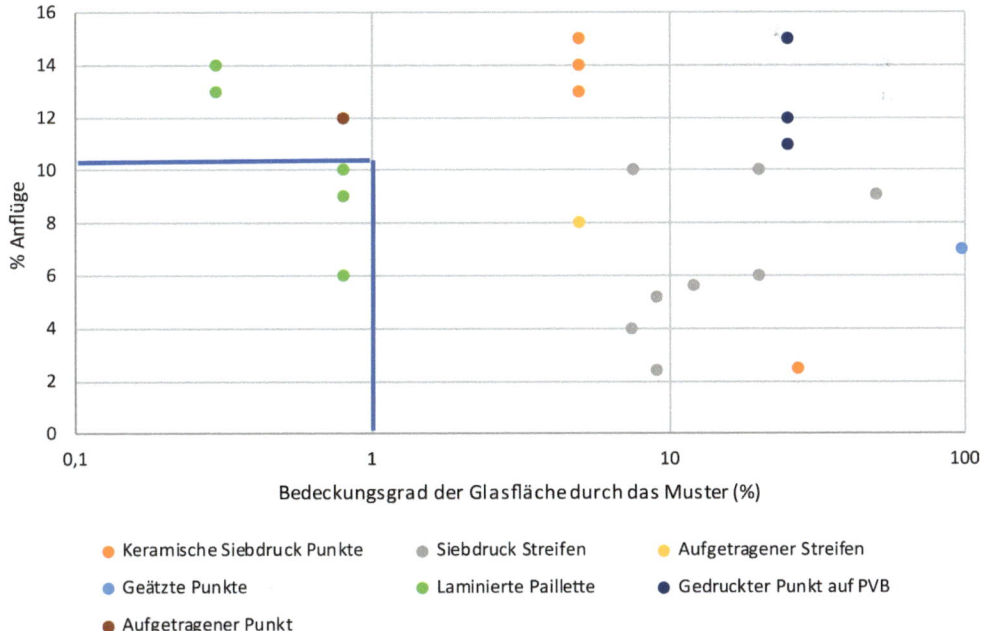

Bild 3 Kartierung des Abdeckungsbereichs von vogelfreundlichen Lösungen und des prozentualen Anteils der Anflüge von Vögeln (© Eastman)

(Bedrohungsfaktor – Threadfactor TF 25). Die meisten würden sogar den Schwellenwert für einen LEED-Pilotkredit in diesem Bewertungsprogramm für umweltfreundliches Bauen erreichen. Nur wenige Lösungen erreichen jedoch die Bewertung als hocheffektiver Vogelschutz gemäß der aktuellen europäischen Methodik [1], die in lokalen Vorgaben, wie in Deutschland, gefordert wird. Es gibt nur eine äußerst begrenzte Anzahl von Lösungen, die als hocheffektiver Vogelschutz eingestuft werden und gleichzeitig eine Abdeckungsfläche von weniger als 5% aufweisen, und nur laminierte Paillettenlösungen erreichen eine Einstufung als hochwirksam bei weniger als 1% Bedeckungsgrad der Glasfläche. Es sei darauf hingewiesen, dass bei Lösungen mit Siebdruck das Vorspannen des Glases notwendig sein kann. Das wirkt sich nicht nur auf die mechanischen Eigenschaften und das Bruchbild aus, sondern auch auf die Möglichkeiten der Nachbearbeitung (muss vorher zugeschnitten werden) und das optische Erscheinungsbild (z. B. Welligkeit des Glases/Anisotropien). Für die Fallstudie in dieser Veröffentlichung wurde ein spezielles Verbundsicherheitsglas mit einlaminierten Pailletten betrachtet.

3 Tunneltest

Die Beschreibung der Tunneltests wurde aus Referenz [3] übernommen mit Zustimmung durch Martin Rössler von der biologische Station Hohenau-Ringelsdorf/Österreich. Ein Tunneltest untersucht die Richtungsentscheidungen von Vögeln, die eine markierte und eine unmarkierte Scheibe durch einen 7,5 m langen Flugtunnel anfliegen, der mechanisch schwenkbar ist und manuell dem Sonnenstand nachgeführt werden kann. So ist jederzeit ein symmetrischer Lichteinfall auf die Testscheiben gewährleistet, siehe Bild 4. Die linke und rechte Hälfte des Tunnelendes wird von zwei unterschiedlichen Scheiben eingenommen: einer unmarkierten Float-Glas-Referenzscheibe auf der einen Seite und der zu testenden Scheibe auf der anderen Seite, wie in Bild 5 dargestellt. Dieser Testaufbau wird als WIN-Test (Window-Test) bezeichnet.

Die für die Tests verwendeten Vögel sind Wildvögel aus dem Beringungsprogramm der Biologischen Station Hohenau-Ringelsdorf in Österreich und daher individuell identifizierbar. Damit ist sichergestellt, dass kein Vogel mehr als einmal pro Kalender-

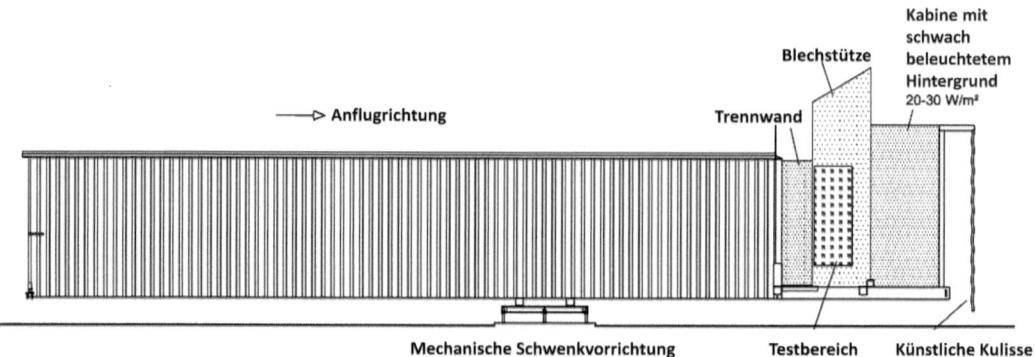

Bild 4 Flugtunnel in der WIN-Testkonfiguration (© Collabs, M. Rössler)

3 Tunneltest | 325

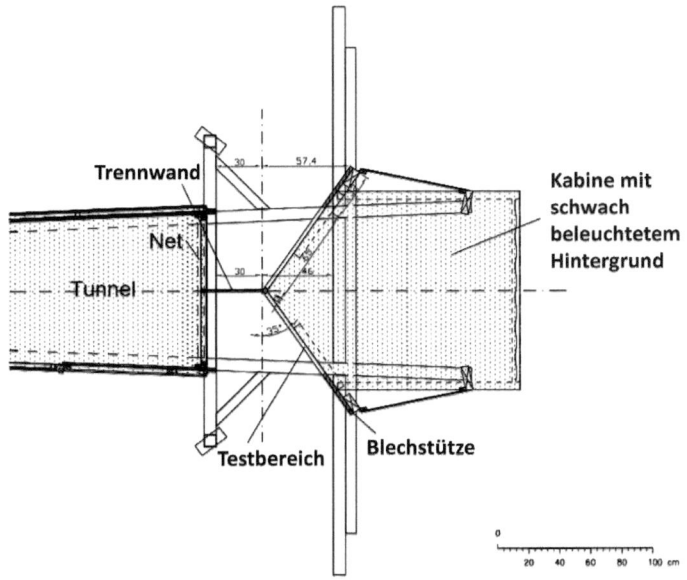

Bild 5 Horizontaler Querschnitt durch den Flugtunnel in der WIN-Testkonfiguration mit geschlossener Kammer (Simulation von Innenräumen) hinter den diagonal zur Flugachse der Vögel angeordneten Testscheiben (© Collabs, M. Rössler)

tag für einen Testflug verwendet wird. Die an das Tageslicht angepassten Testvögel werden in einer Startröhre durch die Tunnelwand am hinteren Ende des Tunnels platziert und fliegen sofort aus der Dunkelheit zum hellen vorderen Ende. Ein „Nebelnetz", das für gewöhnlich zum Fangen von Vögeln für die Beringung verwendet wird, ist ca. 40 cm vor den Testscheiben angebracht. Die Fadenstärke des Netzes von 0,1 mm liegt unterhalb der frontalen Sehschärfe der Vögel und wird daher nicht wahrgenommen. Die Vögel werden sanft gefangen, vor dem Aufprall auf die Testscheiben geschützt und nach dem Flug sofort wieder freigelassen. Die Testflüge werden von hinten mit einer Videokamera aufgezeichnet. Eine Decke, Seitenwände und ein teilweise lichtdurchlässiger Vorhang bilden eine schwach beleuchtete Kabine hinter den Testscheiben. Die Trapezblechhalterung verhindert, dass die Vögel den Himmel und die Vegetation anders als Reflexionen im Testbereich sehen. Die künstliche Kulisse besteht aus einer weißen Leinwand vor einem Tarnnetz. Um realistische Reflexionen zu erzeugen, wird hinter dem Testbereich eine abgedunkelte Kammer mit den Maßen von etwa 170 × 170 × 170 cm angebracht um Lichtverhältnisse zu schaffen, die dem Inneren von Gebäuden entsprechen. Diese Lichtverhältnisse werden mit Messgeräten kontrolliert. Test- und Referenzscheibe sind in einem Winkel von 125° zur Flugbahn der Vögel angebracht. Ähnlich wie die Seitenspiegel eines Autos erzeugen die Scheiben reflektierende Bilder des umgebenden Lebensraums in der Sichtachse der Vögel, während sie durch den Tunnel fliegen. Da der Tunnel dem Lauf der Sonne nachgeführt wird, sind die Test- und Referenzscheiben immer frontal beleuchtet. Je nach Lichtverhältnissen (Sonne, Wolken, bedeckter Himmel) entstehen mehr oder weniger kontrastreiche Reflexionen der Umgebung auf den Scheiben und Strukturen der Kammerkonstruktion hinter den Scheiben werden entsprechend mehr oder weniger sichtbar. Die umgebende Vegetation ist homogen, sodass die Spiegelungen in beiden Scheiben möglichst ähnlich sind. Die Flugachse der Vögel verläuft parallel zum Einfall des Sonnenlichts, wobei die Sonne immer von hinten kommt. Die Scheiben bekommen kein direktes Sonnenlicht.

Nach jeweils drei Einzeltests werden die installierten Testscheiben gewechselt. Die Reihenfolge der verschiedenen Testkandidaten und die Positionen der jeweiligen Test- und Referenzscheiben sind zufällig. Die Flüge und das Auswahlverhalten in den einzelnen Tests werden per Videokamera aufgezeichnet, in Flugsequenzen zerlegt und in Zeitlupe kontrolliert und ausgewertet.

4 Eine Fallstudie für ein flexibleres Glasdesign

4.1 Grundlegende Produktbeschreibung

Die hier untersuchte Vogelschutzlösung mit einlaminierten Pailletten ist die Saflex® FlySafe™ 3D. Saflex FlySafe 3D PVB ist eine 0,76 mm starke PVB-Folie mit aufgebrachten 3D-Pailletten. Die Pailletten sind für Vögel und Menschen sichtbar und haben auf der Vorder- und Rückseite eine unterschiedliche Farbe. Die Pailletten sind von außen betrachtet auf der Vorderseite reflektierend und silberfarben und auf der Rückseite (Innenseite) schwarz und matt. Damit wird die Sicht von innen nach außen als weniger störend empfunden. Die Pailletten bestehen aus runden Markierungen mit einem Durchmesser von 9 mm, die in einem Raster mit einem Abstand von 90 mm von Paillettenmitte zu Paillettenmitte angeordnet sind. Dieses Raster entspricht einer gesamten Abdeckungsfläche des Glases von 0,8 %. Für die Verwendung in einem Laminat muss auf der silbernen Seite der Pailletten eine Deckschicht aus einer klaren min. 0,76 mm starken Saflex-PVB-Folie gelegt werden. Eine typische Laminatkonfiguration ist in Bild 6 zu sehen. Bild 6 zeigt in gewissem Maße, dass die reflektierenden Pailletten kein einheitliches spiegelähnliches Aussehen haben, sondern eine scheinbar dreidimensionale Oberflächenstruktur, die je nach Betrachtungswinkel ein subtiles Glitzern erzeugt.

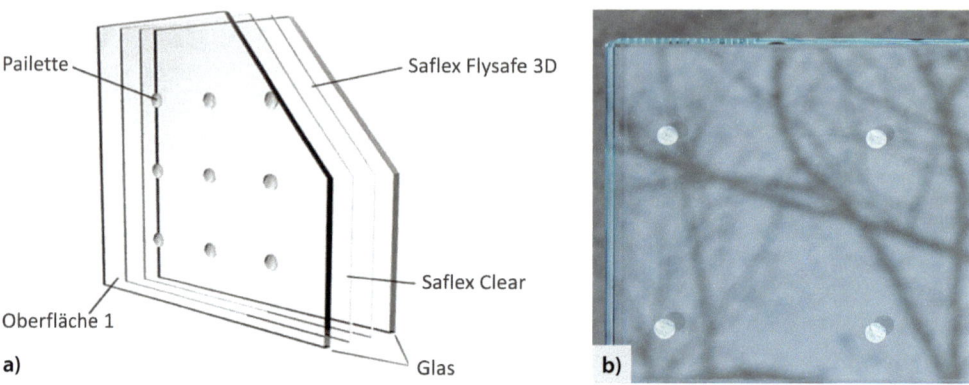

Bild 6 Saflex® FlySafe™ 3D-Laminat: a) Übersicht über den Aufbau (© Eastman) und b) das Erscheinungsbild des Musters in Reflexion (© M. Haller)

4.2 Bewertete Systeme

Drei Glaskonfigurationen wurden im Rahmen des zuvor beschriebenen Flugtunnel-Testprotokolls bewertet:

- 44.4-Laminat mit konventionellem Klarglas und einer Saflex® FlySafe™ 3D-Folie in Kombination mit Saflex Clear 0,76 mm als Deckschicht vor den Pailletten (Aufbau 1; 44.4 Saflex FlySafe 3D)
- 44.4|16|4 Isolierglasverbund: Vorderseite aus beschichtetem Verbundglas unter Verwendung von herkömmlichem Klarglas und einer Saflex FlySafe 3D in Kombination mit einer Saflex Clear 0,76 mm-Deckschicht vor den Pailletten mit einer robusten low-e-Beschichtung auf Position #4, einem 16 mm-SZR und einer 4 mm-Klarglasscheibe (Aufbau 2, 44.4 Saflex FlySafe 3D_c#4|16|4)
- 46.6c#4 beschichtetes Glaslaminat mit konventionellem Klarglas und Saflex FlySafe 3D in Kombination mit einer Saflex Clear 0,76 mm-Deckschicht vor den Pailletten mit einer robusten, neutralen Sonnenschutzbeschichtung auf Position #4 (Aufbau 3; 46.4 Saflex FlySafe 3D_c#4)

Die solaren und sichtbaren Eigenschaften dieser drei Aufbauten sind in Tabelle 1 unten aufgeführt.

Es wurde nachgewiesen, dass die Unterschiede in den Werten durch die Beschichtung verursacht werden, da der Unterschied in der Glasstärke zu gering ist, um einen wesentlichen Einfluss zu haben. Die beschichteten Systeme weisen einen höheren Reflexionsgrad auf, was zu einer schrittweisen Zunahme des reflektierten Lichts (8, 12 bzw. 19%) sowie zu einer schrittweisen Abnahme der Gesamtdurchlässigkeit für sichtbares Licht (88, 80 bzw. 65%) führt.

Alle drei Systeme in Tabelle 1 wurden im Rahmen des zuvor beschriebenen Flugtunneltests getestet, ergaben weniger als 10% Anflüge und wurden somit als hoch wirksame Vogelschutzlösung eingestuft [3, 5]. Dies zeigt, dass das einzigartige Aussehen und das Raster der Saflex FlySafe 3D die Anflüge von Vögeln im Tunneltest wirksam reduziert, selbst bei den stärker reflektierenden, weniger durchlässigen beschichteten

Tabelle 1 Licht- und Solareigenschaften der getesteten Verglasungskonfigurationen

Eigenschaft	44.4 Saflex FlySafe 3D	44.4 Saflex FlySafe 3D _c#4|16|4	46.4 Saflex FlySafe 3D _c#4
Durchlässigkeit für sichtbares Licht [%]	88	80	65
Energieübertragung [%]	74	53	55
Reflektiertes sichtbares Licht, vorne [%]	8	12	19
Reflektierte Energie, vorne [%]	7	21	13
g-Wert	0,78	0,56	0,62
Farbwiedergabeindex	99	98	98

Systemen. Dies ist insofern bemerkenswert, da der Flugtunneltest nach dem WinTest-Protokoll wie beschrieben in Sektion 3 mit Schwerpunktlegung auf die Wirksamkeit in Reflexion durchgeführt wurde. Um den Flugtunneltest auf ein breiteres Spektrum von Verglasungen anwenden zu können, wurde eine Reihe potenzieller Varianten durch eine Modellierung von optischen Eigenschaften in geeigneten Software abgebildet.

4.3 Klarglas

Die sichtbaren Lichteigenschaften von 51 unterschiedlichen Float-Gläsern von zehn unterschiedlichen Float-Glas-Herstellern für Glasstärken von 4, 6 und 10 mm mit unterschiedlichem Eisengehalt wurden bewertet. Alle getesteten Produkte wiesen eine Lichttransmission zwischen 92 und 87 % und eine Lichtreflexion von 8 oder 9 % auf. Angesichts der Bandbreite der sichtbaren Lichteigenschaften der drei getesteten Saflex FlySafe 3D-Konfigurationen und der daraus resultierenden Einstufung „hoch wirksam" wurde angenommen, dass der Hersteller des Float-Glases für das Ergebnis des Tunneltests keine Rolle spielte. Klarglas von unterschiedlichen Anbietern kann für den Einsatz von Saflex FlySafe 3D-Aufbauten verwendet werden, ohne dass eine erneute Flugtunnelprüfung erforderlich ist – vorausgesetzt, es sind keine anderen Verglasungselemente vorhanden, die die Eigenschaften des sichtbaren Lichts wesentlich beeinflussen.

4.4 Verbundsicherheitsglas

Die sichtbaren Lichteigenschaften von fünf unterschiedlichen Verbundgläsern (xx.4 mit x entweder 4, 5, 6, 8 oder 10 mm Glas) auf Basis von herkömmlichem klarem Float-Glas wurden bewertet. Alle getesteten Produkte wiesen eine Lichttransmission zwischen 88 und 84 % und eine Lichtreflexion von 8 % auf. Angesichts der Bandbreite der sichtbaren Lichteigenschaften der drei getesteten Saflex FlySafe 3D-Aufbauten und der daraus resultierenden Einstufung „hoch wirksam" wurde angenommen, dass die Stärke des VSG (Verbundsicherheitsglas) innerhalb der bewerteten Grenzen kein wesentlicher Faktor für das Ergebnis des Tunneltests war.

4.5 low-*e*-beschichtetes Glas im Isolierglasverbund

Als Ansatz für die Modellierung und Überprüfung von leistungsfähigem Isolierglasverbund wurde zunächst kartiert, wie die Eigenschaften von low-*e*-Glas in Bezug auf Lichtdurchlässigkeit und Lichtreflexion variieren. Um ein breites Spektrum abzudecken, wurden Daten für 180 low-*e*-Beschichtungen mit Glas von zehn unterschiedlichen Anbietern zusammengestellt. Neben dem Anbieter waren der Glastyp (niedriger/mittlerer Eisengehalt), die Glasstärke (4, 6 und 8 mm) und der Beschichtungstyp (in der Regel zwei bis drei Typen pro Anbieter, aber bis zu acht Typen) weitere Variablen. Da sich die Glasstärke nicht als Schlüsselvariable erwies, sind die Ergebnisse in Bild 7 für 4 mm Glas dargestellt. Es ist zu beachten, dass Bild 6 viele sich überschneidende Datenpunkte enthält, da beide Eigenschaften mit gerundeten Zahlen angegeben sind. Zwei Gruppen von Beschichtungen sind leicht zu erkennen: eine Gruppe mit höherem Reflexionsgrad (> 15 %) und geringerer Lichtdurchlässigkeit (LT-HR-Gruppe, blaue Punkte) und eine Gruppe mit geringerem Reflexionsgrad und höherer Lichttransmission (HT-LR-Gruppe, orangefarbene Punkte). Um die Auswirkungen in realistischen

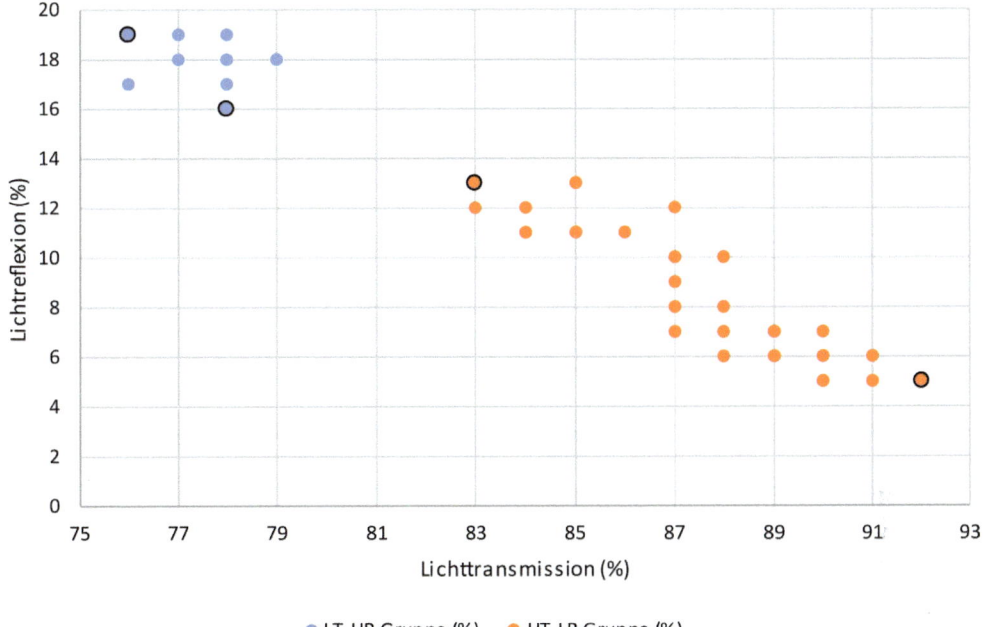

Bild 7 Lichtdurchlässigkeit und Lichtreflexion von 60 unterschiedlichen auf dem Markt erhältlichen low-e-beschichteten Gläsern (die Extremwerte der Gruppe sind durch einen etwas größeren Punkt mit schwarzem Rand gekennzeichnet); sich überlappende Punkte sind nicht dargestellt (© Eastman)

Aufbauten zu bewerten, wurden die Gläser in jeder Gruppe mit den extremsten Werten, die in Bild 7 mit schwarz umrandeten Punkten markiert sind, als Basis für die Modellierung des Isolierglasverbundes herangezogen. Auf diese Weise kann sichergestellt werden, dass die gesamte Bandbreite der low-e-Beschichtungsoptionen in der Modellierung des Isolierglasverbundes abgedeckt wird, ohne dass jede potenzielle Variation der Zusammensetzung des Isolierglasverbundes modelliert werden muss.

Als Beispiel für den Ansatz wurden für alle vier markierten Beschichtungen in Bild 7 vier unterschiedliche Isolierglastypen modelliert:

- Ein Isolierglasverbund mit einer low-e-Beschichtung in Position Nr. 5 und einseitigem VSG
- Ein Isolierglasverbund mit einer low-e-Beschichtung in Position Nr. 5 und zweiseitigem VSG
- Ein Dreifach-Isolierglasverbund mit zwei low-e-Beschichtungen auf den Positionen #4 und #7 mit einseitigem VSG
- Ein Dreifach-Isolierglasverbund mit zwei low-e-Beschichtungen auf den Positionen #4 und #7 mit zweiseitigem VSG

Die Ergebnisse sind in den nachfolgenden Tabellen 2a und 2b dargestellt.

Tabelle 2a Zusammenfassung der Ergebnisse für die Gruppe der low-e-Beschichtungen mit niedrigem Reflexionsgrad (orangefarbene Punkte in Bild 7)

Konfiguration	Position(en) der Beschichtung	HT-LR Gruppe			
		Hohe Reflexionsgrenze		Niedrige Reflexionsgrenze	
		LT (%)	LR (%)	LT (%)	LR (%)
44.4 | 16 mm | 4	c#5	75	17	83	12
44.4 | 16 mm | 44.2	c#5	74	17	82	11
44.4 | 16 mm | 4 | 16 mm | 4	c#4, c#7	63	24	77	14
44.4 | 16 mm | 4 | 16 mm | 44.2	c#4, c#7	62	24	76	14

Tabelle 2b Zusammenfassung der Ergebnisse für die Gruppe der low-e-Beschichtungen mit höherem Reflexionsgrad (blaue Punkte in Bild 7)

Konfiguration	Position(en) der Beschichtung	HT-HR Gruppe			
		Hohe Reflexionsgrenze		Niedrige Reflexionsgrenze	
		LT (%)	LR (%)	LT (%)	LR (%)
44.4 | 16 mm | 4	c#5	68	21	69	19
44.4 | 16 mm | 44.2	c#5	67	21	68	19
44.4 | 16 mm | 4 | 16 mm | 4	c#4, c#7	54	31	56	28
44.4 | 16 mm | 4 | 16 mm | 44.2	c#4, c#7	53	31	54	28

Die grün hinterlegten Tabellenwerte liegen innerhalb der Grenzen der getesteten Aufbauten, die als hochwirksam eingestuft werden können, nämlich 65% für die Lichttransmission und 19% für die Lichtreflexion. In der HT-LR-Gruppe (Tabelle 2a) liegt jeder Doppel-Isolierglasverbund innerhalb des geprüften Bereichs. Selbst beim doppelt beschichteten Dreifach-Isolierglasverbund liegt die Beschichtung mit der unteren Reflexionsgrenze deutlich innerhalb des geprüften Eigenschaftsbereichs, wobei die Möglichkeit besteht, Beschichtungen mit höherem Reflexionsgrad zu prüfen. An der äußersten Grenze dieser Gruppe in Bezug auf die Reflexion liegen die Durchlässigkeit und die Reflexionen immer noch außerhalb des geprüften Bereichs. In der LT-HR-Gruppe (Tabelle 2b) steigen die Reflexionswerte selbst bei der Montage in einem einzelnen Verbundsicherheitsglas gegenüber nicht beschichtetem Glas an, weshalb die Beschichtung mit der höchsten Reflexionsgrenze außerhalb des geprüften Bereichs liegt. Nur die low-e-Beschichtung mit dem niedrigsten Reflexionsgrad in der HR-Gruppe fällt in den Grenzbereich der getesteten Aufbauten. Beim doppelt beschichteten Dreifach-Isolierglasverbund liegen alle Konfigurationen sowohl bei der Transmission als auch bei der Reflexion außerhalb des geprüften Bereichs.

4.6 Kartierung von beschichtetem Sonnenschutz-Isolierglasverbund

Der breit angelegte Ansatz, der für low-*e*-Beschichtungen verwendet wurde, lässt sich nicht ohne Weiteres auf farbige Sonnenschutzbeschichtungen anwenden, da es eine Vielzahl von Beschichtungstechnologien, Leistungsmerkmalen und anderen Eigenschaften gibt, aus denen man wählen kann. Viele haben von Haus aus eine geringere Lichtdurchlässigkeit und farbige Optionen (z. B. grau, blau, grün usw.). Oftmals steht eine hochreflektierende oder eine relativ schwach reflektierende („neutrale") Variante der Beschichtung zur Auswahl. Für den Zweck dieser Ausarbeitung wurde das aktuelle Angebot an neutralen Sonnenschutzoptionen mit hoher Durchlässigkeit in Europa nach Lichtdurchlässigkeit und Reflexion (nach außen) kartiert. Es wurden nicht weniger als 24 Optionen von acht Herstellern mit 6 mm Glasstärke identifiziert, wie in Bild 8 dargestellt. Bei den meisten Datenpunkten in der oberen linken Ecke handelt es sich um robustere Sonnenschutzbeschichtungen, die in Kombination mit einer begrenzten Selektivität (Durchlässigkeit für sichtbares Licht über dem *g*-Wert) ohne Randentschichtung verwendet werden können. Der markierte Datenpunkt (großer Punkt, schwarzer Rand) in der Mitte der Punkte auf der rechten Seite der Karte wurde für weitere Modellierungen von optischen Eigenschaften in geeigneten Software verwendet, um zu prüfen, ob eine solche Beschichtung noch Werte liefert, die im Bereich der in den Flugtunnelversuchen getesteten Verglasungen liegen. Es wurden zwei- und dreifach laminierter Isolierglasverbund berücksichtigt – entweder mit oder ohne eine low-*e*-Beschichtung in der hinteren Scheibe. Die Ergebnisse sind in Tabelle 3 dargestellt.

Die grün hinterlegten Tabellenwerte liegen innerhalb der Grenzen der getesteten Aufbauten, die als hochwirksam eingestuft werden können, nämlich 65 % für die Lichtdurchlässigkeit und 19 % für die Lichtreflexion. Die Werte der anderen Aufbauten lie-

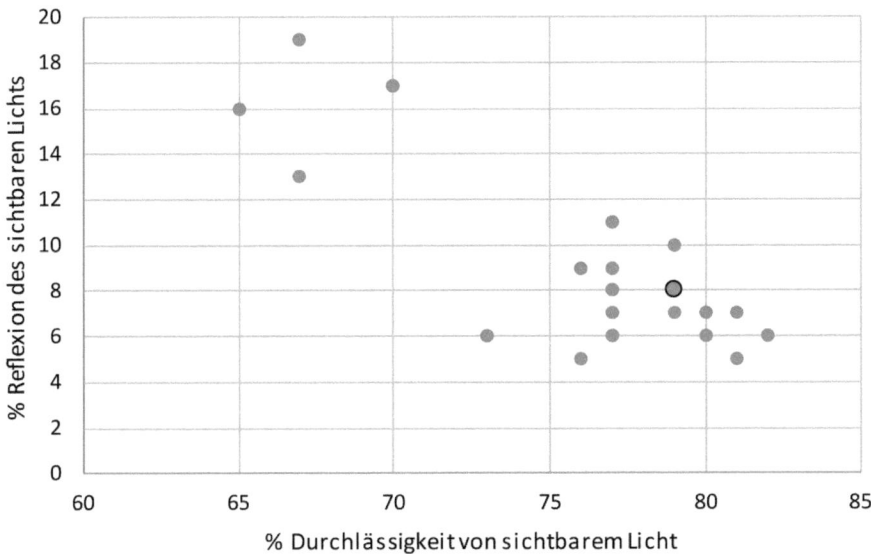

Bild 8 Überblick über „neutrale" Sonnenschutzbeschichtungen mit hoher Durchlässigkeit (© Eastman)

Tabelle 3 Zusammenfassung der Ergebnisse für die Gruppe der low-*e*-Beschichtungen mit höherem Reflexionsgrad

Aufbau	Position(en) der Beschichtung	LT (%)	LR$_f$ (%)
44.4 | 16 mm | 4	Solar c#4	69	12
44.4 | 16 mm | 44.2	Solar c#4, low-*e* c#5	66	12
44.4 | 16 mm | 4 | 16 mm | 4	Solar c#5	63	16
44.4 | 16 mm | 4 | 16 mm | 4 (niedriger Eisengehalt)	Solar c#5	66	17
44.4 | 16 mm | 4 | 16 mm | 44.2	Solar c#4, low-*e* c#7	61	16

gen nahe beieinander und durch eine gezielte Auswahl der low-*e*-Beschichtung, des Glastyps oder der spezifischen Sonnenschutzbeschichtung könnte eine Konfiguration gewählt werden, die die geforderten Gesamteigenschaften der Verglasung (*U*-Wert, *g*-Wert, Lichtdurchlässigkeit) aufweist und dennoch die geprüften Grenzen (hochwirksam)einhält. Zur Veranschaulichung: Die Verwendung von eisenarmem Glas anstelle von herkömmlichem Floatglas im Dreifach-Isolierglasverbund erhöht die Lichtdurchlässigkeit um einige Prozent und bewegt sich somit innerhalb des geprüften Bereichs.

Das breite Spektrum der verfügbaren Sonnenschutzbeschichtungen wirft die Frage auf, welche Eigenschaft am meisten beachtet werden müsste. An der Grenze der Lichtdurchlässigkeit meiden Vögel vermutlich fest erscheinende Objekte [6]. Je dunkler eine Verglasung in der Durchlässigkeit ist, desto weniger anfällig ist sie für Vogelschläge. Außerdem nimmt der Kontrast zu den stark reflektierenden Pailletten nur zu, weshalb niedrigere Lichtdurchlässigkeiten ohne weitere Tests akzeptabel sind. Je stärker die verwendete Beschichtung dagegen reflektiert, desto geringer wird der Kontrast zu den Pailletten. Hier sind weitere Tests von unschätzbarem Wert, um eine Verringerung der Wirksamkeit der einlaminierten Pailletten in Bezug auf Vogelschlag nachzuweisen. Die Verwendung von Farbe in der Verglasung – sei es durch gefärbtes Glas, Beschichtungen oder Folien – verringert in der Regel die Lichtdurchlässigkeit der Verglasung und hat in diesem Sinne eine vom Farbton unabhängige Wirkung. Farbschichten und Folien, die vor den einlaminierten Pailletten liegen, sollten ohne Prüfung vermieden werden, da sie den Reflexionskontrast mit den laminierten Pailletten verringern.

5 Schlussfolgerungen

Es gibt ausgefeilte Testprotokolle zur Bewertung der Wirksamkeit von Vogelschutzverglasungen hinsichtlich ihres Potenzials zur Vermeidung von Vogelkollisionen. Angesichts des breiten Spektrums an Verglasungsoptionen ist jedoch ein gewisses Maß an Interpolation erforderlich, um die Verglasungsleistung unter bauphysikalischen Aspekten, gestalterischen Gesichtspunkten, den Bedürfnissen der Bewohner nach Tageslicht und Aussicht sowie des Schutzes der Vögel anzupassen. Auf Basis einer technischen Marktanalyse konnte nachgewiesen werden, dass einlaminierte Pailletten eine der fortschrittlichsten Lösungen ist, die sowohl in puncto Bedeckungsgrad als auch in puncto

Wirksamkeit des Vogelschutzes aktuell verfügbar sind. Mit einigen Einschränkungen kann diese Lösung auch in einer breiten Palette von Aufbauten mit Eigenschaften innerhalb des für diese Vogelschutzglaslösung geprüften Bereichs verwendet werden, einschließlich der Verwendung im Isolierglasverbund, entweder mit oder ohne low-e- und/oder Sonnenschutzbeschichtungen. Es ist wichtig, die Eigenschaften des endgültigen Aufbaus gegenüber den getesteten Konfigurationen zu prüfen, um zu beurteilen, ob die Bewertung der Wirksamkeit ohne weitere Tests aufrechterhalten werden kann.

6 Referenzen

[1] Rössler, M.; Doppler, W. (2016) *Vogelanprall an Glasflächen*, Broschüre der Wiener Umweltanwaltschaft.
[2] Sheppard, C.D. (2019) *Evaluating the relative effectiveness of patters on glass as deterrent of bird collisions on glass* in: *Global Ecology and Conservation*. https://doi.org/10.1016/j.gecco.2019.e00795
[3] Rössler, M. (2020) *Reduction of Bird-Window Strikes – evaluation of SEEN glass elements*.
[4] Eastman Chemical Company (2022) *Product Technical Sheet Saflex® FlySafe™ 3D*, verfügbar unter https://www.saflex.com/technical-documents
[5] Rössler, M. (2022) *Vogelanprall an Glasflächen – Untersuchungen von Saflex® FlySafe™ 3D / SEEN shiny 9/90 mm und Saflex® FlySafe™ 3D / SEEN matt 9/90 mm*.
[6] Schmid, H.; Doppler, W.; Heynen, D.; Rössler, M. (2012) *Vogelfreundliches Bauen mit Glas und Licht*, ISBN 978-3-9523864-0-8, Schweizerische Vogelwarte Sempach.

Ulrike Kuhlmann (Hrsg.)

Stahlbau-Kalender 2023

Schwerpunkte: Werkstoffe; Verbindungen

- aktueller Stand der Stahlbau-Regelwerke
- Anwendung nichtrostender Stähle
- Wiederverwendbarkeit von Stahlbauteilen
- Hintergründe und Erläuterungen zu den Regelungen der zukünftigen zweiten Eurocode-Generation

Dieser Jahrgang hat mit „Werkstoffe" und „Verbindungen" zwei Schwerpunkte, die zusammenwirken und bei optimaler Auswahl wirtschaftliche und nachhaltige Stahlbauwerke ermöglichen. Außerdem werden die kommenden Änderungen der zweiten Eurocode-Generation vorgestellt und erläutert.

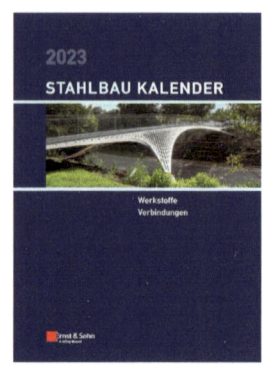

4/2023 · ca. 700 Seiten · ca. 450 Abbildungen · ca. 200 Tabellen

Hardcover
ISBN 978-3-433-03387-6 ca. **€ 159***

Fortsetzungspreis ca. **€ 139***

eBundle (Print + ePDF)
ISBN 978-3-433-03387-6 ca. **€ 194***

Fortsetzungspreis eBundle ca. **€ 169***

Bereits vorbestellbar.

BESTELLEN
+49 (0)30 470 31-236
marketing@ernst-und-sohn.de
www.ernst-und-sohn.de/3387

Der €-Preis gilt ausschließlich für Deutschland, inkl. MwSt.

Fortgeschrittene Methoden für die Schädigungsanalyse von Glaslaminaten bei dynamischen Beanspruchungen

Steffen Bornemann[1], Sven Henning[2], Konstantin Naumenko[3], Matthias Pander[2,4], Kristin Riedel[1], Mathias Würkner[3]

[1] Folienwerk Wolfen GmbH, 06766 Bitterfeld-Wolfen, Deutschland; steffen.bornemann@folienwerk-wolfen.de; kristin.riedel@folienwerk-wolfen.de
[2] Fraunhofer-Institut für Mikrostruktur von Werkstoffen und Systemen, Walter-Hülse-Straße 1, 06120 Halle, Deutschland; sven.henning@imws.fraunhofer.de; matthias.pander@imws.fraunhofer.de
[3] Otto-von-Guericke-Universität Magdeburg, Institut für Mechanik, Universitätsplatz 2, 39106 Magdeburg; Deutschland; konstantin.naumenko@ovgu.de; mathias.wuerkner@ovgu.de
[4] Fraunhofer-Center for Silicon-Photovoltaics CSP, Otto-Eißfeldt-Straße 12, 06120 Halle, Deutschland; matthias.pander@csp.fraunhofer.de

Abstract

Auslegung und Werkstoffauswahl in Glaslaminaten erfordern die Entwicklung und Prüfung effizienter Verfahren zur Festigkeitsbewertung. Im Rahmen dieser Untersuchung werden Methoden für experimentelle und numerische Untersuchungen an Floatglas und Glaslaminat weiterentwickelt und vorgestellt. Mittels Hochgeschwindigkeitskamera werden die Sequenzen der Rissmusterbildung beim Kugelfalltest aufgenommen. Zur Simulation der Rissinitiierung wird das neuartige, nicht-lokale Verfahren der Peridynamik eingesetzt. Unterschiedliche Konfigurationen von Floatglasplatten (Zinnseite, Luftseite als Kontaktseite beim Kugelfall) sowie Variationen der Einbettungsfolien (Vernetzungsgrad, Foliendicke) werden erprobt und die Ergebnisse systematisch dargestellt.

Advanced methods for damage analysis of glass laminates under dynamic loads. Design and suitable material selection in glass laminate structures require the development and testing of efficient methods for strength assessment. Within the scope of this investigation, effective methods for the experimental and numerical investigations of float glass and glass laminate are further developed and presented. The sequences of crack pattern formation during the ball drop test are recorded by installing a high-speed camera. The novel, non-local peridynamics theory is used to simulate crack initiation. Different configurations of float glass plates (tin side, air side as contact site at ball drop) and variations of the embedding films (degree of cross-linking, film thickness) are tested and the results are presented systematically.

Schlagwörter: *Verbundfolie, EVA-Folie, Verbundsicherheitsglas, Peridynamik*

Keywords: *laminating film, EVA film, laminated safety glass, peridynamics*

Glasbau 2023. Herausgegeben von Bernhard Weller, Silke Tasche. https://doi.org/10.1002/9783433611739.ch25
© 2023 Ernst & Sohn GmbH. Published 2023 by Ernst & Sohn GmbH.

1 Einführung

Verbundsicherheitsglas (VSG) ist ein Verbund aus zwei oder mehr Flachglasscheiben durch eine reißfeste und zähelastische Einbettungsfolie [1]. Strukturen aus VSG unterliegen oft komplexen thermo-mechanischen Beanspruchungen, wie z. B. quasistatische Lasten (Wind- und Schneelasten), dynamische Lasten (Hagel und Windböen) und Änderungen der Umgebungstemperatur. Für die Bewertung der mechanischen Stabilität sowie für die optimale Auslegung zum Zweck der Gewichtsverringerung sind Verformungs- und Schädigungsvorgänge im VSG experimentell und numerisch zu untersuchen.

Während sich das Verformungsverhalten des VSG mit der klassischen Festkörpermechanik sowie der Finite-Elemente-Methode (FEM) relativ genau simulieren lässt, erfordert eine Festigkeitsbewertung die Erarbeitung und den Einsatz fortgeschrittener Verfahren. Im VSG mit alternierend spröden und duktilen Werkstoffeigenschaften ist die komplexe Wechselwirkung von unterschiedlichen Schädigungsmechanismen zu beachten. Für die Simulation von komplexen Schädigungs- und Bruchvorgängen, z. B. Rissinitiierung, Rissinteraktion, Rissmuster, wurde in den letzten Jahren die Peridynamik (PD) entwickelt und eingesetzt [2–5]. Die PD ist eine nicht-lokale Theorie, die mit langreichweitigen Kraft-Wechselwirkungen arbeitet [2]. Im Gegensatz zur klassischen Festkörpermechanik, wo es sich um partielle Differentialgleichungen handelt, sind die PD-Bewegungsgleichungen Integro-Differentialgleichungen. Dies macht die PD für die Analyse von Entstehung und Ausbreitung von Diskontinuitäten wie Rissen prinzipiell einsetzbar.

Gleichzeitig stehen mit dem Einsatz von hochauflösenden und schnellen Digitalkameras neue Techniken zur Verfügung, um zum einen die Bruchvorgänge genauer experimentell zu beobachten und dokumentieren. Zum anderen können die generierten experimentellen Daten für die Ermittlung der notwendigen Werkstoffkenngrößen sowohl für die FEM als auch für die PD eingesetzt werden.

Im Rahmen dieser Untersuchung werden effiziente Methoden für die experimentellen und numerischen Untersuchungen von Materialien im Glaslaminat (Floatglasschichten, Ethylen-Vinylacetat (EVA)-Einbettungsfolie) sowie der Grenzfläche Glas/EVA weiterentwickelt und vorgestellt. Durch die Installation einer Hochgeschwindigkeitskamera werden die Sequenzen der Rissmusterbildung während des Kugelfallversuches im Floatglas aufgenommen. Für die Simulation der Rissinitiierung wird die PD eingesetzt. Unterschiedliche Konfigurationen von Floatglasplatten (Zinnseite, Luftseite als Kontaktseite beim Kugelfall) werden systematisch untersucht. Für die Analyse der Verbundfestigkeit wird ein neues Verfahren dargestellt, mit welchem die Adhäsionsenergie direkt aus dem Peel-Versuch ermittelt werden kann.

2 Mechanische Eigenschaften der Folie

Für die Ermittlung der mechanischen Eigenschaften der EVA-Einbettungsfolie wurden Zugversuche in Anlehnung an DIN EN 527-3 mit einer Zwick-Universalprüfmaschine Z050 mit Temperierkammer durchgeführt. Folienstreifen mit einer Länge von 150 mm und einer Breite von 25 mm wurden für die Zugprüfung vorbereitet. Die Dicke der

2 Mechanische Eigenschaften der Folie

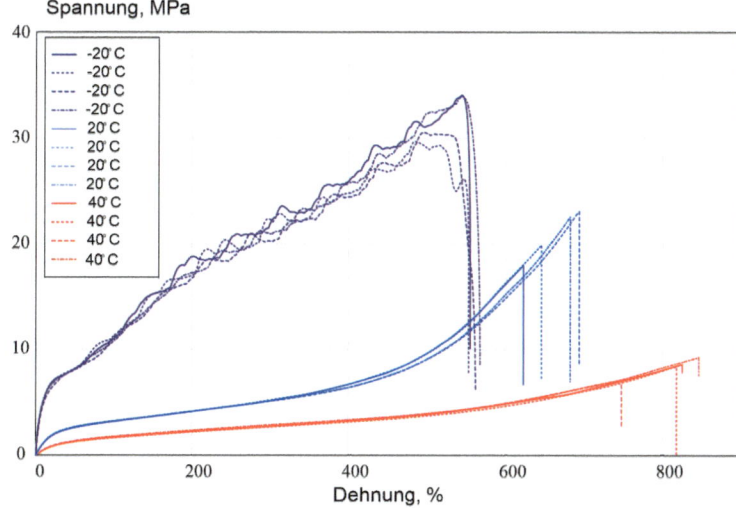

Bild 1 Spannungs-Dehnungs-Diagramme für EVA-Folien (drei Temperaturniveaus)

Folien lag im Bereich von 0,32 mm bis 0,38 mm. Die Tests wurden für drei Temperaturniveaus (−20 °C, 20 °C und 40 °C) und drei konstante Testgeschwindigkeiten (6 mm/min, 60 mm/min und 600 mm/min) für jedes Temperaturniveau durchgeführt. Für Messungen bei Raumtemperatur betrug die Anfangslänge der Probe 100 mm. Für die Tests in der Temperierkammer wurde sie auf 50 mm reduziert. Für jede Temperatur- und Dehnungsratenstufe wurden zehn Proben getestet. Bild 1 zeigt die experimentellen Kurven der technischen Spannung gegenüber der technischen Dehnung für EVA-Streifen, die bei verschiedenen Temperaturen und einer Belastungsgeschwindigkeit von 60 mm/min ermittelt wurden. Die größte Streuung der Daten wird im Hochdehnungsbereich vor dem Bruch beobachtet.

Bild 2 veranschaulicht die Spannungs-Dehnungs-Kurven, die bei Raumtemperatur unter drei Belastungsgeschwindigkeiten erhalten wurden. Es zeigt die für EVA typische

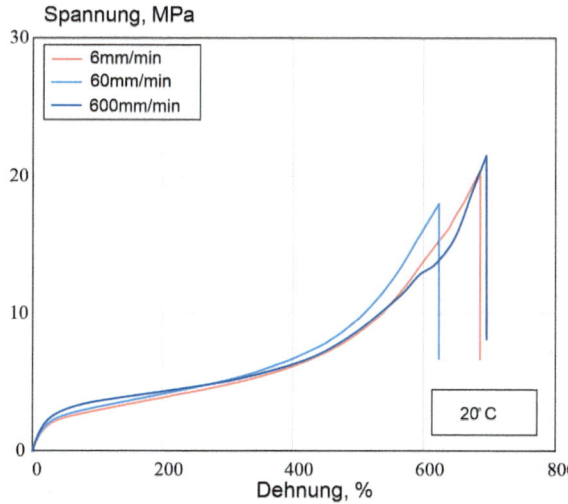

Bild 2 Spannungs-Dehnungs-Diagramme für EVA-Folien, gemessen bei 20 °C (drei Belastungsgeschwindigkeiten)

hohe Dehnung bis zum Bruch (>600%, Elastomerverhalten). Das Materialverhalten ist weitgehend nichtlinear. Eine Dehnratenabhängigkeit ist zu erkennen, allerdings sind die beobachteten Änderungen relativ gering.

3 Verbundfestigkeit der Glas/EVA-Grenzfläche

3.1 Mikrostrukturuntersuchungen

Um den gesamten Querschnitt der EVA-Folie und damit eventuell vorhandene Gradienten in der Mikrostruktur zu analysieren, wurden Kryobruchoberflächen der Proben präpariert. Dazu wurden die Folienabschnitte bzw. Verbundglasabschnitte für mehrere Minuten in flüssigen Stickstoff getaucht. In diesem tiefkalten Zustand wurden dann Zwangsbrüche erzeugt, die nach geeigneter Vorbereitung direkt mit dem Rasterelektronenmikroskop (REM) FEI Quanta 650 ESEM-FEG untersucht wurden. Proben mit einer Glasschichtdicke von 3 mm und einer Dicke der EVA-Zwischenschicht im Bereich von 0,35 mm bis 1,2 mm wurden analysiert. Diese Methode eignet sich auch zur Untersuchung von Grenzflächen zwischen Glas und Polymer. Bei starker Vergrößerung konnten sphärolithische Überstrukturen (Mikrostruktur) und lamellare Anordnungen (Nanostruktur) beobachtet werden. Diese Untersuchungsmethode hat sich als besonders geeignet für Glaslaminate erwiesen. Somit kann hier ein beliebig großer Bereich untersucht werden, d.h. der gesamte Folienquerschnitt kann unter Beibehaltung des ursprünglichen Verbundes betrachtet werden. Dies ist von besonderem Interesse, da damit Grenzflächeneffekte zwischen Glas und Polymer, wie beispielsweise Adhäsions- oder Delaminationsphänomene oder Variationen der teilkristallinen Strukturen auf den Glasoberflächen, erfasst werden können. Über den Folienquerschnitt auftretende Gradienten oder Orientierungen der teilkristallinen Struktur können abgebildet werden. Die Grenzschichten auf den Glasoberflächen können bei ein und demselben Präparat je nach Beschaffenheit deutlich unterschiedlich sein, bezogen auf die Glasseite. Alle Proben zeigen eine mehr oder weniger stark ausgeprägte Schicht, die durch ein gerichtetes Wachstum der kristallinen Lamellen ausgehend vom Glassubstrat gekennzeichnet ist und die teils abrupt, teils fließend in die regelmäßige Sphärolithstruktur übergeht. Die gemessenen Schichtdicken schwankten zwischen wenigen nm bis ca. 100 μm, wobei diese Werte auch innerhalb einer Probe auf beiden Seiten erheb-

Bild 3 Variationen der Dicke der Glas/EVA-Grenzschicht

liche Unterschiede aufweisen können. Bild 3 zeigt Variationen der Grenzschicht für drei ausgewählte Proben. Auf den REM-Bildern an der Grenze zwischen dem Glassubstrat und der Folie waren nach dem Kryobruch keine Delaminationsdefekte erkennbar. Mikrostrukturelle Beobachtungen zeigen, dass gute Grenzflächenfestigkeitseigenschaften für die betrachteten Glaslaminate mit EVA-Zwischenschicht zu erwarten sind.

3.2 Ermittlung der Adhäsionsenergie

Für die Festigkeit von Glaslaminatstrukturen spielt die Haftung der Folie auf Glasschichten eine wichtige Rolle. In Bezug auf die PD-Analyse von Verbundglas werden die Festigkeitseigenschaften der Bimaterialbindungen an der Glas/EVA-Grenzfläche benötigt. Zur Kalibrierung des entsprechenden PD-konstitutiven Modells ist die Adhäsionsenergie experimentell zu bestimmen. Zu diesem Zweck können Fixed-Arm-Peeltests durchgeführt werden. Die Bezeichnung „Fixed-Arm" bedeutet, dass einer der beiden Peelarme einen unveränderlichen (festen) Peelwinkel von 0° hat, während der Peelwinkel des zweiten Peelarms variabel einstellbar ist [6]. Die aus den Fixed-Arm-Peeltests aufgenommenen Kraft-Weg-Diagramme (Peelkurven) werden für die Ermittlung der Peelkraft F_{peel} eingesetzt. Ferner, für die Charakterisierung des Peelvorgangs sowie für die Simulation des Laminatverhaltens, sind die bruchmechanischen Kennwerte erforderlich. Nachfolgend wird die Methode für die Ermittlung der Adhäsionsenergie anhand von experimentellen Daten aus den 180°-Peelversuchen sowie den Spannungs-Dehnungskurven von EVA-Folien erläutert.

Die experimentellen Untersuchungen wurden für Probekörper mit verschiedenen Grenzflächen (Luftseite/Folie, Zinnseite/Folie) sowie für Folien mit unterschiedlichem Vernetzungsgrad durchgeführt. Bild 4 illustriert die Konfiguration der Folie für den Fall des Fixed-Arm-Peeltests mit dem Peelwinkel von 180°. Während des Versuches wird der Weg des Peelarms u vorgegeben und die Kraft F gemessen. Ferner kann die Änderung der Länge des Peelarms Δl sowie die Risslänge a ermittelt werden.

Für die Ermittlung der Änderung der Länge Δl stehen zusätzlich experimentelle Daten aus den Zugversuchen an Folienstreifen zur Verfügung. Basierend auf den experimentellen Daten kann man den Peelversuch in die folgenden Bereiche unterteilen:

- Verformung des Peelarms: In diesem Bereich fallen die aus den Peelversuchen und aus den Zugversuchen ermittelten Kraft-Weg-Diagramme zusammen. Leichte Abweichungen können auf die unterschiedliche Prüfgeschwindigkeiten (100 mm/min in Peelversuchen und 60 mm/min in Zugversuchen) zurückgeführt werden. In diesem Bereich ist der Weg der Prüfmaschine gleich der Änderung der Länge Δl.

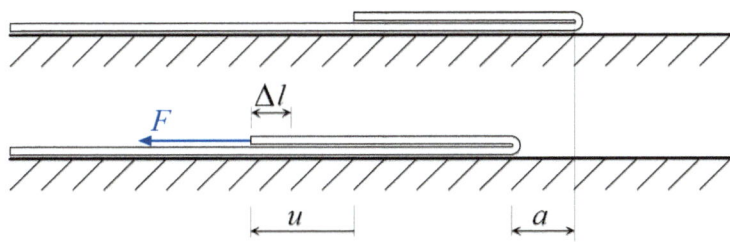

Bild 4 Ausgangskonfiguration und aktuelle Konfiguration der Folie im Peel-Test (Abzugswinkel 180°)

- Peelvorgang: Nach dem Erreichen der Peelkraft F_{peel} kommt es zur Delamination. Auf dem Kraft-Weg-Diagramm stellt sich ein Plateau ein. Der Weg der Prüfmaschine setzt sich zusammen aus der Änderung der Länge Δl und der Risslänge a.

Neben der Peelkraft stellt die Adhäsionsenergie Y eine wichtige Kenngröße für die Verbundfestigkeit dar. Um diese Größe aus den Versuchsdaten zu ermitteln, wird die Energiebilanzgleichung für den Peelvorgang formuliert [6, 7].

Für den Fall einer großen elastischen Verformung des Peelarms wurde die folgende Formel entwickelt [7]:

$$Y = \frac{2 \cdot F_{peel}}{b} + \frac{F_{peel}}{b}\varepsilon - hW(\varepsilon) \tag{1}$$

wobei ε die Dehnung und $W(\varepsilon)$ die Formänderungsenergie sind. Für die Berechnung der Adhäsionsenergie Y aus den vorhandenen experimentellen Daten, kann die Gl. (1) wie folgt formuliert werden:

$$Y = Y_1 + Y_2, \quad Y_1 = \frac{2 \cdot F_{peel}}{b}, \quad Y_2 = \frac{F_{peel}}{b}\varepsilon - hW(\varepsilon) \tag{2}$$

Der Anteil Y_1 entspricht der Adhäsionsenergie unter der Annahme eines absolut starren Peel-Arms und kann für die gegebene Peelkraft berechnet werden. Der Korrekturanteil Y_2 ergibt sich aus der komplementären Formänderungsenergie für die große elastische Verformung. Bild 5 illustriert die Berechnungsvorschrift am Beispiel einer Spannungs-Dehnungskurve bei 40 °C. Dabei ist die wesentliche Verformung des Peel-Arms zu erkennen. Die Dehnung mit Beginn der Delamination beträgt ca. 380 %.

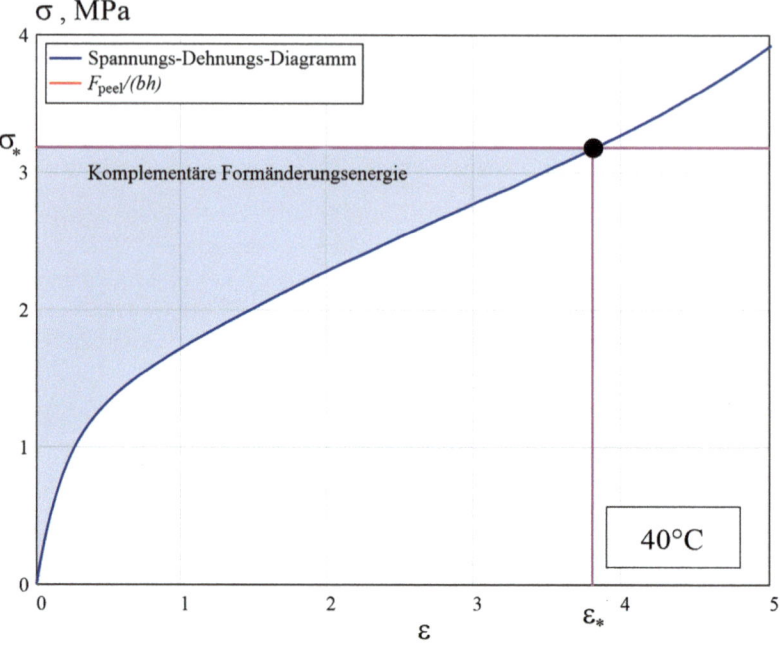

Bild 5 Spannungs-Dehnungs-Diagramm und Peelkraft für die Folie bei 40 °C

Für die Spannung im Folienstreifen $\sigma_* = \dfrac{F_{\text{peel}}}{b \cdot h}$ wird die entsprechende Dehnung aus der Spannungs-Dehnungskurve ε_* ermittelt. Die Formänderungsenergie $W(\varepsilon_*)$ ist die Fläche unter der Spannungs-Dehnungskurve und wird wie folgt berechnet:

$$W(\varepsilon_*) = \int_0^{\varepsilon_*} \sigma(\varepsilon)\,d\varepsilon \tag{3}$$

Anschließend wird die komplementäre Formänderungsenergie (siehe im Bild 4 gekennzeichnete Fläche) nach folgender Gleichung berechnet:

$$W_{\text{kompl}} = \sigma_* \cdot \varepsilon_* - W(\varepsilon_*) \tag{4}$$

Damit ergibt sich der Korrekturterm:

$$Y_2 = W_{\text{kompl}} \cdot h \tag{5}$$

Tabelle 1 fasst die Berechnungsergebnisse für drei Umgebungstemperaturen zusammen.

Tabelle 1 Adhäsionsenergie für die EVA/Glas-Grenzfläche bei verschiedenen Temperaturen

T [°C]	Y_1 [kJ/m²]	Y_2 [kJ/m²]	Y [kJ/m²]
−20	6,79 – 7,75	0,69 – 1,07	7,47 – 8,81
+20	3,14	0,928	4,07
+40	2,45	1,52	3,97

Es ist zu erkennen, dass mit der Zunahme der Temperatur die Peelkraft und damit auch der Energieanteil Y_1 abnimmt. Gleichzeitig nimmt die komplementäre Energie und damit der Korrekturterm Y_2 zu. Dies führt dazu, dass die Werte der Adhäsionsenergie Y für die Temperaturen von 20 °C und 40 °C nahezu gleich groß sind. Für das Temperaturniveau von −20 °C ist eine deutliche Zunahme der Adhäsionsenergie zu erkennen.

4 Schädigungsanalyse im Floatglas

4.1 Ringbiegeversuche und Kalibrierung des Schädigungsmodells

Um die Oberflächenfestigkeit des Glases zu untersuchen und um das peridynamische Schädigungsmodell zu kalibrieren, wurde der Doppel-Ring-Biegetest gemäß DIN 1288-5 (R45) angewendet. Der Radius des Lastrings und des Stützrings beträgt 9 mm bzw. 45 mm. Die durchschnittliche Dicke der Plattenproben beträgt 2,9 mm. Zur Identifizierung der Bruchursache wurden die Glasproben mit einer Splitterschutzfolie abgedeckt. Gemäß der Prüfvorschrift ist der gültige Fall der gebrochenen Plattenprobe der Fall, bei dem Risse innerhalb des Lastrings initiiert werden. Für diese gültigen Proben kann die aus Tests erhaltene kritische Kraft verwendet werden, um die Biegefestigkeit von Glas zu bewerten. Da eine statistische Schwankung der Defektverteilung die Bruchspannung beeinflusst, muss eine erhebliche Anzahl von Versuchen durchgeführt werden. In dieser Studie wurden 50 Proben pro Seite (Luftseite und Zinnseite unter Span-

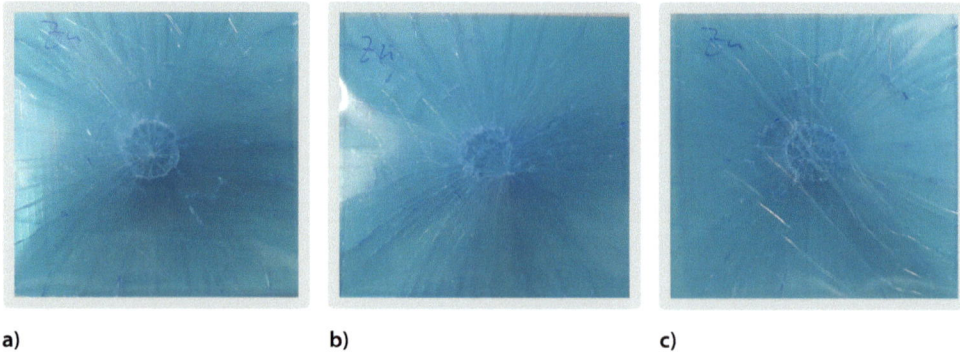

a) b) c)

Bild 6 Repräsentative Rissmuster für die Zinnseite; a) Bruchursprung innerhalb des Lastrings; b) Bruchursprung am Lastring; c) Bruchursprung nicht identifizierbar

nung) getestet. Bild 6 zeigt repräsentative Bruchmuster der Zinnseite. Bild 6a zeigt den gültigen Fall mit Bruchursprung innerhalb des Lastrings. An mehreren Proben wurde auch eine Rissbildung am Lastring beobachtet, siehe Bild 6b. Bei etwa 15 % der Proben konnte der Bruchursprung nicht identifiziert werden oder lag außerhalb des Lastrings, siehe Bild 6c. Auf der Luftseite wurden mitunter extrem hohe Bruchkräfte im Vergleich zur Zinnseite festgestellt. Aus den gegebenen experimentellen Daten für die kritische Kraft wurde die maximale Spannung mit Hilfe der klassischen Plattentheorie berechnet. Die analytische Lösung ist in [8] angegeben. Aus den berechneten Werten und der Weibull-Verteilung wurden charakteristische Festigkeitswerte für die Zinn- und Luftseite ermittelt.

Die Ergebnisse zeigen, dass sich die Bruchfestigkeitseigenschaften für die Zinn- und die Luftseite signifikant unterscheiden. Für die Zinnseite können die charakteristische Bruchringkraft und die charakteristische Bruchfestigkeit eingeführt werden. Für die Luftseite sind die charakteristischen Kennwerte der Bruchfestigkeit deutlich höher als für die Zinnseite. Es wird jedoch eine große Streuung der Daten erhalten und nur 40 % der getesteten Proben zeigen gültige Bruchmuster mit dem Bruchursprung innerhalb des Lastrings. Auf der Zinnseite sind Anfangsfehler gleichmäßiger und regelmäßiger verteilt, während es auf der Luftseite Zonen mit unterschiedlicher Fehlerdichte geben kann. In [8] sind die Ergebnisse der Festigkeitsverteilung und die Anpassung mit Hilfe der Weibull-Verteilung dargestellt. In Tabelle 2 sind die ermittelten Festigkeitsparameter zusammengestellt.

Tabelle 2 Parameter der Weibull-Verteilung für die Zinnseite und die Luftseite

	Charakteristische Bruchspannung [MPa]	Weibullmodul [–]	Festigkeit 5 %-Quantil [MPa]
Zinnseite	191,7 (185,0 … 198,7)	8,27 (6,57 … 10,4)	133,9
Luftseite	559,1 (438,0 … 713,6)	2,00 (1,40 … 2,86)	126,6

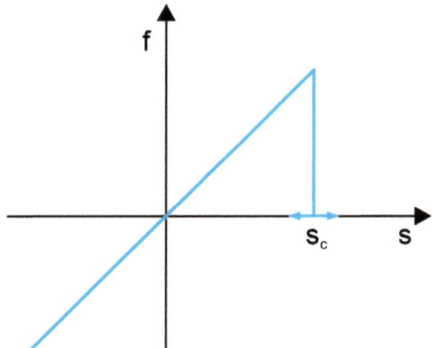

Bild 7 Schematische Darstellung des verwendeten Bruchmodells in Peridynamik. Bindungskraft als Funktion der Bindungsverlängerung

Die Berechnung nach der klassischen Plattentheorie zeigt den homogenen Verformungs- und Spannungszustand im kreisförmigen Bereich innerhalb des Lastrings. Daraus folgt, dass der kritische Zustand der Schädigungsinitiierung im gesamten Bereich innerhalb des Lastrings auf der Plattenunterseite zu erwarten ist.

Um den Schädigungsvorgang genauer zu untersuchen, wurde die Peridynamik eingesetzt. PD stellt eine Erweiterung der klassischen Kontinuumsmechanik dar. Dabei werden neben den klassischen internen Kontaktkräften die langreichweitigen inneren Kräfte berücksichtigt. Anders als in der klassischen Theorie, werden die infinitesimalen Linienelemente und damit der Deformationsgradient und der Verzerrungstensor nicht eingeführt. Stattdessen werden endliche Linienelemente (Bindungen) untersucht, und die entsprechenden Verformungszustände (Bindungsdeformationszustände) berechnet. Die konstitutiven Modelle in PD verknüpfen somit die Bindungskraftzustände und die Bindungsverformunszustände. In PD wird Schädigung für spröde Materialien auf der Bindungsebene untersucht. Die Bindung gilt als gebrochen, wenn die Bindungsstreckung s den kritischen Wert s_c erreicht. Der Schädigungszustand an einem Punkt der Glasplatte ist ein Ergebnis der Vielfalt von gebrochenen Bindungen. Da die Zugfestigkeit deutlich kleiner als die Druckfestigkeit ist, kann für Glas das in Bild 7 schematisch dargestellte Modell für Sprödbruch verwendet werden. Das Schädigungsmodell besitzt als charakteristischen Parameter die kritische Bindungsstreckung (critical bond stretch) s_c. Im Rahmen dieser Untersuchung wurde das lineare peridynamische Festkörpermodell (Linear Peridynamic Solid), gekoppelt mit Schädigung, angewendet [8]. Für die Berechnungen wurde die Open-Source-Software Peridigm eingesetzt.

Für die Ermittlung von Schranken für s_c wurden die experimentellen Daten für die kritische Kraft F_c aus dem Ringbiegeversuch sowie die peridynamische Simulationen herangezogen. Dabei ergibt sich die folgende Gleichung [8]:

$$s_c = \frac{3 \cdot F_c}{4\pi h^2 \cdot E}\left[(1-\nu)^2 \cdot \frac{a^2-b^2}{R^2} + 2\cdot(1-\nu^2)\cdot \ln\frac{a}{b}\right] \tag{6}$$

Die Parameter h, E, ν, a, b, R sind die Plattendicke, der E-Modul, die Querkontraktionszahl, der Radius der ringförmigen Lagerung, der Lastringradius und der Radius der äquivalenten kreisförmigen Platte. Für die experimentellen Werte der kritischen Kraft wurden die Werte der kritischen Verlängerung mit Hilfe der Gl. (6) berechnet. In Tabelle 3 sind die ermittelten Werte zusammengestellt.

Tabelle 3 Kritische Verlängerung im peridynamischen Schädigungsmodell ermittelt aus experimentellen Daten im Ringbiegeversuch

	Kritische Kraft [kN]	Kritische Verlängerung
Zinnseite	1,46 (1,25 … 1,67)	$2{,}2 \cdot 10^{-3}$ ($1{,}6 \cdot 10^{-3}$ … $2{,}8 \cdot 10^{-3}$)
Luftseite	4,44 (2,31 … 6,57)	$1{,}1 \cdot 10^{-2}$ ($4{,}6 \cdot 10^{-3}$ … $1{,}6 \cdot 10^{-2}$)

Mit den ermittelten Schranken für die kritische Verlängerung wurden peridynamische Simulationen der Ringbiegeversuche durchgeführt.

Dabei wurden der Einfluss der Knotendiskretisierung sowie des peridynamischen Horizonts auf die numerischen Lösungen analysiert. Für alle Diskretisierungsfälle ergeben sich ähnliche Schädigungsbilder, wobei mit steigender Zahl von Knoten und durch Verringerung des Horizonts die Schadenszonen lokalisierter werden [8]. Außerdem nimmt die Zeit bis zur Schadensinitiierung mit zunehmender Knotenzahl ab. Trotzdem bleiben die Schadensbilder in allen Fällen qualitativ gleich. Nach der Bindungsbruchinitiierung bildet sich in allen Fällen die ringförmige Schadenszone. Anschließend entstehen radiale Risse. Bild 8 zeigt zwei Beispiele der Schädigungsverteilung, die für zwei repräsentative Werte der kritischen Verlängerung ermittelt wurden.

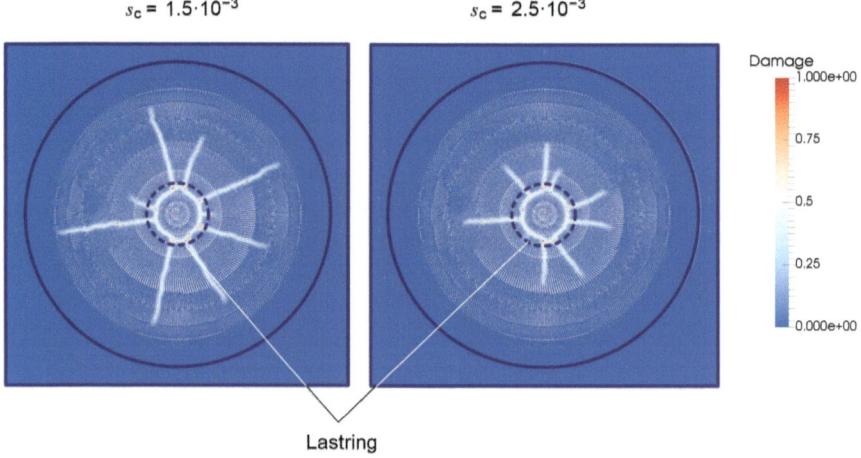

Bild 8 Schädigungsverteilung auf der Unterseite der Platte

Die berechnete Reihenfolge der Schadenszonen stimmt qualitativ gut mit experimentellen Beobachtungen für 85 % der zinnseitigen Proben überein.

4.2 Simulation der Kugelfallversuche

Bild 9 illustriert eine schematische Darstellung des Kugelfallmodells auf eine Glasplatte. Der dargestellte Auflagerahmen hat die Breite von 10 mm. Die Glasplatten haben eine Kantenlänge von 0,5 m. Die Plattendicke beträgt 9,9 mm. Um eine ähnliche Lagerung

4 Schädigungsanalyse im Floatglas | 345

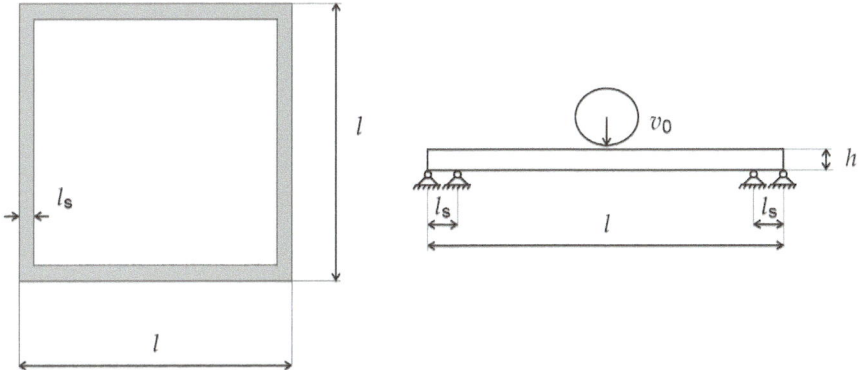

Bild 9 Schematische Darstellung des Kugelfallmodells mit Auflagerahmen

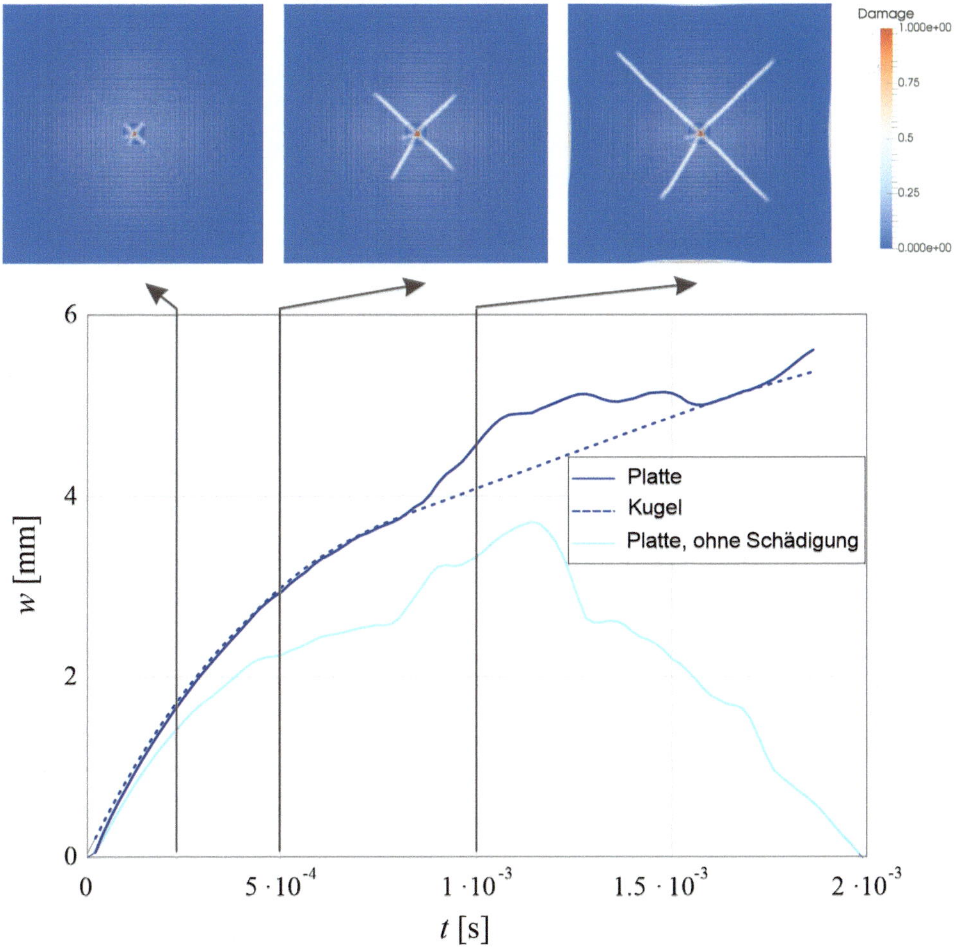

Bild 10 Verschiebung der Kugel und der Platte über die Zeit für $s_c = 1{,}5 \cdot 10^{-3}$ mit integrierten Schadensbildern für drei Zeitpunkte

Bild 11 Momentaufnahme beim Aufprall einer 1 kg-Kugel auf eine Glasplatte, aufgenommen mittels Hochgeschwindigkeitskamera

wie in Experimenten zu gewährleisten, werden nur die Freiheitsgrade im Bereich der Lagerung in Plattendickenrichtung fixiert.

Die Kugel (1 kg) hat eine Aufprallgeschwindigkeit gemäß einer Fallhöhe von 4 m. Im Bild 10 sind für $s_c = 1{,}5 \cdot 10^{-3}$ die Durchbiegung des Mittelpunkts auf der Plattenoberseite über die Zeit sowie für drei ausgewählte Zeitpunkte die Schädigung der Plattenunterseite grafisch dargestellt. Zur Referenz sind zusätzlich noch die Durchbiegung der unbeschädigten Platte als auch die Verschiebung des Berührungspunktes der Kugel mit der Platte abgebildet.

Um die Simulationsergebnisse zu verifizieren, wurden Kugelfallversuche an Glasplatten durchgeführt. Durch die Installation einer Hochgeschwindigkeitskamera wurden die Sequenzen der Plattenverformung sowie der Rissmusterbildung aufgenommen. Die Ergebnisse zeigen, dass nach dem ersten Aufprall die Platte gegen die Kugel schlägt. Ferner, für den Fall, dass die Zinnseite die untere Seite der Platte ist, entstehen Diagonalrisse ausgehend von der Plattenmitte. Diese Beobachtungen stimmten qualitativ sehr gut mit den im Bild 10 dargestellten Simulationsergebnissen überein, wie in Bild 11 erkennbar. Dargestellt ist das Auftreffen einer 1 kg schweren Kugel aus 4 m Fallhöhe auf eine 10 mm starke Glasplatte. Der Kugelfalltest erfolgte in Anlehnung an DIN 52338. Die Momentaufnahme wurde mittels Hochgeschwindigkeitskamera erfasst. Im Moment des beginnenden Bruchs ist das Auftreten diagonaler Risse erkennbar, passend zu den Simulationsergebnissen. Kugelfalltests an Verbundgläsern wurden zur Überprüfung der Ergebnisse ebenfalls durchgeführt und zeigen auch in diesen Fällen eine gute Übereinstimmung zu den Simulationsergebnissen.

5 Zusammenfassung

Im Rahmen dieser Untersuchung wurden experimentelle und numerische Methoden für die Festigkeitsermittlung von Bestandteilen im Glaslaminat (Floatglasschichten und EVA-Einbettungsfolie, Grenzfläche Glas/EVA) weiterentwickelt und vorgestellt. Dabei wurden die für die Simulation der Schädigungsevolution notwendigen Parameter (die Adhäsionsenergie des Verbundes und die kritische Bindungsstreckung) experimentell ermittelt. Für die Validierung der Modellannahmen wurden Ringbiegeversuche sowie Kugelfallversuche mit Hilfe der Peridynamik nachgerechnet. Die Ergebnisse zeigen prinzipiell korrekte Tendenzen für die Schädigungsinitiierung und Rissmusterbildung auf der Zinnseite im Floatglas für unterschiedliche Beanspruchungsarten. Die Annahme einer homogenen Verteilung von Verarbeitungsdefekten auf der Luftseite im Floatglas stellt eine grobe Annäherung dar. Experimentelle Untersuchungen zur anfänglichen Verteilung von Oberflächenfehlern einschließlich Stellen, Größen und Ausrichtungen sind zukünftig erforderlich. Dabei sollen die Peridynamikmodelle mit anfänglich verteilten Defekten zufällig generiert werden.

Die in dieser Studie präsentierten Ergebnisse für die Schädigungsbewertung von Floatglasschichten und Grenzflächen bilden die Basis für die künftigen peridynamischen Analysen von Verbundglaskonstruktionen unter statischen und stoßartigen Belastungen.

Das Forschungsprojekt wurde von EU – EFRE (Europäischer Fonds für die regionale Entwicklung) Sachsen-Anhalt (Zuwendungsbescheid Nr. 1904/00064/00065/00066) unterstützt. Die Autoren sind sehr verbunden für die Unterstützung.

6 Literatur

[1] Bornemann, S.; Weiß, J.; Riedel, K.; Daßler, D.; Hanifi, H.; Pander, M.; Zeller, U. (2019) *Verbundfolien für den Einsatz in Fassadenanwendungen in klimatisch anspruchsvollen Regionen* in: Weller, B.; Tasche, S. [Hrsg.] *Glasbau 2019*, Berlin: Ernst & Sohn, S. 451–465.

[2] Silling, S. A.; Lehoucq, R. B. (2010) *Peridynamic theory of solid mechanics, Advances in applied mechanics 44*, S. 73–168

[3] Niazi, S.; Chen, Z.; Bobaru, F. (2021) *Crack nucleation in brittle and quasi-brittle materials: A peridynamic analysis* in: *Theoretical and Applied Fracture Mechanics 112*, 102855.

[4] Diana, V.; Ballarini, R. (2020) *Crack kinking in isotropic and orthotropic micropolar peridynamic solids* in: *International Journal of Solids and Structures 196* S. 76–98.

[5] Lu, W.; Oterkus, S.; Oterkus, E.; Zhang, D. (2021) *Modelling of cracks with frictional contact based on peridynamics* in: *Theoretical and Applied Fracture Mechanics 116*, 103082.

[6] Nase, M.; Langer, B.; Grellmann, W. (2008) *Fracture mechanics on polyethylene/polybutene-1 peel films* in: *Polymer Testing 27*, S. 1017–1025.

[7] Bornemann, S.; Henning, S.; Naumenko, K.; Pander, M.; Thavayogarajah, N.; Würkner, M. (2022) *Strength analysis of laminated glass/EVA interfaces* in: *Microstructure, peel force and energy of adhesion*, Composite Structures 297, 115940.

[8] Naumenko, K.; Pander, M.; Würkner, M. (2022) *Damage pattern in float glass plates: Experiments and peridynamics analysis* in: *Theoretical and Applied Fracture Mechanics 118*, 103264.

Balthasar Novák, Ulrike Kuhlmann, Mathias Euler

Werkstoffübergreifendes Entwerfen und Konstruieren

Einwirkung, Widerstand, Tragwerk

- Zusammenhänge und Vergleiche zwischen den verschiedenen Bau- und Verbundbaustoffen
- zahlreiche Beispiele, Hinweise auf Besonderheiten
- Grundwissen für Studium und Berufseinstieg

Das Buch vermittelt die Grundlagen der Tragwerksbemessung, einschließlich Sicherheitskonzept, Lastannahmen und Baustoffeigenschaften. Dabei werden Holzbau, Stahlbau, Stahlbeton und Mauerwerksbau gleichwertig betrachtet. Zahlreiche Beispiele dienen der Anschaulichkeit und dem Vergleich.

2012 · 602 Seiten · 464 Abbildungen · 125 Tabellen

Softcover
ISBN 978-3-433-02917-6   € 59*

BESTELLEN
+49 (0)30 470 31-236
marketing@ernst-und-sohn.de
www.ernst-und-sohn.de/2917

* Der €-Preis gilt ausschließlich für Deutschland. Inkl. MwSt.

Autorinnen und Autoren

Andrae, Matthias   141

Baitinger, Mascha   223, 277
Baudone, Tommaso   277
Bornemann, Steffen   293, 335
Büttner, Bastian   179

Caestecker, Alex   319

Dilger, Klaus   165
Duppel, Christoph   59

Einck, Jürgen   83

Fadai, Alireza   107
Feldmann, Markus   165
Fleckenstein, Elena   193

Gebbeken, Norbert   141
Giese-Hinz, Johannes   223
Grote, Christian   209

Haller, Matthias   319
Heidrich, Robert   293
Henn, Gunter   1
Henning, Sven   293, 335
Herrmann, Andreas   155
Herrmann, Tobias   47
Heusler, Winfried   95
Hilcken, Jonas   33
Hoffmann, Henriette   223

Joachim, Alina   261

Kadija, Ksenija   95
Kothe, Christiane   193
Kräch, Klaus   7

Mendoza, Elena   155
Mordvinkin, Anton   293

Naumenko, Konstantin   335
Neugebauer, Jürgen   307
Nicklisch, Felix   193, 223, 261

Oppe, Matthias   21

Pander, Matthias   335
Paschke, Franz   179, 239, 277
Peter, Benjamin   7
Pfanner, Daniel   59
Pietzsch, Achim   141

Rädlein, Edda   155
Reichert, Jasmin   223
Riedel, Kristin   293, 335

Schaaf, Benjamin   165
Schachner, Katharina   307
Schlögl, Fritz   119
Schmitt, Felix   33
Schneider, Jens   59, 239
Schula, Sebastian   59
Schulz, Isabell   277
Schuster, Miriam   277
Schwind, Gregor   239
Seel, Matthias   179, 239, 277

Glasbau 2023. Herausgegeben von Bernhard Weller, Silke Tasche.
© 2023 Ernst & Sohn GmbH. Published 2023 by Ernst & Sohn GmbH.

Siebert, Geralt   135
Stammen, Elisabeth   165
Stark, Cornelia   179
Stephan, Daniel   107
Stevels, Wim   319
Strugaj, Gentiana   155

Tarazi, Frank   59
Tasche, Silke   V
Thavayogarajah, Nishanth   293
Thieme, Sebastian   21
Topcu, Özhan   7
Tramontini, Lia   21

van der Woerd, Jan Dirk   141

Wagner, Matthias   141
Weese, Barbara   209
Weinläder, Helmut   179
Weiß, Jasmin   293
Weller, Bernhard   V, 193, 223, 261
Wellershoff, Frank   209
Wendt, Michael   293
Wolfrath, Elias   179
Würkner, Mathias   335

Zimmermann, Stefan   33

Schlagwörter

3D-Druck 21

Abstandhalter 239
Absturzsicherung 223
additive Fertigung 21
Alterung 293
AM 21
Architektur 1

Beanspruchungsanalyse 261
Bemessungskonzept 278
beschleunigte Alterung 165
beschusshemmendes Glas 119

Digitalisierung 95
Dreifach-Isolierglas 239
Dünnglas 307

einseitige Lüftung 209
Elementfassade 7
elementiert 83
EVA-Folie 193, 293, 335
EVA und SGP 60
Explosion 141

Fassade 95
Fassadentechnik 83
Fensterrahmen 239
fertigungsbedingte Inhomogenitäten 165
Floatglas 155
flüssigkeitsgefüllte Fassadenelemente 261
Freiform 21
Freiformdach 33
Freilandversuch 141

gebogenes Glas 7
Glas 108
Glasbeschichtung 319
Glaskantentemperatur 239
Glasschwert 33

Haftverhalten 193
Horizontalverglasung 47
Hybridsysteme 278

Kleben 7
Klebstoffuntersuchung 261
Klimawandel 108
konstruktiver Glasbau 33
Korrosion 155

mechanische Belastbarkeit 179
Mehrscheiben-Isolierglas (MIG) 278

Nachhaltigkeit 108
Normung 135

Oberflächendefekte 307

parametrische Bemessung 47
Peridynamik 335
photochromes Verbundglas 193
Polycarbonat 119
PVB-Folien 319

Raumorganisation 1
Raumskulptur 1
Reinigung 155

Glasbau 2023. Herausgegeben von Bernhard Weller, Silke Tasche.
© 2023 Ernst & Sohn GmbH. Published 2023 by Ernst & Sohn GmbH.

Schallschutz   83
Scheibenbeanspruchung   223
SG-Verklebung   60
Sicherheitsglas   119
Silikonfuge   223
sommerliche Überhitzung   108
sprengwirkungshemmende Fassaden   141
sprengwirkungshemmende Verglasung   141
Stahl-Glas-Konstruktion   21
Stoßrohrversuch   141
Structural Sealant Glazing   47, 165

thermisch induzierter Glasbruch   239
Thermobruch   239
Transparenz   1

Überarbeitung DIN 18008   135
U-Wert   179

Vakuumisolierglas (VIG)   179, 278
Verbundfolie   335
Verbundsicherheitsglas   293, 335
Vernetzung   193
Versuchsprogramm   261
Verwitterung   155
Vogelschlag   319
vorhabenbezogene Bauartgenehmigung (vBg)   60, 278

winterlicher Wärmeschutz   209

Zirkularität   95
Zugluft   209
Zusatzstoffe   293
Zustimmung im Einzelfall (ZiE)   278
Zweifach-Isolierglas   239
zyklische Beanspruchung   307

Keywords

3D printing   21

accelerated aging   165
additive manufacturing   21
additives   293
adhesion   193
adhesive examination   261
aging   293
AM   21
architecture   1

balustrade   223
bird collision   319
blast resistant facades   141
blast resistant glazing   141
bullet-resistant glass   119

circularity   95
cleaning   155
climate change   108
corrosion   155
cross-linking   193
curved glass   7
cyclic loading   307

design concept   278
digitalisation   95
double insulating glass   239
draught rate   209

edge spacer   239
elemented   83
EVA and SGP   60
EVA film   193, 293, 335

explosion   141

facade   95
facade technology   83
float glass   155
fluid-filled facade elements   261
free field test   141
free-form   21
freeform skylight   33

glass   108
glass coating   319
glass edge temperature   239
glass fin   33

hybrid systems   278

in-plane loading   223
insulated glazing units (IGU)   278
laminated photochromic glass   193
laminated safety glass   293, 335
laminating film   335

manufacturing-related inhomogeneities   165
mechanical stability   179

natural ventilation   209

overhead glazing   47

parametric design   47
peridynamics   335
polycarbonate   119

Glasbau 2023. Herausgegeben von Bernhard Weller, Silke Tasche.
© 2023 Ernst & Sohn GmbH. Published 2023 by Ernst & Sohn GmbH.

project-related approval   278
project-related construction (technique) permit   60, 278
PVB interlayer   319

revision DIN 18008   135

safety glass   119
shock tube test   141
silicone joint   223
sound insulation   83
spatial organization   1
spatial sculpture   1
standardisation   135
steel and glass construction   21
stress analysis   261
structural glass construction   33
structural glazing   7, 60
structural sealant glazing   47, 165
summer overheating   108

surface defects   307
sustainability   108

test program   261
thermal breakage   239
thermally induced fracture   239
thin glass   307
transparency   1
triple insulating glass   239

unitized facade   7
U-value   179

vacuum glass   179
vacuum insulating glass (VIG)   179, 278

weathering   155
window frames   239
winter thermal protection   209

Inserentenverzeichnis

	Seite
EuroLam GmbH, 99510 Wiegendorf	Xa
Flachglas Sachsen GmbH, 04668 Grimma	32b
Folienwerk Wolfen GmbH, 06766 Bitterfeld-Wolfen	292
Glas Trösch Holding AG, CH-4922 Bützberg	XIVa
Kömmerling Chemische Fabrik GmbH, 66954 Pirmasens	260
Kuraray Europe GmbH, 65795 Hattersheim	46
Messe Düsseldorf GmbH, 40474 Düsseldorf	6a
Metallbau Windeck GmbH, 14797 Kloster Lehnin	Xb
Seele Holding GmbH, 86368 Gersthofen	Lesezeichen
Solutia Europe SPRL/BVBA a subsidiary of Eastman, B-9000 Ghent	318
THIELE AG, 04808 Lossatal OT Körlitz	20a
TUDIAS GmbH, c/o Institut für Baukonstruktion, 01067 Dresden	IVa